"十四五"普通高等教育本科部委级规划教材

纺织科学与工程一流学科建设教材

非织造材料与工程一流本科专业建设教材

非织造材料与工程学

下册

刘亚　康卫民　主编

中国纺织出版社有限公司

内 容 提 要

本书从基础理论着手，系统介绍了干法非织造工艺、湿法非织造工艺和聚合物直接成网法非织造工艺适用的原料、生产工艺流程及设备等基础知识，包括非织造材料的分类、发展、成网及固网工艺参数设定及其与产品结构和性能之间的关系、产品的应用领域等。根据所用原料的不同，本书分为上、下两册，上册详细介绍了以纤维为原料的干法和湿法非织造工艺，下册详细介绍了以聚合物为原料的聚合物直接成网法非织造工艺。

本书既可作为高等院校非织造材料与工程专业的教材，也可作为非织造材料、纺织、高分子材料及其成品加工相关领域的培训教材，还可供研究人员、工程技术人员、营销人员参考。

图书在版编目（CIP）数据

非织造材料与工程学 . 下册 / 刘亚，康卫民主编 . -- 北京：中国纺织出版社有限公司，2023.11
　　"十四五"普通高等教育本科部委级规划教材　纺织科学与工程一流学科建设教材　非织造材料与工程一流本科专业建设教材
　　ISBN 978-7-5229-1103-8

Ⅰ . ①非… Ⅱ . ①刘… ②康… Ⅲ . ①非织造织物－高等学校－教材　Ⅳ . ①TS17

中国国家版本馆 CIP 数据核字（2023）第 192801 号

责任编辑：孔会云　朱利锋　　特约编辑：贺 蓉
责任校对：高 涵　　责任印制：王艳丽

中国纺织出版社有限公司出版发行
地址：北京市朝阳区百子湾东里 A407 号楼　邮政编码：100124
销售电话：010—67004422　传真：010—87155801
http://www.c-textilep.com
中国纺织出版社天猫旗舰店
官方微博 http://weibo.com/2119887771
三河市宏盛印务有限公司印刷　各地新华书店经销
2023 年 11 月第 1 版第 1 次印刷
开本：787×1092　1/16　印张：15.75
字数：346 千字　定价：49.00 元

序

随着人类生活水平的改善，人们对生活品质的要求越来越高，非织造材料以其原料来源广、生产工艺简单、生产效率高、产品应用广泛等特点进入了人们生活的方方面面。虽然我国非织造行业起步比较晚，但是在改革开放以来，随着社会主义市场经济体制的建立和完善，国内非织造材料的发展速度大大超过了纺织工业的平均发展速度，成为发展非常快的一个细分行业。非织造材料及其产品的"功能拓展、无限替代"特性使其进入各行各业和千家万户。尤其是非典、甲流和新型冠状病毒感染等公共卫生事件的暴发，严重危及人类健康与生命安全，纺粘非织造覆膜材料已成为防护服的首选材料，熔喷非织造材料是生产高效防护口罩等个体防护材料的关键芯材，水刺非织造材料成为各种消毒湿巾的最佳材料。此外，土工非织造材料成为"一带一路"基础建设的优选材料。现代工业的发展，如微电子、制药工业、医院、食品行业、化妆品行业、核工业及军事领域等，对工艺环境的空气洁净度也提出了更高的要求，为非织造材料的应用提供了广阔的发展空间。因此，开发非织造高效过滤材料关乎环境质量、民生健康，势在必行。

非织造生产技术的研发起源于20世纪初，于20世纪40年代形成了干法非织造材料产业化，70年代实现了聚合物直接成网法非织造材料的产业化，90年代水刺非织造材料得到大规模快速发展，非织造产业成为纺织工业中非常有发展前途的"朝阳工业"，具有无限的发展前景。非织造技术综合了纺织、化工、塑料、化纤、造纸、染整等工业技术，充分利用现代物理学、化学、力学等学科的有关理论和基础知识。"十三五"期间提出了非织造材料应用"无限替代"的概念，"十四五"期间继续加快传统非织造材料差异化、功能化、系列化发展，并大力推广环境友好型非织造材料技术及产品。因此，非织造材料工业既面临着难得的发展机遇，也存在着许多挑战。

2010年7月，由郭秉臣教授主编出版了《非织造材料与工程学》，当时受到了非织造行业的一致好评。为了反映非织造技术十多年的快速发展，本书在2010年出版的教材的基础上进行了技术更新和内容调整，分上、下两册出版，新编书稿由程博闻教授统稿，郭秉臣教授指导，刘亚、康卫民等行业内的专家、学者共同编写完成。此外，本书兼顾理论基础和生产实际，总结了非织造生产技术及产品的最新进展，介绍了制备工艺及应用领域，对推动非织造行业的结构调整及技术进步具有积极的意义。

中国工程院院士 孙晋良
2022年9月

前　言

2010 年 7 月，由郭秉臣教授主编出版了普通高等教育"十一五"国家级规划教材（本科）《非织造材料与工程学》，受到了相关高校的师生以及工程技术人员的关注和支持，被相关高校作为教材使用，同时也是非织造领域工程技术人员的重要参考资料。该教材可使学生系统地了解非织造材料的工艺与设备原理，掌握非织造材料的加工方法，为培养学生的综合素质及开发创新意识打下了坚实的基础。

为了紧跟非织造技术发展的步伐，我们重新策划，完善了 2010 年出版的《非织造材料与工程学》，分上、下两册出版。新版教材增加了思政内容和最新的非织造理论与技术，结构上也做了适当调整，根据所用原料的不同，将教材分为上、下两册，但仍保留了原版教材的主要特点：融工艺原理与设备原理为一体，融理论与实践为一体，融常规产品与新产品为一体。修订后的教材既有一定的学术水平，又有一定的实用价值，在全面性、系统性和规范性方面都有一定的提升。

本书由程博闻教授策划和统稿，郭秉臣教授指导，刘亚、康卫民任主编。参加编写人员如下：

绪论由程博闻编写；第一篇第一章、第二章由郝景标、单明景编写，第三章、第四章由康卫民、鞠敬鸽编写，第五章、第七章由刘亚编写，第六章由刘亚、郝景标编写，第八章由郝景标、王闻宇编写，第九章由冯勋旺编写；第二篇由杨硕、任元林、赵义侠编写；第三篇第一章至第四章由刘亚编写，第五章由康卫民、郝景标编写，第六章第一节由夏磊编写，第二节由刘雍、郝景标编写，第三节由庄旭品编写。全书由程博闻和刘亚策划、组织、统稿、定稿，由康卫民、庄旭品协助；编写提纲由中国工程院院士孙晋良审核；全书内容由李陵申主审。

本书在编写过程中得到了中国纺织工程学会伏广伟理事长、中国产业用纺织品行业协会李桂梅会长和中国纺织出版社有限公司的大力支持与帮助。作者在编写过程中参考了大量书刊文献，在此对被参考的文献作者和帮助过本书编写、出版的同志们表示真诚的敬意和衷心的感谢！

非织造工业是一个正在不断前进、发展的新兴工业，非织造技术及所用原料在不断更新，非织造产品的应用领域也在不断扩展，编者希望本书能对我国非织造行业在人才培养、企业产品开发和生产技术提升起到积极的促进作用。

在编写过程中，本书尽可能反映当前非织造领域的最新理论、研究进展及应用领域，但因作者水平所限，且非织造技术的发展日新月异，书中难免存在一些错误、遗漏及不确切之处，敬请行业内专家和广大读者批评指正，以便于将来再版时修改，不胜感激。

编者
2022 年 7 月于天津

本课程设置意义　本课程可帮助学生比较系统地了解非织造材料的加工及原理，掌握各种非织造材料的加工方法等，为培养学生的综合素质及开发创新意识打下深厚的基础。

本课程教学建议　"非织造材料与工程学"课程作为非织造材料与工程专业的主干课程，建议理论授课 105 学时，每课时讲授字数建议控制在 5000 字以内，教学内容包括本书全部内容。

本课程教学目的　通过本课程的学习，学生应达到以下要求：

1. 掌握干法非织造材料的各种成网方法、加固方法及产品加工的基本原理，能进行简单的工艺设计、产品设计，并了解有关新设备、新产品、新工艺、新材料。

2. 掌握湿法非织造材料生产的基本原理及方法、湿法非织造材料与造纸的区别、湿法非织造生产原料及工艺过程、产品特性及应用领域，对湿法非织造材料有整体的认识。

3. 掌握聚合物直接成网法的生产工艺流程，以及纺丝、铺网的基本原理和生产工艺；了解聚合物成网法非织造产品的主要特性及其应用领域。

4. 能利用数学、自然科学、工程科学基础知识来解决非织造工艺参数的设定、生产工艺的计算等，能够识别、判断非织造工程问题的关键环节和参数；能运用专业知识对非织造复杂工程问题的解决方案进行综合分析与设计；能够运用非织造原理分析加工中设备、工艺过程、产品设计等方面的问题；能够运用非织造原理，确定解决非织造材料与工程领域特定工程任务的科学方法；能够根据客户来样分析确定原料、成网和固网等工艺流程和所涉及的关键工艺方案；能基于专业理论，根据产品特征，选择原料并研究工艺路线，设计可行的制备方案。

目　录

第三篇　聚合物直接成网法非织造工艺原理

第三篇　聚合物直接成网法非织造工艺原理

第一章　概　述

第一节　聚合物直接成网法非织造材料的分类

聚合物直接成网法非织造材料是指利用化学纤维纺丝的原理,在聚合物的纺丝成型过程中,使纤维直接铺置成网,再经过机械加固、热黏合或化学黏合加固的方法而形成的一种非织造材料;或者利用薄膜的生产原理,直接使薄膜分裂形成的纤维状材料。

根据纤维成型方式的不同,聚合物直接成网法又可以分为纺丝成网法(spunlaid)、熔喷法(melt blowing)、膜裂法(cast-film)和新兴聚合物直接成网法等。

一、纺丝成网法

纺丝成网又包括熔体纺丝和溶液纺丝成网技术,其中第一大类为纺粘法(spunbond),属于熔体纺丝成网方法,生产速度最高,产量最大。纺丝成网法以纺粘法为主,因此一般所谓的纺丝成网法即指纺粘法,它是在熔融纺丝的同时边拉伸边使连续的长丝铺网,再经加固而形成非织造材料的一种加工方法,图3-1-1为典型的纺粘法非织造材料。纺丝成网法的第二大类是闪蒸法(flash-spinning),属于干法溶液纺丝成网技术,它是指将成纤聚合物(PE)溶解在溶剂中,再通过喷丝孔挤出,使溶剂迅速挥发而形成纤维,同时采用静电分丝的方法使纤维彼此分开,然后凝聚成网,经热轧加固而形成闪蒸法非织造材料,图3-1-2为典型的闪蒸法非织造材料。第

图3-1-1　纺粘法非织造材料

图3-1-2　闪蒸法非织造材料

三大类是湿法纺丝成网非织造材料,它是将成纤聚合物纺丝溶液通过喷丝孔挤出后进入凝固浴形成纤维,再铺置成网,经固网而制成的一种非织造材料。一般湿法纺丝成网法以纤维素为原料,将其溶解在合适的溶剂中形成纺丝液,在纺丝的过程中将聚合物液体在凝固浴中成型,再经过固网、干燥而形成非织造材料。由于湿法纺丝速度不高,纤维在凝固浴中成型也比较慢,所以生产效率非常低,只在少数企业商业化推广成功。

二、熔喷法

熔喷法也是建立在熔融纺丝的基础上的,它是指在熔融纺丝的同时,采用热空气对挤出的熔体细流进行拉伸,使其成为超细纤维,然后凝聚到多孔滚筒或成网帘上形成纤网,再经自身黏合或热黏合加固而得到非织造材料的方法。根据产品要求不同,可以制成薄型的或厚型的产品,因为大部分采用的自黏合固网,使产品的结构蓬松,热空气的极度牵伸使纤维超细、平均孔径小、孔隙率高,驻极后在透气性不降低的前提下过滤效率高,是非常好的高效低阻过滤材料,在非典、禽流感等公共卫生事件中被称作口罩的"心脏",是生产高效防护口罩等个体防护材料的关键材料,名副其实地成为抗疫盾牌。图3-1-3为典型的熔喷法非织造材料。

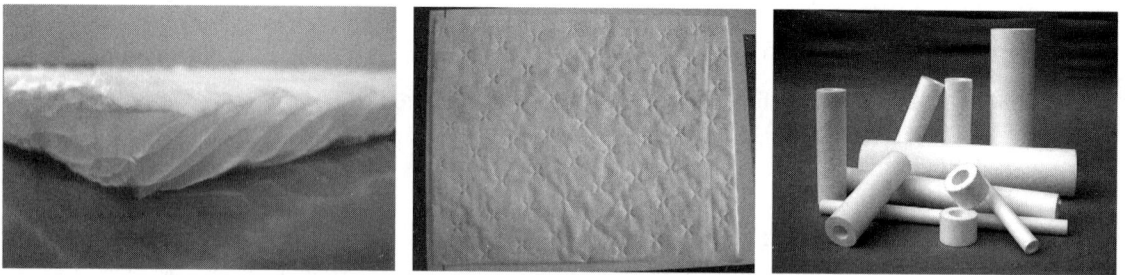

(a) 自黏合蓬松性产品　　　　　(b) 热轧黏合薄型产品　　　　　(c) 立体成形产品

图3-1-3　熔喷法非织造材料

三、膜裂法

膜裂法是指将成纤聚合物吹塑成薄膜,再经一定的方法如针割或刀切,将纤维膜形成孔洞,在牵伸时把膜变成纤维状而成膜裂纤网,也叫原纤化技术。

四、新兴聚合物直接成网法

新兴聚合物直接成网法是近几年比较热门的纳米非织造材料制备技术,根据纤维成型原理不同又可以分为静电纺(electro-spinning)和溶液喷吹法(solution-blowing)。静电纺是使带电的高分子溶液或熔体在电场中流动与变形,经溶剂蒸发或熔体冷却而固化,得到纳米纤维状物质,沉积在接收装置上形成超细纤维非织造材料,这种技术简称电纺技术,其纺丝原理及典型产品如图3-1-4所示。溶液喷吹是将聚合物溶液从喷丝孔挤出后,再经外圈同心环高速气流对溶液细流进行超细拉伸,并促进溶剂挥发获得超细纤维,沉积在接收网帘上形成超细纤维非织造材料。

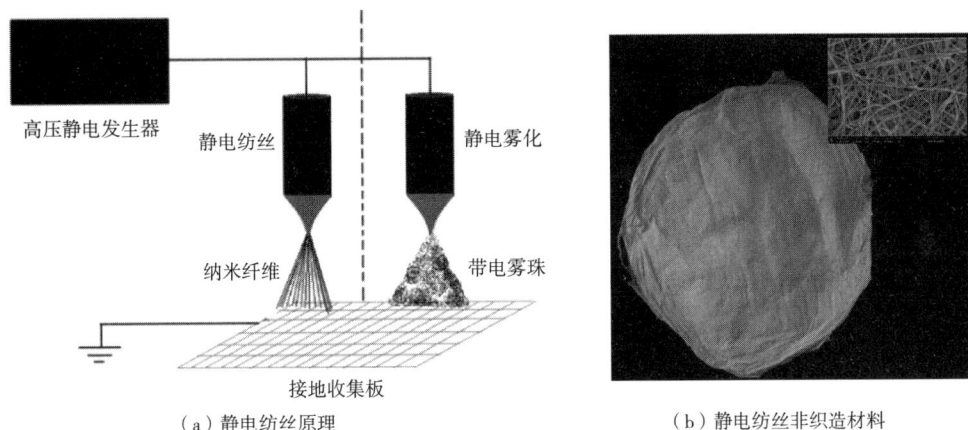

（a）静电纺丝原理　　　　　　　　　　（b）静电纺丝非织造材料

图 3-1-4　静电纺丝原理及静电纺非织造材料

第二节　聚合物直接成网法的发展历史与现状

如前所述，除了膜裂法之外，其他聚合物直接成网法都是建立在合成纤维成型的基础上的。早在 1664 年，英国人 R. 胡克在他所著的《微晶图案》一书中，首次提到人类可以模仿蚕儿吐丝而用人工方法生产纤维。经过了 200 多年的不断探索，法国的 H. B. 夏尔多于 1891 年在贝桑松建厂进行了硝酸酯纤维工业生产研究，由此开始了化学纤维工业的历史。但由于硝酸酯纤维易燃，生产中使用的溶剂易爆，纤维质量差，未能大量发展。到了 1905 年，以纤维素的铜氨溶液为纺丝液，经化学处理和机械加工制得的铜氨纤维实现工业生产，因其原料（纤维素）来源充分、辅助材料价廉、穿着性能优良，而发展成为人造纤维的最主要品种，标志着人造纤维的真正工业生产。

自从由蚕儿吐丝的现象中发明了化学纤维以来，人们也在考虑能否类似于蜘蛛织网的方法一样一步成布。因此，聚合物直接成网法非织造材料的诞生是与合成纤维的发展密切相关的。

20 世纪 40 年代，美国的纤维素纤维研究人员曾试验将纤维直接吹到成网帘上，但由于当时的技术难度太大，这一项目最终被放弃了。50 年代初，美国海军实验室首先进行聚合物直接成网法的研究，他们将熔融的聚合物挤出成型得到的纤维用热空气吹到成网帘上，使纤维黏结成网。由于当时的纺丝成网技术还未达到所要求的水平，所以这一项目又被遗憾地放弃了，这也是熔喷法的最早雏形。

20 世纪 50 年代，聚酯和聚酰胺等化学纤维先后开发成功，而当时的短纤维非织造技术也进入了发展期。因此，化学纤维成型技术和短纤维非织造技术的发展，为聚合物直接成网法非织造材料的发展提供了良好的技术条件。到了 50 年代末，美国的杜邦（DuPont）公司和德国的科德宝（Freudenberg）公司对聚合物纺丝成网法进行了工业化生产的研究，陆续出现了有关纺丝成网非织造技术的专利。

20 世纪 60 年代初,杜邦公司的实验室已能成功生产出纺丝成网法非织造材料,但由于技术不完善,生产成本高,投资大,也没有找到合适的应用领域,因此最终没能得到推广。第一条商业化的纺粘生产线是德国鲁奇(Lurgi)公司的 Docan 技术,它需要高额投资,且生产成本高,是中小型企业无力购买和经营的。60 年代中期,纺丝成网法非织造技术因其生产效率高、产品力学性能好等特点开始在欧美得到推广。60 年代末 70 年代初,其产品在妇女卫生包装材料、地毯基布、土工布等领域大量应用,使聚合物直接成网法非织造材料得到了较大的发展。

20 世纪 80 年代中期,德国的莱芬豪斯(Reifenhauser)公司开发了一种新的纺粘工艺 Reicofil,它造价低、生产规模小、生产成本低,深受中小型企业的欢迎。与此同时,出现了若干家能提供整套纺粘生产线的公司,从此纺粘法生产进入了高速增长期,成为发展速度最快的一种非织造材料生产方法。目前,全世界拥有先进纺粘非织造技术的有美国金佰利-克拉克(Kimberly-Clark)、里梅(Reemay)、DuPont,德国 Freudenberg、Reifenhauser、Lurgi、纽马格(Neumag)和日本 NKK 等公司。

而在 20 世纪 60 年代中期,美国的埃克森(Exxon)公司在美国海军实验室研究的基础上也对熔喷技术进行了研究,70 年代初成功生产出了超细纤维,之后埃克森公司将此项技术转让给数家美国公司,迅速实现了熔喷法非织造材料的商业化生产,成为聚合物直接成网法非织造材料中的第二大生产方法。目前,全世界拥有先进熔喷非织造技术的有美国的 3M 公司、希尔斯(Hills)公司,德国 Freudenberg 公司、Reifenhauser 公司和日本旭化成公司等。

因此,纺粘法在 20 世纪 60 年代初实现工业化生产,70 年代实现商业化,80 年代进入了迅速发展期。而熔喷法在 20 世纪 60 年代中期实现工业化生产,70 年代实现了商业化。目前,纺粘法产品占世界非织造材料总产量超过 40%,加工能力主要集中在美国、西欧、日本和中国。

美国是销量最大的国家,其十家最大的非织造材料生产公司中八家拥有纺粘生产能力,如 Kimberly-Clark 公司、Reemay 公司等。西欧也是纺粘法非织造技术发展比较早的地区,如英国 ICI 公司、德国 Freudenberg 公司、Reifenhause 公司,瑞士 Fiberweb 公司等。日本虽然起步比美国、西欧稍晚,但是在聚合物原料的开发、纺丝成网设备方面的研究成果比较突出,如聚乳酸(PLA)纺粘非织造材料、聚苯硫醚(PPS)熔喷耐高温滤料等产品都是由日本首先研发成功并报道的。目前日本在聚合物成网设备及技术方面发展较好的有旭化成、三井石油、尤尼吉卡、NKK 等公司。

我国的纺粘法非织造材料工业化始于 1986 年。当时广州第二合成纤维厂从德国 Refenhause 引进一条年产 1000 吨的生产线,而后上海合成纤维研究所和纺织工业非织造布技术开发中心相继引进年产 1000 吨的意大利 NWT 生产线,这三条引进生产线开拓了我国纺粘非织造工业先河。

我国纺粘非织造技术的发展速度是世界上最快的。20 世纪 90 年代初,我国仅 3 条引进的纺粘生产线,年生产能力为 3000 吨。到了 2001 年,我国纺粘的产量达到了 14.5 万吨,占世界纺粘产品总产量的 10%,占全国非织造产品总产量的 24.6%。到 2002 年底,我国的纺粘生产线已达到 70 条(当时美国 50 条),年产 24 万吨,位居世界第二。2008 年,我国纺粘生产线的总生产能力达 122.09 万吨,实际生产量 84.73 万吨,已经跃居世界第一位,成为纺粘非织造材料生产大国。

从引进第一条纺粘生产线至今,我国纺粘法非织造材料发展经历了四个阶段:第一阶段是1986~1991年,在这个阶段,我国的纺粘非织造行业主要是从国外公司引入纺粘生产线并用于技术消化吸收;第二阶段是1993~1998年,在消化吸收的基础上,国产纺粘生产线逐渐投入商业化运营,但产量偏低;第三阶段是1999~2002年,这个阶段我国的纺粘非织造行业进入了快速发展期,大批量的国产化纺粘设备投入运行,纺粘非织造材料的产量飞速增长;第四阶段是2003年至今,并且还在延续中,到2016年底我国的纺粘产量已超过270万吨,但是高科技含量纺粘产品产量偏低,有待进一步加强新产品和高技术含量产品的研发力度。

虽然我国的非织造工业有了快速发展,但与国际上先进的非织造工业相比,在技术装备、管理水平、产品结构和档次上仍有一定的差距,在产量的高速发展过程中尚存在着向高水平发展和可持续发展的诸多问题,具体表现在:

(1)行业发展存在不规范因素,表现在诸如企业小而分散、总体规模偏低,不能形成完善的系统和较强的整体竞争力;建设存在低水平延伸、落后生产能力再扩大的问题。

(2)技术和装备水平尚具一定差距。随着技术的发展,纺丝成网工艺和设备的技术水平有日新月异的发展。Reifenhause V型设备的生产速度已经达到了1200m/min,其纤维的纤度更细、成网更为均匀、手感更为柔软、节能水平也更高。具有国际先进水平的生产装备每3~5年都会有一次显著的水平提升。我国纺粘设备的研制和开发也经历了近30年,在吸收国外先进技术的基础上其生产速度和成网质量也有了较快的提升,但在加工精度、生产速度、产品质量、运行稳定性及自动化程度上与国际先进水平仍存在一定差距。

(3)产品仍处于中低端市场水平。我国的非织造行业发展的前期,主要是利用廉价劳动力以粗放型的方式发展过来的,技术与设备比较落后,产品市场主要定位在中低端领域。近年来一些骨干企业开始向集约型的方向转变,通过引进和创新使产品附加值有了一定的提高。但是,从总体来看,我国非织造材料的档次还很低、高技术含量的产品较少,产品开发能力和品种多样化尚需进一步提高。

(4)标准与法规不完善的制约。产品标准和应用法规不健全,制约行业规范化发展等,行业的自律和规范化程度不够,市场上会出现假冒伪劣、销售竞争压价等恶性竞争的不健康现象。

(5)地区发展不平衡。纺丝成网非织造材料发展至今,全国已在20个省、自治区和直辖市拥有了生产能力,但是主要集中在东南沿海地区,其中浙江、广东、江苏和山东四省的产量占到了全国总产量的70%以上。而西南的贵州、云南,西北的大部分地区以及内蒙古、黑龙江等地区至今还未建立纺丝成网生产线。地区发展的极度不平衡将影响中国非织造行业的健康发展和向高水平迈进的步伐。

(6)可持续发展之路任重道远。从近年国际非织造材料的发展来看,各公司都在致力于通过优化管理、技术创新、新原料和产品开发等措施以实现节能减排、绿色环保的可持续发展目标。中国已经开始重视并投巨资以实现绿色环保和节能减排的预定目标,但是一些非织造企业在环保意识和实现低碳化行动上远远滞后于发达国家,这也是非织造行业实现可持续发展任重道远的任务。

根据产业用纺织品行业协会纺粘分会统计数据显示,实际产量超过 1 万吨的部分企业见表 3-1-1。

表 3-1-1　部分年产量超过 1 万吨的纺粘法非织造材料生产企业

序号	企业名称	序号	企业名称
1	Berry 集团(中国)有限公司	19	浙江华银非织造布有限公司
2	东丽高新聚化(南通)有限公司	20	香河华鑫非织造布有限公司
3	浙江华昊化纤塑业有限公司	21	山东康洁非织造布有限公司
4	广东俊富集团有限公司(山东)	22	昆山市三羊无纺布有限公司
5	晋江兴泰无纺制品有限公司	23	杭州尊强化纤制品有限公司
6	湖北金龙非织造布有限公司	24	南通市通州区春菊无纺布有限公司
7	广州锦盛无纺布有限公司	25	江苏宜兴杰高非织造布有限公司
8	佛山市南海稳德福无纺布有限公司	26	仙桃嘉华塑料制品有限公司
9	山东天鼎丰非织造有限公司	27	江阴金风非织造布制品有限公司
10	仙桃市恒天嘉华无纺材料有限公司	28	成都鑫开无纺布有限公司
11	义乌市广鸿无纺布有限公司	29	福建百丝达服装材料有限公司
12	温州华夏合成纤维有限公司	30	河北香河宏鹏非织造布有限公司
13	上海枫围无纺布有限公司	31	河北帛隆无纺布有限公司
14	福建东源无纺布有限公司	32	浙江金三发非织造布有限公司
15	山东汇丰非织造布有限公司	33	温州天伦化纤制品有限公司
16	义乌市广鸿无纺布有限公司	34	温州瀛洲无纺布有限公司
17	温州万和化纤有限公司	35	温州强大无纺布厂
18	山东泰鹏新材料有限公司	36	湖北环福塑料制品有限公司

我国熔喷法非织造技术的开发比较早,20 世纪 50 年代末就有单位开始研究,在工艺理论和产品开发方面做了大量的研究工作,但在生产设备的研究、设计和制造方面一直处于落后状态,与国外相比有一定的差距。虽然熔喷法非织造材料的发展速度比不上纺丝成网法非织造材料,但从产品特性上丰富了聚合物直接成网法非织造技术。

第三节　聚合物直接成网法非织造技术的特点及应用

聚合物直接成网法非织造技术主要以纺粘非织造技术为主,其产品占 90% 以上,其次是熔喷非织造技术,其产品占 5% 左右,因此下面仅分析纺粘和熔喷非织造生产技术的特点。

一、纺粘法非织造技术的特点

1. 生产特点

（1）工艺流程短，生产能力高。传统的纺织流程相对比较复杂，具体为：清花→梳棉→并条→粗纱→细纱→络筒→整经→浆纱→穿筘→织造→布，制备过程不仅需要大批的人力，还需要大量的时间。而普通非织造工艺流程为：纤维原料→开松混合→梳理成网→铺网→加固→非织造材料，其原料为纤维，还需要从聚合物经过一系列的纺丝、拉伸工序制备成短纤维原料。因此，用化学纤维作为原料的非织造流程还可以再缩，即：成纤聚合物→纺丝→拉伸→成网→加固→非织造材料，省去纤维原料的切断、打包、开松、混合、梳理等多道工序，大大缩短了工艺流程。一条纺粘生产线的产量在 3000 吨/年以上，多的可达 2 万吨/年以上。

（2）产品的力学性能好。纺粘法非织造材料是长丝直接成网的，在受到拉伸时，具有更高的断裂强度和断裂伸长。

（3）生产成本低。由于生产流程短，生产速度高，纺粘法非织造材料除了一次性投资大之外，产品的综合生产成本较低。

（4）生产便于管理。由于纺丝成网法非织造材料生产的自动化程度高，在生产工艺方面，纺粘法很容易实现生产线上的精确控制，调整产品定量只需控制聚合物的挤出量和成网速度就可以达到。

但是，目前纺粘法非织造技术也存在一些缺点和局限性，如更换品种有一定的难度，只适合大批量单一品种的生产；纤网的均匀度差，比不上干法非织造材料；一次性投资费用高等。

2. 发展特点

目前，纺粘法非织造技术的发展特点是高速化、复合化、大型化、多品种化和高质化。

（1）高速化，即纺粘的气流牵伸速度。目前纺聚丙烯（丙纶，PP）的气流牵伸速度为 3500~7000m/min，纺聚酯（涤纶，PET）的气流牵伸速度为 6000~10000m/min，成布速度可达 600~800m/min。

（2）复合化，即一条生产线有多台纺粘机和熔喷机，纤维采用复合纺丝成型。纺熔技术还可以与其他成网技术和固网技术相结合，取长补短，开发出不同功能的新产品。Reifenhauser、Nordson、Rieter、Perfojet、STP 等设备生产厂都可采用多模头纺丝，这已经成为纺熔生产发展的主流，纺熔设备最多已经有七个模头（SSMMXSS，其中 S 为纺粘头，M 为熔喷头，X 为纺粘或熔喷任选），可以实现多层复合，也可以采用双组分或多组分纺丝技术（图 3-1-5）。

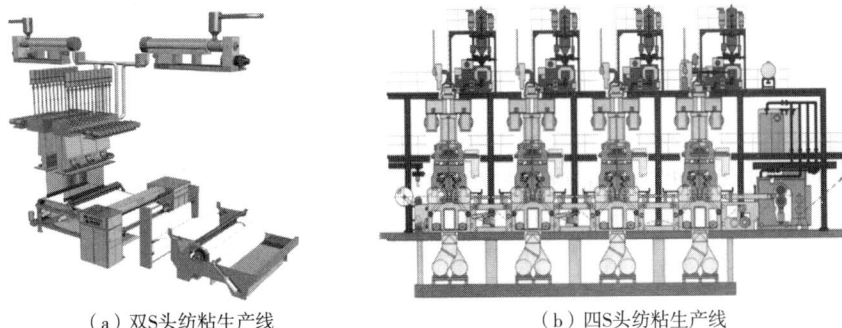

(a) 双S头纺粘生产线　　(b) 四S头纺粘生产线

图 3-1-5　复合化纺熔生产线

双组分纺粘技术是 20 世纪 90 年代由 Ason 公司研究人员率先提出的,之后日本的 NKK 等公司也投入双组分纺粘法的研究和应用中来。目前,美国希尔(Hills)公司、阿松(Ason)公司,德国莱芬豪舍(Reifenhauser)公司,荷兰阿克苏(Akzo)公司都掌握了双组分纺粘法非织造生产技术。最常用的结构形式为皮芯型、并列型、剥离型(图 3-1-6)。

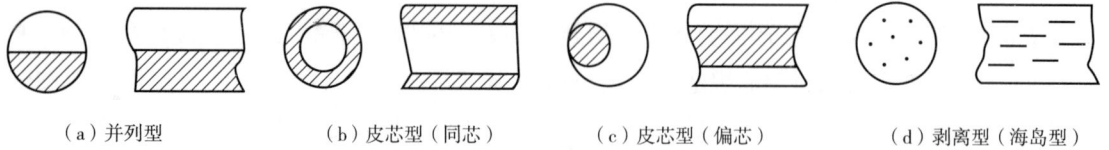

(a)并列型　　　　　(b)皮芯型(同芯)　　　　　(c)皮芯型(偏芯)　　　　　(d)剥离型(海岛型)

图 3-1-6　双组分纤维结构

皮芯型双组分纤维一般指的是单芯,可分成同芯型和偏芯型两种。在纺粘非织造材料生产中,应用皮芯型双组分纤维的优点在于:能创造温和的黏合条件,当皮层材料熔点相对低时,在热轧和热风黏合条件下,皮层纤维起到类似黏合剂作用,从而改善纺粘非织造材料的手感;当需要使用昂贵的添加剂或染料时,可以依据所要求性能在皮层或芯层单独添加,从而降低了生产成本。并列型双组分纤维是利用热湿收缩性能不同的两种聚合物,它们相互之间能紧密结合,经过热处理后产生螺旋状卷曲,以提高非织造材料的弹性和蓬松性。剥离型双组分纤维是利用两种非黏合性成纤聚合物,以一定的组合形式,纺制成单根纤维。其横截面上各组分以不同形状分布,如橘瓣形、海岛形等,再用物理或化学剥离方法,使纤维中的各组分相互分离,以制备超细纤维非织造材料。

例如,美国 Hills 公司具有先进的双组分纤维和双组分纺粘技术,它的双组分纺粘技术是基于薄的分配板,纺丝头组件不含熔体池,设计非常独特,能够使用所有的熔纺聚合物,很方便地控制聚合物的比例,能够生产皮芯型、并列型双组分纤维和分裂型、海岛型超细纤维。

从当前纺粘法技术的发展来看,纺粘法可与多种工艺复合,如熔喷、浆粕气流成网、梳理成网及水刺等,开发新的技术,能生产超细旦纤维。纺粘法加工设备将以功能多、产量高、自动化程度高、产品档次高而占领新的市场。

(3)大型化。指一条生产线的生产能力将从 3000 吨提高到 20000 吨,可以通过提高生产线速度、增加喷丝板孔数和设备幅宽等途径来实现。如 Reifenhauser 的 Reicofil Ⅳ型 PP 纺粘生产线的纺丝速度由原来的 3500m/min 提高到 5500m/min,喷丝板宽度从 160mm 增加到 220mm,喷丝孔数由原来的 5000 孔/m 提高到 7000 孔/m,因此在相同条件下,产量提高了 30%,相应能耗降低了。目前,广东南海 Berry 集团已经引进 Reicofil Ⅴ生产线并投入生产。

(4)多品种化。不仅原料品种多样化,还可以制备各种厚型、薄型产品和复合产品,可采用热轧、针刺、水刺等各种固网方法,还可以进行各种后处理开发功能性产品。

(5)高质化。指成网均匀性大大提高,并丝、云斑等现象不复存在,单丝纤度降到 1dtex 以下。采用高速狭缝牵伸纺丝技术可以使纺粘非织造材料中纤维的线密度大大降低,如 PP 纺丝速度达 4500m/min,纤维线密度达 0.7dtex;PET 纺丝速度达 6000m/min,纤维线密度达 0.5dtex,超细纤维的线密度达 0.0074dtex。随着纤维线密度的降低,生产低克重产品时纤网均匀性更是得到改善,产品热稳定性好。

二、熔喷法生产技术的特点

(1)工艺流程短,生产效率高。熔喷法非织造材料的传统工艺流程为:

$$
热空气喷吹
$$
$$
\downarrow
$$
聚合物切片(干燥)→纺丝→铺网→(加固)→卷绕
$$
\uparrow
$$
$$
热空气喷吹
$$

其工艺流程比纺粘法更短,在国外被誉为流程最短的聚合物一步法生产工艺。

(2)纤维细、手感软、强度低。熔喷非织造纤维极细,一般只有 $1\sim5\mu m$;纤网均匀度极高,手感柔软,适用于过滤材料、吸液材料等;但是纤网强度低,一般通过与纺粘非织造材料复合来增加其强度。

(3)生产能耗大。由于熔喷生产过程中需要热空气进行喷吹,所以生产能耗较大。

三、聚合物直接成网法非织造材料的应用

由于聚合物直接成网非织造材料目前大部分采用自黏合或热熔黏合加固,没有其他化学黏合剂加入,产品手感好,因此广泛应用于医疗卫生领域,可制作一次性手术衣、手术帽、病人服、病人用床单等。纺粘法非织造产品具有良好的力学性能,又适合大批量生产,也被广泛应用于土木、水利、建筑领域,如制作土工布,用于铁路、高速公路、海堤、机场、水库水坝等工程,在建筑工程中作防水材料的基布。此外,在农用丰收布、人造革基布、保鲜布、贴墙布、包装材料、汽车内装饰材料、工业用过滤材料等方面得到了广泛的应用。而熔喷非织造材料主要应用于制作液体及气体的过滤材料、医疗卫生用材料、环境保护用吸油材料、保暖用服装材料及合成革基布等。随着新产品、新技术的不断开发,聚合物直接成网非织造材料的应用范围必将更加广泛。

？ 思考题

1. 纺粘法非织造技术的生产特点是什么?
2. 纺粘法非织造技术的发展特点是什么?
3. 熔喷法非织造生产技术的特点是什么?

第二章 成纤聚合物及聚合物直接成网法非织造原料

第一节 成纤聚合物及其主要性质

成纤聚合物是由一种或几种简单低分子化合物经聚合而组成的相对分子质量很大的化合物,又称高分子或大分子等。成纤聚合物是能制成纤维的合成高分子聚合物,其含义指成纤聚合物不但具有形成纤维的能力,而且所形成的纤维性能指标具有实用价值。纺丝成型的方法不同,评价成纤聚合物成纤能力的准则也有不同。如溶液纺丝法要求成纤聚合物必须在合适的溶剂中能完全溶解并形成黏稠的浓溶液;熔体纺丝法则要求成纤聚合物在升温下熔融并转化成黏流态,而此时不发生分解;其他的成纤聚合物加工成纤维的方法要求也不尽相同。因此,一般不用成纤聚合物形成纤维的能力,而用所制得纤维的综合性能来作为评价成纤聚合物的准则是比较恰当的。对成纤聚合物的具体要求随着加工方法和使用要求而各不相同。

一、成纤聚合物必须具备的基本性质

化学纤维的性质取决于原料成纤聚合物的性质,同时也受到纺丝成型和后加工条件的影响,并非所有的成纤聚合物都能纺制成化学纤维。能纺制成化学纤维的成纤聚合物必须具备以下条件:

(1)成纤聚合物必须具有线性的分子结构,大分子的形状与成纤聚合物的性质有密切关系。线性分子的柔软性好,在外力作用下容易将纤维中的大分子沿纤维轴向排列,使纤维具备一定的强度和延伸度,满足纺织加工和使用要求。如高密度聚乙烯(HDPE)和低密度聚乙烯(LDPE)分子式相同,但 LDPE 分子结构具有较多支链,其主链上长短不一的支链影响了大分子排列的规整性,堆砌不紧密,不能制备纤维;而 HDPE 支链少,分子链近乎呈线型结构,分子排列规整、堆砌紧密,所以可以用于纺制纤维。

(2)成纤聚合物应具有相当高的相对分子质量,相对分子质量分布应较窄,以得到黏度适当的熔体或溶液,而有利于纺丝加工和获得性能良好的纤维。

(3)成纤聚合物的化学结构和空间结构应具有一定的规律性,有可能形成最佳超分子结构的纤维。为了制得具有最佳综合性能的纤维,成纤聚合物应有形成半结晶结构的能力。成纤聚合物中无定形区域的存在,决定了纤维的柔性、染色性,对于各种物质(特别是蒸汽和水)的吸收性,以及一系列其他的重要使用性能。

(4)非晶体成纤聚合物的玻璃化温度应该高于使用温度,因为它能决定纤维的极限热稳定性。在玻璃化温度低的情况下,成纤聚合物应具有高的结晶度。

(5)成纤聚合物应该具有一定的热稳定性及介质稳定性,其熔融温度或软化温度应远高于

使用温度,以保证能加工成纤维并具有实用价值。

二、聚合物分子结构对成纤聚合物性质的影响

聚合物的结构可以分为高分子链结构和聚集态结构。高分子链结构是指单个分子的形态和结构,可以分为近程结构和远程结构。近程结构也就是聚合物的一级结构,包括化学组成、链接结构、构型(空间结构)和序列、支化和交联等。成纤聚合物的化学组成由组成大分子主链结构的原子而定,大分子主链结构可以仅由碳原子以共价键组成碳链成纤聚合物,或者由两种或两种以上的原子如氧、氮、硫、碳等以共价键相联结组成杂链成纤聚合物,也可以是主链中含硅、磷、锗、铝、钛、砷、锑等原子的元素高分子。聚合物原料选定后,一般化学组成不会再发生变化。链接结构是指结构单元在高分子链中的联结方式。构型则是指某一原子的取代基在空间的排列,这些对成纤聚合物的成纤性能也有很大的影响,如聚丙烯中甲基的排列不同就有不同的构型,只有等规聚丙烯才能用于纺丝成型。而聚集态结构是指高分子材料整体的内部结构,包括取向、结晶和织态,这些结构在纺丝成型的过程中会发生很大的变化,对纤维的性能有非常重要的影响,尤其是力学性能。聚合物的结构对纤维性能的影响见表3-2-1。

表 3-2-1　聚合物结构对纤维性能的影响

成纤聚合物的特性	纤维性能			
	抗拉强度	弹性模量	熔点	扩散和吸湿
相对分子质量(链长)	☆	☆	/	/
链刚性	/	☆	☆	/
结构规整性	☆	☆	☆	☆
分子间力	☆	☆	☆	☆
结晶能力	☆	☆	☆	☆
极性基团含量	☆	☆	☆	☆

注　"☆"表示有影响;"/"表示无影响。

成纤聚合物的结构和性质主要是由它的主链结构决定的。碳链成纤聚合物在分子链上可以有双键或者在不同序列中有环状基团,杂链成纤聚合物在链的组成上可以有不同的杂原子(—O—、—S—、—N—、—Si—和其他),也可以有环状基团。它们的化学结构见表3-2-2。

表 3-2-2　成纤聚合物的化学结构

成纤聚合物名称	对应纤维学名	单体	主要重复单元的化学结构式
聚酯	聚对苯二甲酸乙二酯纤维	对苯二甲酸或对苯二甲酸二甲酯,乙二醇或环氧乙烷	—C—〈苯环〉—C—O—(CH₂)₂—O— (C=O,C=O)
	聚对苯二甲酸丁二酯纤维	对苯二甲酸或对苯二甲酸二甲酯、1,4-丁二醇	—C—〈苯环〉—C—O—(CH₂)₄—O— (C=O,C=O)

续表

成纤聚合物名称	对应纤维学名	单体	主要重复单元的化学结构式
脂肪族聚酰胺	聚己内酰胺纤维	己内酰胺	$—HN—(CH_2)_5—CO—$
	聚己二酰己二胺纤维	己二胺、己二酸	$—HN(CH_2)_6NHOC(CH_2)_4CO—$
聚丙烯腈	聚丙烯腈纤维（是丙烯腈与15%以下其他单体的共聚物纤维）	除丙烯腈外,第二、第三单体有丙烯酸甲酯、醋酸乙烯、苯乙烯磺酸钠、甲基丙烯磺酸钠、衣康酸等	$—CH_2—CH—$ 带 CN 支链 共聚组分未表明
	改性聚丙烯腈纤维（是丙烯腈与15%以上第二组分的丙烯腈共聚物纤维	丙烯腈、氯乙烯	$—CH_2—CH—$ 带 Cl 支链，$—CH_2—CH—$ 带 CN 支链 无规共聚物
聚烯烃	聚丙烯纤维	丙烯	$—CH_2—CH—$ 带 CH_3 支链
	聚乙烯纤维	乙烯	$—CH_2—CH_2—$
聚乙烯醇	聚乙烯醇缩甲醛纤维	醋酸乙烯酯	$—CH_2—CH_2—$ 带 OH 支链　缩醛化后的结构未表明
	聚乙烯醇—氯乙烯接枝共聚纤维	氯乙烯、醋酸乙烯	聚乙烯醇(PVA)、聚氯乙烯(PVC)的接枝共聚物
聚氯乙烯	聚氯乙烯纤维	氯乙烯	$—CH_2—CH—$ 带 Cl 支链
聚氨酯	聚氨酯弹性纤维	聚酯、聚醚、芳香族二异氰酸酯、脂肪族二胺	$—NHRNHCOR'OC—$ （O双键 O双键） $—NHRNHCNHR'NHC—$ （O双键 O双键） R:芳基;R′:烃、醚、酯等
纤维素	黏胶纤维	天然高分子化合物	
	溶剂纺纤维素纤维(Lyocell)	天然高分子化合物	

(一) 主链结构的影响

成纤聚合物的化学结构对所制得纤维的化学反应性、染色性、热稳定性、对日光大气的稳定性有重要影响。一般说来,主链中只含 C—C 键的碳链类成纤聚合物,它们的耐化学试剂的稳定性相对都比较好,但它们所含的叔碳原子有时会成为光氧化的敏感点,从而导致对日光大气稳定性较差。若在碳链成纤聚合物中引入共轭双键,则链段会变成刚性链;若引入孤立双键,则链柔软,表现出柔性;若引入环状基团,热稳定性提高,刚性也增加。

杂链类成纤聚合物中的酯键、酰胺键对水解反应都比较敏感,水解能使它们发生降解。但是,如果在这类键的附近引入苯环,会对该类键的水解具有抑制作用;如果在成纤聚合物的主链中引入众多的苯环,则会大大提高所得纤维的热稳定性。

(二) 侧基的影响

成纤聚合物化学结构中的侧基的性质,对于所得纤维的各种物理化学性能也有明显的影响。例如羟基等亲水基团的存在,有助于提高所得纤维的吸湿性;氰基的存在,有利于提高所得纤维的耐日光稳定性和耐气候性;卤素取代基的存在,有利于提高所得纤维的阻燃性。

(三) 端基的影响

成纤聚合物中含有的少量端基有时会很大程度地影响其性能。例如,正常情况下所得到的聚对苯二甲酸乙二酯(PET)长链分子的端基应该是羟基,但由于聚合反应中存在热裂解和热氧化裂解等副反应,使有些长链分子的末端呈现为羧基,羧基含量的多少反映了聚合物降解的程度。因此在 PET 切片中,如果羧基含量增多,必然导致该切片的可纺性差,并使纤维的颜色发黄。

(四) 杂结构的影响

所谓杂结构是指长链分子中夹杂有非正常情况下应具有的构成单元。例如,在 PET 切片中的二甘醇构成单元增多,该切片的熔点会明显下降,相应所得的纤维结晶性会随之降低。

(五) 横向交联的影响

在一般的化学纤维生产中,原则上必须避免发生长链分子间的横向交联,否则该成纤聚合物将不具有被加工成纤维的性能,但为改善纤维的某些性能,有时特地在其已形成纤维之后或在形成纤维的过程中,通过一定手段,使所得纤维分子间发生一定的横向化学交联,以改善纤维的弹性模量或热稳定性。

三、相对分子质量及其分布

成纤聚合物的平均分子量和相对分子质量分布是表征成纤聚合物远程链结构的重要参数,它对该成纤聚合物的加工性能和所得纤维的性能具有明显的影响。成纤聚合物纺丝熔体的零切黏度和弹性强烈依赖于该成纤聚合物的相对分子质量及其分布。在纤维生产中,经常将相对分子质量分布作为控制生产和改进产品质量的重要手段,因为成纤聚合物的相对分子质量及其分布对纤维生产过程和成品纤维的性质有很大影响。

(一) 平均分子量的影响

成纤聚合物的平均分子量一方面影响纺丝熔体或溶液浓度、黏度,从而影响其加工的可能性,如纤维成型、取向拉伸和热定形条件等。另一方面,成纤聚合物的平均分子量还影响成品纤维的质量,如最大形变量、弹性和耐疲劳性能等。不同成纤聚合物要求的合适平均分子量差别较大,几种主要成纤聚合物的平均分子量见表3-2-3。

表3-2-3 几种主要成纤聚合物的平均分子量

成纤聚合物	平均分子量	成纤聚合物	平均分子量
聚酰胺6或聚酰胺66(PA6或PA66)	16000~22000	聚乙烯醇(PVA)	60000~80000
聚酯(PET)	19000~21000	聚氯乙烯(PVC)	60000~150000
聚丙烯腈(PAN)	53000~10600	等规聚丙烯(IPP)	180000~300000

在一定范围内,所得纤维的强度随成纤聚合物平均分子量的提高而增大。随着成纤聚合物平均分子量的提高,该成纤聚合物分子可能发生的最大形变量随之增大,这对于改善所制得纤维的弹性是有利的。纤维的疲劳性能常随构成该成纤聚合物的平均分子量的提高而得到改善。

(二)相对分子质量分布的影响

成纤聚合物的相对分子质量分布对所制得纤维的结构均一性有很大影响。有研究表明,在同样纺丝条件下制得的PET纤维,经电子显微镜观察,原料相对分子质量分布宽的纤维,表面有相当大的不均匀裂痕,在初生丝和拉伸丝内排列是杂乱无章的,而原料相对分子质量分布窄的纤维无论是拉伸丝还是未拉伸丝,其表面基本上是均一的。表3-2-4为分子量分布对聚酯纤维加工和性能的影响。由表3-2-4中可看出,原料相对分子质量分布宽所得纤维强度低,断裂伸长大,而且耐疲劳性差,同时强伸度不匀率也较大。

表3-2-4 相对分子质量分布对聚酯纤维加工和性能的影响

指标	样品1	样品2
原料相对分子质量多分散系数(M_W/M_n)	1.074	1.644
成品纤维相对分子质量多分散系数(M_W/M_n)	1.069	1.375
纤维线密度(dtex)	276	280
后拉伸倍数	4.8	4.8
纤维断裂伸长率(%)	10.6	21.6

四、成纤聚合物的热性质

结晶成纤聚合物加工成纤维的可能性和纤维的性质与成纤聚合物的热性质有密切关系,而成纤聚合物的热性质取决于分子结构。

(一)熔融温度 T_m

在评定某种成纤聚合物是否适宜制造纤维时,熔融温度起决定性作用。一般纺织材料的使用温度在-50~+50℃范围内,但是洗涤和熨烫会受到更高的温度作用;而对于工业或技术用的特种纤维则要求纤维耐很高的温度。因此,供制造合成纤维用的聚合物,熔融温度应该远高于100℃。目前,已经工业化生产纤维的许多成纤聚合物大部分能满足该要求。

结晶成纤聚合物的熔融过程也是相变过程,但它与低分子物质不同,从开始熔融到完全熔融有一个相当宽的温度范围。一般将最后完全熔融时的温度称为熔点,即 T_m,可用熔融热 ΔH_m 与熔融熵 ΔS_m 之比表示。

$$T_m = \frac{\Delta H_m}{\Delta S_m} \qquad (3-2-1)$$

影响结晶成纤聚合物熔点高低的因素有以下几方面:

(1)晶片的厚度。

(2)成纤聚合物结晶温度。结晶温度低,成纤聚合物熔点亦低;反之结晶温度高,熔点亦高。

(3)成纤聚合物相对分子质量。在一种聚合物的同系物中,熔点随相对分子质量增大而增加,直到临界分子量时,即可忽略分子链末端的影响。此后熔点的高低与相对分子质量的大小无关。

(4)成纤聚合物化学结构。成纤聚合物的熔点 ΔH_m 和 ΔS_m 的大小有关。而 ΔH_m 属于能量因素,其大小与分子间作用力、氢键、分子极性、分子链规整性、侧基和苯环等因素有关。ΔS_m 属于熵因素,其大小与大分子链刚性、单体单元规律、分子链活动性等因素有关。这些显然都与聚合物的分子结构有关。若在大分子中引入增加分子间作用力的基团,如引入生成氢键的基团—OH、—NH—时,ΔH_m 会增大,导致 T_m 升高。用于湿法纺丝的纤维素,因为分子间存在大量的—OH 生成氢键、五元环,所以大分子链呈刚性,没有熔点,溶解度也很低,必须用特殊的方法制造纤维。

值得一提的是,对于结晶成纤聚合物,并没有一个确定的熔点,而是在一个不太宽的温度范围内逐渐熔融,其原因之一是晶格有缺陷。对于非结晶成纤聚合物,在宽广的温度范围内转变为黏流态,因此对于此类成纤聚合物来说,往往采用"流动温度"取代"熔融温度",也就是大分子流动(移动)的温度,也称黏流温度 T_f。这个温度既依赖于成纤聚合物的相对分子质量及其分布,也依赖于测定形变的条件。

(二)热分解温度 T_d

耐热性是成纤聚合物最重要的特性之一,它可以反映纤维在制造过程中或在使用过程中,可能发生热裂解或热氧化裂解过程所进行的速度。在很多情况下,成纤聚合物是否能够采用熔融纺丝方法成型以及纤维所受的热处理条件,都要受到可能发生热裂解或热氧化裂解的限制。

热分解温度就是耐热性的表征,它是指在一定温度、介质情况下作用一定时间,成纤聚合物发生化学分解的温度,包括热裂解温度和热氧化裂解温度。几种主要成纤聚合物的熔点和热分解温度见表 3-2-5。

表 3-2-5　几种主要成纤聚合物的热分解温度和熔点

成纤聚合物	热分解温度 T_d(℃)	熔点 T_m(℃)	成纤聚合物	热分解温度 T_d(℃)	熔点 T_m(℃)
PE	350~400	138	PAN	200~250	320
等规 PP	350~380	176	PVC	150~200	170~220
PET	300~350	265	PVA	200~220	225~230
PA6	300~350	215	纤维素	180~220	—

从表 3-2-5 可以看出,成纤聚合物的热分解温度有可能比熔点还低,如 PAN、PVC、纤维素等,这样的成纤聚合物就不能采用熔融纺丝的方法来制备纤维,而必须采用溶液纺丝的方法。

大分子受热作用而裂解的化学键再行结合的概率难以计算,一般采用材料强度与温度关系近似公式表示:

$$t = t_0 \exp\left(\frac{E_0 - C_\sigma}{RT}\right) \tag{3-2-2}$$

式中:t——温度 T、张应力 σ 下材料在断裂前能支持的时间,s;

E_0——热分解活化能($\approx$化学键能),kJ/mol;

t_0——原子振动参数($10^{-13} \sim 10^{-12}$),s;

R——气体常数,8.36kJ/mol 或 2×10^{-3} kcal/(mol·K);

C_σ——物质常数。

对公式(3-2-2)取对数后可得:

$$c_\sigma = E_0 - 2.3RT(\lg t - \lg t_0) \tag{3-2-3}$$

大分子在极小负荷($\sigma = 0$),$t = 1$s($\lg t = 0$)时,$\lg t_0 = -13$,$E_0 = 2.3RT \times 13$,则热分解温度 T 为:

$$T = \frac{E_0}{0.25} \text{(以 kJ 计算)} = \frac{E_0}{0.06} \text{(以 kcal 计算)} \tag{3-2-4}$$

对于酰胺键:$E_0 = 40 \sim 50$ kcal/mol($167.2 \sim 209$ kJ/mol)

$$T = 833K = 560℃$$

对于碳链成纤聚合物,活化能高:$E_0 = 60 \sim 70$ kcal/mol($250.8 \sim 2292.6$ kJ/mol)

$$T = 1166K = 893℃$$

如果按式(3-2-4)计算的话,聚合物的热分解温度应该很高。但实际上,PVC、PVA、PAN 等碳链成纤聚合物的热分解温度比其熔点还低,这主要是裂解机理复杂造成的。因为它不仅可能发生主链断裂而降低聚合度,或在链末端断裂而形成单体,还可能分解出低分子物质,如 PVA 有可能脱出 H_2O,而 PVC 可能会脱出 HCl。

运用评定耐热性的方法还可以知道,作用时间也有很大的影响。若作用时间长,则热分解温度会降低;若作用时间短,则热分解温度会提高。如酰胺键,当作用时间为 1s 时,热分解温度为 560℃;当作用时间为 10s 时,热分解温度为 400~530℃;当作用时间为 1h 时,热分解温度为 310~400℃。

通常,发生热氧化裂解或水解过程的温度比热裂解温度低。采用适当的加工条件,如惰性气体保护、预先使体系排除空气、将成纤聚合物干燥等,在一定程度上可以避免这种过程发生。加入能吸氧、能与水解剂相结合或能使活性自由基引发的链式反应终止的适当助剂,可以阻止大分子的氧化分解和水解反应,或大大减慢其速率。但是,任何稳定剂都不能防止大分子化学键在高温下发生热裂解。化学键能越低,热分解温度就越低,裂解速率越快;化学键能越高,热分解温度就越高,裂解速率越慢。

(三)玻璃化温度 T_g

成纤聚合物的玻璃化温度是指非晶态成纤聚合物从玻璃态到高弹态的转变温度。对于晶态成纤聚合物来说,指其中非晶部分的这种转变。玻璃化温度与成纤聚合物结构的规整性有关。对于半结晶成纤聚合物,随着取向度和结晶度的增大,T_g明显提高。

成纤聚合物的玻璃化温度对其牵伸过程具有很大的影响。如果牵伸温度小于T_g,则材料的变形伸长为0.01%~0.1%,牵伸模量为$10^5~10^7\text{N/cm}^2$,纤维处于玻璃态;如果牵伸温度介于T_g和T_m之间,则材料的变形伸长为100%~1000%,牵伸模量为$10~10^3\text{N/cm}^2$,纤维处于高弹态,这时候在外力的作用下高分子链段容易发生重排,使其结晶度和取向度增加,纤维的力学性能提高。

聚合物的玻璃化温度和熔点决定了分子链活动性的大小。T_g与T_m有如下的经验关系式:

$$\frac{T_g}{T_m} = 0.5 ~ 0.67 \tag{3-2-5}$$

由此可见,成纤聚合物的玻璃化温度不宜过低,否则熔点会接近使用温度。如T_g为-50℃,则熔点将只有60℃,这样的纤维是没有使用价值的。已知的各种成纤聚合物的玻璃化温度一般在0~20℃,这就能保证它的熔点高于100℃,制成的纤维也就具有了使用价值。

(四)脆化温度 T_b

主链链节旋转不自由,但是侧基出现了活动性,在外力的作用下,这些微量的活动性可使应力比较均匀地分布在分子链或共聚体之间,从而防止材料发生脆性破坏,即发生次级转变。在低于这些次级转变温度下,成纤聚合物仅发生普弹形变,即键长、键角发生变化,这时候成纤聚合物材料变得很脆,产生这一转变的温度称为催化温度T_b。

当成纤聚合物温度T处于$T_b<T<T_g$之间时,在大负荷作用下,链段可以克服链节移动的能量,发生相当大的形变,这一形变称为强迫高弹形变。当T_b接近于T_g时,成纤聚合物呈现脆性,不宜制造纤维。

五、成纤聚合物的热机械曲线与成纤性能

某种聚合物是否适宜制造纤维,与其熔点T_m(黏流温度T_f)、热分解温度T_d、玻璃化温度T_g及脆化温度T_b有很大关系,常用温度—形变曲线(即热机械曲线)加以判断。

成纤聚合物的热机械曲线共有以下六种,如图3-2-1所示,其中参考T'、T''为最低和最高使用温度。

对于图3-2-1(a)的热机械曲线,T_b、T_g、T_f三点合一,一般玻璃态低分子符合此热机械曲线,如硅酸盐等无机物、单糖等,很脆,纤维没有使用价值。对于图3-2-1(b)的热机械曲线,T_b、T_g重合,$T_f<T_d$,$T''<T_b$,脆性,不能作纤维,无规苯乙烯满足此热机械曲线。对于图3-2-1(c)的热机械曲线,$T_g<T'$,$T_f<T_d$,可以通过熔融方法加工,但不能用作纤维,力学性能与橡胶类似。对于图3-2-1(d)的热机械曲线,$T_b<T'$,T_g、$T_f>T_d$,可用作纤维,但不能熔融纺丝,可用溶液方法加工,如纤维素满足此热机械曲线。对于图3-2-1(e)的热机械曲线,$T_b<T'$,$T_g>T''$,$T_f>T_d$,可用作纤维,但不能熔融纺丝,可用溶液方法加工,醋酸纤维素满足此热机械曲线。对于图3-2-1(f)的热机械曲线,$T_b<T'$,$T''<T_g<T_f<T_d$,可用作纤维,非常理想,可以熔融纺丝,纺粘聚合物必须满足该热机械曲线。

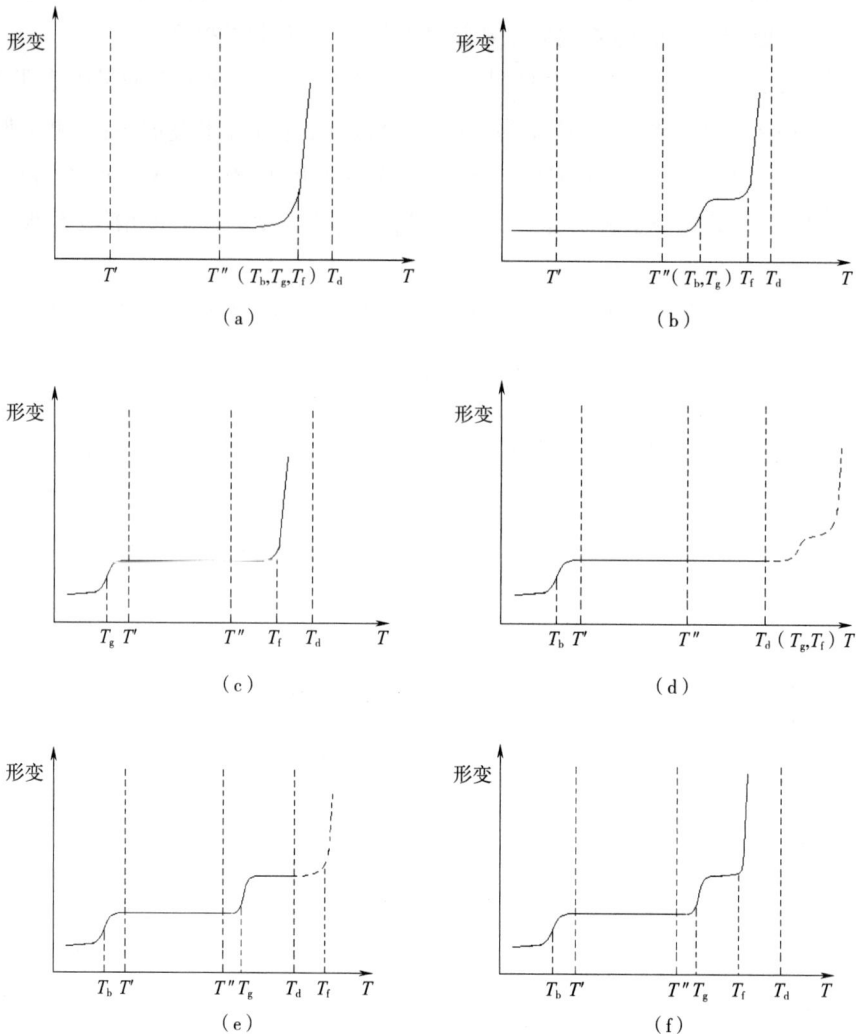

图 3-2-1 成纤聚合物的六种热机械曲线

六、成纤聚合物的结晶能力

成纤聚合物的结晶能力和所能达到的结晶度,对纤维的制造过程和成品纤维的性能有非常大的影响。

(一)非结晶性成纤聚合物

非结晶性成纤聚合物在 T_g 以上处于高弹态,其强度低,变形性大。当 $T_g < 40 \sim 60℃$,此类非结晶性聚合物制成的纤维无实用价值;只有当 $T_g > 60 \sim 80℃$,纤维能够在不需要升高温度而使用的某些方面获得应用。如聚氯乙烯纤维、氯乙烯和醋酸乙烯共聚纤维等,这类成纤聚合物制成的纤维即使 T_g 较高,纤维的力学性能和热性能也不高。

(二)结晶性成纤聚合物

成纤聚合物的结晶能力之所以非常重要,不仅由于结晶度在很大程度上影响纤维的力学性能,而且在于非晶态结构到晶态结构的转变有利于取向状态的固定。在形成初生纤维的过程中,优先产生的是非晶态结构或介稳定的结晶结构,取向拉伸可使纤维中的大分子与其共聚体沿着纤维轴向排列起来,但只有通过结晶作用,纤维的这一取向态才能固定下来。因此,制造纤维应采用结晶性成纤聚合物,目前几乎所有的化学纤维都属于取向的部分结晶成纤聚合物。

对于这类成纤聚合物,取向提供纤维强度,结晶则提供纤维高模量,并建立结构中的网络点,提供弹性回复、耐蠕变、耐溶剂性;与结晶共存的非晶区则赋予纤维耐疲劳性、弹性伸长和染色性能。因此,结晶与化学纤维性能及其成型工艺有密切关系。

但是,成纤聚合物的结晶能力过大也有不利的一面,即熔点往往会高于热分解温度,不能采用熔融纺丝的方法加工,且初生纤维的结晶度如果太高,其后的牵伸能力就减小,所得的纤维性能也往往较差。聚合物结晶的可能性与许多因素有关,主要为:高分子链化学结构的规律性;高分子链立体空间结构的规整性;高分子链有足够的活动性;结晶的温度–时间条件,以及机械应力的影响等。在纺丝过程中,避免生成结晶度高或具有稳定结晶变体的初生纤维,一般结晶度为40%～70%较为合适。

第二节　聚合物直接成网法原料

由于聚合物直接成网法以纺粘法和熔喷法为主,采用熔融纺丝技术,因此其生产所用的原料都是热塑性聚合物。热塑性是指在特定温度范围内聚合物能够反复加热软化,冷却后能够硬化的特性。聚合物直接成网法非织造生产工艺所用的原料在常温下都是固态的,有时候也称为"切片"或"树脂"。目前,采用的原料主要有聚丙烯(PP)、聚酯(PET)、聚乳酸(PLA)、聚酰胺(PA)和聚氨酯(PU)等。由于在使用不同的原料时,产品的特性也会不同,生产流程也会有差异,设备的性能及配置也不相同,这将对产品的用途、市场、经济效益及生产线的成本预算都会产生重大影响。

一、常规生产原料

(一)聚丙烯(PP)

由于聚丙烯具有优良的加工成型性、稳定性、相容性、低色泽、无臭味、良好的经济性等优点,而被用作纺粘和熔喷法非织造材料的首选原料。聚丙烯由碳原子为主链的大分子所组成,其结构如图3-2-2所示。根据甲基在空间排列位置的不同,存在三种立体结构,即等规、间规和无规结构。

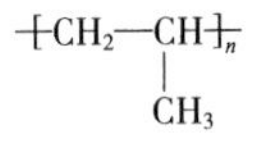

$$+CH_2-CH+_n$$
$$|$$
$$CH_3$$

图3-2-2　聚丙烯分子结构

等规聚丙烯大分子是由相同构型的有规则的重复单元构成的,侧基(—CH$_3$)在主链平面的同一侧,每个链节沿分子链有相同立体位置的不对称中心,这种规则的结构很容易结晶,也称为全同立构(isotactic),其结构如图3-2-3所示。

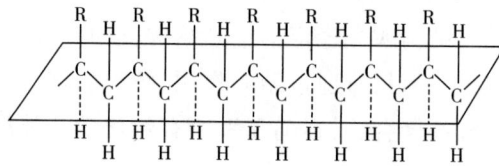

图 3-2-3　全同立构示意图

间规聚丙烯是由相反的构型单元交替有规则地排列,侧基($—CH_3$)在主链平面上下有次序地交替布置,也称为间同立构(tactic),具有这种规则立体结构的分子链也容易结晶,其结构如图 3-2-4 所示。

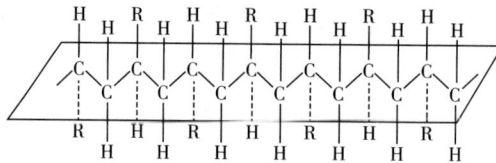

图 3-2-4　间同立构示意图

无规聚丙烯的侧基($—CH_3$)完全无秩序地配置,也称无规立构(atactic),是一种结晶困难的无定形聚合物,其结构如图 3-2-5 所示。

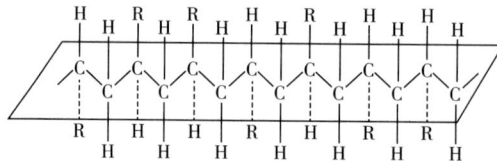

图 3-2-5　无规立构示意图

在丙纶纺粘法成型加工中,一般采用等规度在 95% 以上的等规聚丙烯,若低于 90% 则纺丝困难。

在聚丙烯成型加工中,熔体流动性能是一个重要指标,一般采用熔体流动指数(熔融指数,MI)来表征,它是指在一定的温度下,熔融状态的成纤聚合物熔体在 2.16kg 的标准负荷下,10min 内从直径为 2.095mm、长度为 8mm 的标准毛细管中流出的重量,单位为 g/10min。熔融指数的大小与 PP 的相对分子质量有关,一般相对分子质量越高,熔融指数值越小。在纺粘法成型加工过程中,由于要实现纺丝、牵伸、铺网的连续进行,且可高速纺丝产生细旦纤维,因此所需要的熔融指数值一般为 30~40g/10min。而在熔喷法加工成型过程中,为了更利于热空气喷吹形成超细纤维,所选的 PP 熔融指数范围一般为 400~2000g/10min,国内常用 PP 的熔融指数为 1200~1500g/10min。

在剪切应力的作用下,熔体在压缩和形变时表现出一定的弹性行为,当其流经喷丝头细孔而挤出时,具有倾向于回复其初始形状的能力。这种胀大效应依赖于毛细孔的尺寸,尤其是毛细孔的长径比(L/D),它随着 L/D 的增加以及毛细孔平均剪切速率梯度的降低而降低;且随着温度的降低,使松弛效应减慢、黏性阻尼增加,致使挤出胀大效应变得显著。聚丙烯柔软的分子链结构,使其在加工成型过程中对这种挤出胀大行为不能忽视。

聚丙烯的可纺性与其相对分子质量及分布密切相关。用于挤出纺丝的等规聚丙烯的平均分子质量高达 20 万~30 万,熔体一般表现出较为明显的非牛顿假塑性行为。相对分子质量分布以重均分子量与数均分子量的比值即相对分子质量分布指数来度量,用于熔体纺丝的聚丙烯切片的相对分子质量分布越窄越好,用于纺粘法的聚丙烯相对分子质量分布指数一般小于 4。

聚丙烯的熔点为 164~170℃(纯等规 PP 为 176℃),纺丝温度需控制在熔点以上。在纺丝成型过程中,随 PP 的 MI 值增大,相对分子质量降低,纺丝温度应相应降低。若在较低的温度下纺丝,很容易导致取向和结晶同时发生,并形成高度有序的单斜晶结构,不利于后续拉伸;若在较高的纺丝温度下,由于结晶发生前具有较大的流动性,初生纤维的预取向度低,且形成不稳定的蝶状液晶结构,可实现较高倍数的后拉伸,从而获得高强纤维。

PP 熔体冷却便生成从晶核向四周扩张的球晶结构,存在杂质或内应力集中的地方首先生成晶核。冷却速度快,生成的晶核就多,因此球晶的大小与冷却方式有很大的关系,从而影响聚丙烯纤维的力学性能。

纺粘法常用 PP 切片质量指标见表 3-2-6。

表 3-2-6　纺粘法常用 PP 切片质量指标

测试项目	含湿率(%)	熔点(℃)	密度(g/cm³)	MI(g/10min)	相对分子质量分布指数	等规度(%)	灰分(%)
指标	<0.05	164	0.91	35±5	<4	>96	<0.025

聚丙烯的导热系数是所有纤维中最低的,为 $(8.79~17.58)×10^{-2}W/(m \cdot K)$,其保温效果比羊毛还好;其纤维密度为 $0.90~0.92g/cm^3$,具有较大的覆盖面积,可用于家庭和车用填料、絮片等保温材料及吸音和隔热材料等。聚丙烯不与一般化学试剂反应,具有较强的耐化学药品性能,其非织造产品可用于土工布、铅蓄电池隔膜、过滤材料等。丙纶纺粘热轧过程没有污染,其细旦纤维具有疏水性及芯吸作用,主链中没有活性基团,不易被细菌、霉菌侵蚀,与人体皮肤接触无刺激、无毒性,可广泛用作医疗卫生材料。

(二)聚酯(PET)

聚酯的学名为聚对苯二甲酸乙二酯,其纤维的商品名为涤纶,其结构式如图 3-2-6 所示。聚酯是热塑性聚合物,由于其具有优良的力学性能和加工性能,强度高、耐气候性能强、综合性能好,已成为纺粘法非织造材料的重要原料之一。

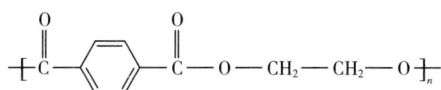

图 3-2-6　聚酯分子结构

PET 分子链为线性结构,具有高度的立构规整性,所有的芳香环几乎处于同一平面上,因此具有结晶倾向;由于没有大的支链,分子易于沿着纤维拉伸方向取向而平行排列。单基由一个苯环(—◯—)、两个酯基($-\overset{\text{O}}{\overset{\|}{\text{C}}}-\text{O}-$)和两个亚甲基(—CH$_2$—)构成。—CH$_2$—CH$_2$—是柔性链;苯环使分子链的刚性增大,熔融熵减小,结晶速率减缓,所以按传统的熔体纺丝法得到的初生纤维一般为非晶态,但经过拉伸取向可诱导快速结晶,不仅取向度高,而且结晶度也高。

PET 分子链通过酯基相连,其化学性质多与酯基有关,如在高温和水存在下或在强碱性介质中容易发生酯键的水解,使分子链断裂,聚合度下降。所以 PET 纺丝成型过程中必须严格控制水分含量,一般要求切片的含水量小于 50mg/kg。

PET 对酸(尤其是有机酸)很稳定,但在室温下不能抵抗浓硫酸或浓硝酸的长时间作用,大分子上的酯基受碱作用容易水解,对一般非极性有机溶剂有极强的抵抗力,即使对极性有机溶剂在室温下也有相当强的抵抗力,且耐微生物作用、耐虫蛀、不受霉菌等影响。PET 具有良好的耐热性,软化点为 238~240℃,一般工业产品用 PET 的熔点在 255~260℃。PET 可在较宽的温度范围内保持其良好的力学性能,在-20~80℃的温度范围内受温度影响较小,长期使用温度可达 120℃,能在 150℃使用一段时间。

PET 的成型加工性能主要与其相对分子质量及分布有关。纺丝用 PET 树脂的相对分子质量通常为 15000~22000。一般来说,相对分子质量低,熔体黏度下降,纺丝易断头,丝条经不起高倍拉伸,成品丝强力低,延伸度高,耐热性、耐光性、耐化学稳定性下降;当相对分子量小于8000~10000 时,PET 就几乎不具有可纺性了。相对分子质量分布对 PET 纺丝加工性能及非织造纤网中纤维的结构、性能的影响也很大。实践证明,平均分子量相同而分布宽的 PET,纺丝时易产生断头、毛丝和疵点,且经不起拉伸,所得纤维及非织造材料的强度低、延伸度高、弹性回复率低、表面粗糙。

纺粘法常用 PET 切片质量指标见表 3-2-7。

表 3-2-7　纺粘法常用 PET 切片质量指标

项目		指标值	项目		指标值
特性黏数		0.63~0.66	铁含量(%)		≤0.0003
熔点(光学片)(℃)		≥250	色相	L 值	>80
二氧化钛含量(%)		0~1.0		B 值	<7
凝胶粒子(个/μg)	平均粒径>10μm	≤0.4	285~295℃熔体停留 15min 的特性黏数		<0.01
	平均粒径>20μm	无	切片内凝胶及黄色或黑色的固体		无
端羧基(mol/t)		≤30	切片尺寸(约)(mm)		φ3×4 或 4×4×5
二甘醇含量(%)		≤1.3	切片含水率(%)		<0.4
灰分(不包含 TiO$_2$)(%)		≤0.025			

PET 的熔点在 260℃左右,在需要耐温的环境下,可以保持非织造材料外形尺寸的稳定性

能,已经被广泛应用于热转移印花、传动油的过滤以及一些需要耐高温的复合材料。PET 抗 γ 射线性能好,如果应用于医疗产品,可以直接用 γ 射线消毒而不会破坏其物理性能和尺寸稳定性,这一点是 PP 纺粘非织造材料没有的物理性能。PET 纺粘针刺非织造材料突出的特点是强度高、纵横强力比均衡、有利于实现产品的薄型化发展,这种材料目前在国际上被广泛应用到车顶衬垫材料、座椅垫层、车后厢衬垫材料、缓冲和隔音材料等,也适合加工土工布。PET 纺粘热轧非织造材料是汽车用簇绒地毯底布的最主要材料,同时也适合加工包装材料、建筑和屋顶材料。

(三)聚酰胺(PA)

聚酰胺纤维又称为尼龙,我国商品名为锦纶。聚酰胺可由二元胺和二元酸通过缩聚反应制得,如 PA66,其结构式如图 3-2-7 所示;也可以由一种内酰胺的分子通过开环自缩聚而成,如 PA6,其结构式如图 3-2-8 所示。主要特征是大分子链由酰胺键连接。

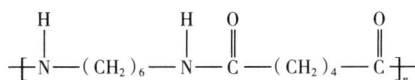

$$\left[N—(CH_2)_6—N—C—(CH_2)_4—C \right]_n \qquad \left[N—(CH_2)_5—C \right]_n$$

图 3-2-7　PA66 分子结构　　　　　　图 3-2-8　PA6 分子结构

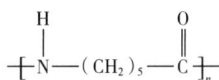

一般适合纺丝用的聚己内酰胺的数均分子量在 14000~20000,聚己二酰己二胺的相对分子质量在 20000~30000,过高和过低都会给聚合物的加工性能和产品性质带来不利的影响。而对于相对分子质量分布的要求,一般聚己内酰胺的分布指数为 2 左右,聚己二酰己二胺在 1.85 左右。

由于聚酰胺在高温下,在有水分存在的条件下容易产生降解,大分子断链,使产品的力学性能下降。因此,用于生产纺粘法非织造材料的聚酰胺树脂切片在纺丝前一定要充分干燥,脱除水分,以保证纺丝的顺利进行和非织造材料产品的质量,一般含水率应控制在 0.05% 以下。

PA66 和 PA6 具有吸湿性好、染色性好和耐磨等优点,但是价格相对较高,所以用量较 PP、PET 要少,多与 PP、PET 共同用于双组分纺粘法原料。

(四)聚乙烯(PE)

聚乙烯是一种热塑性聚合物,可以分为低压高密度聚乙烯(HDPE)和高压低密度聚乙烯(LDPE)两种。HDPE 没有支链结构,相对分子质量较高,在几十万左右,熔点 132~135℃,强度及耐热性都比较好,适合于制作纤维和非织造材料。LDPE 相对分子质量较低,在 4 万~12 万,熔点较低,在 112℃ 左右且范围宽,具有支链结构,强度低,耐热性差,质地柔软,适合于做薄膜等产品。

与 PP 相比,HDPE 结构没有长链分支,而且相对分子质量分布较窄,因此更容易获得较细的纤维。由于 HDPE 熔融黏度比 PET、PA 高,弹性大,因此纺丝比较困难,纤维线密度不易均匀,可通过提高纺丝温度来克服这一问题,一般纺丝温度控制在 200~250℃。

PE 容易光氧化、热氧化、遇臭氧分解和进行卤化反应,在紫外线的作用下会发生光降解,导致 PE 变脆,介电性变差。PE 受到辐射时会发生许多反应,中等剂量辐照对聚乙烯的低温柔性没有影响;高剂量作用会导致其结晶性消失,损害其低温性能;在更高剂量作用下,聚合物在室温也会发脆。PE纺粘法非织造材料一般可用作过滤材料、家具用布、防护服、手术衣、电绝缘材料等。

(五)聚乳酸(PLA)

PLA是polylactide acid的简称,中文称为聚乳酸。它是采用可再生的玉米、木薯等淀粉为原料,经发酵制取乳酸,然后由乳酸聚合而成,是100%生物可降解的材料。聚乳酸切片通过纺丝即可制成聚乳酸纤维,所以聚乳酸纤维又称玉米纤维。

聚乳酸具有良好的生物降解性和生物相容性,在机体内或自然环境中,在酶、微生物及酸、碱和水等介质的作用下会逐渐分解,最终成为二氧化碳和水,对环境无污染。其循环使用过程如图3-2-9所示。

聚乳酸是热塑性聚合物,可采用常规的熔融纺粘法设备生产聚乳酸纺粘非织造材料。由于聚乳酸具有一个活性炭,有旋光性,可分为左旋、右旋、外消旋及非旋光性等几种。其中左旋聚乳酸(PLLA)具有结晶性,熔点较高(175℃),且相对容易得到,因此一般用它来纺制纤维和纺粘法非织造材料。PLA结构式如图3-2-10所示。

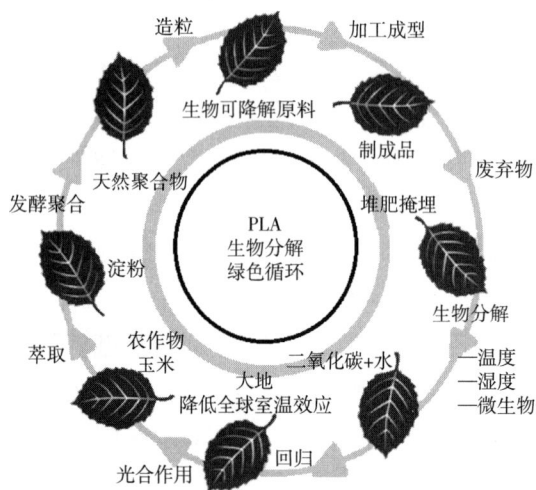

图3-2-9　聚乳酸纤维的循环使用过程　　　　图3-2-10　PLA分子结构

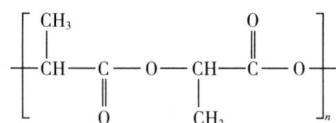

聚乳酸(PLA)纤维是一种高结晶性、高取向性和高强度的纤维,具有较好的力学性能,与聚酯和聚酰胺纤维相比,PLA纤维具有更好的手感和悬垂性,比重低、抗紫外线(UV)好、可燃性差、发烟量小,有较好的卷曲性和保型性。聚乳酸纤维的降解性能优良,一般PLA纤维的平均降解时间为一年左右。由于无有害气体放出,对大气环境没有污染,是一种完全意义上的环保纤维。因此,聚乳酸纺粘非织造材料主要用于农业、园艺等方面,可用作种子培植、育秧、防霜及除草用布等;在医疗卫生方面,可用作手术衣、手术覆盖布、口罩等,也可用作尿布、卫生巾的面料及其他生理卫生用品;在生活用品方面,可用作擦布、厨房用滤水袋、滤渣袋或其他包装材料。纺粘法用聚乳酸切片的物理性能见表3-2-8。

表 3-2-8　纺粘法用 PLA 切片物理性能

项目	密度（g/cm³）	结晶温度（℃）	熔点（℃）	玻璃化温度（℃）	折射率	吸湿率（%）	结晶度（%）
指标值	1.27	103	175	58	1.45	0.6	83.5

（六）聚氨酯（PU）

聚氨酯由大分子二醇（聚酯或聚醚）、二异氰酸酯和小分子扩链剂（二醇或二胺）通过加成聚合反应制得的嵌段共聚物，具有高强度、高弹性、高耐磨性和高屈挠性等优良力学性能，又具有耐油、耐溶剂和耐一般化学品的性能。日本钟纺公司在熔喷非织造技术的基础上，开发了具有弹性的热塑性聚氨基甲酸酯纺粘非织造材料。

均聚聚氨基甲酸酯并不具有弹性，但是其嵌段共聚物中，由低相对分子质量的聚酯或聚醚组成软段，并在常温下处于高弹态，在应力作用下，很容易发生变形，从而赋予纤维容易被拉长变形的性能；由二异氰酸酯构成硬链段，由于其容易结晶并可产生横向交联，在应力作用下基本上不发生变形，防止了分子间的滑移而赋予纤维足够的回弹性。一般聚氨酯根据分子链结构中软链段是聚酯或聚醚而分为聚酯型和聚醚型，前者如美国橡胶公司生产的维林（Vyrene），后者如杜邦公司生产的莱卡（Lycra）。

线型聚氨酯嵌段共聚物的合成可以分为两步，第一步为预聚合，即用 1mol 聚酯或聚醚与 2mol 的芳香族二异氰酸酯反应，生成分子两端含有异氰酸酯基（—NCO）的预聚物；第二步是链扩展反应，即用含有活泼氢原子的双官能团化合物作链增长剂，与预聚物继续反应，生成相对分子质量在 20000~50000 的线型聚氨酯嵌段共聚物。具体的反应方程式如图 3-2-11 所示。

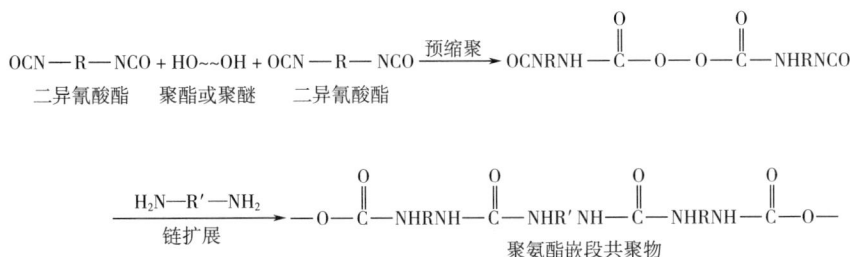

图 3-2-11　聚氨酯嵌段共聚反应式

一般而言，聚氨酯分子结构中软段部分的相对分子质量越大，纤维的伸长弹性和回弹率就越高；化学交联型聚氨酯弹性纤维的回弹能力比物理交联型的更好；聚醚型氨纶比聚酯型氨纶弹性伸长、回弹率高。由于聚氨酯具有优良的弹性，且无毒，因此聚氨酯纺粘非织造材料在医用绷带、医用辅料、婴幼儿纸尿裤覆面层等医用卫生材料方面具有广泛应用前景。

二、功能母粒

功能化改性是纺粘法生产中的一项重要技术，通过改性处理，可以使产品获得阻燃、抗静电、抗紫外线、抗菌、亲水等功能,从而拓宽产品的适用范围,增加产品的附加值。改性的手段一般是在三组分配料装置中加入适当比例的功能添加剂,与常规切片直接共混纺丝制得功能改性纺粘非织造材料;另一种手段是在后处理工序中应用功能整理剂对常规纺粘非织造材料进行表面整理。其中表面整理法工艺简单,但功能持久性差,而共混功能母粒由于功能耐久性好而成为更为常用的方法。

(一) 阻燃改性剂

非织造材料的阻燃改性是通过添加阻燃剂而得以实现的。阻燃剂要能在非织造材料上获得应用,必须符合下列条件:低毒、高效、持久,能使产品达到阻燃标准要求;热稳定性好,发烟性小,能适合非织造工艺要求;不使非织造产品原有性能明显降低;价格低,有利于降低成本。

制备非织造材料所用的阻燃剂种类很多,有无卤、低毒、低烟、低污染、低腐蚀的阻燃剂,也有具有较好热稳定性和耐热性的高效多功能复合阻燃剂,还有无机环保阻燃剂,如超细化无机粉体阻燃剂等。目前,阻燃非织造材料向着多样化、功能化、高级化、环保化的方向发展,因此,卤系阻燃剂逐渐被磷系、氮系、有机硅型、膨胀型、无机阻燃剂等替代,这些阻燃剂低毒、不含卤锑,是阻燃剂无卤化的途径之一。

对于 PP 纺粘非织造材料,一般多用多磷酸铵与季戊四醇配合使用的阻燃剂与 PP 切片共混纺丝的方法来制备 PP 阻燃型非织造材料。对于 PET 纺粘非织造材料,一般添加接枝、共聚含磷和溴的改性聚合物,当非织造材料中 P 含量大于 0.4% 时,表现出良好的阻燃效果。对于 PA 非织造材料,常用的阻燃剂为含增效剂的卤化物及有机膦的化合物,但不是所有该类化合物均可使用的,国内常用的是溴代芳香酰胺有机阻燃剂,当其加入量为 3.0% 时,LOI 值可达 26。

(二) 抗静电改性剂

纤维材料和其他高分子化合物一样,具有极强的带电性,因此需要对材料进行抗静电处理。纺粘非织造材料的抗静电改性主要是将抗静电剂与切片共混直接纺丝成型,其静电效果显著、持久、耐洗涤,可保持原有材料的风格和力学性能等特点。添加内部抗静电剂的前提条件是抗静电功能组分能够在基体聚合物中得到良好、均匀、高密度的分散,最好以不连续的分散相存在,并尽量避免纤维通路中高电阻现象的出现,使所产生的电荷尽快散逸。

目前抗静电剂种类繁多,有亲水性高分子化合物、各类金属粉末或碳粉、无机盐、非离子表面活性剂、两性型表面活性剂、阳离子表面活性剂、阴离子表面活性剂等。常用抗静电改性剂为聚氧乙烯类聚合物(PEG),这种抗静电改性剂与成纤聚合物共混纺丝,以条纹状或岛状分散在纤维内部,可制成抗静电纤维。如果 PEG 与无机粒子共混互配使用,再添加导电粒子或少量的金属络合物,则抗静电效果更好。抗静电改性剂的用量一般为 2%~5%,其比例应根据纺粘法非织造材料的抗静电性能要求及为保证纺丝顺利进行而进行适当的调整。图 3-2-12 是在温度为 20℃、相对湿度 40% 条件下,将添加抗静电母粒的纺粘非织造材料和未添加抗静电剂的对比样在羊毛织物上沿着一个方向快速摩擦 10 次后迅速靠近新鲜烟灰,通过测定吸灰量和开始吸灰高度来判断其抗静电效果。

（a）不加抗静电剂的常规纺粘材料　　　　　　　　（b）添加抗静电母粒后的纺粘材料

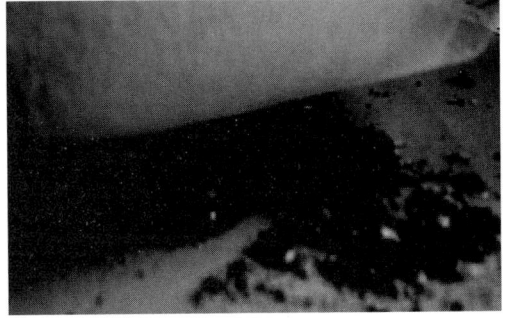

图 3-2-12　添加抗静电母粒前后纺粘非织造材料吸灰性能对比

由图 3-2-12（a）可以看出，未添加抗静电母粒的纺粘非织造材料吸收了大量的烟灰，经测试，开始吸灰高度为 42mm；而由图 3-2-12（b）可以看出，添加了 2.2% 的抗静电母粒后，纺粘非织造材料几乎不吸灰，开始吸灰高度为 0，抗静电效果明显。通过对材料的体积比电阻测试也发现，添加了抗静电剂后体积比电阻下降了 $10^3 \sim 10^4$ 个数量级。

（三）防老化改性剂

所谓防老化，是指采用一定的措施，阻止和延缓老化的化学反应。纺粘非织造材料的防老化改性的措施有改进共聚物的化学结构、引进含有稳定基团的结构、对活泼端基进行消活稳定处理和加入添加剂。其中最常用的是加入添加剂，如抗氧剂和光稳定剂的方法，其优点是简单、有效、灵活。应用的核心问题是添加剂的正确选择。纺粘法非织造材料的防老化主要设计防光和气候老化的问题。

避免材料受紫外光破坏的途径主要有避免紫外光吸收或减少发色团的光吸收量，通过钝化发色团的激发态来降低其诱发速率，或在链支化阶段，当氢过氧化物还未遭受光解产生自由基之前，将其转化为稳定的化合物。在纺粘法非织造材料生产中常用无机的紫外反射剂，它利用无机氧化物对紫外线的反射起到阻挡紫外线的作用。常用的有 ZnO、TiO_2，用量一般为 $0.01\% \sim 1.0\%$。

（四）亲水化改性剂

PP、PET、PA 等合成纤维与天然纤维的最大区别在于它们是疏水性聚合物，吸湿性差，易产生静电，易沾污和易燃等。因此，亲水改性是纺粘法非织造材料改性的一个重要方面。

纤维的亲水改性主要取决于纤维的化学结构和物理结构。纤维高分子中的极性基团，如羟基（—OH）、酰胺基（—CONH）、羧基（—COOH）、氨基（—NH₂）等均为亲水基团，通过氢键与水分子的缔合作用而表现出对水分子具有一定的亲和能力。因此，通过在纤维高分子链中引入亲水性基团或在聚合物中添加亲水性组分都可以进行亲水改性。

共混纺丝中所用的功能母粒一般是将具有吸湿能力的聚合物与基体聚合物通过共混而制成改性添加剂，如将聚酯与聚氧乙烯乙二醇、聚氧乙烯磺酸盐等共混形成添加剂；将聚酰胺与高相对分子质量的聚醚，含 C 数 12 以上的脂肪族酸、胺、醇等共混形成添加剂。亲水改性添加剂的用量一般为 2% 左右,用量过低发挥不出亲水改性的作用,但用量过高,对纺丝不利,易使注头、断头增多,使纺粘非织造材料出现黏着、硬块等疵点,所以要严格控制添加的配比。

三、降温母粒

纺粘法用 PP 树脂大多是由 Zigler-Natta 催化剂定向聚合反应制得的,一般带有高相对分子质量尾端,使 PP 加工时流动性能较差。因此,需要用有效而经济的方法来破坏 PP 高相对分子质量的尾端,从而改进聚合物的相对分子质量及相对分子质量分布。在 PP 基体中,根据 PP 的 MI 值的不同加入不同量的降温母粒可实现这一功能,满足纺粘法对 PP 切片 MI 值为 30 ~ 40g/10min 的要求。

降温母粒是以基体树脂为主体,添加一定的有机过氧化物及其他助剂制备而成的,其有效成分为有机过氧化物,最常用的是二叔丁基过氧化物(DTBP)。DTBP 沸点较低,为 109℃,在高温下,母粒中的 DTBP 快速挥发,并均匀地扩散到与母粒相混的 PP 树脂中,在接近熔点以上的温度下过氧键裂解,进一步攻击 PP 链上的叔碳原子,引发断链反应,从而使聚丙烯的高相对分子质量部分减少,相对分子质量分布变窄,熔体的流动性能增加。

降温母粒还可能影响 PP 纤维的取向度和结晶度,使其预取向度和结晶度降低,并形成易于进一步加工的准六方晶型,有利于成型加工。

四、着色母粒

由于纯 PP 非织造材料是一种略带黄色的浅白色产品,因此在实际的商业化生产中很少直接生产这样的产品。为了制取不同颜色的非织造材料,就必须使用纤维着色用的颜料,也就是着色母粒来使非织造材料着色。

由于色母粒是在与切片混合后进入螺杆挤出机进行加工的,因此对色母粒有一定的要求,如所用色母粒的载体与主体聚合物结构相同,其熔体的流动指数要大于被着色的切片,只有这样才能充分保证色母粒与主体聚合物切片兼容,并具有良好的流动性,有利于着色均匀,使其加工能顺利进行。

色母粒是用来使聚合物着色的,因此着色能力是一项重要的技术经济指标。颜料的着色能力是指为了制取某一指定颜色制品所需要的色母粒的量,母粒中颜料的着色能力不仅与其性质,还与其颜料的分散程度有关。分散程度是指颜料颗粒的细化程度,细化程度越大,着色能力越高,但是有一个极大值,达极值后着色能力又下降。一般颜料的平均粒径在 0.2 ~ 1μm、偶氮颜料的粒径在 0.1μm、酞青蓝颜料的粒径在 0.05μm 时具有最高着色力。

PP 熔体加入颜料后,会对其流变性能产生影响,不同的颜料对 PP 流变性能影响也不一样。有的颜料,如炭黑、铁白及酞菁蓝等会使黏度增加;而有的颜料,如大分子橙、大分子红等则可使黏度稍有下降。但不论是哪一种颜料,当其添加量增多时,都会使熔体的黏度明显上升,挤出胀大效应加剧,这种现象会对纺丝过程产生不利的影响。

为了保证非织造生产工艺的连贯性和一致性,除要求色母粒颜色与目标颜色一致,同型号母粒的有效成分相同外,还要求色母粒粒度均匀,不同批次产品保持一致。色母粒的技术要求见表 3-2-9。

表 3-2-9　色母粒的技术要求

粒度	外观	耐热性	软化点	耐光性	分散性	水分含量
φ2mm×3mm~ φ3mm×4mm	表面光滑,颜色 均匀无色差	≥240~270℃	80~200℃	5~8 级	良好	<0.4%

色母粒的用量一般为 0.5%~5%。从产品成本角度考虑,色母粒的加入量要少,以便降低成本。

思考题

1.什么是成纤聚合物? 成纤聚合物应具备哪些性质?

2.什么是聚合物热机械曲线? 纺粘法非织造原料应满足什么热机械曲线?

3.聚合物直接成网法非织造原料三大体系是什么? 常用的主体聚合物有哪几类?

第三章　纺丝流体的流变性和挤出性能

第一节　流变学基本概念

一、流变学

流变学,指从应力、应变、温度和时间等方面来研究物质变形和(或)流动的物理力学。纺丝流变学是研究纺丝流体的流动和变形的基本规律及造成流体流变的各因素之间关系的一门学科。研究纺丝流体(成纤聚合物熔体和浓溶液)的流变性质及其从喷丝孔内的挤出过程,对化学纤维成型具有非常重要的意义。纤维纺丝成型是成纤聚合物通过流动和形变来实现的,包括喷丝孔中的剪切流动和出喷丝孔后自由丝条的单轴拉伸流动,流动中不仅表现出黏性,而且表现出弹性,随成纤聚合物熔体丝条逐渐冷却而固化,其热力学状态也不断变化。

研究纺丝流体流变学,可指导聚合,以制得加工性能优良的聚合物,对评定聚合物的加工性能、分析加工过程、正确选择加工工艺条件、指导配方设计均有重要意义,同时对纺丝设备的设计和加工也具有指导作用。化学纤维在纺丝、拉伸和热定形过程中都伴随着复杂的流动和变形,即使是成品纤维在使用的过程中,也会发生不同程度的变形,因此成纤聚合物流变学是化纤成型理论的主要基础。

二、流变学运动量

描述物体内部连续质点间运动状态的物理量,称为流变学运动量。

(一)固体的剪切应变

在直角坐标中取固体中一小体积元,在表面剪切力 F 的作用下发生剪切变形,将产生位移 $\Delta\mu_x$,在不同的高度 Δz 内,产生的位移不同,如图 3-3-1 所示。

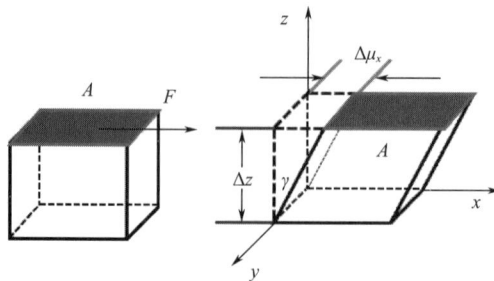

图 3-3-1　固体剪切变形

$$\text{剪切应变} = \frac{\Delta\mu_x}{\Delta z} = \tan\gamma \qquad (3-3-1)$$

当剪切应变足够小时，$\tan\gamma = \gamma$（小形变），相应地，剪切应力 $\tau = F/A$。

$$剪切应变\ \gamma = \lim_{\Delta z \to 0} \frac{\Delta \mu_x}{\Delta z} = \frac{\partial \mu_x}{\partial z} = \tan\gamma \qquad (3\text{-}3\text{-}2)$$

剪切应变是由剪切应力引起的应变，等于承受一对剪切力作用着的相对面之间产生的滑移量除以这两个相对面之间的距离，也称横向位移梯度。

(二)固体的拉伸应变

长度为 l_0 的试样在拉伸力 F 的作用下伸长 Δl，如图 3-3-2 所示，其中 l 是拉伸后试样长度，发生的拉伸形变可用柯西应变和亨基应变表示。

柯西应变也称为工程应变，表示固体在拉伸过程中发生的小伸长，可以用公式(3-3-3)所示。

$$\varepsilon_C = \frac{\Delta l}{l_0} \qquad (3\text{-}3\text{-}3)$$

图 3-3-2　固体拉伸变形

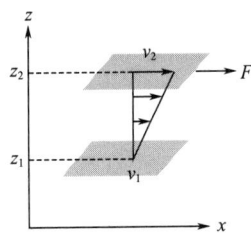

亨基应变也称为真应变，表示固体在拉伸过程中发生的大伸长，即在拉伸过程中瞬时变化是连续的，在 x 处伸长为 $\mathrm{d}x$，瞬时的相对伸长为 $\mathrm{d}x/x$，则 $l_0 \to l$ 总应变可以用公式(3-3-4)所示。

$$\varepsilon_H = \int_{l_0}^{l} \frac{\mathrm{d}x}{x} = \ln l - \ln l_0 = \ln \frac{l}{l_0} \qquad (3\text{-}3\text{-}4)$$

将 $l = l_0 + \Delta l$ 代入式(3-3-4)，可以得到：

$$\varepsilon_H = \ln \frac{l_0 + \Delta l}{l_0} = \ln\left(1 + \frac{\Delta l}{l_0}\right) = \frac{\Delta l}{l_0} - \frac{1}{2}\left(\frac{\Delta l}{l_0}\right)^2 + \frac{1}{3}\left(\frac{\Delta l}{l_0}\right)^3 - \cdots\cdots \approx \frac{\Delta l}{l_0} = \varepsilon_C \quad (3\text{-}3\text{-}5)$$

(三)黏流体的剪切流动

成纤聚合物熔体或浓溶液在加工过程中，在管道、喷丝孔的流动都属于剪切流动中的层流流动，因此可以把它看作一层层彼此相邻的薄层液体沿外力作用方向进行的相对滑移。在剪切流动过程中，取两流层 v_1、v_2，如图 3-3-3 所示，沿 z 轴单位高度内速度的改变率可用式(3-3-6)表示。

图 3-3-3　黏流体的剪切变形

$$\frac{v_2 - v_1}{z_2 - z_1} = \frac{\Delta v_x}{\Delta z} \qquad (3\text{-}3\text{-}6)$$

当 Δz 很小时，定义 q 为横向位移梯度，可用公式(3-3-7)表示。

$$q = \lim_{\Delta z \to 0} \frac{\Delta v_x}{\Delta z} = \frac{\partial v_x}{\partial z} \qquad (3\text{-}3\text{-}7)$$

将 $v_x = \dfrac{\mu_x}{t}$（t 为时间）代入式(3-3-7)，并利用积分变换可以得到公式(3-3-8)。

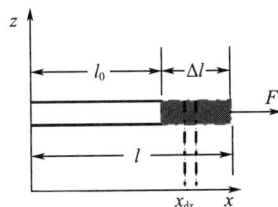

$$q = \frac{\partial v_x}{\partial z} = \frac{\partial}{\partial z}\left(\frac{\partial \mu_x}{\partial t}\right) = \frac{\partial}{\partial t}\left(\frac{\partial \mu_x}{\partial z}\right) = \frac{\partial \gamma}{\partial t} = \dot{\gamma} \tag{3-3-8}$$

$\dot{\gamma}$ 定义为黏流体发生剪切流动时的切变速率。

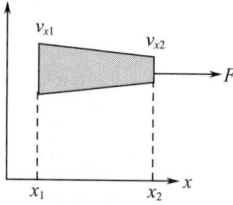

图 3-3-4　黏流体的拉伸变形

（四）黏流体的拉伸流动

从喷丝孔出来的丝条受到力 F 的拉伸作用,在纺丝线上 x_1 和 x_2 处对应的速度分别为 v_{x_1} 和 v_{x_2},如图 3-3-4 所示,丝条沿纺丝线上的速度变化率可以用公式(3-3-9)表示。

$$\frac{v_2 - v_1}{x_2 - x_1} = \frac{\Delta v_x}{\Delta x} \tag{3-3-9}$$

当 Δx 很小时,定义 q^* 为横向位移梯度,可用公式(3-3-10)表示。

$$q^* = \lim_{\Delta x \to 0} \frac{\Delta v_x}{\Delta x} = \frac{\partial v_x}{\partial x} \tag{3-3-10}$$

同理,将 $v_x = \dfrac{\mu_x}{t}$ 代入式(3-3-10),并利用积分变换可以得到公式(3-3-11)。

$$q^* = \frac{\partial v_x}{\partial x} = \frac{\partial}{\partial x}\left(\frac{\partial \mu_x}{\partial t}\right) = \frac{\partial}{\partial t}\left(\frac{\partial \mu_x}{\partial x}\right) = \frac{\partial \varepsilon}{\partial t} = \dot{\varepsilon} \tag{3-3-11}$$

$\dot{\varepsilon}$ 定义为黏流体发生拉伸流动时的拉伸应变速率。

因此,通过上述分析,可以总结出流变学运动量表达式(表 3-3-1)。

表 3-3-1　流变学运动量表达式

项目	剪切	拉伸
对成纤聚合物固体	$\gamma = \dfrac{\partial \mu_x}{\partial z}$——横向位移梯度、剪切应变	$\varepsilon = \dfrac{\partial \mu_x}{\partial x}$——纵向位移梯度、拉伸应变
对成纤聚合物流体	$\dot{\gamma} = \dfrac{\partial v_x}{\partial z}$——横向速度梯度、切变速率	$\dot{\varepsilon} = \dfrac{\partial v_x}{\partial x}$——纵向速度梯度、拉伸应变速率

三、流变学动力学量

自物体内部取一小体积元,体积元的各边平行于坐标轴 x_1、x_2、x_3,在平衡状态下有三个应力 σ_1、σ_2、σ_3 作用在这个立方体上,这三个应力可以分别沿坐标轴分解,得到九个分量 σ_{ij}。下标 $i = 1,2,3$,表示作用面的法线方向; $j = 1,2,3$,表示应力分量方向。如图 3-3-5 所示。

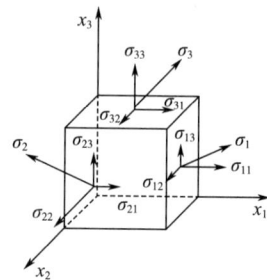

图 3-3-5　流变学动力学量

对于这九个分量 $\begin{Bmatrix} \sigma_{11} & \sigma_{12} & \sigma_{13} \\ \sigma_{21} & \sigma_{22} & \sigma_{23} \\ \sigma_{31} & \sigma_{32} & \sigma_{33} \end{Bmatrix}$，可分为两组：

（1）$i = j$，即 σ_{11}、σ_{22}、σ_{33}，应力方向和力的作用面方向垂直，称为法向应力，如图 3-3-6 所示。

所有 $\sigma_{ii}(i = 1,2,3)$ 分量都作用在相应面积元的法线方向上，称为应力张量的法向分量；法向力的物理本质是弹性力(拉力或压力)，也称为正应力。

（2）$i \neq j$，即其余六个分量，应力方向和力的作用面方向平行，即沿切线方向，称为切向应力，如图 3-3-7 所示。

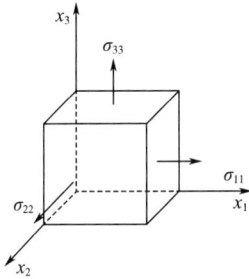

图 3-3-6 法向应力   图 3-3-7 切向应力

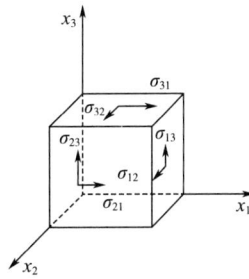

所有 $\sigma_{ij}(i \neq j, i,j = 1,2,3)$ 分量都作用在相应面积元的切线方向上，称为应力张量的剪切分量；剪切力的物理本质是黏性力或内摩擦力，也称为剪应力。在切向应力中：$\sigma_{12} = \sigma_{21}$，$\sigma_{13} = \sigma_{31}$，$\sigma_{23} = \sigma_{32}$。

在九个分量中，只有六个量是独立的，三个沿平面法线方向，三个沿平面切线方向。

四、纺丝流体的简单剪切

对纺丝流体，即使是简单的剪切流动也会产生法向应力。σ_{11}、σ_{22}、σ_{33} 这三个法向应力的产生是纺丝流体黏弹性的表现。纺丝流体的简单剪切流动中可以得到四个流变学动力学量：$\sigma_{11} - \sigma_{22}$、$\sigma_{22} - \sigma_{33}$、$\sigma_{11} - \sigma_{33}$、$\sigma_{12}$。这四个量中三个是独立的量，$\sigma_{11} - \sigma_{22}$ 称为第一法向应力差，$\sigma_{22} - \sigma_{33}$ 称为第二法向应力差，σ_{12} 称为剪切应力分量。

将三个动力学量与切变速率联系起来可以得到三个本构方程：

$$\sigma_{12} = \eta(\dot{\gamma})\dot{\gamma} \tag{3-3-12}$$

式中：$\eta(\dot{\gamma})$ ——剪切黏度。

$$\sigma_{11} - \sigma_{22} = \psi_1(\dot{\gamma})\,\dot{\gamma}^2 \tag{3-3-13}$$

式中：$\psi_1(\dot{\gamma})$ ——第一法向应力差函数。

$$\sigma_{22} - \sigma_{33} = \psi_2(\dot{\gamma})\,\dot{\gamma}^2 \tag{3-3-14}$$

式中：$\psi_2(\dot{\gamma})$ ——第二法向应力差函数。

第二节　纺丝流体的非牛顿剪切黏性

一、纺丝流体的非牛顿剪切流动

在熔体纺丝的条件下,剪切流动存在于成纤聚合物流体形成纤维之前的所有加工过程中,包含多种形态的剪切流动,例如,螺杆挤出机、齿轮计量泵、熔体输送管道以及喷丝孔等装置中,压差作用下的简单剪切流动;熔体过滤的多孔介质,以剪切为主的复杂流动。流体流动的流体分为牛顿流体和非牛顿流体两种类型。

(一)牛顿流体

在剪切流动中,切黏度 η 是联系切应力 σ_{12} 和切变速率 $\dot{\gamma}$ 之间关系的特性常数,即满足:

$$\sigma_{12} = \eta \dot{\gamma} \tag{3-3-15}$$

如果流体切变速率 $\dot{\gamma}$ 和切应力 σ_{12} 呈正比,即 $\eta = k = \tan\alpha$,符合牛顿流体定律,如图 3-3-8 所示。

这种流体被称为牛顿流体。在牛顿流体的条件下,切黏度可以简单定义为切应力与切变速率之比。

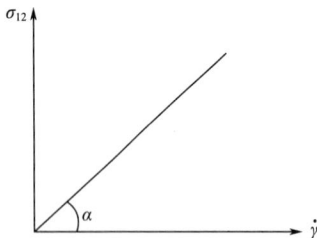

图 3-3-8　牛顿流体切应力—切变速率曲线

(二)非牛顿流体

不满足牛顿流动定律的流体都称为非牛顿流体。成纤聚合物熔体在加工过程中的流动都不是牛顿流体。其剪切应力与剪切速率之间不呈线性关系;其黏度随剪切速率而变。有多种描述非牛顿流体流动的关系式,如幂次律定律:

$$\sigma_{12} - \sigma_y = k \dot{\gamma}^n \tag{3-3-16}$$

式中:k ——黏度系数;

　　σ_y ——屈服应力;

　　n ——非牛顿指数。

当 $\sigma_y = 0$ 时,

$$\sigma_{12} = k \dot{\gamma}^n \tag{3-3-17}$$

当 $n = 1$,$k = \eta$ 时,$\sigma_{12} = k\dot{\gamma} = \eta\dot{\gamma}$,为牛顿流体。

当 $n < 1$ 时,$\eta_a = \dfrac{\sigma_{12}}{\dot{\gamma}} = k\dot{\gamma}^{n-1}$,此时,随着 $\dot{\gamma}$ 的增大,表观黏度 η_a 下降,这种流体称为切力变稀流体或假塑性流体,大部分成纤聚合物熔体或浓溶液属于这一类。

当 $n < 1$ 时,$\eta_a = \dfrac{\sigma_{12}}{\dot{\gamma}} = k\dot{\gamma}^{n-1}$,此时,随着 $\dot{\gamma}$ 的增大,表观黏度 η_a 增大,这种流体称为切力增

稠流体。少数成纤聚合物熔体和一些固体含量高的分散体系属于这一类。

当 $n=1$，$\sigma_y \neq 0$ 时，$\sigma_{12} - \sigma_y = \eta_p \dot{\gamma}$，$\eta_p$ 为塑性黏度。此时，$\sigma_{12} - \sigma_y$ 的差值是导致流动的净切应力，这种流体称为宾汉姆流体。成纤聚合物熔体或浓溶液、牙膏、油漆等属于这一类。

当 $\sigma_y > \sigma_{12}$ 时，流体不会发生流动。

各种流体的流动曲线如图 3-3-9 所示。

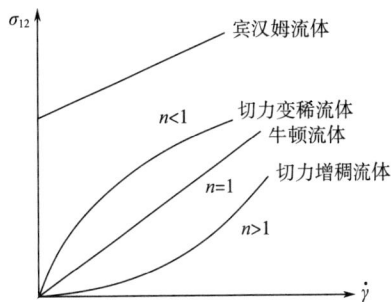

图 3-3-9　各种流体的流动曲线

二、切力变稀流体的流动曲线

仔细研究纺丝流体在宽广的切变速率范围内的流动曲线，可以发现，在不同的切变速率范围内，黏度对切变速率的依赖关系是不同的。纺丝流体是切力变稀型的，但切力变稀现象只有在某特定的 $\dot{\gamma}$ 范围内显现。

（一）σ_{12}—$\dot{\gamma}$ 曲线（图 3-3-10）

纺丝流体是切力变稀型的，但在大范围 $\dot{\gamma}$ 内，随着 $\dot{\gamma}$ 增加，依次呈现第一牛顿区、切力变稀区和第二牛顿区。这三个区，习惯上用零切黏度 η_0、表观黏度 η_a 和极限黏度 η_∞ 表示其相应的黏度。

$\eta_a = \dfrac{\sigma_{12}}{\dot{\gamma}} = \tan\alpha$，为原点与任意一点连线的斜率。

$\eta_c = \dfrac{\mathrm{d}\sigma_{12}}{\mathrm{d}\dot{\gamma}}$，为稠度或微分黏度，即曲线上任意一点切线的斜率。

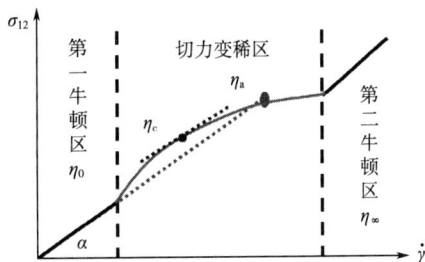

图 3-3-10　σ_{12}—$\dot{\gamma}$ 曲线

（二）$\lg \sigma_{12}$—$\lg\dot{\gamma}$ 曲线（图 3-3-11）

对切力变稀型流体，$\sigma_{12} = k\dot{\gamma}^n$，对公式两边求对数，可得：

$$\lg \sigma_{12} = \lg k + n\lg\dot{\gamma} \qquad (3-3-18)$$

从图 3-3-11 可以看到，n 表示直线的斜率，$\lg k$ 则是直线在纵轴上的截距。

对于牛顿区，$n=1$，$k=\eta$，公式（3-3-18）可以变化为：

$$\lg \sigma_{12} = \lg\eta + \lg\dot{\gamma} \qquad (3-3-19)$$

当 $\lg\dot{\gamma}=0$，即 $\dot{\gamma}=1$ 时，斜率为 1 的直线与 $\lg\dot{\gamma}=0$（$\dot{\gamma}=1$）的纵坐标的交点 σ_{12} 对应的值即为 η_0 或 η_∞，如图 3-3-12 所示。

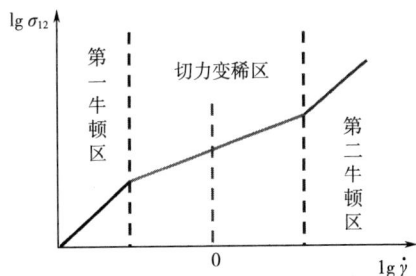

图 3-3-11　$\lg \sigma_{12}$—$\lg\dot{\gamma}$ 曲线

对于非牛顿区，由 $\dfrac{\mathrm{dlg}\sigma_{12}}{\mathrm{dlg}\dot\gamma} = n$ 可以得出非牛顿指数 n，在非牛顿区曲线上任意一点 A 处作一斜率为1的直线与 $\lg\dot\gamma = 0(\dot\gamma = 1)$ 相交，交点处 σ_{12} 值即为 η_{a} 的值，如图3-3-13所示。

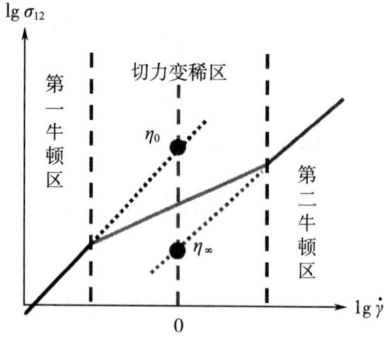

图3-3-12 $\lg\sigma_{12}$—$\lg\dot\gamma$ 曲线上 η_0 或 η_∞ 的求解

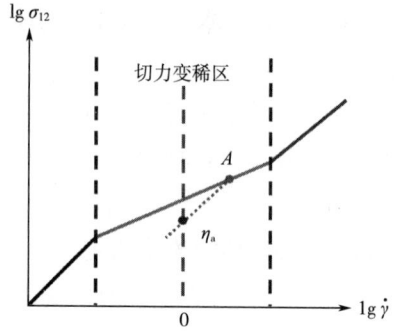

图3-3-13 $\lg\sigma_{12}$—$\lg\dot\gamma$ 曲线上 η_{a} 的求解

（三）$\lg\eta$—$\lg\dot\gamma$ 曲线（图3-3-14）

对切力变稀型流体，$\sigma_{12} = k\dot\gamma^n$，$\eta_{\mathrm{a}} = \dfrac{\sigma_{12}}{\dot\gamma} = k\dot\gamma^{n-1}$，对此公式两边取对数，可得：

$$\lg\eta_{\mathrm{a}} = \lg k + (n-1)\lg\dot\gamma \qquad (3-3-20)$$

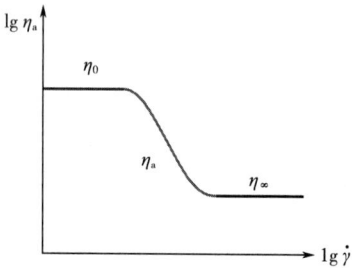

图3-3-14 $\lg\eta$—$\lg\dot\gamma$ 曲线

对于非牛顿区，由曲线斜率也可求出非牛顿指数 n，即通过 $n - 1 = \dfrac{\mathrm{dlg}\eta_{\mathrm{a}}}{\mathrm{dlg}\dot\gamma}$ 而求得。

对于纺丝流体的非牛顿指数 n，可以用来表示流体偏离牛顿流动的程度。一般来说，非牛顿指数 n 越小，随着 $\dot\gamma$ 的增加，η_{a} 加剧下降。这里要说明一下，n 具有温度、相对分子质量和切变速率的依赖性，只是在较窄的范围内才能保持常数。不同纺丝流体黏度对 $\dot\gamma$ 的敏感性是不同的。例如，PET、PA6非牛顿性较小，在较宽的 $\dot\gamma$ 范围还能保持牛顿性质；PP、PE非牛顿性较大，在较窄的 $\dot\gamma$ 范围才能保持牛顿性质；PAN、黏胶纺丝液的 n 值也很小，在喷丝孔流动时黏度下降较多。

三、纺丝流体切力变稀和切力增稠的原因

（一）纺丝流体切力变稀的原因

纺丝流体切力变稀的原因在于大分子链间发生的缠结，当线性大分子的相对分子质量超过某一临界值（$M > M_{\mathrm{c}}$）时，分子间将产生缠结点。这些缠结点可以分为位相几何学缠结和分子间相互作用力（次价键）两部分，如图3-3-15所示。

在此前提下，纺丝流体切力变稀的原因具体如下：

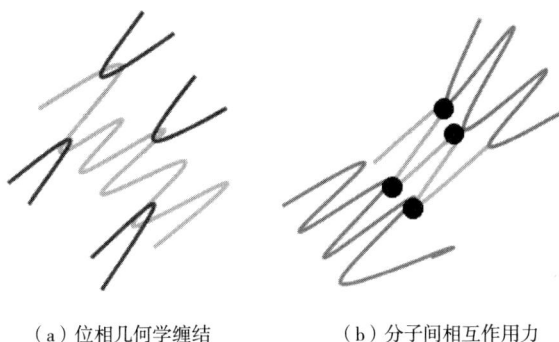

（a）位相几何学缠结　　　　　（b）分子间相互作用力

图 3-3-15　分子间缠结点

（1）随着 σ_{12} 的增大，部分缠结点被拆除，缠结点浓度下降，相应地 η_a 下降；

（2）随着 σ_{12} 的增大，链段在流动中发生取向，流层间牵曳力下降，表现为 η_a 下降；

（3）随着 σ_{12} 的增大，高分子浓溶液的大分子链发生脱溶剂化效应，大分子有效尺寸减小，流层间运动阻力下降，表现为 η_a 下降。

前面也说过，在纺丝流体的流动曲线上存在三个区：第一牛顿区、切力变稀区和第二牛顿区，切力变稀只存在于其中的某一区域。这是因为，当 $\dot{\gamma}$ 较低时，外力不足以使瞬变的网络体系发生相应变化，η_a 不变，流体呈现牛顿型，在曲线上表现出第一牛顿区。当 $\dot{\gamma}$ 过大时，过大的牵曳力作用下大分子取向达到了极限状态，缠结点的数目和脱溶剂化程度已经不再改变，体系达到了新的平衡，这时 η_a 又发生变化变，流体又呈现牛顿型，在曲线上出现第二牛顿区。

（二）纺丝流体切力增稠的原因

成纤聚合物流体很少出现切力增稠现象，但是加入无机颗粒等添加剂后会出现切力增稠现象。当 σ_{12}、$\dot{\gamma}$ 增大到某一临界值时，流体中形成了新的结构。静止状态时，流体中的固体粒子处于堆积得很紧密的状态，粒子间的孔隙很小并充满了液体。

当 $\dot{\gamma}$ 很低时，固体粒子在液体的润滑作用下会产生相对滑动，并能在大致保持原有堆砌密度的情况下使悬浮体系沿受力方向移动，表现出牛顿流体行为。随着 σ_{12} 和 $\dot{\gamma}$ 增大，固体粒子的移动速度加快，粒子碰撞机会增加，碰撞阻力也就增大，这就导致粒子间的孔隙增大，悬浮体系总体积增加，原来那些充满粒子间隙的液体已不能再充满增大了的孔隙，粒子间移动时的润滑作用减小，阻力增加，表现为 η_a 增大，即表现出切力增稠现象。

四、流动曲线对纤维生产的意义

流动曲线在较大的切变速率范围内描述了纺丝流体的剪切黏性，反映了成纤聚合物的内在结构，当成纤聚合物的链结构、相对分子质量、相对分子质量分布以及链间分子结构发生变化时，流动曲线要发生相应的变化；反之，流动曲线的变化能够反映出高分子链结构等的变化。

（一）估计纺丝液的结构化程度

以 $\lg \eta_a$ 对 $\dot{\gamma}^{\frac{1}{2}}$ 作图，如图 3-3-16 所示，并定义结构化黏度指数：

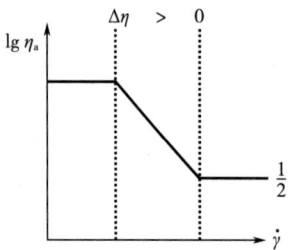

图 3-3-16　结构化黏度指数求解

$$\Delta \eta \equiv -\frac{\mathrm{dlg}\ \eta_{\mathrm{a}}}{\mathrm{d}\ \dot{\gamma}^{\frac{1}{2}}} \times 100 \qquad (3\text{-}3\text{-}21)$$

结构黏度指数可用来表征纺丝流体的结构化程度，是衡量纺丝流体可纺性好坏的重要尺度。$\Delta\eta$ 越大，纺丝流体的结构化程度越高，即容易形成物理缠结点和超分子结构；但是随着 $\Delta\eta$ 增大，原液细流的最大长度 $L_{\max}$ 下降，可纺性变差。在非牛顿区域，切力变稀流体的结构黏度指数 $\Delta\eta>0$，其数值越小，流体的结构化程度越小，可纺性越好，成品纤维质量也越好。

(二) 指导生产工艺

例：某纺粘厂使用熔融指数为 $MI=15\mathrm{g}/10\min$ 的两种 PP 切片 A 和 B，在 250℃纺丝时，A 切片正常，B 切片发生飘丝(落雨)现象，不能正常纺丝，试分析其原因及解决方法。

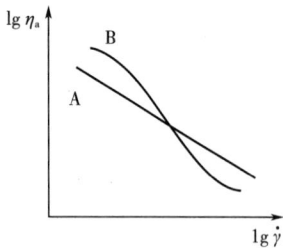

图 3-3-17　A、B 切片的流变曲线

分析：MI 是在较低的切变速率($\dot{\gamma}=3\times10\ \mathrm{s}^{-1}$)下测定的，而熔体流经喷丝孔时的切变速率较高($\dot{\gamma}=3\times10^{3}\mathrm{s}^{-1}$)，所以要测定 A、B 的流动曲线，找出喷丝孔对应的 $\dot{\gamma}_{\mathrm{cw}}$ 下熔体的黏度。不同剪切速率和温度下熔体的黏度测试结果见表 3-3-2，根据测试结果画出流变曲线，如图 3-3-17 所示。

表 3-3-2　不同剪切速率和温度下熔体的黏度

$\dot{\gamma}\ (\mathrm{s}^{-1})$		3×10^{1}				3×10^{3}			
$T(℃)$		230	240	250	260	230	240	250	260
黏度(Pa·s)	A	478.6	426.5	380.1	346.7	42.7	38.9	37.1	33.9
	B	501.1	436.5	389.1	358.9	38.9	37.1	33.9	31.6

由 3-3-17 的流变曲线可以知道，低 $\dot{\gamma}$ 时，$\eta_{\mathrm{B}}>\eta_{\mathrm{A}}$；高 $\dot{\gamma}$ 时，$\eta_{\mathrm{B}}<\eta_{\mathrm{A}}$。这说明 B 切片的非牛顿性更强，其 n 值较小。而从表 3-2 数据可以看出，$\eta_{\mathrm{B}(240℃)}>\eta_{\mathrm{A}(250℃)}$，因此，B 切片在 240℃时可正常纺丝。

流动曲线的意义主要体现在两方面：

(1)纺丝流体黏度发生偏差时，提供解决问题的途径，保持流体质量稳定；

(2)调节纺丝流体的黏度，改善可纺性。

但也应该注意，各种加工方法所对应的 $\dot{\gamma}$ 是不同的，见表 3-3-3。

表 3-3-3　各种加工方法所对应的剪切速率

加工方法	模压	开炼	密炼	挤压	压延	纺丝	注射
剪切速率 $\dot{\gamma}$ (s^{-1})	$1\sim10$	$5\times10^{1}\sim5\times10^{2}$	$5\times10^{2}\sim5\times10^{3}$	$10\sim10^{3}$	$5\times10^{1}\sim5\times10^{2}$	$10^{2}\sim10^{4}$	$10^{3}\sim10^{5}$

第三节　影响纺丝流体的剪切黏性和拉伸黏性的因素

一、影响纺丝流体的剪切黏性的因素

(一) 成纤聚合物分子链结构的影响

柔性链的黏度比刚性链低。PP 为柔性链,缠结点多,所以 $\dot{\gamma}$ 增大时,η_a 下降,非牛顿性强,η_0 大,因此温度 T、$\dot{\gamma}$ 等对 η_a 影响大;PET 刚性链,可纺性好,与牛顿流体接近,$\dot{\gamma}$ 对 η 不敏感,温度 T 敏感性更大,所以提高加工温度可有效改善其流动性。

除了链的刚柔性,支链对纺丝流体的剪切黏性也有影响。当支链不太长时,链支化对熔体黏度的影响不大,一般短支链成纤聚合物的零切黏度比同相对分子质量的线形成纤聚合物低;当支链增长到足以相互缠结时,支化成纤聚合物的黏度随支链的缠结开始极快地上升。这是因为,在相对分子质量相同的条件下,支链多、短,流动空间位阻下降,η 降低,就容易流动。

此外,氢键对纺丝流体的黏性也有影响,如氢键的存在能使聚酰胺、聚乙烯醇等成纤聚合物的黏度增加。

(二) 成纤聚合物相对分子质量及其分布的影响

1. 相对分子质量对零切黏度的影响

纺丝流体的零切黏度强烈地依赖于成纤聚合物的重均分子量,可以用经验公式表示:

$$\eta_0 = k \cdot \overline{M}^{\alpha} \tag{3-3-22}$$

式中:k,α ——经验常数。

当相对分子质量达到临界分子量 $\overline{M}_c$ 时,曲线出现拐点,如图 3-3-18 所示。在临界相对分子质量以上,η_0 之所以正比于 $\overline{M}$ 的高次幂,是由于大分子链间互相缠结所致。

对于不同的成纤聚合物,$\overline{M}_c$ 值不同,一般熔体的 $\overline{M}_c$ 在 3000~9000,相对分子质量大的成纤聚合物流动性差,表观黏度就高,熔融指数(MI)就小。几种常用聚合物的 $\overline{M}_c$ 见表 3-3-4。

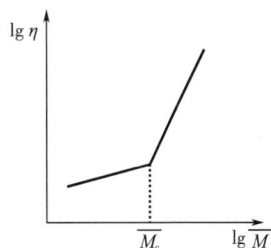

图 3-3-18　成纤聚合物相对分子质量与黏度之间的关系

表 3-3-4　常见成纤聚合物熔体临界分子量

聚合物	PE	聚苯乙烯	PA66	PA6	PP
$\overline{M}_c$	4000	4000	4500	5000	5600

对于成纤聚合物熔体,$\overline{M}_c$ 与浓度有关,浓度越高,$\overline{M}_c$ 越小。如 PAN—NaSCN—H_2O 溶液中,浓度和 $\overline{M}_c$ 关系见表 3-3-5。

表 3-3-5　PAN-NaSCN-H$_2$O 溶液浓度和 $\overline{M}_c$ 关系

浓度	15%	45.4%
$\overline{M}_c$	6.03×10^4	1.3×10^3

2. 相对分子质量对流动曲线的影响

当相对分子质量分布相近时，$\overline{M}$ 越大，η_0 越大；$\dot{\gamma}$ 一定时，η_a 越大。同时 $\overline{M}$ 越大，临界切变速率 $\dot{\gamma}_{cr}$ 越小，即 $\overline{M}$ 越大，在较小的 $\dot{\gamma}$ 下就会发生切力变稀行为，如图 3-3-19 所示。

3. 相对分子质量分布对流动曲线的影响

$\overline{M}$ 相近似时，相对分子质量分布宽，临界切变速率 $\dot{\gamma}_{cr}$ 越小，越提前进入非牛顿区，如图 3-3-20 所示。这是因为大分子多，缠结点浓度增大；小分子多，增塑作用强，即小分子起到了润滑作用。

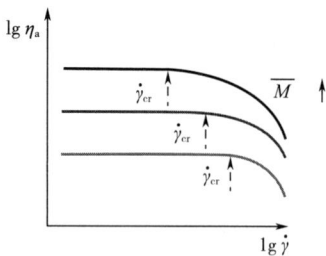

图 3-3-19　不同相对分子质量下
聚合物临界切变速率

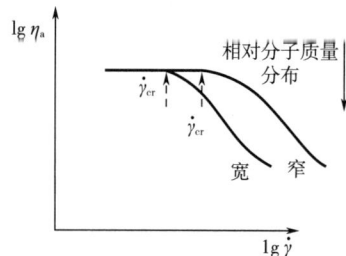

图 3-3-20　不同相对分子质量分布下
聚合物临界切变速率

4. 相对分子质量分布对纺丝速度的影响

成纤聚合物的相对分子质量分布对熔体纺丝性能有较大影响。相对分子质量分布宽的切片含有较多的低相对分子质量尾端，使熔体细流强度降低，影响纺丝速度的提高。表 3-3-6 是不同相对分子质量分布的 PET 切片的纺丝速度。

表 3-3-6　不同相对分子质量分布的 PET 切片的纺丝速度

切片	$\overline{M}_w$	$\overline{M}_n$	$\overline{M}_w / \overline{M}_n$	最高纺速（m/min）
A	18000	9450	1.90	>6000
B	18400	9090	2.02	4000

相同相对分子质量的成纤聚合物在同样的纺丝条件下，一般宽分布的比窄分布的流动性好，这对于橡胶加工有利。对于纤维加工而言，相对分子质量分布不宜过宽，因为纤维的相对分子质量一般较低，低相对分子质量部分会影响其产品的物理和力学性能。

(三) 温度的影响

在温度范围不太大的情况下，纺丝流体的黏度与温度的关系符合阿伦尼乌斯(Arrhenius)方程。

$$\eta = A \cdot \exp \frac{E_\eta}{RT} \qquad (3-3-23)$$

式中:A——常数;

E_η——黏流活化能;

T——绝对温度;

R——气体常数。

E_η是描述材料黏—温依赖性的物理量,定义为流动过程中,流动单元(对高分子材料而言即链段)用于克服位垒,由原位置跃迁到附近"空穴"所需的最小能量。E_η是黏度对温度敏感程度的一种量度。E_η越大,则温度对黏度的影响越大。

当纺丝流体具有较大的E_η值时,要注意保持流体温度的恒定,以免黏度发生较大的波动,从而不利于成型的稳定。当E_η较大时,可用升温来降低黏度;如果E_η很小,需采用其他方法来改变黏度。常见成纤聚合物的E_η见表3-3-7。

表3-3-7 常见成纤聚合物的黏流活化能 E_η

成纤聚合物	HDPE	LDPE	PP	PA6	PET
E_η(kJ/mol)	25.1~29.3	46.1~54.4	41.9~50.2	56.1~60.3	54.4~83.7

一般来说,T越高,E_η越低。引用文献上E_η数据时,要注意测定温度范围。$\overline{M}_n$越高,E_η越高。$\dot\gamma$越高,E_η越低。表3-3-8是成纤聚合物纺丝流体在不同剪切速率下的黏流活化能。

表3-3-8 不同剪切速率下的黏流活化能 E_η

成纤聚合物纺丝流体	零切速率($\dot\gamma = 0s^{-1}$)	$\dot\gamma = 10^3 s^{-1}$
PAN-NaSCN-H$_2$O	32.2kJ/mol	14.7kJ/mol
PE	53.6kJ/mol	25.5kJ/mol

在较低温度下,黏度与温度的关系可用WLF方程表示:

$$\lg \frac{\eta_T}{\eta T_s} = - \frac{C_1(T - T_s)}{C_2 + (T - T_s)} \qquad (3-3-24)$$

式中:C_1、C_2——常数;

T_s——参比温度,℃。

当$T_s = T_g$时,$C_1 = 17.44$,$C_2 = 51.6$。公式(3-3-24)适用于$T_g < T < (T_g + 100)$的范围内。此时的黏度η_T已是熔点以下的固体剪切黏度,可根据剪切黏度和拉伸黏度的关系来估算熔体纺丝时温度场中纺丝线上的拉伸黏度变化。

(四)成纤聚合物浓度的影响

在$\lg\eta_0$—$\lg C$的图上出现拐点,对应的浓度称为临界浓度C_c。一般来说,浓度C越大,η_0也越高。在C_c以上,不同剪切速率对其影响很大,剪切速率$\dot\gamma$越高,对应浓度下的零切黏度η_0越小,如图3-3-21所示,图中$\dot\gamma_1 > \dot\gamma_2 > \dot\gamma_3 > \dot\gamma_4 > \dot\gamma_5$。

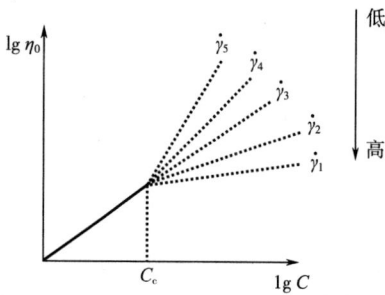

图 3-3-21 C_c 以上不同剪切速率对零切黏度的影响

（五）溶剂的影响

所用溶剂本身的黏度 η_s 越高，同样浓度成纤聚合物熔体的黏度 η_0 也会越高，黏流活化能 E_η 增大。溶剂的溶解能力对黏度也有很大的影响，溶解能力越小，一方面大分子链卷缩，η 下降；另一方面，大分子间作用力增强，η 上升，以致生成弹性冻胶，会导致纺丝流体稳定性下降。

纺丝流体中混入某些可溶性杂质，黏度也会发生变化。如在化纤生产过程中，最容易混入的杂质是水，随着体系含水量的增加，PAN 浓溶液的黏度先降低再通过一个极小值后再上升。虽然所用的溶剂种类不同，但规律大致相同。

（六）粒子填充剂的影响

为了消光、抗老化、染色、增白等目的，在纺丝流体中加入某些固体粒子如 TiO_2、ZnO、染料、增白剂等。这些固体物质的加入会使聚合物的剪切黏度增大。随成纤聚合物中充填粒子体积分数 φ 增大，熔体 η 增大。η 的增大程度与 $\dot\gamma$ 有关，低 $\dot\gamma$ 下 η 增加得多。

（七）流体静压的影响

流体的切黏度大小与分子间作用力密切相关。压力将使液体体积收缩，从而减小了分子间的距离，而增强了流体分子间的作用力，故流体静压导致流体黏度增高。

许多聚合物熔体比一般小分子液体具有更大的可压缩性，因而流体静压对黏度的影响要显著得多。因此，高压熔体纺丝时，应考虑流体静压对于黏度的影响，而在湿法纺丝中这一影响可以忽略。

成纤聚合物熔体黏度与流体静压可用指数函数关系表示：

$$\frac{\eta_{(P)}}{\eta_{(P_0)}} = e^{bP} \tag{3-3-25}$$

式中：$\eta_{(P)}$ ——静压 P 下的熔体切黏度；

$\eta_{(P_0)}$ ——常压下的熔体切黏度；

b ——常数，PET：$b = 5.1\times10^{-5}$，PE：$b = 3\times10^{-5}$。

可用幂函数关系表示：

$$\frac{\eta_{(P)}}{\eta_{(P_0)}} = aP^B \tag{3-3-26}$$

式中：a、B——常数，PET：$a = 0.27$，$B = 0.2$。

影响纺丝流体剪切黏性的因素对化学纤维生产的实际意义：当纺丝流体剪切黏度与正常情况发生偏差时，可提供寻找偏差原因的途径，从而及时采取措施以保持纺丝流体质量的稳定；由于黏度与可纺性有关，所以可以根据具体情况，运用上述有关因素来调节纺丝流体的黏度，改善可纺性；有利于确定加工工艺条件。

二、影响纺丝流体的拉伸黏性的因素

与切黏度一样,拉伸黏度也对温度、形变速率和相对分子质量等有依赖性,叙述如下。

(一)拉伸黏度与零切黏度的关系

成纤聚合物流体的拉伸流动是与剪切流动完全不同的另一种流动方式,如熔体细流从喷丝孔到凝固点的拉伸流动,它和剪切流动一样有一个可测的材料参数与之相联系。这个联系拉伸应力和拉伸应变速率的材料参数就是拉伸黏度(η_e),一般写为:

$$\eta_e = \frac{\sigma_{11}}{\dot{\varepsilon}} \tag{3-3-27}$$

式中:σ_{11}——丝条横截面上的拉伸应力,Pa;

$\dot{\varepsilon}$——拉伸应变速率,s^{-1}。

$\dot{\varepsilon}$较低时,纺丝流体为牛顿型,其拉伸黏度不随$\dot{\varepsilon}$而变化,而是零切黏度的三倍,即:

$$\eta_e = 3\eta_0 \tag{3-3-28}$$

对黏弹性非牛顿流体,其拉伸黏度与零切黏度的关系可用洛奇(Lodge)模型表示:

$$\eta_e = 3\eta_0 \left[\frac{1}{(1+\tau\dot{\varepsilon})(1-2\tau\dot{\varepsilon})} \right] \tag{3-3-29}$$

式中:τ——松弛时间。

当$\tau = 0$时,该式可简化为:$\eta_e = 3\eta_0$,即牛顿流体可视为松弛时间为0的黏弹体。

(二)拉伸黏度与拉伸应变速率的关系

实际上黏弹性纺丝流体的η_e—$\dot{\varepsilon}$关系远比 Lodge 模型复杂,受大分子链结构的影响很大,至今仍然没有比较满意的理论解释。从试验结果看,有时随$\dot{\varepsilon}$的增大,η_e减小,这是因为,随着$\dot{\varepsilon}$的增大,大分子链缠结浓度降低,就导致η_e减小;有时随$\dot{\varepsilon}$的增大,η_e增大,这是因为,随着$\dot{\varepsilon}$的增大,大分子链的取向伸直、平行排列的分子较无序排列的分子具有更强的抗拉伸性,就导致η_e增大。在高速纺丝的情况下,聚合物流体是黏弹体,有人采用麦克斯韦(Maxwell)黏弹模型推导拉伸黏度的表达式,Maxwell模型可将黏弹性成纤聚合物的黏弹性看作一个弹簧和一个黏壶串联而成,如图 3-3-22 所示。

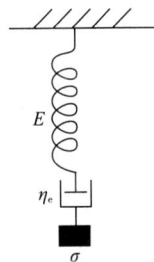

图 3-3-22　Maxwell 黏弹模型示意图

对于弹簧,在受力 σ 作用时:

$$\varepsilon_1 = \frac{\sigma}{E} \tag{3-3-30}$$

对于黏壶,在受力 σ 作用时:

$$\varepsilon_2 = \int \frac{\sigma}{\eta_e} dt \tag{3-3-31}$$

所以在外力 σ 的作用下,黏弹体的伸长为:

$$\varepsilon = \varepsilon_1 + \varepsilon_2 = \frac{\sigma}{E} + \int \frac{\sigma}{\eta_e} \mathrm{d}t \tag{3-3-32}$$

经过积分变换,就可以得到 Maxwell 黏弹模型拉伸黏度表达式:

$$\eta_e \frac{\mathrm{d}V}{\mathrm{d}x} = \sigma + \eta_e V \frac{\mathrm{d}\sigma}{E\mathrm{d}x} \tag{3-3-33}$$

式中:E——弹性模量,Pa;

　　V——拉伸速率,cm/min;

　　x——拉伸的位移,cm;

　　σ——拉伸应力,mN。

(三)拉伸黏度与温度的关系

一些研究者在低速纺丝生产线上研究了丝条和聚合物熔体拉伸黏度的关系。假设拉伸黏度与拉伸应变速率的大小无关,并测定了丝条温度、直径随纺程的分布,用纺丝动力学方法求纺丝张力分布,然后由 $\eta_e = \frac{\sigma_{11}}{\dot{\varepsilon}}$ 计算出拉伸黏度随纺程的分布,从而求得 η_e 与 $1/T$ 的关系。纺丝流体的拉伸黏度随温度的升高按指数关系下降,也符合阿伦尼乌斯方程式,对几种熔纺成纤聚合物从纺丝动力学研究得到了下面一些经验关系式:

PP: $\qquad\qquad \eta_e = 0.004\exp\left(\frac{3500}{T}\right)(\mathrm{Pa \cdot s}) \tag{3-3-34}$

PET: $\qquad\qquad \eta_e = 0.073\exp\left(\frac{5300}{T}\right)(\mathrm{Pa \cdot s}) \tag{3-3-35}$

PA6: $\qquad\qquad \eta_e = 0.034\exp\left(\frac{3250}{T}\right)(\mathrm{Pa \cdot s}) \tag{3-3-36}$

式中:T——绝对温度。

有人研究普通熔纺 PET 丝条的拉伸黏度 η_e 与温度 T、拉伸应变速率 $\dot{\varepsilon}$ 之间的关系,可用多元线性回归方程表示:

$$\lg \eta_e = a_0 + a_1\left(\frac{10^3}{T}\right) + a_2\dot{\varepsilon} + a_3\left(\frac{10^3\dot{\varepsilon}}{T}\right) \tag{3-3-37}$$

以 $\lg\eta_e$ 对 $1/T$ 进行微商,可得到拉伸黏流活化能:

$$E_e = \frac{\mathrm{d}\lg \eta_e}{\mathrm{d}\left(\frac{10^3}{T}\right)}(2.303 \times 8.31) = 19.16(a_1 + a_3\dot{\varepsilon}) \tag{3-3-38}$$

若考虑纺丝时温度变化范围较宽时,E_e 不再为常数,可用 WLF 方程估计拉伸黏度随温度的变化。

$$\lg \frac{(\eta_e)_T}{(\eta_e)_{T_0}} = \frac{900(T_0 - T)}{(51.6 + T_0 - T_g)(51.6 + T - T_g)} \tag{3-3-39}$$

式中:$(\eta_e)_{T_0}$——假定在挤出温度 T_0 下是切黏度 $(\eta)_{T_0}$ 的三倍;

　　T_g——玻璃化温度。

(四)其他因素的影响

聚合物的平均分子量越大,拉伸黏度越大;聚合物的相对分子质量分布越宽,拉伸黏度越大。聚合物共混体系的表观拉伸黏度随拉伸应变速率增大而减少,不同的共混体系表观拉伸黏度可能介于混合的聚合物纯组分之间或低于两种纯组分,具体情况取决于两组分在不同比例下的分散状态。因此,η_e有可能用来作为某种成纤聚合物熔体可纺性的相对量度。

了解聚合物拉伸黏性对纤维成型具有实际意义:

(1)拉伸黏度可判断聚合物或溶液是否具有良好的可纺性。η_e越大,纤维成型时最大喷丝头的拉伸比越低,可纺性越低。

(2)η_e随拉伸应变速率变化的规律还与成型的稳定性有关。η_e随$\dot{\varepsilon}$的增大而增大,纺丝成型稳定性大大提高,在拉伸时发生硬化现象;η_e随$\dot{\varepsilon}$的增大而减小,纺丝成型稳定性下降,在拉伸时发生软化现象。分析影响拉伸黏度的因素对探索成纤聚合物的改性途径,选择正确的成型工艺有重要作用。

例如,PTT熔体的单轴拉伸流动属于拉伸变稀型,随着熔体拉伸比的增大,η_e减小,熔体的"变稀",对熔体中细小疵点和薄弱环节以及外界干扰十分明显,纺丝细流局部部位易产生直径细化,纺丝线上出现周期性的直径和应力波动,甚至造成拉伸共振。对于这类拉伸变稀型流体,纺丝挤出成型时应严格控制熔体的拉伸比。可适当提高挤出速度,以降低熔体拉伸比,防止拉伸共振。

第四节　纺丝流体的弹性及可纺性

纺丝流体(熔体或浓溶液)是典型的黏弹性流体,有时称为黏弹体,在流动过程中除需要克服内摩擦力外,还有构象熵的变化。高分子流体的弹性,其本质是一种熵弹性。

一、纺丝流体弹性的表现

(一)韦森堡(Weissenberg)效应

小分子流体在搅拌轴周围为凹面,而纺丝流体在搅拌轴周围则为凸面,这种效应称为韦森堡(Weissenberg)效应,又称爬杆效应、"包轴"效应,是存在法向应力差的表现,如图3-3-23所示。

(二)孔口胀大效应

纺丝流体从喷丝孔挤出时,在孔口处出现细流胀大现象,这就是著名的巴勒斯(Barus)效应,又称入口效应,是黏弹性纺丝流体在管径中储存的弹性在出口处释

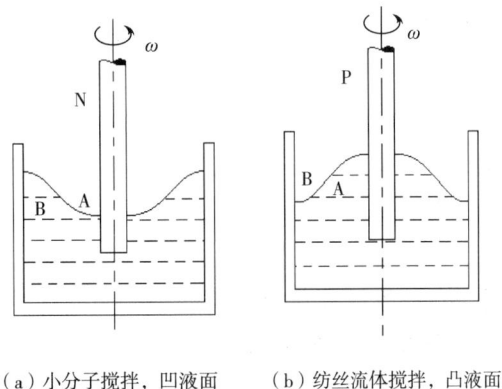

(a)小分子搅拌,凹液面　　(b)纺丝流体搅拌,凸液面

图3-3-23　纺丝流体的爬杆效应

A—流体　B—容器　ω—转速　N—小分子　P—大分子

放的表现,如图 3-3-24 所示。

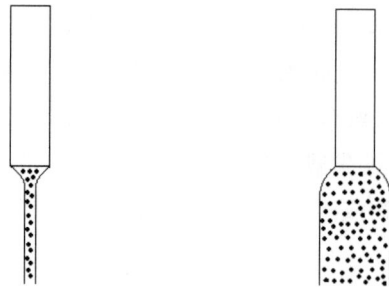

（a）纯黏性流体的挤出收缩现象　　　（b）黏弹性流体的挤出胀大现象

图 3-3-24　纺丝流体的挤出胀大效应

（三）其他弹性表现

把纺丝流体从容器中倾出,使其成为液流,突然切断后,液流会发生弹性回缩,这是由于内应力存在引起的弹性现象。纺丝流体沿孔道流动时,测定沿流向各点的压力,用外推法可求出出口处表压不为零,有剩余压力降,这也是纺丝流体弹性的表现,称为剩余压力现象。纺丝流体流经孔道时,孔端实测压力降 ΔP 大于计算值,这是因为计算值是根据纯黏性为基础求出的,而实测 ΔP 却包括由于弹性的储藏所消耗的压降在内,即相当于孔道增加了一段虚构长度。

这些现象都与高分子液体的弹性行为有关,这种液体的弹性性质使之容易产生拉伸流动,而且拉伸液流的自由表面相当稳定。试验表明,高分子浓溶液和熔体都具有这种性质,因而能够产生稳定的连续拉伸形变,具有良好的纺丝和成膜能力。

二、纺丝流体弹性的本质及表征

（一）纺丝流体弹性的本质

纺丝流体在加工流动中所经历的是大的黏弹形变。从热力学的角度看,高分子物质的弹性大形变与虎克（Hooke）弹性小形变之所以有区别,在于产生两种弹性的分子机理不同。Hooke弹性小形变,即普弹形变,是由分子键长、键角的变化引起的,与内能变化有关,即材料分子或原子之间平衡位置的偏离,外力去除后,形变能够马上回复。而高分子的熵弹性属于大形变,除内能变化外,主要是构象熵的变化引起的,在应力作用下,大分子构象熵减小,外力去除后,大分子会自动回复至熵最大的平衡构象上来,因而表现出弹性回复,但回复需要一定的时间。

大形变在剪切流动中出现,其应力状态比小形变更为复杂,主要是在剪切流动中既有切应力分量,又有各向异性的法向应力分量,导致法向应力的存在,而法向应力差正是黏弹性流体在剪切流动中弹性的表现,是一种非线性的力学响应。

（二）纺丝流体弹性的表征

纺丝流体的弹性可用多种方式进行表征,最常用的表征方式为:

1. 第一法向应力差函数 $\psi_1(\dot{\gamma})$

第一法向应力差函数 $\psi_1(\dot{\gamma})$ 值越大,纺丝流体的弹性越大。

2. 弹性模量

纺丝流体的弹性模量分为剪切弹性模量 G 和拉伸弹性模量 E。一般来说,剪切弹性模量 G 越大,切应力 γ 越小,纺丝流体弹性越小;拉伸弹性模量 E 越大,拉伸应变 ε 越小,纺丝流体弹性越小。

3. 松弛时间 τ

聚合物流体的松弛时间 τ 与切黏度 η 和剪切弹性模量 G 有关,定义为 $\tau = \eta/G$,纺丝流体的 τ 值越大,弹性越大。

4. 复数黏度 η^* 和复数模量 G^*

复数黏度 η^* 和复数模量 G^* 的表达式为:

$$\eta^* = \eta' + i\eta'' \tag{3-3-40}$$

$$G^* = G' + iG'' \tag{3-3-41}$$

式中: G'、η''——弹性储存;

G''、η'——黏性损耗。

三、纺丝流体弹性产生的原因及其影响因素

(一) 纺丝流体弹性产生的原因

纺丝流体细流在喷丝孔流动时,从大截面变化到小截面会发生流线收敛,流速增加产生纵向速度梯度 $\dfrac{\partial V_x}{\partial x}$,导致具有缠结点的黏弹流体产生拉伸弹性形变,从而产生法向应力 N_0,其方向与拉伸方向相反。

N_0 在毛细管中松弛后,在出口处有剩余法向应力 N',其值与纺丝流体在孔道中流经的时间和聚合物流体的松弛时间有关,满足关系式(3-3-42)。

$$N' = N_0\exp\left(\frac{-t^*}{\tau}\right) \tag{3-3-42}$$

式中: t^*——纺丝流体通过孔道的时间,$10^{-4} \sim 10^{-2}$ s;

τ——松弛时间,0.1~0.3s。

除此之外,纺丝流体在孔道内剪切流动时,由于横向速度梯度 $\dfrac{\partial V_x}{\partial r}$ 的存在,会使大分子产生形变,储存弹性能而产生法向应力差,如式(3-3-43)所示。

$$N'' = \Psi_1(\dot{\gamma})\,\dot{\gamma}^2 \tag{3-3-43}$$

因此,纺丝流体出喷丝孔的孔口处总法向应力差为:

$$N = N' + N'' = N_0\exp\left(\frac{-t^*}{\tau}\right) + \Psi_1(\dot{\gamma})\,\dot{\gamma}^2 \tag{3-3-44}$$

(二)影响纺丝流体弹性的因素

成纤聚合物流体具有弹性是其本性所决定的,但还受流动条件的影响。凡是影响流体内弹性能储存以及流动过程中应力松弛的因素都影响成纤聚合物流体的弹性。

1. 流体温度 T

一般来说,流体的温度 T 越高,松弛时间 τ 越短,流体的弹性越小,即温度升高,松弛过程加快,储存的弹性能降低。图 3-3-25 是 PP 熔体挤出胀大对温度的依赖性。

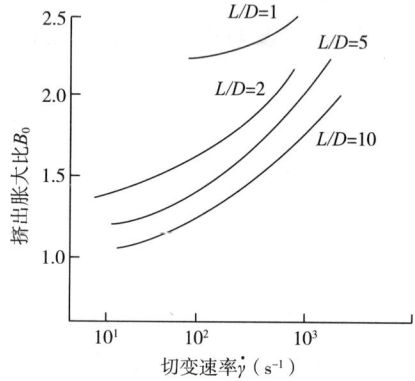

2. 切变速率 γ̇

法向应力差与切变速率的平方呈正比,见式(3-3-45)。切变速率 γ̇ 越大,流体内的弹性能储存越高,超出某个临界值时就会出现熔体破裂现象。图 3-3-26 是 PP 熔体挤出胀大对切变速率的依赖性。

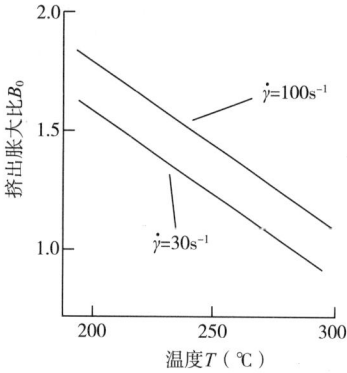

图 3-3-25 PP 熔体挤出胀大对温度的依赖性

图 3-3-26 PP 熔体挤出胀大对切变速率的依赖性($T = 190℃$)

$$\sigma_{11} - \sigma_{22} = \psi_1(M, T, \eta_0, \dot{\gamma})\, \dot{\gamma}^2 \tag{3-3-45}$$

3. 纺丝流体浓度 C

纺丝流体的浓度 C 越大,流体的黏度 η 越高,松弛时间 τ 越长,聚合物流体的弹性越大。

4. 相对分子质量 $\overline{M}_n$ 及其分布 $\overline{M}_w / \overline{M}_n$

一般来说,聚合物的相对分子质量 $\overline{M}_n$ 越高,松弛时间 τ 越长,聚合物流体的弹性越大。相对分子质量分布 $\overline{M}_w / \overline{M}_n$ 越宽,松弛时间 τ 越长,聚合物流体的弹性越大。

5. 流动的几何条件

主要是喷丝孔入口区形状(流线收敛程度)和毛细管长径比,这些因素决定流体的切变过程。一般来说,入口区的流线收敛越大,储存的弹性能越多,出口弹性越大。喷丝孔的长径比 L/D 越大,越有利于松弛,孔口处总法向应力差 N 越小,流体的弹性越小。

松弛时间 τ 值和第一法向应力差 ψ_1 值越大,总法向应力差 N 和胀大比 B_0 越大,因此流体的黏弹本质是决定胀大比的内因。适当提高纺丝温度,控制适宜的相对分子质量,增大喷丝孔径,以及增大喷丝孔长径比和降低剪切速率,都可以减小细流的胀大比,改善聚合物的可纺性能。

四、纺丝流体的挤出细流类型及其转变

(一)纺丝流体的挤出细流类型

纺粘和熔喷都属于熔融纺丝,首先会形成纤维,再通过铺网及固网而成非织造材料。在纤

维成型的过程中,首先要把纺丝流体从喷丝孔道中挤出,使之形成细流。正常细流的形成是纺丝必不可少的先决条件。随着纺丝流体黏弹性和挤出条件的不同,挤出细流大致可以分为四种:液滴型、漫流型、胀大型和破裂型(图3-3-27)。

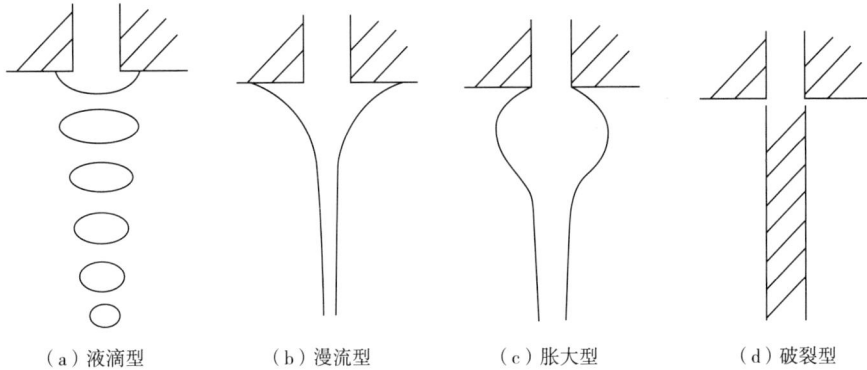

(a)液滴型　　　(b)漫流型　　　(c)胀大型　　　(d)破裂型

图 3-3-27　纺丝流体挤出类型

1. 液滴型

挤出细流从喷丝孔一滴一滴地挤出来的类型,叫作液滴型。液滴型不能形成连续细流,无法纺丝,主要是液体表面张力 α 太大,使得液体形成球状,液体黏度 η 太小,不能形成细流。

液滴型形成的内因跟纺丝流体本身的性能有关。当液体的表面张力 α 和黏度 η 的比值超过 10^{-2} cm/s 时,α/η 比值越大,出现液滴型的可能性就越大。液滴型形成的外因跟纺丝工艺参数有关,例如,随着溶体温度 T 升高,材料的 η 降低,出现液滴型的可能性增加;挤出速度 V_0 越小、喷丝孔半径 R_0 越小,越有可能出现液滴型。此时,可以通过挤出工艺条件来调节纺丝流体的类型,例如,既可以适当降低纺丝流体的温度 T,从而提高其黏度 η,就可以减少液滴型出现的可能性,也可以适当提高纺丝流体的挤出量 Q,使纺丝流体的挤出速度 V_0 增加,既可以降低液滴型出现的可能性,也可以通过降低温度或增加泵供量来避免纺丝流体出现液滴型。

2. 漫流型

挤出细流在喷丝板表面舒展开来的类型,叫作漫流型。漫流型能形成连续细流,在喷丝板表面形成漫流,这种细流不稳定,纺丝容易中断,生产中尽量避免。随着流体黏度 η 增大、表面张力 α 降低,以及喷丝孔孔径 R_0 和挤出速度 V_0 增大,挤出细流由液滴型向漫流型转变。

由于纺丝流体在喷丝板表面舒展,从而使细流间相互粘连,会引起丝条的周期性断裂和毛丝,因此要避免。当挤出速度 V_0 大于某一临界速度 V_{cr} 时,出现漫流型的可能性就会大大降低。值得注意的是,当喷丝孔径 R_0 较小、流体黏度 η 较低时,该临界速度 V_{cr} 会增大,这时候流体出现漫流型的可能性就增大了。

要改善纺丝流体的漫流型,使之形成正常的纺丝细流,可以在喷丝板表面涂硅树脂,以减小流体的表面张力,降低漫流型出现的可能性;也可以降低纺丝温度 T,使丝条的黏度 η 增大,以降低漫流型出现的可能性;或者提高泵供量 Q,使挤出速度 V_0 提高,以降低漫流型出现的可能性。

3. 胀大型

挤出细流在孔口处发生胀大,但不依附于喷丝板面的挤出类型,叫作胀大型。胀大型能形成连续细流,流体在孔口发生胀大,只要胀大比 B_0 控制适当,就可以保持细流连续稳定,是纺丝中的正常细流类型。在自由流出状态下,纺丝细流的最大直径与喷丝孔的直径之比,叫作自由流出胀大比,简称胀大比(B_0)。纺丝流体出现孔口胀大现象,是由于纺丝流体具有黏弹性的表现,一般弹性越大,孔口胀大比越大。在纺丝过程中,要适当控制纺丝流体的孔口胀大比,因为 B_0 过大,成型区的可拉伸比下降,有可能会引起熔体破裂及发生断头。

对于纺粘和熔喷,纺丝流体出喷丝孔后就受到牵伸作用而变细变长,因此,在实际生产过程中,纺丝流体出喷丝孔后的胀大比不再是自由流出胀大比,而是受拉伸力后的胀大比,一般用 B 表示。喷丝孔的孔径不变,在外力的作用下,纺丝细流的最大直径要比自由流出的最大直径小,所以受拉伸力的胀大比 B 小于自由流出胀大比 B_0,在纺粘的生产过程中以 B 来表征纺丝流体的挤出胀大。

不同的成纤聚合物熔体,孔口胀大现象的严重程度也不同,PET 和 PA 熔体接近于牛顿流体,孔口胀大较小,$B = 1 \sim 1.5$,只有温度降低至接近于固化温度时才出现较大的孔口胀大,这是因为此时松弛时间大大增加的结果,等规 PP 则表现出非常突出的非牛顿行为,胀大现象比较严重,$B = 1.2 \sim 2.5$,因此在高出熔点很多的温度下才能顺利纺丝。

4. 破裂型

在胀大型细流的基础上继续增加切变速率,纺丝细流就会因为均匀性的破坏而转化为破裂型,此时初生纤维表面呈现出波浪形、鲨鱼皮形、竹节形或螺旋形畸变,甚至发生破裂。纺丝流体破裂是成纤聚合物熔体自喷丝孔高速挤出时出现的一种挤出物畸变现象,它是发生在临界挤出速率以上的一种不稳定流动现象,属于不正常纺丝。

人们可以从多方面考察成纤聚合物流体不稳定流动的条件。对于大多数成纤聚合物来说,纺丝流体破裂的临界切应力 σ_{MF} 在 $10^5 \sim 10^7 Pa$ 数量级。由于各种聚合物纺丝流体的黏度相差较大,因此它们发生破裂的难易程度也不一样。几种常用聚合物的临界切应力见表 3-3-9。

表 3-3-9 几种常用聚合物的临界切应力

聚合物	$T(℃)$	$\sigma_{MF}(Pa)$	聚合物	$T(℃)$	$\sigma_{MF}(Pa)$
PA6	240	$9.6×10^5$	PET	270	$(1 \sim 1.6)×10^5$
PA66	280	$8.6×10^5$	PP	$200 \sim 300$	$(0.8 \sim 1.4)×10^5$

临界切应力值与聚合物相对分子质量及纺丝流体温度有关。一般来说,相对分子质量越高,临界切应力越高,图 3-3-28 所示是临界切应力与相对分子质量的关系;流体温度越高,临界切应力越高,图 3-3-29 所示是聚乙烯临界切应力与温度的关系。

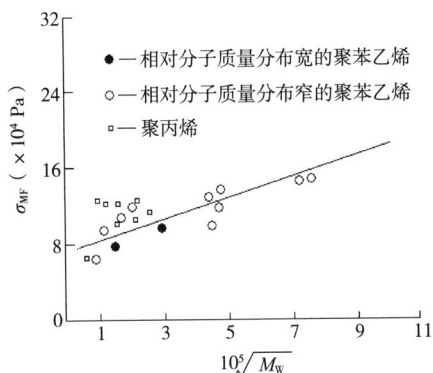

图 3-3-28　临界切应力与相对分子质量的关系　　图 3-3-29　聚乙烯临界切应力与温度的关系

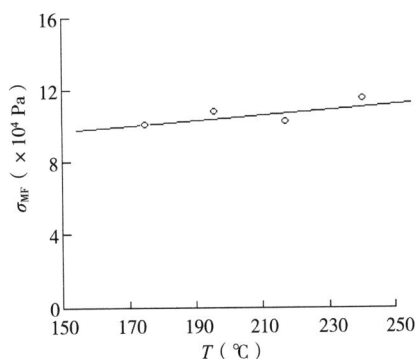

发生破裂型的临界切变速率 $\dot{\gamma}_{MF}$ 的大小因黏度而异。由于各种成纤聚合物流体的黏度可能相差极大,如果用临界切变速率 $\dot{\gamma}_{MF}$ 来评定发生纺丝流体破裂的条件,则各种成纤聚合物的 $\dot{\gamma}_{MF}$ 值相差可达几个数量级,如缩聚型成纤聚合物 PA66 在挤出温度 $T_0 = 275℃$ 时,切变速率要高达 $10^5 s^{-1}$ 左右才会出现纺丝流体破裂,而在喷丝孔流动时,一般切变速率只有 $10^4 s^{-1}$。加聚型成纤聚合物 PE 在 250℃ 挤出时,切变速率在 $10^2 \sim 10^3 s^{-1}$ 时便出现纺丝流体破裂现象。因此,有人建议用临界黏度作为标准,随着 $\dot{\gamma}$ 值的增加,当成纤聚合物流体的 η_α 值由零切黏度 η_0 下降至临界值 η_{MF} 时,纺丝流体发生破裂。η_{MF} 与 η_0 之间有下列经验关系:

$$\eta_{MF} = 0.025 \times \eta_0 \tag{3-3-46}$$

纺丝流体挤出过程中的纺丝流体破裂不是黏性湍流的结果,其不稳定流动是弹性引起的。当流体内弹性形变能量达到与克服黏滞阻力所需的流动能量相当时,则发生纺丝流体破裂。这种不稳定流动被称为弹性湍流。纺丝流体的弹性可复切应变 ν 表示:

$$\nu = \frac{\sigma_{12}}{G} = \frac{\eta\dot{\gamma}}{G} = \tau\dot{\gamma} = N_{Re,el} \tag{3-3-47}$$

式中:$N_{Re,el}$——弹性雷诺准数。

$N_{Re,el}$ 可以作为纺丝流体破裂出现的判据,有人认为 $N_{Re,el} > 5 \sim 8$ 时即发生纺丝流体破裂。由分析可知,纺丝流体破裂发生与否取决于纺丝流体的黏弹性及在喷丝孔道中的流动状态。从弹性雷诺准数包含的因素 τ 和 $\dot{\gamma}$ 看,通过调节切变速率 $\dot{\gamma}$ 和熔体温度 T 可以避免纺丝时发生纺丝流体破裂。

(二)纺丝流体的类型转变

纺丝流体的类型转变与纺丝流体性质有关。随着流体表面张力 α 减小,流体黏度 η 增大,纺丝细流的转变过程为:液滴型→漫流型→胀大型→破裂型。纺丝流体的类型转变还与具体挤出条件有关,例如,随着挤出孔径 R_0 和挤出速度 V_0 增加,纺丝流体转变过程为:液滴型→漫流型→胀大型→破裂型。因此,可以通过调节纺丝过程中的工艺参数,来达到纺丝正常的目的。

五、纺丝流体的可纺性

(一)纺丝流体的可纺性表征方法

可纺性在化学纤维工艺原理中并无严格的定义,一般将某种流体在拉伸作用下能形成连续细长丝条的能力,或者是流体承受稳定的拉伸操作所具有的形变能力称为可纺性。显然,可纺性并非成纤聚合物所特有,其他物质,如肥皂液、蜂蜜、高黏度矿物油等都具有成丝的能力。但作为纺丝熔体,仅仅具有可纺性是不够的,它必须在纺丝条件下具有足够的热稳定性和化学稳定性,在形成丝条后容易转化为固体,而且固化的丝条经过适当的处理后,具有必要的力学性能,所以可纺性是成纤聚合物的必要条件,但不是充分条件。从纺丝成型加工角度来看,成纤聚合物从喷丝孔挤出后受到轴向拉伸而形成丝条,可纺性好坏是保证纺丝过程持续不断的先决条件。一般可用发生断裂时的细流长度 x^* 和最大纺丝拉伸比 $(V_L/V_0)_{max}$ 来表示纺丝流体的可纺性。

(二)纺丝流体的断裂机理

20 世纪 60 年代初,波兰学者谢皮斯基(Ziabicki)等在探讨流体丝条断裂机理的基础上研究了可纺性,并提出了丝条两种破坏机理:毛细断裂机理和内聚断裂机理,如图 3-3-30 所示。

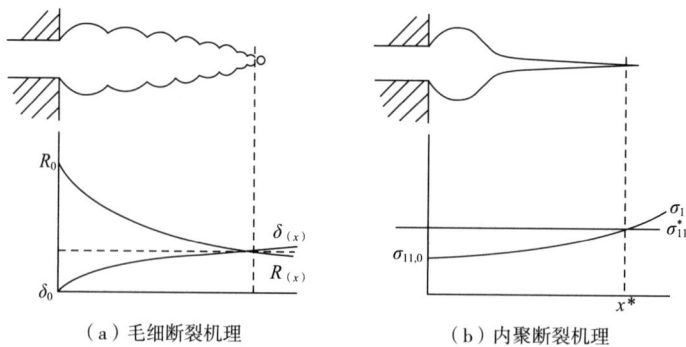

| (a)毛细断裂机理 | (b)内聚断裂机理 |

图 3-3-30 纺丝流体断裂机理示意图

1. 毛细断裂

由表面张力引起的扰动(波动)产生的毛细波发展到振幅 δ 等于自由表面无挠动的丝条半径 R 时,液体解离成液滴而发生的断裂,称为毛细断裂,断裂时 $\delta(x^*) = R(x^*)$。在纺丝流体挤出的过程中,喷丝头压力的波动、纺丝液密度不均匀和纺丝泵周期性变化等都会引起丝条表面张力发生挠动,这种挠动在液体表面上形成一种毛细波动,纺丝液从喷丝孔挤出时形成了新的自由表面,液体的表面张力 α 有使液体自由表面收缩成滴的趋势,最初毛细波的振幅是 δ_0,当毛细波发展到振幅等于自由表面无挠动丝条的半径 R 时,流体便解体成滴而断裂。也就是随着液体表面张力 α 的增大、黏度 η 降低,液体容易收缩,就可能导致毛细断裂产生。

2. 内聚断裂

在黏弹性流体的拉伸流动中,当储存的弹性能所产生的内应力等于内聚力(丝条强度)时发生的断裂,称为内聚断裂。或者也可以理解为当储存的弹性能密度超过某临界值时,流动就会发生破坏,这个临界值相当于液体的内聚能密度 k。发生断裂时的表达式为:

$$\sigma_{11}(x^*) = \sigma_{11}{}^*(x^*) \tag{3-3-48}$$

式中：σ_{11}——拉伸应力；

$\sigma_{11}{}^*$——断裂应力。

也可以写成：

$$w^* = \frac{\sigma_{11}{}^{*2}}{2E} = k \tag{3-3-49}$$

式中：w^*——临界弹性能密度；

k——内聚能密度；

E——杨氏模量。

(三) 纺丝过程中丝条断裂的判据

成纤聚合物流动在拉伸流动中的丝条破坏究竟按哪个机理进行,取决于拉伸条件和流体的流变特性。低黏度的牛顿流体形成的丝条自喷丝板挤出而发生断裂,稍高黏度的流体可以形成连续的丝条,而高弹性的熔体因为有高应力发展的可能,所以只能在较低的卷绕速度下纺丝,否则纺丝将会因为应力发展超过临界水平而引起内聚断裂。显然低相对分子质量熔体丝条的破坏是出于毛细断裂机理,而相对分子质量非常高的熔体破坏是内聚断裂机理。

1. 决定断裂机理的判据

在一定条件下,哪种机理先引起断裂,哪种机理决定的断裂长度 x^* 就小,它就在可纺性中起控制作用。一般可用表面张力和黏度的比值以及挤出速度与黏度的乘积来判断断裂机理。具体判断依据见表3-3-10。

表 3-3-10 断裂机理判断依据

项目	α/η		$V_0\eta$	
临界值	$>10^{-2}$	$<10^{-2}$	$<10^{-3}$	$>10^{-3}$
可能发生的断裂	毛细断裂	内聚断裂	毛细断裂	内聚断裂

$\lg V_0\eta$—x^* 关系图如图3-3-31所示。图中1为内聚断裂分界线,与坐标轴包围起来的部分不易发生内聚断裂;2为毛细断裂分界线,与横坐标之间的区域不易发生内聚断裂。因此,曲线上可以分为毛细断裂区、内聚断裂区、可纺区,其中可纺区的范围不大。

2. 纺丝过程中可能发生的断裂

不同类型的成纤聚合物其可纺性是不同的,常见的可用于纺粘和熔喷的聚合物,它们都具有优良的可纺性,具体见表3-3-11。

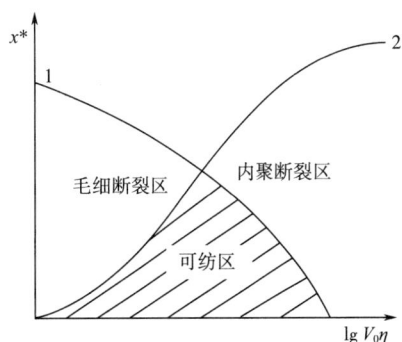

图 3-3-31 断裂机理判据图 ($\lg V_0\eta$—x^*)

表 3-3-11　纺粘和熔喷常用聚合物的可纺性

项目	$\alpha(\mathrm{dyn/cm})$ *	$\eta(\mathrm{Pa\cdot s})$	$\dfrac{\alpha}{\eta}$ $(\mathrm{cm/s})$	可能发生的断裂
金属丝	200~1000	0.1~10	$10^2 \sim 10^3$	毛细断裂
PP、PE	30~50	$(2 \sim 15) \times 10^3$	$10^{-3} \sim 10^{-2}$	内聚断裂
PA、PET	30~80	1000	10^{-2}	V_0非常高→内聚断裂 $T\uparrow,\eta\downarrow$→毛细断裂

* 1dyn/cm=1mN/m。

其中,PET、PA 的黏度 η 比较小,松弛时间 τ 一般为 10~100ms,弹性能不易聚集,一般不发生内聚断裂,PET 的纺丝速度甚至可以高达 $10^4\mathrm{m/min}$。对于这类聚合物,纺丝过程中要注意温度的变化,一般熔体温度 T 较高,容易发生降解,导致黏度 η 下降,从而发生毛细断裂。而 PP、PE 的黏度 η 相对较大,这类聚合物不易发生毛细断裂,而容易发生内聚断裂。湿法溶液纺丝的聚合物,虽然纺丝液的表面张力 α 很小,但是纺丝液的黏度 η 也很小,通过大量的试验证明,这类纺丝流体不会发生毛细断裂,而是容易发生内聚断裂。

在实际纺丝中,内聚断裂导致的丝条不稳定性决定了纺丝速度和纺丝拉伸比的上限,即纺丝速度越高,纺丝拉伸比越大,内聚断裂越容易发生。而毛细断裂对可纺性的限制作用决定了挤出速度和喷丝孔径的下限,即挤出速度越小、喷丝孔直径越小,越容易发生毛细断裂。

思考题

1.什么是流变学和纺丝流变学? 纺丝流体的运动学和动力学量有哪些?

2.什么是牛顿流体和非牛顿流体? 非牛顿流体分为哪几类?

3.纺丝流体在整个切变速率范围内分为第一牛顿区、切力变稀区和第二牛顿区,各用什么黏度表征? 出现这三个区的原因是什么?

4.影响纺丝流体剪切黏性和拉伸黏性的因素有哪些?

5.纺丝流体的弹性本质是什么? 表现在哪些方面?

6.纺丝流体的挤出类型分哪几类? 正常的纺丝流体类型是哪种? 各体类型之间怎么转化?

7.什么是纺丝流体的可纺性? 可用哪些量来表征纺丝流体的可纺性?

8.纺丝流体的断裂机理分哪几类? 如何判断纺丝流体可能发生哪种断裂?

第四章 纺粘非织造工艺原理

第一节 熔体纺丝工艺原理

纺粘法是聚合物直接成网法中最主要的一种加工方法,它是通过熔融纺丝成网而成的,因此其纺丝过程符合熔体纺丝工艺原理。

一、熔体纺丝的特点

熔体纺丝工艺具有过程简单和纺丝速度高的特点,在熔体纺丝过程中,成纤聚合物经历了两种变化,即几何形状的变化和物理状态的变化。几何形状的变化是指成纤聚合物经过喷丝孔挤出和拉伸而形成具有一定截面形状、长径比无限大的连续细丝的过程;物理变化即先将成纤聚合物变为易于加工的流体,挤出后为保持已经改变的几何形状并取得一定的纤维结构,使成纤聚合物又变为固态。熔体纺丝过程只是一个随传热过程而发生的物理变化过程,而溶液纺丝则远非这么简单,成型过程除了传热外,更重要的是传质过程,甚至发生复杂的化学变化和物理变化,而且由于工艺过程复杂,溶液纺丝速度难以提高,而熔体纺丝的丝条一经凝固便具有相当高的抗张能力,且冷却介质皆为空气,丝条运动阻力极小,因而纺丝速度可以提高。原则上讲,如果聚合物的热分解温度 T_d 远高于其熔点 T_m(或黏流态温度 T_f),都可以采用熔体纺丝法。

二、纺粘法非织造材料的生产步骤及特点

熔体纺丝成网非织造材料(纺粘法非织造材料)和熔体纺丝生产纤维的设备各有不同,但纺丝过程比较接近,熔体纺丝可以归结为以下四个步骤:

(1)成纤聚合物纺丝熔体的制备;

(2)熔体自喷丝孔挤出;

(3)挤出的熔体细流的拉伸和冷却固化;

(4)固化丝条的给湿上油。

熔体纺丝的工艺流程为:切片(干燥)→熔融→混合→过滤→计量→纺丝→冷却成型→上油→卷绕→后加工。

而纺粘法的工艺流程为:切片 → (干燥) → 螺杆挤出机熔融 → 熔体过滤器过滤 → 计量泵计量 → 纺丝组件纺丝 → 冷却吹风 → 气流牵伸 → 分丝铺网 → 固网(热轧、针刺或水刺等)→(热定形)→切边卷绕。

纺粘法和熔体纺丝一样,可以用切片法,也可以熔体直接纺丝。但是,一般纺粘使用切片法,是由直接纺丝与切片纺丝法的特点所决定的,因为纺粘非织造企业产量较低,且需要变换品

种。其生产工艺过程可用图 3-4-1 来表示。

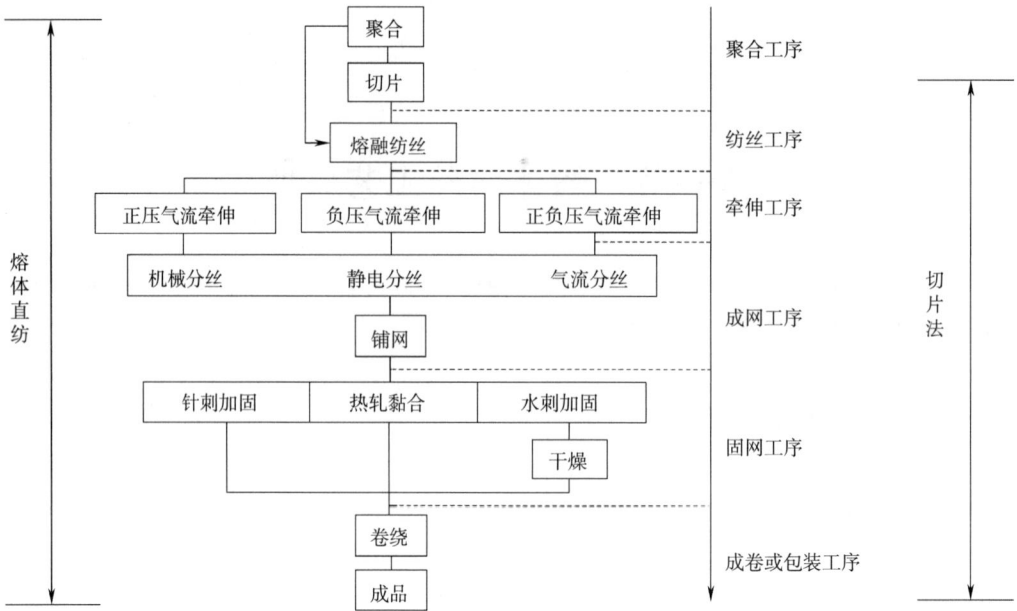

图 3-4-1　纺粘法生产工艺过程示意图

从图 3-4-1 也可以看出,与合成纤维生产方法相比,纺粘非织造材料的纺丝段与合成纤维生产基本相同,都是采用螺杆挤出机、计量泵、喷丝板、冷却装置,其工艺无多大差异,但是合成纤维产品是长丝或短纤维,并不成布,而纺粘法则是一次成布。同样,纺粘法属于合成纤维的长丝类型,是一步法高速纺丝,纤维的质量达到全拉伸丝或全取向丝的水平,有高度的取向度和高结晶度。

纺粘法与合成纤维生产的最大不同点是牵伸方式和后段生产,合成纤维采用的一般为机械牵伸,牵伸过程容易控制;而纺粘法采用的是气流牵伸,较难控制。纺粘法后半段的分丝铺网、固网和卷取则与化纤生产完全不同。此外,合成纤维多用于服装,因此对纤维条干的均匀度、染色均匀性、疵点、断丝、长度的要求十分严格,生产时纤维还要上油剂,而纺粘法虽也有要求,但是要求远不如合成纤维严格。

与其他非织造材料生产方法相比,首先,纺粘法是将化纤生产与非织造材料生产两者合二为一,在一条生产线上同时进行两个工序生产;而短纤维成网法则仅仅是对化纤的使用加工,本身并不产生纤维。其次,纺粘法生产是完全自动化的,由于聚合物的热熔性能,其生产过程一般不允许停机,如要停机,必须事先做好一连串的准备工作,否则将造成极大的浪费,而短纤维成网法则无此严格要求。最后,由于纺粘法生产是高度自动化、技术密集型生产,对职工素质、生产管理和维护要求严格,否则生产难以进行;而短纤维成网法虽然也有一定要求,但没有纺粘法这样严格。

第二节 切片干燥工艺与设备

切片质量不仅影响熔融纺丝成网法非织造材料的品质,而且直接关系到生产能否正常进行。因此,要制出优质的纺粘法非织造材料,必须严格控制切片质量。熔融纺丝成网法非织造材料所用的切片质量和长丝的质量要求基本相同,主要有以下指标:

(1)特性黏数。为了使产品具有适当的力学性能,又能顺利纺丝,要求切片有适当的相对分子质量,而测定相对分子质量及其分布较为烦琐,故用特性黏数来表示相对分子质量的大小。切片特性黏数根据产品品种要求而定,目前常用 PET 切片的特性黏数为 0.64~0.66,它随相对分子质量的增大而增大。

(2)相对分子质量分布。相对分子质量分布宽,可纺性差,制得的成品在热态条件下使用时,分子易降解。

(3)灰分杂质。切片中常含有一些杂质,杂质含量高,切片的可纺性能差,故一般对杂质含量有一定要求。在 PET 长丝生产中一般要求含杂率低于 0.1%。

一、切片干燥的基本原理和工艺

(一) 切片干燥的目的

采用一定的方式将热量传递给湿切片,再将湿切片蒸发出的水分分离的操作过程,称为切片干燥。切片干燥是切片纺丝法(间歇纺丝)的一个重要工序,经铸带、切粒得到的聚合物切片,一般都含有一定的水分,且结晶度低、软化点低,如 PET 切片含水率在 0.4% 以上。切片中含水对纺丝极为有害,一般不能用于直接纺丝,在纺丝前必须对切片进行干燥。聚丙烯原则上不含水,因此可直接用于纺丝。

在切片干燥前,先要去除切片中的粉末和粘连粒子,因为粉末在干燥过程中会形成结晶度高的高熔点物,从而导致熔体的均匀性变差。而粘连的切片体积较大,切片输送管道较细,易堵塞管道,使螺杆进料不畅,造成压力波动。所以,在切片干燥之前,需要先去除切片中的粉末和粘连粒子。

切片干燥可以去除切片中的水分,避免聚合物在纺丝过程产生剧烈水解,造成相对分子质量降低,影响纺丝质量。此外,去除水分,还可避免在熔体中夹带水蒸气,形成气泡丝或使断头率增加。

切片干燥还可以提高切片中的含水均匀性,使纺丝稳定。切片中的水分包含非结合水和结合水两部分,其含水量 F 可由公式(3-4-1)表示。

$$F = F_1 + F_2 \qquad (3-4-1)$$

式中:F_1——自由含水量;

F_2——平衡含水量。

自由含水量又称非结合水分,必须排除,一般采用加热抽真空的方式,这种水分的存在使物料表面上的蒸汽压等于纯液体的蒸汽压。平衡含水量又称结合水分,是与一定的干燥条件相平衡的,不能完全脱除水分,干燥的关键是减少平衡含水量。

切片干燥也可以提高切片的结晶度和软化点,如含水的无定形 PET,软化点为 70~80℃,干燥到含水为 0.01% 时,软化点可以提高到 210℃,这使切片进入螺杆挤出机后,不易在进料段软化发生环结阻料现象。当 PA 含水率达 0.05%、PET 含水率达 0.01%,结晶度高,纺丝组件的使用周期长。

为了保证纤维质量,必须使纤维含水率尽可能低。如 PET 干燥后,常规纺时要求含水率为 0.01%~0.02%,高速纺要求含水率为 0.003%~0.005%;当生产 PET 纺粘非织造材料时,一般要求含水量低于 40mg/kg,做薄型产品时含水量应低于 30mg/kg。

生产实践表明,干燥后切片的质量对纺丝过程和成品质量的影响甚大,而且切片含水均匀性对纺丝也有极其重要的影响。因此,应提高切片的干燥质量,使其含水率尽可能低,并力求均匀,尽可能减少纺丝过程中聚合物黏度的下降,保证成品质量。

(二)切片干燥的基本原理

当物料进行干燥时,包含两个基本过程:传热和传质。传热能使水分从固体物料内部迁移至表面。在成纤聚合物切片干燥的过程中,同时还伴随成纤聚合物结构的变化(结晶)以及轻微的降解(特性黏数降低)。

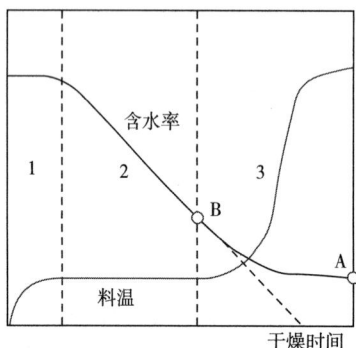

图 3-4-2　切片干燥曲线
1—物料预热阶段　2—恒速干燥阶段　3—降速干燥阶段
A—平衡含水率　B—临界含水率

若将含有游离水分的潮湿物料置于一定的温度、湿度和风速的过量气流中,测定被干燥物料的重量和温度随时间的变化关系,可得图 3-4-2 的干燥曲线。

含游离水分的潮湿物料因其表面有液态水,置于稳定干燥条件下,其温度逐渐升至热风的湿球温度 T_w,到达此温度之前的阶段即为物料的预热阶段,这也是切片干燥的第一阶段。

在随后的第二阶段,由于切片表面存在液态水,传入的热量只用来蒸发物料表面的水分,物料自身温度不变。在此阶段,物料的平均含水量随时间呈比例减少,这个阶段也称为恒速干燥阶段。当物料含水达到临界含水率时,恒速干燥阶段结束。

在第三阶段,物料表面已无游离水存在,水分由物料内部向外扩散速度慢于水分从物料表面蒸发速度,物料表面变干,温度开始上升。此时,传入的热量用于蒸发水分和加热物料,干燥速率很快降低,最后达到平衡含水量而终止。

(三)切片干燥工艺

1. 制订干燥工艺应考虑的因素

在切片干燥过程中,为了保证干燥后切片的性能符合纺丝工艺的要求,制订切片干燥工艺

时应考虑以下因素:

(1)保证干燥后切片的含水量尽可能低,含水量波动范围尽可能小。

(2)在干燥过程中,成纤聚合物降解要小。

(3)在干燥过程中,防止切片发生黏结,且产生的粉末要少。

(4)要使干燥机生产能力得到最大限度发挥。

2. 干燥工艺条件的选择

对于 PET 切片,一般以热空气干燥,可分两个阶段:第一阶段为预结晶阶段,第二阶段为干燥阶段。对于 PA 切片,通常以热氮气流(高纯度氮气,含氧量<3mg/kg)对流干燥,干燥中不存在预结晶过程。下面以 PET 切片干燥为例,来分析其干燥工艺。

(1)预结晶的温度和时间。根据结晶机理,在切片玻璃化温度与晶体熔融温度之间,温度越高,结晶完成时间越短,但湿切片开始时温度高,切片易粘连。预结晶温度和时间要根据设备条件而定,使用沸腾床式干燥预结晶器,切片不易粘连,预结晶温度可高达 160~180℃,时间为 8~15min。采用充填式干燥预结晶器,切片与热空气逆流接触,需停留 1~1.5h,温度为 120℃。由于真空转鼓干燥是间歇进料,并靠旋转自然搅拌,故必须在 120℃ 以下缓慢升温,时间为 4~5h。

(2)干燥温度。干燥温度越高,干燥所需时间越短,而且趋于平衡的含水量越低;但温度过高,容易引起成纤聚合物降解。因此,干燥温度应使成纤聚合物在干燥过程中特性黏数降低较小。另外,干燥温度的选择还受到设备条件的限制。干燥方式不同,干燥温度也不同,如聚酯切片的干燥温度一般为 160~180℃,真空转鼓用蒸汽加热干燥时,一般干燥温度为 130~160℃。

(3)干燥时间。干燥时间的选择与干燥温度有关,还与成纤聚合物的性能、颗粒大小、料层厚薄、干燥方式、干燥介质(温度、相对湿度、气流速度)及切片与介质的接触方式有关。

(4)风速。风速提高会使切片与气流的相对速度增大,干燥时间缩短;风速的选择与干燥方式、设备大小、生产能力等有关。

(5)风湿度。热风含湿率越低,干燥速度越快,切片平衡含水量越低。

图 3-4-3 为切片与气流接触的三种方式。在沸腾床式干燥中,接触面积和气流速度比另外两种都大,因而有很高的干燥速率。采用真空转鼓式干燥,干燥时间还与升温速度和真空度有关。大量试验说明,真空转鼓式干燥时,升温速度快,达到工艺要求的切片含湿量所需的时间较短。单对 PET 切片来说,在干燥前预结晶度低,软化点低,升温速度不当,切片容易产生黏结,因此,升温速度还受到切片原料预结晶度的限制。真空度对干燥过程影响也很大,真空度

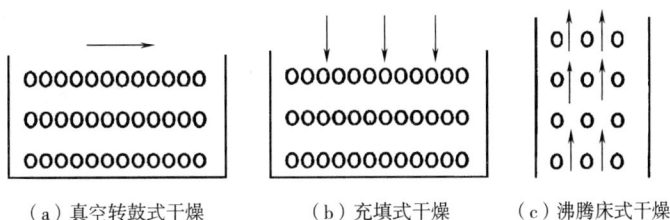

(a)真空转鼓式干燥　　(b)充填式干燥　　(c)沸腾床式干燥

图 3-4-3　切片与气流接触的三种方式

高,利用水分蒸发,切片达到平衡时含湿量低,所以真空度越高越好,这有利于缩短干燥时间和获得含水量较低的切片。切片的含水量随干燥时间的增加而降低,到达一定时间以后,即趋于一平衡值,此时再延长时间,切片含水量变化甚微,而且对整个生产过程不利,会导致粉末量增大,耗气、耗电量增加,设备生产能力降低,若在高温干燥时,还将导致特性黏数的增大。因此,合理的干燥时间应选择在水分趋于平衡后1~2h,使之有一个切片之间和切片内部含水率的均衡过程,这时切片含水率低且均匀,干燥机生产能力较大。

(6)干切片的储存。干燥后的切片含水量极低,容易重新吸湿,使切片含水达不到要求,因此,防止干切片在储存过程中重新吸湿是相当重要的问题。切片的储存一般是将干燥后的切片放入切片储桶,标上批号及净重。在大规模生产中,一般是把干切片用空气或氮气流直接输送至螺杆挤出机上的干切片储桶中供纺丝用。PA干切片在较高的出料温度下与空气接触,易氧化变黄,因此一般采用氮气输送。PET切片对氧的敏感性小,可采用减湿后的干空气输送,要保证储桶中的切片不被吸湿。为了保持切片在螺杆挤出机内熔融过程的稳定,还可以使加入料桶的切片不经冷却而保持一定的温度,进行热料纺丝,并通入热氮气流进行循环,这样可以使切片在料桶中进一步干燥并使其含水进一步均匀。

在切片干燥过程中,还应注意以下问题:

①不同批号的切片不能混合使用;

②防止异物混入切片,以免堵塞管道;

③及时清除切片中的粉末;

④确保干燥切片(干切片)含水量的均匀性;

⑤注意气候变化对空气露点的影响。

(四)干燥过程中成纤聚合物结构的变化

1. 切片结晶度的变化

切片在干燥过程中伴随着结晶度的变化。一般来说,聚合物在干燥的过程中发生结晶,使得聚合物的体积收缩、挤压、空穴消失,这时候聚合物中的水分被挤压到聚合物的表面,有利于干燥。另外,也有可能会将水分挤压到聚合物的内部,加大水分的扩散距离,阻力增加,不利于干燥。因此,可采用高频电微波加热器,切片内外温度均匀,结晶对提高干燥速度十分有利。图3-4-4表示PET切片在真空转鼓干燥时的结晶度变化曲线。

当成纤聚合物切片被加热时,存在一个起始结晶温度。PET、PA切片干燥时的温度都高于切片的起始结晶温度,因此,在干燥过程中切片的结晶度增加。以PET切片为例,干燥前基本上是无定形的透明体,结晶度极低,加热到70~80℃时就变软发黏,继续加热到90~95℃以上时,切片逐渐变成硬的乳白色透明体。取样测试可发现,切片结晶开始发生变化,并急剧增

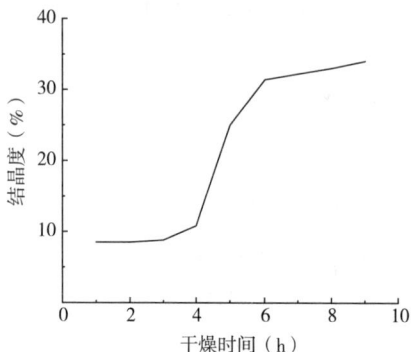

图3-4-4 PET结晶度与干燥时间的关系曲线

加,达到一定值以后,其变化又趋平缓。干切片的结晶度取决于结晶温度和时间。PET 切片干燥后结晶度一般为 30%~40%,最高可达 50%;PA 切片干燥前虽有一定结晶度,干燥后结晶度仍会增加。

2. 特性黏数的降低

在干燥过程中,随干燥温度和时间的改变,切片的特性黏数和羟基含量也发生相应的变化。温度低时,变化甚微;温度高且采用空气作为干燥介质时,成纤聚合物的降解就会变得比较严重。真空转鼓干燥机中产生特性黏数降低的主要原因是:在一定温度下,切片由于含水使大分子链发生水解。此外,干燥时间长也会加剧降解。因此加快升温、提高真空度、缩短干燥时间,都可以使特性黏数降低。一般沸腾床式干燥产生的特性黏数降低幅度较真空转鼓干燥大。

(五) 干燥过程中成纤聚合物的化学变化

在干燥过程中,如果干燥工艺设计不合理,聚合物可能会在干燥过程中发生以下化学变化,从而影响聚合物的性能,对纺丝工艺过程不利。

1. 热降解

在较高温度下经较长时间作用,PET 大分子易发生热降解,大分子链断裂,生成端羧基和乙烯基。乙烯基进一步反应可生成端酯基和端醛基。热降解原理如图 3-4-5 所示。

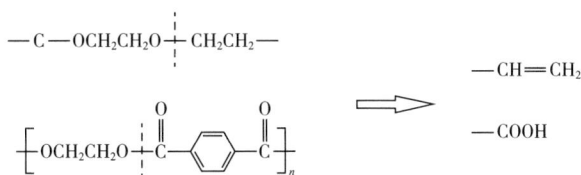

图 3-4-5　热降解原理

2. 热氧化凝胶生成

乙烯基能进一步发生支化和交联,形成不熔和不溶的凝胶,如图 3-4-6 所示。凝胶使纺丝组件更换周期缩短并导致纤维疵点增多,影响切片的可纺性。

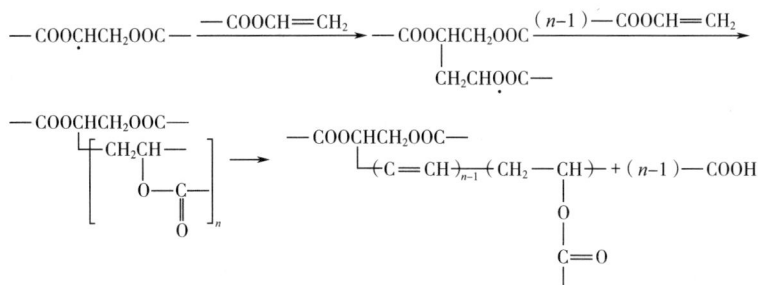

图 3-4-6　热氧化凝胶生成原理图

3. 热氧化降解

在氧的存在下,尤其是用热风介质进行干燥时,PET 大分子发生热氧化降解,平均分子量下降,大分子的端羧基和乙烯基增多,如图 3-4-7 所示。

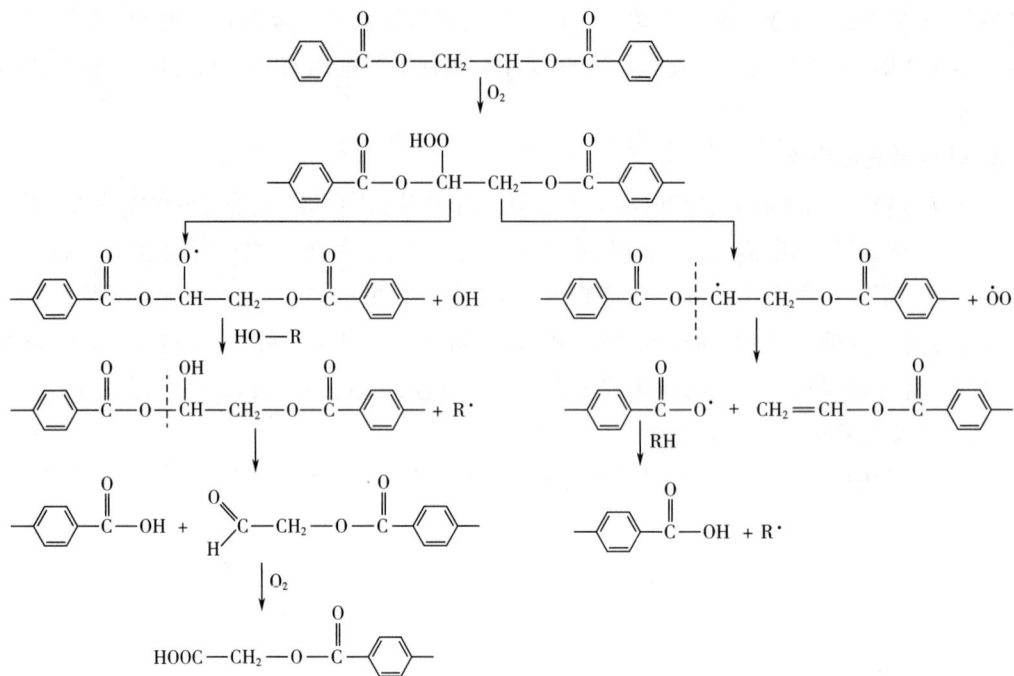

图 3-4-7　热氧化降解原理图

4. 高温水解

在高温有水的情况下,PET 大分子会发生高温水解,如图 3-4-8 所示。

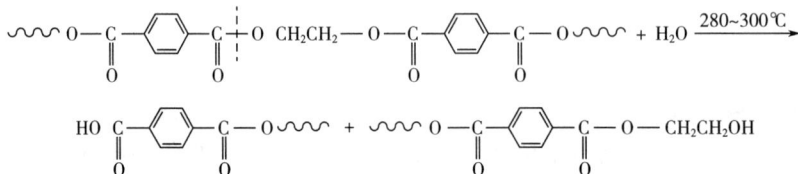

图 3-4-8　高温水解原理图

5. 固相缩聚

固相缩聚是在原料熔点(或软化温度)以下进行的缩聚反应。当干燥温度为 180~250℃时,PET 会发生固相缩聚反应,使干切片的特性黏数有所增加,相对分子质量分布相应变宽,造成一系列不良影响。

二、切片干燥设备

(一) 联合式切片干燥设备

目前切片干燥中普遍采用联合式切片干燥设备,主要由三部分组成,即预结晶器、充填干燥器和热风循环系统。切片首先经过预结晶器被除去大部分水分,主要是表面吸附水,并产生一定的预结晶度,提高软化点,使切片在高温下不再发生黏结,然后进入充填式干燥器,在干燥器内保证足够且均一的停留时间,充分去除切片水分,且使最终切片含水均匀。由于联合式切片干燥设备较好地运用了切片干燥的原理,因而具有干燥效率高、干燥质量好且质量稳定等特点。我国自 20 世纪 80 年代以来,先后引进了多种先进型号的联合式切片干燥设备,其中以德国的 Buhler Miag(简称 BM)公司和吉玛(Zimmer)公司的联合干燥设备最为典型,此外还有日本的奈良、细川公司,英国的 Rosin 公司等的联合干燥设备。经过几年的消化吸收,国产各种联合干燥设备也不断出现,并逐步接近国际先进水平。

1. 联合式切片干燥设备的工艺流程图

图 3-4-9 是德国 BM 公司设计制造的涤纶切片干燥工艺流程,它采用间歇式预结晶装置(或连续式沸腾床预结晶器)与连续式充填干燥器相结合,配以附有氯化锂除湿器和废气余热利用装置的热风循环系统,具有干燥效率高、质量稳定、能耗低、占地少等优点。

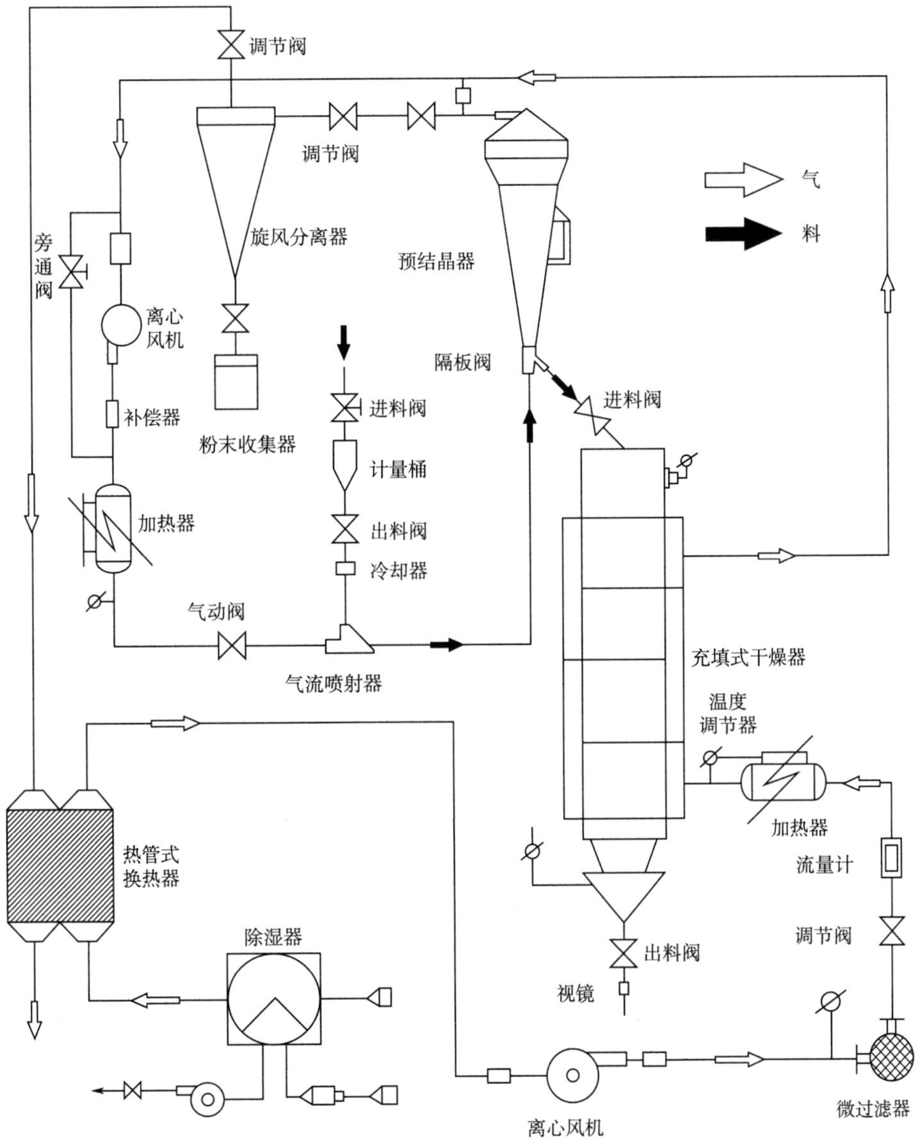

图 3-4-9　德国 BM 公司 PET 切片干燥工艺流程图

湿切片自储料斗通过进料阀进入计量桶中。当干燥系统进料时,进料阀关闭,气流喷射器将湿切片从底部送进预结晶器中,在预结晶器停留约 10min,切片的结晶度由 1% 提高到 25% 以上,可以保证切片在以后的干燥过程中不再黏结。然后经隔板阀、出料阀进入充填式干燥器中,干燥约 2h。干燥后的切片含水率<0.005%。干切片经出料阀直接送至螺杆挤出机进料斗供纺丝用。

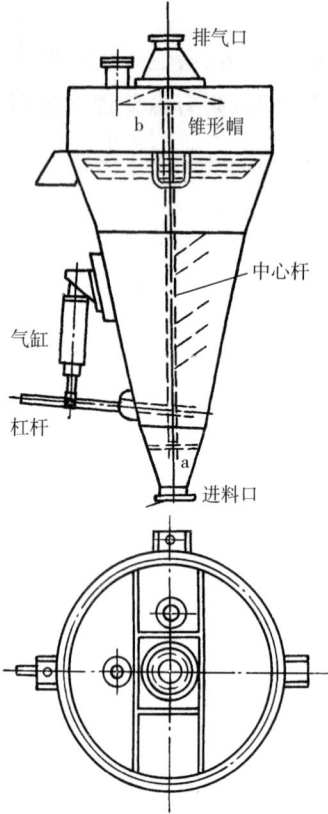

图 3-4-10 德国 BM 公司的间歇式预结晶器

2. 预结晶器

预结晶器可分为间歇式和连续式两类。图 3-4-10 是德国 BM 干燥设备中采用的一种间歇式预结晶器。

该间歇式预结晶器整体为一不锈钢制成的圆锥形容器,底部有一隔板阀,利用旋涡式热气流吹沸和加热切片。气流将一定量的切片从底部输入时,流速达 20m/s(a 点)。由于容器上部体积扩大,气流速度下降到 2m/s(b 点),切片浮力减少,又靠重力降落,下落至锥形底部,此时又遇到高速热气流,重复上升,呈剧烈沸腾状,不仅可加强传质、传热,而且可防止切片间相互黏结。

当切片进入结晶器内 10min 左右时,排气口风温上升至 150℃,预结晶过程结束,发出温度到达信号,同时隔板转动,出料阀打开。此外,预结晶器内装有一套振动装置,由汽缸操作,汽缸通过杠杆使中心杆振动。中心杆上装有很多根短的撞击棒,它与中心杆呈 72°倾斜,顶部装有锥形帽,以防止切片飞出。出料时,振动一下,可打碎黏结的切片,使切片全部顺利排入充填式干燥器中。

该预结晶器中切片呈鼓泡状沸腾,无反混现象,停留时间更均一,无噪声,粉尘少。

3. 充填式干燥器

在联合式切片干燥设备中所用的充填式干燥器同单独使用的充填式干燥设备的主要区别是:其内无搅拌装置,切片慢速均匀下落,能保证停留时间一致。

图 3-4-11 为 BM 公司充填式干燥器外形示意图,为不锈钢方形容器,由四节干燥仓组成。热风从底层干燥仓进入,从顶层干燥仓的出风口排出。

各节干燥仓的内部结构基本相同,其内纵向交错排列着菱形风管,两侧是风道。图 3-4-12 为第一节(最底层)干燥仓的结构。

菱形风管底部有长形开口,其中①③⑤层风管为进风管,与右风道 2(进风道)相通,而②④

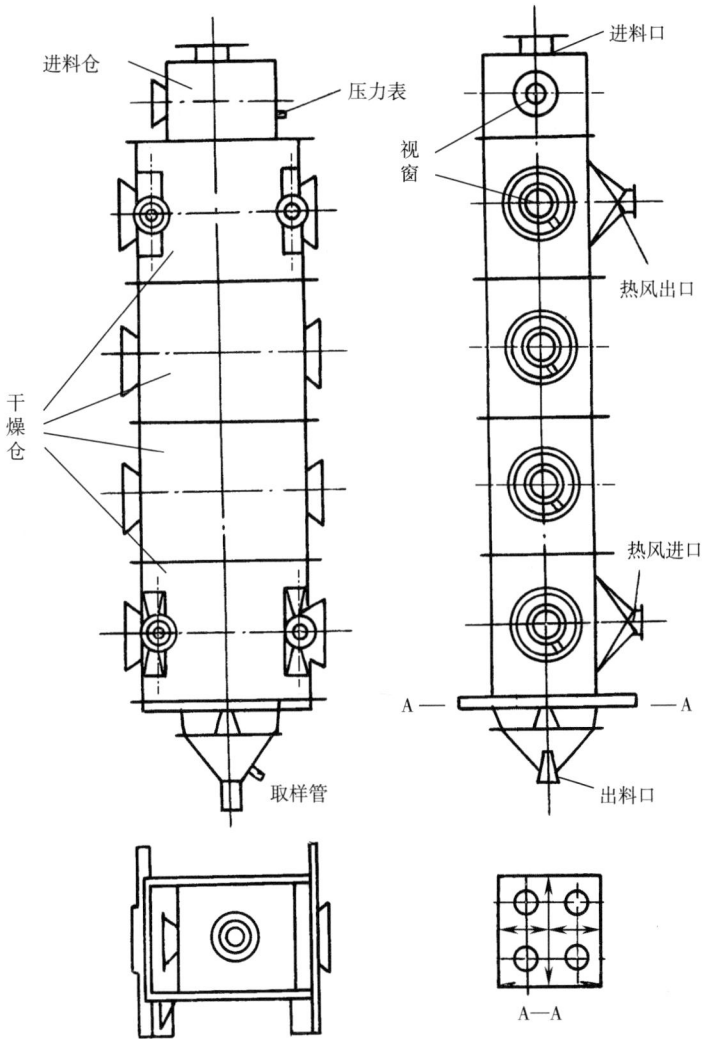

图 3-4-11　BM 公司充填式干燥器外形示意图

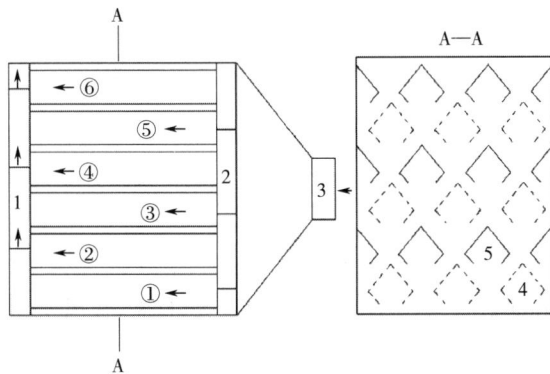

图 3-4-12　干燥仓结构示意图

1—左风道　2—右风道　3—进风口　4—进风管　5—出风管

⑥层风管为出风管,与左风道1(出风道)相通。风管周围充满了缓慢下落的切片。热风由进风口3进入右风道,即同时进入第①③⑤层进风管4,随后从菱形风管底部长形开口处溢出后上升,穿透缓慢下行的切片层,由第②④⑥层出风管底部开口处进入出风管而转入左风道,这是第一节干燥仓中热风的流向。

第二节干燥仓与第一节相反,其左风道为进风道,与第一节仓的左风道(出风道)相通。这样,热风就由第一节仓左风道升入第二节仓的左风道,同时进入第二节仓的①③⑤层进风管,热风再次溢出与切片接触后,经第②④⑥层出风管至第二节仓的右风道(第二节仓的出风道)。依此类推,第二、第三两节仓的右风道相通,第三、第四两节仓的左风道相通,最后热风由第四节右风道入排风口排出。

四节干燥仓上下相通,切片自上慢速下落,穿行于交错排列的风管之间与热气流接触,如图3-4-13(a)所示。在整个充填式干燥器中,干燥空气的流向在同一节干燥仓中呈并联流动;而在节与节之间则为串联流动,如图3-4-13(b)所示。切片在干燥器中停留2h,出料时切片温度达150~160℃。为保证切片有均一的停留时间,在干燥器底部支撑架处设置四只锥形出料管,上方下圆。切片由四个出料口出来后汇入一锥形收集管中,再经一气动滑板阀进入螺杆挤出机。

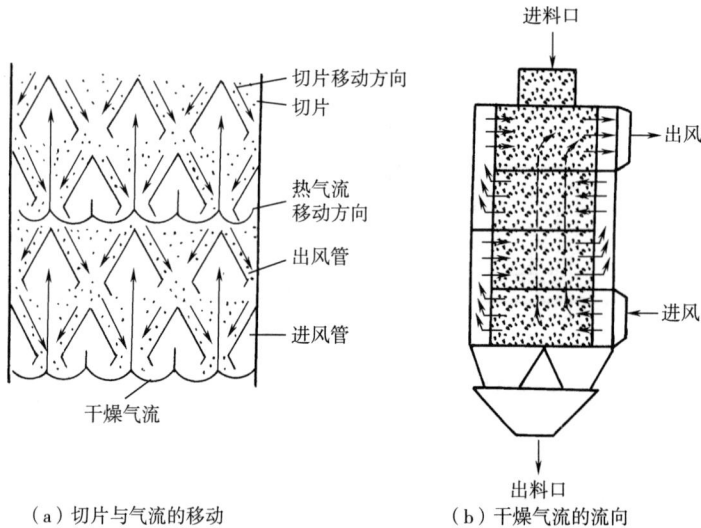

(a) 切片与气流的移动　　　(b) 干燥气流的流向

图3-4-13　切片与干燥气流在干燥器中的流动及接触

BM公司充填式干燥器热风流程长,切片干燥时间短,效率高。

4. 热风循环系统

热风循环系统主要由过滤器、除湿装置、加热器(换热器)和风机组成。德国BM公司干燥设备的热风循环系统(图3-4-9)工作过程为:新鲜空气先经过滤器进入除湿器,再通入热管式换热器进行预热,然后由离心风机吸入加热器,将其加热到160~170℃之后,进入充填式干燥器干燥切片,从充填式干燥器出来的热空气分为两部分:一部分经调节阀到热管式换热器,利用其余热预热新进入的干空气,最后排入大气;另一部分则由高压离心风机吸入后,送经加热器再加热至160℃,用气流喷射器输送切片和使切片送入预结晶器中预结晶。切片自预结晶器中出料时,气动阀关闭,旁通阀打开,空气作短路循环。在预结晶过程中,切片中的粉末被热气流从预结晶器顶部带出,经旋风分离器分离后,落入粉末收集器中。

除湿器采用冷冻除湿与吸湿剂除湿相结合,使干空气露点达-10℃,含水量为1.65g/kg。冷冻除湿部分串联安装三台冷冻压缩机冷却器。若进风经过第一台冷却器后已达到工艺要求的冷冻除湿温度(露点8℃),则后面两台冷却器的冷冻压缩机会自动停车,否则后面两台冷却器都要工作。冷冻除湿一般设计进风为25℃,含湿量为15g/kg,冷冻后风温为8℃,含湿量为6.7g/kg。

吸湿剂除湿以氯化锂为吸湿剂。吸湿剂被吸附在圆柱状超细陶瓷纤维过滤器上,成为吸湿柱。每四个吸湿柱为一组,共有四组。四组吸湿柱同时工作,每组中有三个用于吸湿,一个再生。吸湿柱固定不动,由步进电动机带动连接吸湿柱两端的分配板转动。分配板起阀门作用,轮流使各组吸湿柱吸湿或再生。也有采用其他吸湿装置的,如日本钟纺公司利用高分子吸附除湿。

热管式换热器是为了充分利用热风的余热,对工作进风预热。它分为左右两室,中间隔板上倾斜安装有热管,如图3-4-14所示。管内装有低沸点液体氟利昂,管内壁上有螺纹毛细片作为气液升降的通道。管外壁上装有长方形铜翘片。热管内的液体在较低的一端吸收热量,变成气体上升,到达较高的一端后将热量传给工作进风,又变成液体下降。如此反复循环,热量可收回50%~65%。

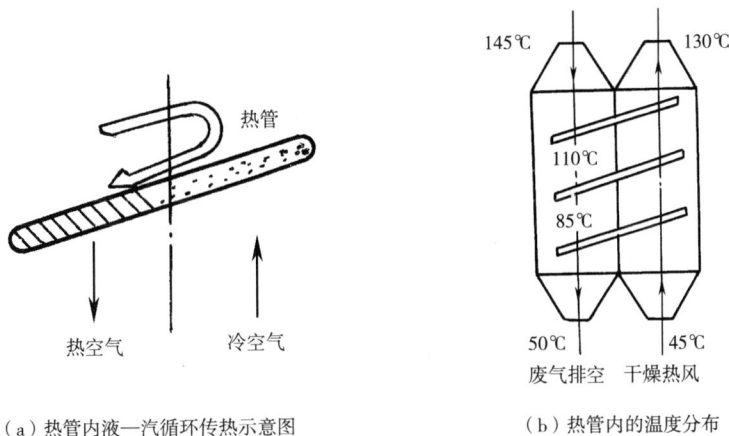

(a)热管内液—汽循环传热示意图   (b)热管内的温度分布

图3-4-14 热管式交换器

这种热风循环系统用风合理,热量利用充分,是一种较为先进的热风循环系统。联合式切片干燥机还有很多其他形式,如我国在PET切片干燥中最早采用回转圆筒干燥机和充填式干燥器组成的联合式干燥设备。由于切片中的大部分水分已在回转干燥机中除去,并具有较高的结晶度,进入充填式干燥器只相当于储存一段时间。一方面可以进一步除去微量水分;另一方面可以改善含水的均匀性。因此,充填式干燥器结构更为简单,内部无任何机械转动装置,切片沿圆柱形筒体呈塞流状慢慢下落,但该套干燥系统流程长,占地大,粉尘较多。

(二) 整体式干燥机

对于小批量、多品种的生产往往采用整体式干燥机,这类干燥机具有占地小、操作灵活等特点。整体式干燥机的种类和形式很多,下面以几种常见的典型干燥机为例来介绍。

1. 真空转鼓干燥机

真空转鼓干燥机如图 3-4-15 所示。以 VC353 型真空转鼓干燥机为例,其主要由转鼓部分、抽真空系统和加热系统组成。

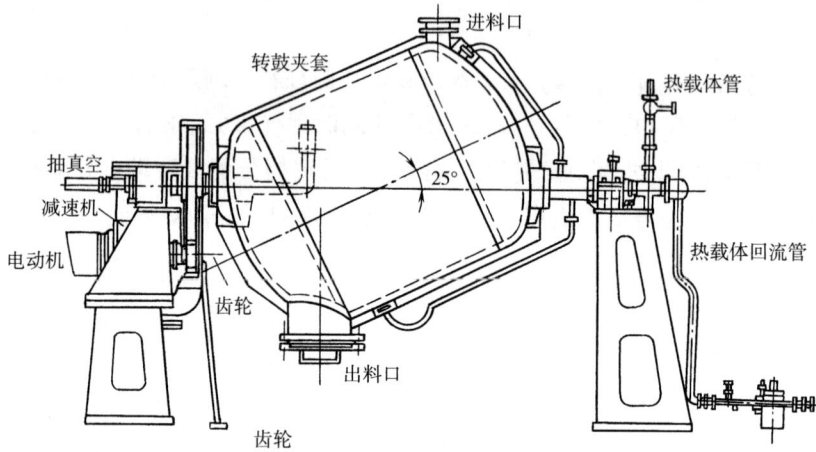

图 3-4-15　真空转鼓干燥机

(1)转鼓部分。转鼓是全机的主体,为倾斜装置(倾角为 25°)的圆筒形容器,整个鼓体分内外两层,内层为衬不锈钢的复合钢板,外层为锅炉钢板,两层之间用钢管支撑,两层之间通热载体。

(2)抽真空系统。抽真空系统的主要部分是真空泵及其附属装置。真空泵可用机械真空泵,也可用蒸汽喷射泵。采用机械真空泵时,常用罗茨泵和水环泵组成泵组,以获得较高的真空度。VC353 型真空转鼓干燥机采用一台 100m/h 的二级水环泵、一台 200m/h 的罗茨泵和一台 400m/h 的罗茨泵,而且在水环泵和 200m/h 的罗茨泵之间又串联了一台空气喷射泵,以减轻水环泵的负荷。为了防止从转鼓中抽出的水分进入真空泵,还在真空泵与转鼓之间装备了蒸汽冷凝器和汽水分离器。

蒸汽喷射泵具有工作稳定可靠、设备简单等特点,常采用多级蒸汽喷射泵。一般三级蒸汽喷射泵喷射蒸汽压力为 $9.8×10^5$ Pa,可使转鼓内的余压降到 $3.3×10^2$ Pa;四级蒸汽喷射泵喷射蒸汽压力为 $(1.47~1.57)×10^6$ Pa,转鼓内余压可降到 53Pa;五级蒸汽喷射泵可使转鼓内的余压降到 6.7Pa。

抽真空系统的管线与转鼓之间采用特殊的轴头结构连接,如图 3-4-16 所示。轴头中有一根真空管,其左端与真空系统相连,右端伸入转鼓内,其上接弯管,弯管伸入转鼓上部空间,并在顶部装有除尘器,防止粉末通过抽真空管抽出。转动的轴头与不转动的真空管之间采用填料密封。

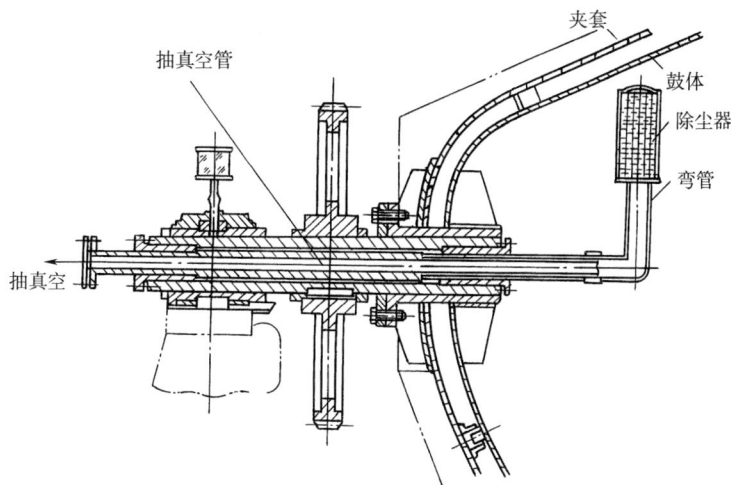

图 3-4-16 转鼓干燥机抽真空部分轴头结构

（3）加热系统。加热系统的装置因采用的热载体不同而异。热载体可以采用联苯混合物、38 号汽缸油、甘油、饱和蒸汽和过饱和蒸汽等。国内广泛采用饱和蒸汽作为热载体，其特点是结构简单，不需要其他附属装置。但当干燥温度较高时，就要求较高压力的蒸汽，因而器壁较厚。如 VC353 型真空转鼓干燥机采用 0.4MPa 的蒸汽时，转鼓壁厚为 14mm。若采用联苯混合物或油类为热载体，则需采用蒸汽为热载体的轴头结构，如图 3-4-17 所示。

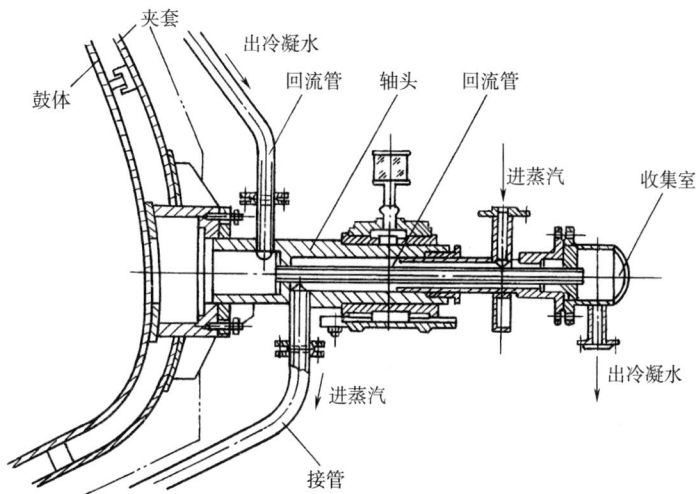

图 3-4-17 转鼓干燥机加热部分轴头结构

饱和蒸汽从入汽口进入轴头，经接管进入相应的热载体加热和循环装置。在鼓夹套中进行热交换，冷凝水则沿回流管进入轴头，再由回流管流至收集室。同样，进蒸汽管与轴头之间以及回流管（它随轴头一起转动）与收集室之间的连接处均有填料轴封。

真空转鼓干燥机干燥质量高，可在较低温度下干燥切片，适合易氧化或热敏性的成纤聚合物。但由于其干燥时间长、生产能力低、不能连续化等，一般用于小批量、多品种及一些特殊品种的生产。表3-4-1和表3-4-2分别为国内外几种真空转鼓干燥机的主要性能。

表3-4-1 国内几种真空转鼓干燥机的主要性能

特性	ZG400	VC351	VC352	VC353
转鼓位置	倾斜	水平	倾斜	倾斜
最大投料量(kg)	200	400	1100	1750~2000
转鼓容积(m³)	0.4	1	2	4.8 有效2.5
真空度(kPa)	>98.6	>98.6	>98.6	1.3(余压)
转鼓尺寸(内径×长,mm)	800×1003	600×1800	1400×2000	1700×2735
热源	蒸汽(0.2MPa)	蒸汽(0.2MPa)	—	蒸汽(0.4MPa)
传动功率(kW)	2.2	2.8	5.5	15.1

表3-4-2 国外几种真空转鼓干燥机的主要性能

特性		法国设备	日本设备	意大利设备
最大容积(m³)		16	8	16
最大投料量(kg)		6000	2500~3000	6000
热源		加热油、联苯	过热蒸汽(1.5~1.6MPa)	联苯
干燥温度(℃)		155~159(PET)	150~190(载热体)	155~195(PET) 140~170(切片)
干燥时间(h)		12	7~8	12
切片含水率(%)	干燥前	0.5~1	0.5~1	0.5~1
	干燥后	0.001	0.001	0.001
转鼓内余压(Pa)		0.4	<4	4

2. 回转圆筒干燥机

回转圆筒干燥机主要由两部分组成:回转圆筒部分和热风循环系统。

回转圆筒部分为不锈钢制卧式回转筒体。国产回转圆筒干燥机的筒体内壁装有48根沿轴向排列的钩状抄板,而且内边缘形成了进口端直径为1200mm、出口端直径为1730mm的锥形内腔。筒外装有传动用的大齿轮和支撑用的托圈。出料端装有出料量控制器和旋风分离器,如图3-4-18所示。

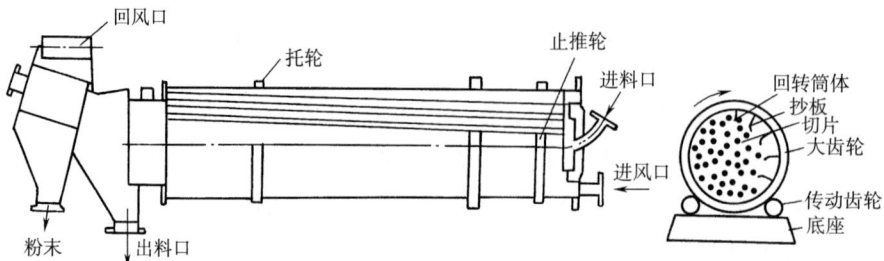

图3-4-18 回转圆筒干燥机

工作时,热风与切片呈顺流。湿切片进入回转圆筒后,随着筒体缓慢地旋转,被内壁上的抄板带到一定的高度,逐渐散落下来。在散落过程中,被热风吹拂,切片温度迅速升高,将水分蒸发并带走,同时发生结晶,软化点升高。由于抄板形成的斜锥体内腔和下落时热风的吹动,切片被逐渐移向出料端。切片的这些剧烈运动,可以防止切片在高温下发生黏结,但由于切片下落的高度不同,被风向前吹移的距离不同,因而不能保证切片先进先出,使得干燥后的切片含水不够均匀。

筒体的回转是由电动机通过减速器、联轴器传动小齿轮,带动筒体外部的大齿轮转动的。热风循环系统主要由风机、加热器和干燥机出料端的旋风分离器组成。热风经分离器除去粉尘后至风机,再经加热器加热后循环使用。在循环过程中,不断排放部分循环空气,并补充经减湿过滤过的新鲜空气。

回转圆筒干燥机的特点是操作连续、生产能力高、干燥时间短、操作方便等,但由于切片的停留时间不一致,造成干燥后的切片含水不够均匀。因此,一般在其后需要设置充填式干燥机,对切片进一步干燥和匀化。

3. 充填式干燥机

充填式干燥机有搅拌式和无搅拌式两种,后者一般和预结晶装置联合使用,已在联合式干燥设备中介绍。

搅拌充填式干燥机为直立圆筒,分上下两个区域,其结构如图3-4-19所示。上半区装有立式搅拌装置,切片在搅拌下完成预结晶后,经过中部的炉栅搅拌器落入下半区,再充分干燥至纺丝要求的含水率。

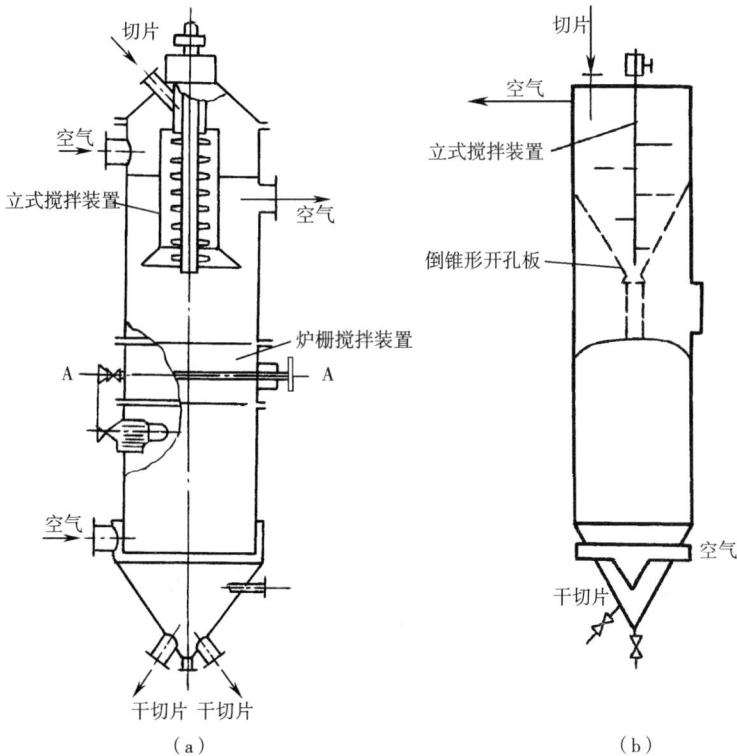

图 3-4-19 搅拌充填式干燥机

图 3-4-19(b) 为德国 Karl Fischer(简称 KF)公司制造的干燥机。上下两区由开小孔的倒锥形不锈钢板分割,小孔尺寸小于切片尺寸。热风经小孔上升,而切片则从中央落料管落到下部干燥区。改变中央出料管的长度可调节切片输出量。

图 3-4-19 的干燥机还带有一套水平搅拌装置,也称为炉栅搅拌装置,其结构如图 3-4-20 所示(图 3-4-19 的 A—A 剖面图)。炉栅搅拌装置是沿同一横截面平行排列六根转轴,其上焊有均匀排列的叶片,而且相邻两轴上的叶片交错排列,以均匀搅拌物料。

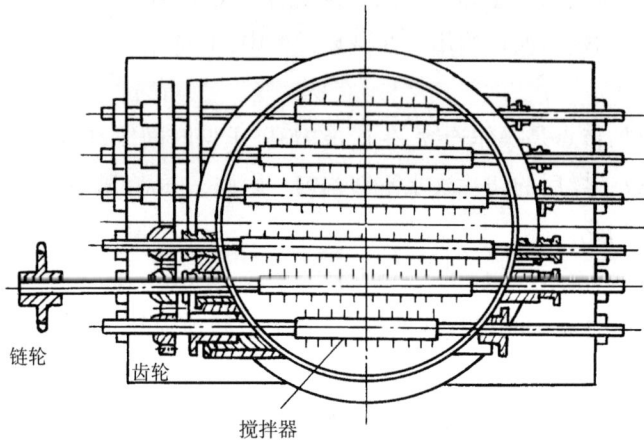

链轮　　齿轮

搅拌器

图 3-4-20　炉栅搅拌装置

充填式干燥器热风采用二进一出的形式,即预结晶区热风与切片呈并流,而干燥区的热风与切片呈逆流,充分利用热风热能,提高干燥效率。

与充填式干燥机相配套的主要有切片输送系统和热风循环系统。储存在大料仓的湿切片被罗茨泵所产生的真空抽吸经旋风分离器落入小料仓中,再靠重力落入充填式干燥器。小料仓设有料位计,以控制切片的输送量。

切片输送系统主要包括大料仓、小料仓、旋风分离器和真空泵。热风循环系统主要包括旋风分离器、鼓风机、空气过滤器、空气除湿器和加热器等。

搅拌充填式干燥设备的特点是:将切片预结晶和匀化干燥两个过程设计在一个装置中完成,占地少,效率高。切片在干燥区(干燥器下区)内呈活塞状流动,保证了切片在干燥过程中停留时间一致,干燥均匀。干燥后的切片可以直接连续地进入螺杆挤出机加料斗供纺丝使用,避免了干切片的回潮。但其产量较小,不适合大规模生产。

第三节　纺丝工艺原理及设备

一、聚合物熔融

(一) 聚合物的物态变化

经过干燥后的切片通过真空抽吸作用进入螺杆挤出机的料斗,然后进入其螺杆挤出机的螺槽中。使用螺杆挤出机制备熔体时,切片在进料段逐步升温,部分熔融到压缩段后,由于螺槽由深变浅,物料被压缩排气并全部熔融,最后在计量段被计量和均化。一方面,由于螺杆的转动,把切片推向前方,使切片不断吸收加热装置供给的热能。另一方面,因切片与切片、切片与螺杆及套筒的摩擦以及液层间的剪切作用,使一部分机械能转化为热能,从而使切片在前进过程中温度升高而逐渐熔融成为熔体。聚合物切片熔融是聚合物大分子热运动的结果,随着热运动的加剧和机械剪切力的作用,聚合物在温度、压力、黏度和形态等方面都发生了变化,由固态(玻璃态)转化为高弹态,随温度进一步提高,出现塑性流动,成为黏流态。黏流态的聚合物经螺杆的推进和螺杆出口的阻力作用,以一定的压力向熔体管道输送,经熔体过滤器过滤,计量泵计量进入分配板并被均匀分配到各纺丝部位。

(二) 螺杆挤出机中熔融

聚合物的熔融过程主要是通过螺杆挤出机(图 3-4-21)完成的,螺杆挤出机的作用是把成纤聚合物挤压、排气、熔融、混合均化后在恒定的温度和压力下定量输出成纤聚合物熔体。

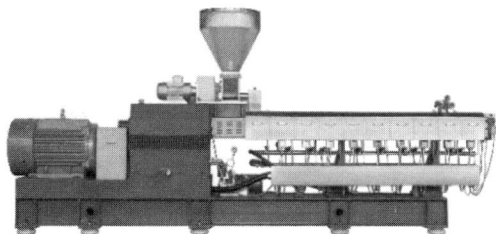

图 3-4-21 螺杆挤出机

1. 螺杆挤出机分类

按螺杆安装形式,螺杆挤出机可分为卧式和立式两种类型,螺杆在空间呈水平安装的为卧式,呈垂直安装的为立式。目前纺粘法采用的螺杆出压机以卧式为主。

按螺杆根数,螺杆挤出机可分为单螺杆及双螺杆挤出机,如图 3-4-22 所示。

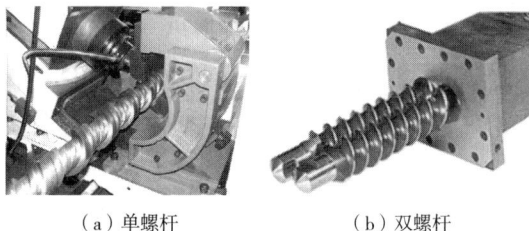

(a)单螺杆   (b)双螺杆

图 3-4-22 单螺杆及双螺杆

按螺纹头数,螺杆挤出机又可分为单螺纹及双螺纹挤出机,如图 3-4-23 为双螺纹螺杆。

按螺纹的特征又可分为等深不等距螺杆和等距不等深螺杆(图 3-4-24),前者为螺纹螺距不相等而螺槽深度相等,制造比较麻烦,用得相对较少;后者螺纹螺距相等而螺槽深度不相等,相对比较容易制造,因此用得比较多。对于等距不等深螺杆,根据聚合物从高弹态到黏流态的

图 3-4-23 双螺纹螺杆

温度变化范围又可以分为渐变螺杆和突变螺杆,而渐变螺杆根据压缩段的长度不同又可以分为长区渐变螺杆和短区渐变螺杆。一般 PP、PE 黏度高,热稳定性好,所以采用长区渐变螺杆;而 PET 黏度低,从高弹态到黏流态的温度变化范围宽,所以采用短区渐变螺杆;PA 黏度较低、热稳定性较差,所以采用突变型螺杆。

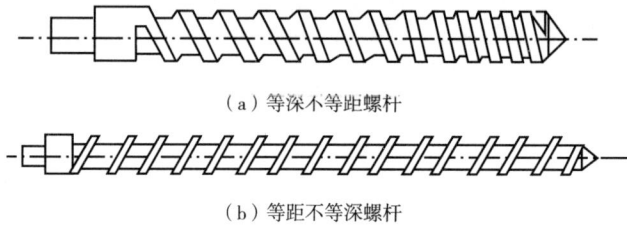

(a)等深不等距螺杆

(b)等距不等深螺杆

图 3-4-24 螺杆按螺纹特征的分类

按螺杆转速高低,螺杆挤出机又可以分为通用挤出机(转速小于 100r/min)和高速挤出机。近十多年来,螺杆挤出机的发展很快,其发展方向是大型化、大长径比、高速化和研制新型螺杆。

2. 螺杆挤出机组成

螺杆挤出机由熔融挤出装置、加热和冷却系统、传动系统和电气控制系统四部分组成。熔融挤出装置主要由螺杆和套筒组成,其作用是将固体物料挤压、外加热,使其熔融成均匀的熔体,并以一定的温度、压力和排出量从螺杆头部挤出,经熔体管道送至纺丝装置进行纺丝。加热和冷却系统由铸铝套加热器和水冷却或风冷却夹套组成,其作用是通过对套筒的加热和冷却,保证成纤聚合物始终在工艺要求的温度范围内熔融挤出。传动系统由变速电动机和变速齿轮箱组成,其作用是将动力和运动传给螺杆,保证螺杆以所需的扭矩和转速均匀而稳定地回转。电气控制系统由温度、压力和转速控制系统构成,一方面通过熔体压力传感器控制电动机按所需要的转速运转,另一方面通过测温元件控制加热、冷却系统按设定温度工作。

螺杆挤出机套筒是平直的整体或分段对接成一体的厚壁圆筒,筒的内壁加工精度十分高。套筒是在内部压力达 18MPa、工作温度为 180~350℃ 的条件下工作的,所以套筒必须选用耐温、耐压、高强度、耐磨的合金钢或内衬合金钢的复合管材。国外一般以铜铝合金为主,硬度为 HRC 58~64,在 482℃ 时硬度无明显变化;国内的挤出机机筒大部分使用 38 铬钼铝高级氮化钢(38CrMoAl)制成。

实现提高质量、均匀出料最有效的方法之一是加大螺杆直径 D 和螺杆长径比 L/D,适当加长加料段的长度,使物料在加料段产生足够的压力,进入套筒后能紧紧靠近筒壁,克服机头及熔体过滤器的阻力。聚合物切片在这个工作长度上被加热熔化、压缩和输送,加热面积和切片停留时间都与螺杆长度呈正比。目前,PP 纺粘生产线大部分采用 $L/D \geqslant 28$ 的单螺杆挤出机,而 PET 纺粘生产线则用 $L/D = 24$ 的单螺杆挤出机。L/D 增大,能改善物料的温度分布,有利于切片原料的混合、塑化,提高熔体压力和减少逆流以及漏流损失,有助于提高挤出机的生产能力;物料停留时间增加,其熔融能力增强,可以通过适当增加螺杆转速来提高生产率。但 L/D 过大,螺杆自重增加,悬垂度加大,螺杆挠度增加,容易引起螺杆与机筒的磨损,并增大挤出机的传动及加工制造上的困难;也会使热敏性的切片受热时间过长,引起切片热降解。为了提高挤出机的进料能力,有些设备生产厂家在挤出机进料处使用了带槽加料衬套。

为了控制螺杆的加热精度,螺杆的加热器可以选电阻加热器、电感加热器或以油或蒸汽为介质的夹套式加热器。其中电阻加热器可以采用带状电阻加热器,外层为不锈钢片,内部装有加热片与绝缘材料,加热片以云母为骨架,将扁电阻丝均匀绕在其上,具有体积小、重量轻、装卸方便、价格便宜等优点,但是电阻丝易氧化受潮,使用寿命短,加热温度不超 500℃。也可以采用铸铝加热器,这是将电阻丝装入用氧化镁粉作绝缘介质的金属管中,然后将金属管弯成一定的形状,铸在铝合金中的一种加热器,这种加热器使用寿命长,可以防潮、防震、防氧化,节省云母片,降低成本,但是要求内壁与机筒紧密接触,否则会影响加热的均匀性,加热温度为 350~370℃。还可以采用陶瓷加热器,它是将电阻丝穿过陶瓷块,最外层用不锈钢片包覆的一种加热器。为了提高加热效率,减小能量损失,使挤出物料表面及内部同时加热,有的陶瓷加热器在接触机筒的陶瓷面上涂覆一层远红外涂料,利用波长为 25~1000μm 远红外线的辐射能进行加热。这种陶瓷加热器比带状电阻加热器要紧固些,结构比较简单,远红外加热器还具有加热效率高、能量损失小、加热均匀的优点。

由于聚合物熔体在挤出过程中需要的热量来自机筒外部以及来自物料与机筒、螺杆或物料之间相对运动产生的摩擦热、剪切热。当物料温度过高时,需要及时将热量排出,以免影响产品性能。因此,在挤出机的每个加热处需要装一套冷却器,实行热冷 PID 控制。目前的冷却方式主要有风冷和水冷两种形式。风冷却是在每个加热段设一台小型鼓风机,并在加热器的内或外表面设一定的沟槽,以提高冷却效果,提高加热均匀性,防止空气无规则流动。这种方式温度波动小、冷却速度缓慢,但系统体积大、噪声大。水冷却是在加热器内侧装设水管或水环,用通入的冷却水进行冷却,冷却水的通入量是用电磁阀控制的。这种方式冷却速度快、系统体积小、无噪声,对环境温度无影响,但水管易堵塞和锈蚀。

在挤出机冷却系统中,挤出机进料口处必须安装水冷却套。冷却水套中通入 15~30℃的软水或自来水,其作用是防止物料过早受热变黏而堵塞下料口,以提高进料能力。另外,冷却水套也能阻止挤出机机身的热量传至螺杆的止推轴承与减速器,确保传动系统正常工作。

螺杆挤出机温度的测量和控制非常重要,温度波动都要 ≤ 1℃。温度一般用热电偶测量,其热端插入被测物料,冷端与显示温度读数的仪表相连接。在挤出机温度测量中,常用镍铬康铜热电偶。然而,不论使用哪种热电偶,都受外界条件的影响。温度测量有直接测量,也有间接测量。大多数挤出机是测量料筒和机头体的温度,因此,测得的数据不能代表熔体温度,但可以近似看作熔体温度。

3. 螺杆的分段与分段长度

物料沿螺杆向前移动时,经历着温度、压力、黏度等变化,这些变化在螺杆的全长范围内是不同的。根据物料变化的特点,通常把常规螺杆分进料段、压缩段和计量段三段,三段长度的分配与被加工的聚合物切片性质有关。加工非结晶聚合物时,由于没有明显的熔点,而且有明显的高弹形变,因此需要螺杆的压缩段较长,一般为螺杆全长的50%~55%,聚合物切片原料在一个较长的距离内逐渐被压缩、软化至熔融。而结晶型的成纤聚合物有熔点,而无明显的高弹形变,因此加工此类聚合物的螺杆压缩段较短,如加工PET,仅为螺杆直径的4~5倍。普通螺杆三段长度的分配见表3-4-3。

表3-4-3　普通螺杆三段长度的分配(占工作长度的百分比,%)

螺杆类型	进料段	压缩段	计量段	适用聚合物
短区渐变	30~45	25~35	25~45	PET
长区渐变	10~25	56~65	25~35	PP、PE
突变	50~60	1~2个螺距	22~25	PA

(1)进料段。进料段的螺槽深度是相等的,即螺槽容积不变,所以没有压缩作用。对于短区渐变螺杆,该段的长度至少等于压缩段的长度,否则不能保证固体物料在进入压缩段前即有部分软化或熔融,以免产生黏结而不利于固体物料的推进。另外,进料段过短也会造成机头压力和挤出量的波动增大。

进料段的主要作用是对固体物料进行输送。物料在进料段中基本上呈固体状态,当螺杆回转时,物料在摩擦力的作用下产生两种运动。一种是当物料与螺杆间的摩擦系数大于物料与套筒内壁间的摩擦系数时,物料随螺杆一起回转,称为回转运动;另一种是阻碍物料随螺杆回转,使物料沿螺杆轴线方向移动,称为轴向运动。因此物料在沿螺杆轴前移的同时,也有互相搅拌混合的作用。

(2)压缩段。压缩段也称塑化段或熔融段。螺槽容积是逐渐减小的,通常采用等螺距、槽深渐变的结构形式。压缩段的作用是压实物料,使该段的固体物料转为熔融物料(产生相变),并且排除物料间的空气(由于物料被压缩,空气通过固体物料之间的间隙向进料段流动)。

在压缩段,物料在螺杆的强大剪切、压缩作用下产生摩擦热,同时又接受机筒供给的热量,这足以使物料在压缩段的最后阶段基本熔融。物料由固体转化为熔融体的过程如图3-4-25所示。

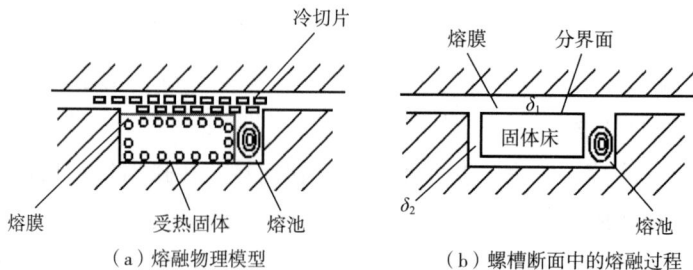

(a)熔融物理模型　　　　　　　(b)螺槽断面中的熔融过程

图3-4-25　压缩段固体物料转化为熔融体的过程

由图 3-4-25 可见,与套筒内表面接触的固体物料在套筒传导热和摩擦热的作用下首先熔融,并形成一熔膜 δ_1,未熔融的物料便压缩成一个截面大致呈长方形的固体床。当螺杆表面的温度到达熔融温度时,在固体床和螺杆表面也形成一熔膜层 δ_2。这些不断被熔融的物料,当厚度超过螺杆与套筒间隙的 3~5 倍时,在螺杆与套筒相对运动的作用下,不断地向螺纹的推进面汇集,形成旋涡状的流动区,称为熔池。随着物料的前移,熔融过程逐渐进行,固相物料的容积越来越小,液相物料的容积越来越大,直至固体床的宽度和厚度均趋近于零,即固相物料全部熔融。

(3)计量段。计量段也称为均化段,该段的螺槽是等深的浅螺槽,其长度取长些好,这样不但减少了逆流和漏流量,使生产率得到提高,而且减小了压力和挤出量的波动,有利于产品质量的提高。计量段的作用是将压缩段送来的熔融物料进一步均化、稳压和计量,然后以一定的温度、压力定量从螺杆头部挤出。

在实际工作中,该阶段的熔体流动是一种翻腾的复杂运动,一般将熔体的流动分为四种情况,如图 3-4-26 所示。

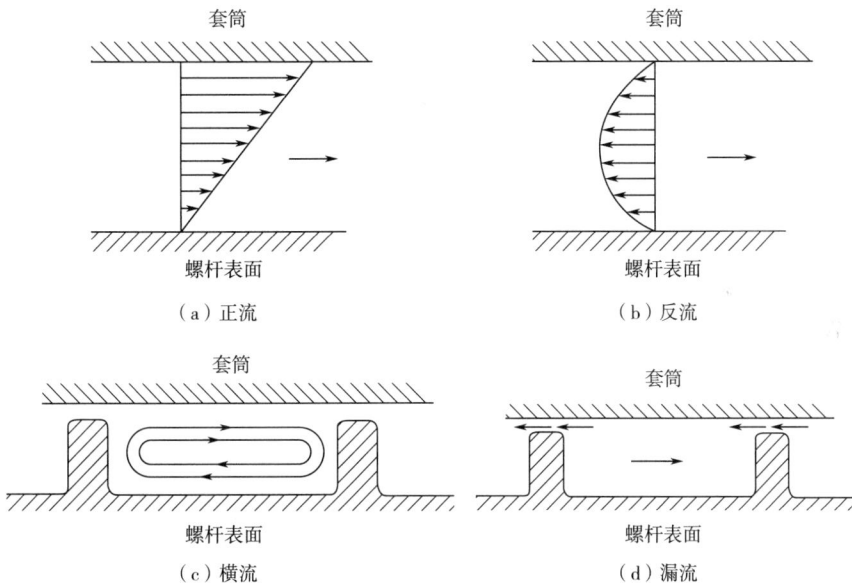

图 3-4-26 计量段熔体流动

①正流(顺流)。熔体沿螺槽方向的流动,熔体的挤出作用就是由于正流流动而形成的,它是决定挤出量的主流。

②反流(逆流)。即熔体在螺槽中与正流方向相反的运动,是由于机头对熔体的反压力引起的。在螺槽深度方向其流速场按抛物线规律分布,其流量与熔体的黏度和压力有关。

③横流。由于螺杆的推动,熔体在螺槽中垂直于螺槽方向的流动。横流因受螺槽侧壁的阻挡,有利于提高熔体质量,对挤出量的影响可忽略不计。

④漏流。在机头压力作用下,在套筒与螺杆的间隙中熔体以与机头相反的方向流动。漏流量与机头压力、螺杆与套筒的间隙及熔体黏度有关。

因此,螺杆中复杂的聚合物固体切片转化为熔体的过程如图 3-4-27 所示。

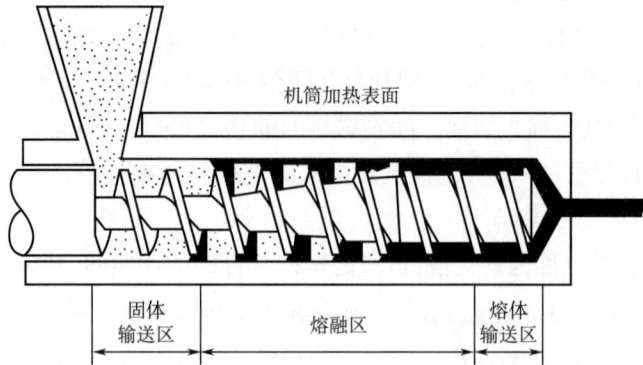

图 3-4-27　螺杆挤出机固体切片熔融挤出过程示意图

根据物料在螺杆中的物理状态,将螺杆分为玻璃态、高弹态和黏流态三个区,这三个区与螺杆的三段是对应的,其分段与物态变化及特点见表 3-4-4。

表 3-4-4　螺杆挤出机的分段及各段作用

分段	进料段	压缩段	计量段
物料特性	$<T_g$玻璃态	$T_g<T<T_f$高弹态	$>T_f$黏流态
特点	螺槽深度相等,容积不变	螺槽容积逐渐减小	螺槽深度相等的浅螺槽
作用	输送固体物料	压实物料,使物料产生相变,并排气	将物料均化、稳压、计量并输出

对于进料段和计量段螺槽深度的设计,主要取决于聚合物性质、状态和切片截面形状等,一般用几何压缩比来表示,简称压缩比。螺杆的压缩比是指螺杆进料口处第一个螺槽容积与计量段最后一个螺槽容积之比。等距不等深螺杆的压缩比 ε 可用式(3-4-2)计算。

$$\varepsilon = \frac{D^2 - d_1^2}{D^2 - d_2^2} \tag{3-4-2}$$

式中:D——螺杆直径;

d_1——进料口螺杆根径;

d_2——出料口螺杆根径。

4. 螺杆挤出机各区温度

对于螺杆挤出机的三个区域,因为功能不同,其加热的温度也是不同的。而根据螺杆长度的不同,螺杆的加热一般可以分 7~10 个加热区,各区的温度按其工作任务不同而不同。

进料段的主要任务是预热。为保证螺杆的正常运转,在此区间切片不应过早熔化,又要使切片达到半熔状态。此区温度过高,易造成切片在进料口环结,无法进料;若温度过低,则会加大熔融段压力,使切片不能全融化,造成进料的阻力。因此,这个区的温度设置,PP 一般为 150~190℃,PET 为 265~270℃。

压缩段为主要加热区,切片必须在此区保证百分之百的熔化,此区温度设置要高,但过高了又会使聚合物降解,质量下降。因此,这个区温度设置,PP 一般为 225~235℃,PET 一般为 275~285℃。

计量段的作用是使切片进一步熔化,保持熔体流动在稳定的压力下前进,其温度可和压缩段基本相同或略低一些。

除了螺杆工作长度上的三段之外,还有法兰区和弯管区是与螺杆相连的,此区加热的主要作用是对熔体起保温作用,因而温度不必太高,也应与计量段的温度保持一致或稍低一些。

螺杆挤出机机械剪切强烈,熔融快,在加热的过程中换热面不断更新,对黏度高的物料更适合,产量调节方便,因此是熔体纺丝聚合物熔融必不可少的设备。

(三)计量泵计量

单螺杆挤出机具有一定熔体计量、挤压作用,但是,熔体离开挤出机之后都要经过阻力很大的熔体过滤器、较长的熔体管道,因此,挤出机的背压较大,熔体逆流量较大,尤其是生产流动性较好的物料时,由于黏度小,剪切应力小,压力对螺杆挤出机挤出量的敏感性就十分明显。因此,为了确保纺丝箱体具有足够高且稳定的压力,实现纺丝稳定,有些生产线专门配备了高精度的熔体计量泵。

熔体计量泵是纺粘生产线中的关键件之一,其作用是精确计量、连续输送成纤聚合物的熔体或溶液,并产生所预定的压力,以保证纺丝熔体或浓液克服纺丝组件或喷丝头的阻力,从喷丝板或喷丝帽的毛细孔(微孔)中喷出,在水、空气或凝固浴中形成初生纤维。

因此,计量泵的计量精确度对纺丝成网质量的影响很大,它是一种高精度的齿轮泵,被高精度的驱动系统带动运行。常用的计量泵为外啮合二齿轮泵,由一对齿数相等的齿轮、三块泵板、两根轮轴、一副联轴器和若干螺栓组成,如图 3-4-28 所示。

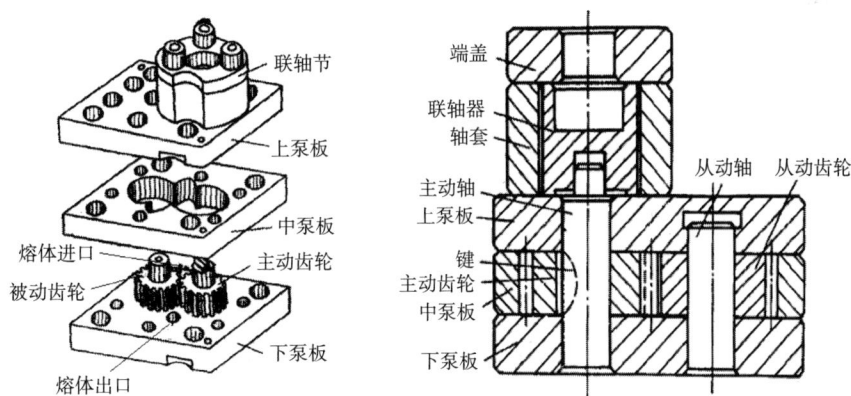

图 3-4-28 计量泵结构示意图

泵运转时,齿轮啮合脱开处的自由空间形成负压,构成泵的进料侧。进入的熔体被齿轮带动紧贴着"8"字孔的内壁回转近一周后送入压出腔,而压出腔则由于齿谷中的流体不断加入、压力增加,从而将熔体排出。压出腔的高压熔体只能压入出料管,不会带入进料区。其工作原理如图 3-4-29 所示。

由此可见,齿轮计量泵是一种容积计量泵,它的输入液量取决于齿轮的齿形间隙与泵的转速。物料每转的泵出量是基本恒定的,泵的转速可用直流电动机或变频调速交流电动机的传动系统控制。

用齿轮泵计量时,严格地说,每个齿轮的啮合瞬间输液量是由小到大,再由大到小不停地变化的,即存在周期性微小的波动(图3-4-30),这是无法消除的。波动的大小与齿轮参数有关,如齿轮的齿数 Z、齿顶高系数、齿轮啮合角、重叠系数等。

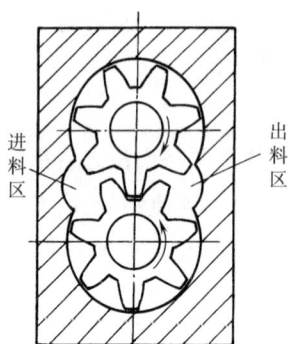

图 3-4-29　计量泵工作原理　　　　图 3-4-30　计量泵输液量周期性变化

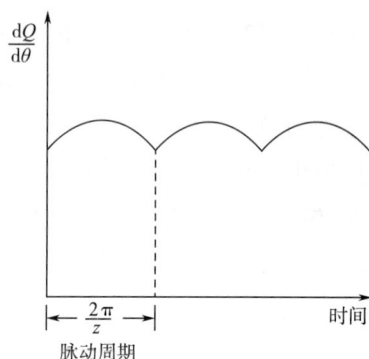

计量泵是纺粘生产线中的重要设备,用优质钢材经精密加工制成,能在多年时间内无须维修而可靠地连续工作。由于设备配置方式及设计方案、工艺上的差异,不同生产线所配套的计量泵无论是性能还是数量都有很大的不同,如生产能力为 3000t/a 的生产线,可配备 24~28 台计量泵,有配备 8 台、4 台或 2 台的,也有仅 1 台的。计量泵的规格一般为 10~100cm³/r,转速为 5~40r/min,最高可达 105r/min,最高使用压力为 8~10MPa 以上,工作温度可达 300℃。

在生产运转过程中,计量泵无须特别管理,但其转速必须根据产品定量进行人工设定,并根据检测出的纺粘非织造产品定量差异做相应微调,以保证定量达到设定的要求。计量泵的转速决定了生产线的产量。根据计量泵的每转排量、转速和熔体密度,可直接计算出生产线的产量 Q,如式(3-4-3)所示。

$$Q = q \cdot \rho \cdot n \qquad (3-4-3)$$

式中: q ——计量泵每转排量,cm³/r;

$\quad n$ ——计量泵转速,r/min;

$\quad \rho$ ——熔体密度,g/cm³。

对于同一个计量泵,式中的 q、ρ 基本上是不变的,其乘积可用系数 K_1 代替,即 $K_1 = q \cdot \rho$,则 $Q = K_1 \cdot n$ 。

计量泵的制造精度、速度调节精度对纺丝的均匀性及纺粘非织造材料的均匀性都有重大的影响。计量泵的转速过低,其压力波动大,内漏回流明显,使泵的效率降低;转速高,压力稳定,但容易造成泵的过度磨损。由于熔体的黏度高,流动性差,当转速过快时,熔体可能会来不及充满泵的吸入侧空间而发生不利于计量泵正常工作的空蚀现象,同样会产生大的压力波动。

目前,纺粘法非织造材料生产过程中采用的计量泵主要有以下几种:

（1）PET 纺粘生产线及部分 PP 纺粘生产线采用圆形小喷丝板，一般每个喷丝板配备一台小计量泵，其每一转的容积为 $6 \sim 12cm^3$，每个计量泵均由一个变频电动机或直流电动机驱动，也有共用一条长轴，由一个电动机带动长轴转动。

（2）宽狭缝式纺粘生产线，每个纺丝箱体仅用 1 台计量泵，也有 1 个纺丝箱体用 $4 \sim 8$ 台计量泵，共同将熔体注入宽狭缝式的长喷丝板上。仅有一台计量泵的 3000t/a 生产线，其计量泵每转排量 $95cm^3$，进料口工作压力 $4 \sim 10MPa$，最高转速 105r/min，驱动电动机功率为 5.5kW。由于只有 1 台计量泵，泵入口及出口只有一条熔体通道，十分简单，结构紧凑，设备容易布置，占用空间小，无论是系统的可靠性，还是运行管理、设备维护等方面都比使用多台计量泵的生产线具有更为突出的优点，其生产线极少因计量泵故障而影响生产，1 台计量泵连续安全运行 5 万 ~ 6 万小时完全可能。

（3）窄狭缝式 PP 纺粘生产线采用外啮合二齿轮泵，泵容量在 $15cm^3/r$ 左右，每个纺丝泵供应一套纺丝组件纺丝。每个计量泵由 1 台电动机单独驱动，所有计量泵的运转速度由调速装置控制。每个计量泵电动机都装有交流变频调速器，可以调整每个纺丝泵的运转速度，它的优点是可以通过调整某个计量泵的运转速度来调整产品的均匀度。

二、熔体纺丝

（一）熔体纺丝成型原理

熔体在外界压力作用下，从计量泵出来就进入纺丝组件，最后进入喷丝孔的喇叭口部分，最后到达毛细孔中进行快速流动。由于熔体在孔壁和孔中心的流速不同，会产生一径向速度梯度，若此速度梯度过大，或者在孔流区的剪切速率过高，会使高弹形变增大。当高弹效应达到极限，熔体细流发生破裂，无法成纤，所以要严格控制熔体的剪切速率。

熔体细流在成型过程中，黏度、速度、应力和温度在其路径上存在着连续变化的梯度分布场，固化的纤维所具备的性能与这些分布场所起的作用有很大的关系，如图 3-4-31 所示。

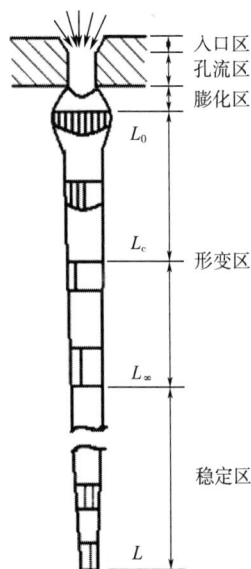

1. 入口区

指熔体经过的每个喷丝孔的喇叭口部分。熔体从较大的空间进入直径逐渐变小的喇叭口内，流速增长所损失的能量以弹性能储存在体系中，这种特性称为"入口效应"。熔体单位体积储存的变形弹性能超过一定限度时，将影响熔体的流动稳定性。因此，入口导角越小，熔体的流动越稳定。纺 PP 时入口导角

图 3-4-31 熔体细流成型示意图

L_0—熔体细流从喷丝孔出口到熔体细流直径最大处的距离

L_c—熔体细流直径最大处到拉伸应变速率最大时的距离

L_∞—熔体完全凝固时距喷丝孔出口的距离，即凝固长度

一般为 30°~50°;纺 PET 时入口导角一般在 65°~70°。入口导角太小制造比较困难。

2. 孔流区

指熔体在喷丝孔的毛细孔中流动的区域。在此区域中,熔体有两个特点,一个是流速不同,靠近孔壁处速度小,孔中心处速度大,有一个径向速度梯度;另一个是入口效应产生的高弹形变有所损失,弹性形变的损失需要一定的时间,称为松弛时间,为 0.1~0.3s,而熔体流经孔道的时间甚短,为 10^{-4}~10^{-2}s,与松弛时间相差很远,弹性内应力来不及松弛,故高弹形变的损失非常小。若径向速度梯度过大或者在孔流区的剪切速率过高,也会继续产生入口效应中的高弹形变,如高弹形变达到极限值,熔体细流就会发生破裂而无法成纤。因此,一般纺 PET 高弹形变值应控制在 $(0.7~0.9)×10^4 s^{-1}$,纺 PP 高弹形变值应控制在 $(0.2~0.4)×10^4 s^{-1}$。

3. 膨化区

指熔体细流离开喷丝孔面板至丝条直径最大处的一段区域。产生膨化现象的主要原因是黏弹性的流体离开喷丝孔时,由于其储存的弹性能释放,高弹形变迅速恢复,使细流产生膨胀。另外,熔体经出口时速度场的改变以及熔体的表面张力等也是重要因素。前面在第三章流体类型的时候已经讲述,一般用自然胀大比或受拉伸胀大比来表示。

4. 形变区

也称冷凝区,是纺丝成型过程中的重要区域。选择好成型工艺条件,使熔体细流在形变区内所受到的冷却条件均匀稳定,是纺丝好坏的关键条件之一。

熔体细流在 L_0~L_c,即离开喷丝板 10~15cm 的距离内,温度仍然很高,流动性较好。在各种力的作用下,细流很快被拉长变细,速度增加。同时,由于冷却空气的作用,细流从上到下温度逐渐降低。当到达 L_c 下部时,温度下降造成的熔体细流黏度增高越来越明显,细流细化的速度也越来越缓慢。到了 $L_∞$ 后,细度变化基本停止,黏流态的细流变成固态的纤维,$L_∞$ 称为凝固点,距离喷丝板 40~80cm,一般成型条件为 60cm 左右。熔体离喷丝面板 10~70cm 的区域被称为拉伸区,细流变细、变长的现象称为喷丝头拉伸。

5. 稳定区

熔体细流固化成纤维后,直径稳定,速度不再发生变化,这个区域从凝固点开始,直至铺网帘铺网为止。

(二)纺丝过程中的运动学和动力学

1. 纺丝过程的基本规律

为了对熔体纺丝过程进行理论分析,首先应对纺丝过程所显示的一些基本规律有所认识。这些规律是:

(1)在纺丝生产线的任何一点上,成纤聚合物的流动是"稳态"的和连续的。"稳态"是指纺丝生产线上任何一点都具有各自恒定的状态参数,不随时间而变化,称为"稳态纺丝",其数学表达式为:

$$\frac{\partial}{\partial t}[V_{(x)}, \sigma_{(x)}, T_{(x)}, \cdots] = 0 \tag{3-4-4}$$

在稳态纺丝条件下,纺丝生产线上各点每一瞬间所流经的成纤聚合物质量相等,即服从流动连续性方程所描述的规律：

$$\rho_0 A_0 V_0 = \rho A V = 常数 \tag{3-4-5}$$

式中：ρ_0、ρ——丝条在喷丝孔口、纺丝生产线上某点成纤聚合物密度；

A_0、A——上述各点丝条横截面积；

V_0、V——上述各点丝条的运行速度。

（2）纺丝生产线上的主要成型区域内，占支配地位的形变是单轴拉伸。

纺丝生产线上成纤聚合物熔体的流动和形变是单轴拉伸流动，与在刚性臂约束下的剪切流动不同。二者的速度场也不同，剪切流动的速度场具有垂直于流动方向的径向速度梯度，而拉伸流场的速度梯度则与流动方向平行，称为轴向速度梯度。

（3）纺丝过程是一个状态参数（温度、应力、组成）连续变化的非平衡态动力学过程。

即使纺丝过程的初始（挤出）条件和最终（成网之前）条件保持不变，纤维的结构和性质仍强烈地依赖于状态变化的途径，即依赖于状态变化的"历史"。因此，研究纺丝条件与纤维结构和性质的关系，必须对纺丝流体转变为固态行为的动力学问题加以考虑。

（4）纺丝动力学包括几个同时进行并相互联系的单元过程，如流体动力学过程，传热、传质、结构和聚集态变化过程等。

2. 纺丝流体在孔道中的流动参数

要对纺丝过程做理论上的阐述，必须对这些单元过程及其相互联系有所了解。在满足稳态纺丝和质量连续性方程的前提下，纺丝流体在孔道中的流动参数都可以计算得到。

纺丝流体在喷丝孔中的流动可按幂次律流体处理。设毛细管长为 L，半径为 R，则可通过计算得到孔道中的剪切应力 σ_{12}、孔道中的流动线速度 $V(r)$、平均流出体积速率 Q、孔壁上的切变速率 $\dot\gamma_w$ 和非牛顿指数 n。流体在毛细管中的流动如图 3-4-32 所示。

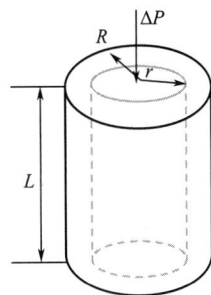

图 3-4-32 流体在毛细管中流动

（1）孔道中的剪切应力 σ_{12}。取一半径为 r 的液柱，若两端的压力差为 ΔP，作用在液柱上的压力 F 为：

$$F = \Delta P \cdot \pi r^2 \tag{3-4-6}$$

液柱运动所受剪切力 F' 为：

$$F' = 2\pi r \cdot L \cdot \sigma_{12} \tag{3-4-7}$$

要保证纺丝流体的稳定，作用在液柱上的压力应该跟液柱运动所受的剪切力相等，根据力平衡条件可得：

$$\Delta P \cdot \pi r^2 = 2\pi r \cdot L \cdot \sigma_{12} \tag{3-4-8}$$

在任意半径 r 处，可求得切应力为：

$$(\sigma_{12})_r = \frac{r\Delta P}{2L} \tag{3-4-9}$$

在管壁处的切应力为：

$$(\sigma_{12})_w = \frac{R \cdot \Delta P}{2L} \tag{3-4-10}$$

ΔP 可以测定,但对于成纤聚合物流体,ΔP 实测值要比计算值高。主要原因一方面是入口效应储存弹性能,另一方面是管道流动中也会储存弹性能,都会消耗 ΔP。所以计算时需要修正。

(2)孔道中的流动线速度 $V(r)$。上一章已说明,成纤聚合物流体遵循幂次律,其流变学状态方程为:

$$\sigma_{12} = K \cdot \dot{\gamma}^n \tag{3-4-11}$$

对式(3-4-11)进行变换,可以得到:

$$\dot{\gamma} = \left(\frac{\sigma_{12}}{K}\right)^{\frac{1}{n}} = -\frac{dV}{dr} \tag{3-4-12}$$

因为沿半径 r 方向速度越来越慢,$\frac{dV}{dr} < 0$,所以前面加个负号表示最后值为正值。

令 $m = \frac{1}{n}$,$\left(\frac{1}{K}\right)^{\frac{1}{n}} = \left(\frac{1}{K}\right)^m = k$,则:

$$\dot{\gamma} = -\frac{dV}{dr} = k \cdot \sigma_{12}^{~m} \tag{3-4-13}$$

$$-dV = k \cdot \sigma_{12}^{~m} \cdot dr = k \cdot \left(\frac{\Delta P}{2L}\right)^m r^m dr \tag{3-4-14}$$

对式(3-4-14)积分,可以得到:

$$-\int_{V_r}^{V_R=0} dV = \int_r^R k \cdot \left(\frac{\Delta P}{2L}\right)^m r^m dr \tag{3-4-15}$$

$$V_r = k \cdot \left(\frac{\Delta P}{2L}\right)^m \cdot \frac{1}{m+1}(R^{m+1} - r^{m+1}) \tag{3-4-16}$$

对于牛顿流体:$n=1$, $m = \frac{1}{n} = 1$, $\eta = K = \frac{1}{k}$,则:

$$V_r = \frac{\Delta P}{4L\eta} \cdot (R^2 - r^2) \tag{3-4-17}$$

对于牛顿流体,孔道中流动速度呈抛物线分布;而对于非牛顿流体,则呈近似柱塞流动。

(3)平均体积流速 Q。平均体积流速也称为体积流量,也即单位时间内流出的体积,只要把 $V(r)$ 对孔道横截面积积分即可求得:

$$dQ = 2\pi r \cdot dr \cdot V(r) \tag{3-4-18}$$

对式(3-4-18)进行积分,就可以得到:

$$\begin{aligned} Q &= \int_0^R 2\pi r \cdot k \cdot \left(\frac{\Delta P}{2L}\right)^m \cdot \frac{1}{m+1}(R^{m+1} - r^{m+1}) dr \\ &= k \cdot \left(\frac{\Delta P}{2L}\right)^m \cdot \frac{\pi}{m+1}\int_0^R (2r R^{m+1} - r^{m+2}) dr \\ &= \frac{\pi k (\Delta P)^m \cdot R^{m+3}}{(2L)^m \cdot (m+3)} \end{aligned}$$

对于牛顿流体:

$$Q = \frac{\pi \cdot \Delta P \cdot R^4}{8 \eta L} \tag{3-4-19}$$

(4)孔壁上的切变速率 $\dot{\gamma}_w$。

$$\dot{\gamma}_w = \left(-\frac{dV}{dr} \right)_{r=R} = k \cdot \sigma_{12}{}^m = k \cdot \left(\frac{R \cdot \Delta P}{2L} \right)^m \tag{3-4-20}$$

$$Q = k \cdot \left(\frac{R \cdot \Delta P}{2L} \right)^m \cdot \frac{\pi R^3}{(m+3)} \tag{3-4-21}$$

将 $m = \frac{1}{n}$ 代入式(3-4-21),得到拉宾诺维奇(Rabinowitch)修正方程式:

$$\dot{\gamma}_w = \frac{3n+1}{4n} \cdot \left(\frac{4Q}{\pi R^3} \right) \tag{3-4-22}$$

对于牛顿流体,有:

$$\dot{\gamma}_w = \frac{4Q}{\pi R^3} \tag{3-4-23}$$

(5)非牛顿指数 n。非牛顿指数 n 的求解方法;在不同的 ΔP 下测定体积流量 Q;假定流体为牛顿流体,则按 $\sigma_w = (\sigma_{12})_R = \frac{R \cdot \Delta P}{2L}$ 计算出 σ_{12};按 $\dot{\gamma}_w = \frac{4Q}{R^3}$ 计算表观切变速率 $\dot{\gamma}_a$;作 $\lg \sigma_{12}$—$\lg \dot{\gamma}_a$ 流动曲线,直线的斜率即为 n,即:

$$n = \frac{d\lg \sigma_{12}}{d\lg \dot{\gamma}_a} \tag{3-4-24}$$

3. 纺丝生产线上的直径、速度和速度梯度的变化

在纺丝过程中,熔体从喷丝孔喷出到成网,可以看到以下四种现象:①从喷出的熔体变成凝固的纤维;②喷丝孔直径为 0.25~0.5mm,而纤维的直径为几十微米;③熔体细流的温度由纺丝温度降至室温;④从喷丝孔喷出熔体的速度每分钟为几米至二十几米,最后成网时速度为每分钟几千米。

用于熔体纺丝的成纤聚合物熔体的密度是纺丝温度 T 的函数,分别为:

PP: $\rho = 0.8970 - 5.99 \times 10^{-4} T$ (3-4-25)

PET: $\rho = 1.356 - 5.00 \times 10^{-4} T$ (3-4-26)

PA6: $\rho = 1.1238 - 5.66 \times 10^{-4} T$ (3-4-27)

熔体细流温度 T 可以通过红外辐射温度计或加热比较式热电偶温度计测得,则聚合物的密度 ρ 可以通过上述公式求得。而纤维的直径 d 可以通过高速摄影仪、激光散射仪或夹丝器测得,根据质量连续性方程(3-4-5)就可以求出纺丝线上各处的纺丝速度。

因为

$$A_0 = \pi \times \left(\frac{d_0}{2} \right)^2 = \frac{\pi d_0{}^2}{4} \tag{3-4-28}$$

$$n\rho_0 A_0 V_0 = W \Longrightarrow V_0 = \frac{W}{n \rho_0 A_0} \tag{3-4-29}$$

所以
$$V_0 = \frac{4W}{n \rho_0 \pi d_0^2} \tag{3-4-30}$$

又因为 $W = n \rho_L A_L V_L$，所以
$$d_L = 2 \times \sqrt{\frac{W}{n \pi \rho_L V_L}} \tag{3-4-31}$$

最终纤维的线密度为：
$$Tt = \frac{1000W}{n V_L} \tag{3-4-32}$$

纤维的形变，也即拉伸比为：
$$S = \frac{V_L}{V_0} \approx \frac{d_0^2}{d_L^2} \tag{3-4-33}$$

4. 纺丝生产线上各区的特点及对成型的影响

拉伸应变速率 $\dot{\varepsilon}(x)$ 作为纺丝线上位置的函数，是一个有极大值的函数。纺丝熔体从喷丝孔挤出，到最后纤维凝固成型。根据拉伸应变速率 $\dot{\varepsilon}(x)$ 的不同，可以将整个纺丝线分为三个区，挤出胀大区、形变区和稳定区，如图3-4-33所示。

在纺丝生产线上的Ⅰ区为挤出胀大区，距离喷丝板只有10mm左右，在这个区域，熔体细流的直径 $d(x)$ 逐渐增大至最大直径 D_m，根据质量连续性方程，纤维的运行速度 $V(x)$ 下降，此时的拉伸应变速率 $\dot{\varepsilon}(x)$ 为负值。

到达纤维直径最大值之后再往下就进入Ⅱ区即形变区，这个区有50~150cm长，其长度随纺丝条件而变。在形变区，纤维的直径 $d(x)$ 减小，速度 $V(x)$ 增加，这一区域中 $\dot{\varepsilon}(x)$ 出现极大值，可达 $10^2 s^{-1}$ 数量级。Ⅱ区是纺丝成型过程最重要的区域，按其温度的不同，可把这个区域再分成两个部分，Ⅱ$_a$区域范围大约在形变区接近喷丝板10cm左右，这时丝条温度很高，拉伸形变大部分发生在这里，对大分子的取向作用大，

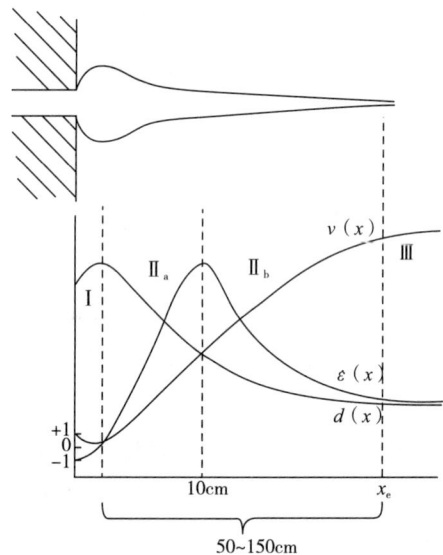

图3-4-33　纺丝生产线分区及各区特点
Ⅰ—挤出胀大区　Ⅱ—形变区　Ⅲ—稳定区

$\dot{\varepsilon}(x)$ 增加。Ⅱ$_b$区域距喷丝板10~100cm，此时丝条温度已邻近固化点，形变比较困难，熔体松弛时间增长，$\dot{\varepsilon}(x)$ 开始下降，因此是控制冷却条件的关键区域。

凝固点 x_e 以下区域就进入Ⅲ区即稳定区，也称为固化丝条运动区，这时丝条已基本固化，不再有明显的流动发生，此时纤维的直径 $d(x)$、运行速度 $V(x)$ 和 $\dot{\varepsilon}(x)$ 都不再发生变化。

5. 喷丝速度与纺丝速度

喷丝速度是指熔体喷出喷丝板面时的每分钟喷出长度,纺丝速度是指纤维拉伸前进的速度。决定喷丝速度的因素主要是每分钟计量泵的泵供量、喷丝板的孔数和孔的直径大小。若喷丝板不变,泵供量越多,喷丝速度越快;反之则越慢。而泵供量是由计量泵的每分钟转数所决定的。这与纺粘非织造材料的产量有直接关系,对纤维的线密度与质量也十分重要。

纺丝速度也影响纺丝的稳定性。纺丝速度低,从喷丝板上喷丝孔中喷出的熔体细流数量少,易冷却,只需要少量的冷却风即可满足工艺需要。但是,纺丝速度过低,从喷丝孔喷出的熔体细流量太少,且极易冷却变硬,流动性差,延伸率低,拉伸过程易出现断丝现象。而纺丝速度太高,从喷丝板中喷出的熔体细流速度太高,冷却难度大,易发生熔体粘连及并丝现象,且纤维线密度大。所以在纺丝过程中,合理设计纺丝泵转速对稳定生产、提高产品质量至关重要。

纺粘法的纺丝过程有许多工艺参数,这些参数决定纤维形成的历程以及纤维的结构和质量,在生产实际过程中必须根据原料、设备及产品要求合理设定。

(三)纺丝生产线上受力分析

在熔体纺丝过程中,聚合物熔体从喷丝孔挤出后即受到纺丝生产线上的拉伸力和纺丝生产线上的张应力 σ 的作用,而丝条在运行过程中将克服各种阻力而被拉长细化。稳定的成型过程必须使作用在丝条上的所有力处于平衡状态,如图3-4-34所示。

图3-4-34中,$F_r(0)$为熔体细流在喷丝孔口处作轴向拉伸流动时所克服的流变阻力;F_s为纺丝生产线在纺程中需要克服的表面张力;F_i为使纺丝生产线作轴向加速运动所需克服的惯性力;F_f为空气对运动着的纺丝生产线表面所产生的摩擦阻力;F_g为重力场对纺丝生产线的作用力;$F_{dr}(L)$为纤维在牵伸喉部所受的作用力。

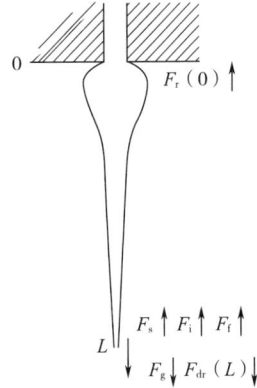

图3-4-34 纺丝生产线轴向受力示意图

在纺丝生产线上取不同的段,力平衡的方程式略有不同,如图3-4-35所示。距离喷丝头 x 处和在牵伸喉部($x = L$)处的力平衡方程式分别为:

0—x 段: $F_r(x) + F_g(0 - x) = F_r(0) + F_s(0 - x) + F_i(0 - x) + F_f(0 - x)$ (3-4-34)

x—L 段: $F_g(x - L) + F_{dr}(L) = F_r(x) + F_s(x - L) + F_i(x - L) + F_f(x - L)$ (3-4-35)

综合起来,整个纺丝生产线上0—L段的力平衡方程式为:

$$F_g(0 - L) + F_{dr}(L) = F_r(0) + F_s(0 - L) + F_i(0 - L) + F_f(0 - L)$$ (3-4-36)

式中:$F_r(x)$ ——在 x 处丝条所受到的流动阻力;

$F_r(0)$ ——熔体在喷丝孔出口处作单轴拉伸流动时所克服的流动阻力;

$F_s(0 - x)$、$F_s(x - L)$ 和 $F_s(0 - L)$ ——在纺程 0-x、x-L 和 0-L 段丝条需克服的表面张力;

$F_i(0 - x)$、$F_i(x - L)$ 和 $F_i(0 - L)$ ——空气对 0-x、x-L 和 0-L 段丝条作轴向加速运动所需克服的惯性力;

$F_f(0-x)$、$F_f(x-L)$ 和 $F_f(0-L)$ ——空气对 $0-x$、$x-L$ 和 $0-L$ 段运动丝条表面所产生的摩擦
阻力；

$F_g(0-x)$、$F_g(x-L)$ 和 $F_g(0-L)$ ——$0-x$、$x-L$ 和 $0-L$ 段丝条所受的重力。

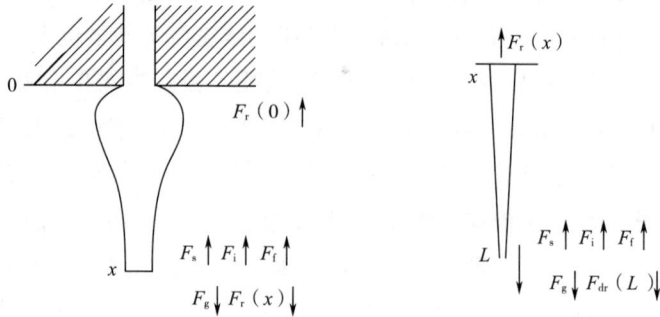

图 3-4-35　纺丝生产线轴向分段受力示意图

现在对作用于纺丝线上力平衡的诸力逐项进行分析。

1. 重力 F_g

大多数熔体纺丝体系是垂直向下并在空气中冷却成型的,丝条按单位体积计算重力:

$$f = (\rho - \rho^0) \cdot g \tag{3-4-37}$$

式中:ρ——丝条的密度;

ρ^0——空气介质的密度;

g——重力加速度。

对于纺丝生产线上某点,距离喷丝孔处坐标位置为 X 处,丝条断面所受的重力就相当于从
喷丝板出口($x=0$)至纺程 X 处($x=X$)整个丝条的重量,即:

$$F_g(0-x) = \int_0^x \rho g \frac{\pi\, d^2(x)}{4} \mathrm{d}x \tag{3-4-38}$$

式中:$d(x)$——丝条的直径,是 x 的函数。

2. 表面张力 F_s

纺丝液的拉伸流动是一个使流体比表面积增大的过程,为使体系的自由能降低,表面张力
要使液体表面趋于最小,这是一种抗拒拉伸的作用,其值为:

$$F_s(0-x) = 2\pi(R_0 - R_x) \cdot \lambda \tag{3-4-39}$$

式中:λ——熔体细流和空气介质之间的界面张力;

R_0——喷丝孔的半径;

R_x——熔体细流的半径。

在熔体纺丝中,F_s 这项阻力都很小,仅在丝条处于液体的较小段区域内起作用,一般可以
忽略不计。

3. 惯性力 F_i

成纤聚合物熔体从喷丝孔挤出后,在纺丝生产线上从初速度 V_0 加速至 V_x,使物体加速需要

克服其惯性力,因此,惯性力 F_i 是由速度变化引起的,相当于动量的增加。设平均加速度 $\bar{a}(0-x)=\dfrac{V_x-V_0}{t}$,而 t 时间内被加速的熔体质量 $m=\rho Qt$。根据牛顿第二定律,纺丝生产线上 x 处的惯性力为:

$$F_i(0-x)=m\bar{a}(0-x)=\rho Qt\cdot\frac{V_x-V_0}{t}=\rho Q(V_x-V_0)=W(V_x-V_0) \quad (3-4-40)$$

式中:W——通过喷丝孔熔体的质量流量;

$\quad Q$——通过喷丝孔熔体的体积流量;

$\quad \rho$——丝条的密度;

$\quad V_0$——熔体挤出速度;

$\quad V_x$——纺丝生产线 x 处的速度。

惯性力仅在纺丝线上有加速运动的范围内存在,所以丝条固化后,速度不再变化,惯性力也就不存在了。

4. 摩擦力 F_f

纺丝生产线在空气介质中运动时,其表面积与介质因相互运动而产生摩擦阻力。介质作用在纺丝线表面的剪切应力用 $\sigma_{rx,s}$ 表示,从喷丝头到纺丝生产线 x 处受到的摩擦阻力为:

$$F_f=\int_0^x \sigma_{rx,s}(x)\cdot 2\pi R(x)\mathrm{d}x \quad (3-4-41)$$

因此,摩擦阻力沿纺丝生产线是变化的,熔体纺丝生产线上的边界层气流流型也是变化的。总的来说,除喷丝板附近的区域外,都是湍流态。接近喷丝板处,熔体丝条速度特别小,空气阻力也极微小,在形变速率最大的区域中,空气阻力不十分重要,实际上空气摩擦阻力绝大部分为丝条固化达到稳定速度以后的纺丝生产线所贡献。

空气的摩擦阻力 $\sigma_{rx,s}$ 与丝条和空气之间相对速度的平方呈正比。

$$\sigma_{rx,s}=\frac{1}{2}\cdot C_f\cdot \rho_0\cdot V^2(x) \quad (3-4-42)$$

式中:ρ_0——空气介质的密度;

$\quad V(x)$——丝条和空气之间相对速度;

$\quad C_f$——空气摩擦阻力系数。

其中空气摩擦阻力系数依赖于丝条沿长轴方向运动的雷诺数 N_{Rel}、丝条运动速度、丝条表面几何形状及介质的运动黏度等因素。

对于一定纺丝线速下的纺丝生产线,在拉伸形变完成之后,沿纺丝生产线测定张力,发现测得的张力沿纺丝生产线线性增加。这时张力变化的原因基本上只是空气阻力增加的结果。在低速纺丝时,流体力学阻力对张力贡献不大,但随纺丝速度的平方而增加,在高速纺丝的情况下,空气摩擦阻力是一绝对不可低估的因素。

5. 流变阻力 F_r

根据拉伸应力的定义,流变阻力 F_r 取决于成纤聚合物熔体离开喷丝孔后的流变行为和形

变区的速度梯度,即:

$$F_r(x) = \eta_e \cdot \dot{\varepsilon}(x) \cdot \pi \cdot R^2(x) \tag{3-4-43}$$

式中:η_e——拉伸黏度;

$\dot{\varepsilon}(x)$——轴向速度梯度;

R——丝条半径。

实际上 η_e 也是纺丝生产线上位置的函数,它受纺丝生产线上速度分布和温度分布的影响,反过来 η_e 的分布又影响速度的分布,三个分布之间是相互影响、相互牵连的,都与流变阻力有关。

综上所述,各种力沿纺丝生产线是变化的,在稳定条件下形成一种分布,这种分布随纺丝速度的变化而变化。进一步分析可知,在熔体挤出量恒定时,随牵伸喉部速度 V_L 的增加(纤维线密度相应减小),F_{dr} 几乎呈线性地增加。与此同时,流变阻力 F_r、牵伸喉部张力 σ_L 随 V_L 增加而快速增加,当纤维线密度保持不变时(熔体挤出速度和 V_L 呈比例增大),则出现不同的情况,F_{dr} 和 σ_L 实际上保持不变,而 F_r 则随 V_L 的增大而减小。F_r 的减小是由于熔体细流的温度升高使拉伸黏度降低所致。F_{dr} 保持不变则可能是由于流变力的减小被 F_r 和 F_f 的增大所补偿的缘故。

由此可知,牵伸喉部张力对纺丝条件是敏感的,如牵伸喉部速度和挤出速度的变动、挤出细流的冷却条件和流变特性的变动,都会影响牵伸喉部张力。因而可以用 F_{dr} 来表征工艺的稳定性。

(四)纺丝生产线上的传热和温度分布

从熔体细流(初生丝条)向环境介质的传热与纺丝生产线上的固化过程联系,是熔体纺丝过程的一个决定性因素,它影响纺丝生产线上速度分布和应力分布以及纺丝生产线上的结晶、分子取向和其他结构形成过程。运动丝条与环境介质间的传热可用图 3-4-36 表示。在丝条内部,热流被传导所引起,从丝条表面到环境介质则主要为对流传热,还有很小一部分为热辐射。这样,丝条在纺丝生产线上逐渐被冷却,有一轴向温度场,同时,由于热量是从中心经过边

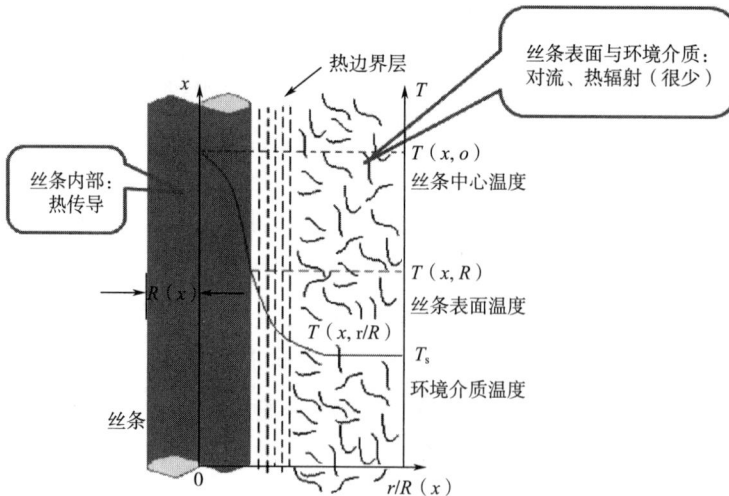

图 3-4-36　纺丝生产线传热过程示意图

界层传到周围介质中去的,因而必定有一径向的温度场。研究熔体纺丝中的传热问题就是要得到任何时刻纺丝生产线上的轴向温度场和径向温度场。

1. 熔体纺丝生产线上的温度分布

对于 PET 纤维,测试和计算纺丝生产线上的轴向温度分布,可得图 3-4-37 的轴向温度分布曲线。从图中可以发现,纤维在纺丝的过程中会发生结晶,如果不考虑结晶,则理论计算值和实际测得值之间有偏差,而如果考虑了结晶,则与测试值完全吻合。

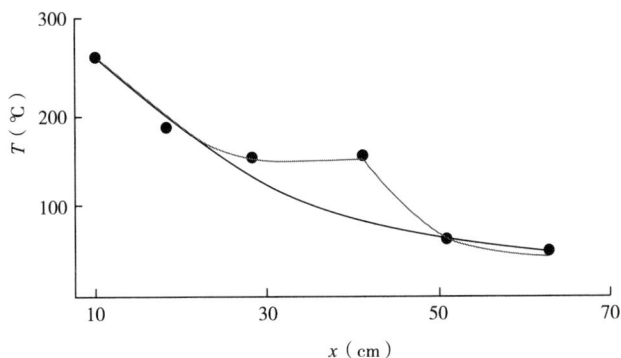

图 3-4-37　PET 纺丝生产线上轴向温度分布曲线
●实际测定纤维平均温度　——没有结晶影响的理论计算　——考虑结晶影响的理论计算

图 3-4-38 是在不同纺程 x 上测试的纤维的径向温度分布曲线。由图可以看出,在离喷丝板比较近的距离内,纤维沿径向分布的温度变化要大一些;距离喷丝板远一些;径向温度变化小一些。

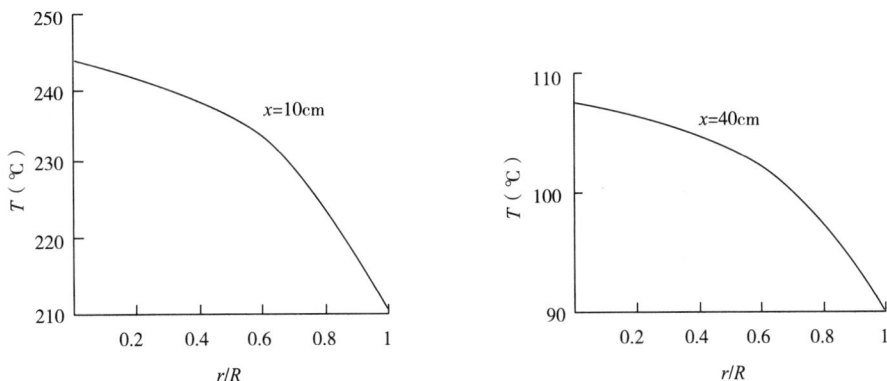

图 3-4-38　PET 纺丝生产线上径向温度分布曲线

丝条的径向温度分布梯度随传热系数增大而变大,即随纺丝速度和冷却风速的增加、线密度的减少而变大。对比沿纺丝生产线丝条径向的温度分布可以发现,径向上的温度梯度比纵向上的温度梯度大得多。在纵向上,最大的温度梯度在 $1 \sim 10\,℃/cm$,而径向上却高达 $10 \sim 10^3\,℃/cm$。所以丝条的冷却主要是径向热传导。

2. 纺丝生产线上轴向纤维表面的温度分布方程

在推导纤维表面的温度分布方程时,首先要做如下假设:

(1)在纺丝线上聚合物流动是稳态的,冷却过程是稳态过程;

(2)内能的变化及流动过程中能量失散可以忽略不计;

(3)细流在介质中以对流控制热传导,忽略热辐射、丝条上轴向的传热;

(4)丝条在冷却过程中无相变热释放;

(5)丝条上径向无温差,细流及丝条的截面为圆形。

在此基础上,取纺丝生产线上的纤维微元来进行分析。如图 3-4-39 所示,在纺程 x 处取一段纤维微元 dx,其直径为 $d(x)$,这时,dx 丝条散失的热量 q 为:

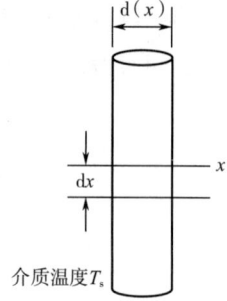

图 3-4-39　纺丝生产线上纤维微元

$$q = -\frac{\pi}{4} \cdot d^2(x) \cdot dx \cdot \rho \cdot C_p \cdot dT \qquad (3-4-44)$$

式中: C_p ——比热,J/(kg · K)。

而冷却空气带走热量 q' 为:

$$q' = \pi \cdot d(x) \cdot dx \cdot \alpha(x) \cdot [T(x) - T_s] \cdot dt \qquad (3-4-45)$$

式中: $\alpha(x)$ ——传热系数,W/(m² · K · s)。

对于整个体系来说,热量应该守恒,因此 $q = q'$,而 $dt = \dfrac{dx}{V(x)}$,所以将式(3-4-44)和式(3-4-45)结合起来再进行变换,可以得到:

$$-n \cdot \frac{\pi}{4} \cdot d^2(x) \cdot V(x) \cdot \rho \cdot C_p \cdot dT = n\pi \cdot d(x) \cdot \alpha(x) \cdot [T(x) - T_s] \cdot dx$$

$$(3-4-46)$$

对上式积分,即可得到纺丝生产线上稳态轴向温度分布的方程式:

$$\int_{T_0}^{T(x)} \frac{dT}{T - T_s} = -\int_0^x \frac{n\pi \cdot d(x) \cdot \alpha(x)}{W \cdot C_p} \cdot dx \qquad (3-4-47)$$

式中: $T(x)$ ——纺丝生产线上纺程 x 处的温度;

T_0 ——熔体的挤出温度;

n ——喷丝孔数;

W ——泵供量。

根据式(3-4-47)可以求出纺程上的温度:

$$T(x) = T_s + (T_0 - T_s) \cdot \exp\left[-\int_0^x \frac{n \cdot \pi \cdot d(x) \cdot \alpha(x)}{W \cdot C_p} \cdot dx\right] \qquad (3-4-48)$$

根据公式(3-4-48)可以求出纺程上的温度 $T(x)$。PA6 常规纺丝生产线上实际测定的温度分布曲线如图 3-4-40 所示,它与公式(3-4-48)所反映的温度分布比较一致。

公式(3-4-48)是假设不考虑结晶相变时的温度分布方程,也即无相变发生时的方程。有不少熔纺成纤聚合物在纺丝生产线上发生结晶,由于结晶放热对冷却效应的补偿,在 $T(x)$ 曲线上可能出现明显的平台,其温度分布曲线与公式(3-4-48)的计算值不一致。为此,对于纺丝生产线上发生结晶的情况,纺丝生产线上稳态轴向温度分布的方程式应作相应的校正,其温度分布方程为:

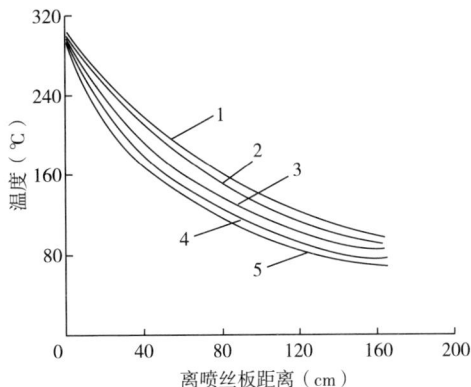

图 3-4-40　PA6 常规纺丝线上的温度分布曲线

1—100m/min　2—200m/min　3—300m/min
4—556m/min　5—1000m/min

$$T(x) = T_s + (T_0 - T_s) \cdot (1 + K) \cdot \exp\left[- \int_0^x \frac{n \cdot \pi d(x) \cdot \alpha(x)}{W \cdot C_p} \cdot dx\right] \quad (3-4-49)$$

式中:1+K——由结晶潜热引起的修正值。

3. 熔体纺丝生产线上径向温度分布方程

在分析纺丝生产线上轴向温度分布时,假设丝条的径向无温度差,但实际上从丝条中心到表面存在温度差,因此应该考虑从内部高温点到表面低温点的热传导。由于聚合物为导热差的物体,根据傅立叶经验定律,可得到径向分布的微分方程:

$$\left(\frac{\partial T}{\partial r}\right)_R = \frac{(T_R - T_s)\,\alpha^*}{\lambda} \quad (3-4-50)$$

式中: T_R ——丝条表面温度,K;

λ ——丝条的导热系数,W/(cm·K)。

由于聚合物性质对温度的依赖性,这样的径向温度梯度会对径向结构发展产生重要的影响。径向温度分布导致径向黏度分布,高黏度的皮层出现应力集中,高应力的皮层比纤维表面的低应力区有较大的大分子取向和结晶,从而在高速纺丝中形成皮芯层结构。所以,纺丝线上温度分布在很大程度上决定了纺丝线的流变性质,同时对结晶和取向结构的形成有很大影响。由此可见,控制温度分布十分重要。

4. 影响温度分布的因素

(1)介质温度 T_s。T_s 越高,凝固点长度 x_e 越长,温度值 $T(x)$ 越高。

(2)挤出温度 T_0。T_0 越高,凝固点长度 x_e 越长,温度值 $T(x)$ 越高。

(3)冷却风速。风速越大,给热系数 $\alpha(x)$ 越大,凝固点长度 x_e 越短,温度值 $T(x)$ 越低。

(4)泵供量 W。W 值越大,凝固点长度 x_e 越长,温度值 $T(x)$ 越高。

5. 纺丝生产线上的冷却长度 L_K

冷却长度 L_K 是指从喷丝板至丝条固化点间的距离。若取固化点的温度为 $T_固$,则:

$$\int_{T_0}^{T_{\text{固}}} \frac{\mathrm{d}T}{T - T_{\text{s}}} = - \int_0^{l_{\text{K}}} \frac{n \cdot \pi \cdot d(x) \cdot \alpha(x)}{W \cdot C_{\text{p}}} \cdot \mathrm{d}x \tag{3-4-51}$$

$$\ln \frac{T_0 - T_{\text{s}}}{T_{\text{固}} - T_{\text{s}}} = \int_0^{l_{\text{K}}} \frac{n \cdot \pi \cdot d(x) \cdot \alpha(x)}{W \cdot C_{\text{p}}} \cdot \mathrm{d}x \tag{3-4-52}$$

为了便于计算,固化点前的丝条直径、温度和速度均用平均值表示:

$$\bar{d} = \frac{d_0 - d_{\text{L}}}{\ln d_0 - \ln d_{\text{L}}} \tag{3-4-53}$$

$$\bar{V} = \frac{4W}{n\rho\pi \bar{d}^2} \tag{3-4-54}$$

$$\bar{T} = \frac{T_0 - T_{\text{固}}}{\ln T_0 - \ln T_{\text{固}}} \tag{3-4-55}$$

这样就可以得到冷却长度 L_{K}:

$$L_{\text{K}} = \frac{WC_{\text{p}}}{n\pi \bar{d} \bar{\alpha}^*} \ln \frac{T_0 - T_{\text{s}}}{T_{\text{固}} - T_{\text{s}}} \tag{3-4-56}$$

在固化点以前是熔体细流向初生纤维转化的过渡阶段,是初生纤维结构形成的主要区域,测定或计算 L_{K} 并加以控制是纺丝的重要研究内容。

6. 丝条冷却的传热系数

丝条冷却的传热系数 α^* 是冷却长度 L_{K} 的重要影响因素,它是将加热的圆柱形金属丝在风筒中做模拟试验得出来的试验方程式:

$$N_{\text{nu}} = \frac{\alpha^* d}{\lambda_{\text{a}}} = 0.42 N_{\text{Re}}^{0.334} (1 + K) = 0.42 \left(\frac{V_{\text{d}}}{\nu_{\text{a}}}\right)^{0.334} (1 + K) \tag{3-4-57}$$

$$\alpha^* = 0.42(1 + K) \left(\frac{V_{\text{d}}}{\nu_{\text{a}}}\right)^{0.334} \frac{\lambda_{\text{a}}}{d} \tag{3-4-58}$$

式中:N_{nu}——鲁塞尔数;

　　N_{Re}——雷诺数;

　　d——丝条直径;

　　V_{d}——丝条运行速度;

　　ν_{a}——空气运动黏度;

　　λ_{a}——空气导热系数;

　　$1+K$——空气流动对丝条轴的方向角的影响。

$K=0$ 空气流动方向与丝条轴平行;$K=1$ 空气流动方向与丝条轴垂直。

有经验方程式:

$$1 + K = \left[1 + \left(\frac{8 V_{\text{y}}}{V}\right)^2 \right]^{0.167} \tag{3-4-59}$$

式中:V_{y}—冷却气流速度在垂直丝条运动方向的分量。

再将有关空气的物理性质常数代入 α^*,得:

$$\alpha^* = 0.4253A^{-0.334}[V^2 + (8V_y)^2]^{0.167} \tag{3-4-60}$$

式中：A——丝条的截面积。

上式与聚合物种类无关,圆形横截面的丝条均适用。

从上述分析可以得出如下结论：

(1)横吹风的传热系数为纵吹风的两倍。

(2)纺丝生产线上丝条冷却的控制因素是变化的:丝室上部的冷却过程受冷却吹风速度V_y控制;丝室下部的冷却过程受丝条运行速度V控制。

(3)高速纺丝条的运行速度高,V_y变化对冷却过程和初生纤维结构性质的影响不如常规纺明显。

(五) 纺丝设备

1. 纺丝箱体

纺丝箱体的作用是保持由挤出机送至箱体的熔体经各部件到每个纺丝位都有相同的温度和压力降,保证熔体均匀地分配到每个纺丝部位上。纺丝箱体的温度应稍高一些,其目的是增加熔体的流动性能,保证喷丝的顺畅,但过高的箱体温度会发生大量断头丝、毛丝,不利于生产的顺利进行。

纺丝温度(即熔体温度)的控制直接影响纺丝生产的正常进行以及单丝质量,从而影响成品的布面质量和内在质量。温度升高,熔体的流动黏度降低,熔体的均匀性和流变性能好,可纺性提高,经冷却后丝束的最大拉伸比和自然拉伸比增大,牵伸后丝束的单丝强力和断裂伸长率加大,成品的各项指标也可提高。但温度太高则加剧熔体降解、黏度降低,使螺杆压力产生波动,泵供量不稳,喷出丝均匀性差,无法牵伸,牵伸丝毛丝、断头多,极易产生注头丝,在成网布面产生浆点,而且极易污染喷丝板,缩短喷丝板使用周期。熔体温度过低,因黏度太高,使熔体在喷丝孔中剪切应力加大,造成熔体破裂,可纺性差、布面产生并丝。

在纺丝过程中,除纺丝温度外,熔体压力也是影响纺丝的重要因素。熔体压力低,熔体分配不均匀,形成的熔体细流粗细不一、表面不规整;熔体压力过高,易造成熔体破裂。在PP纺粘非织造材料生产过程中,熔体压力一般控制在6~10MPa,因此在纺丝箱体上都安装有测量范围为50MPa的压力测量头,以测量熔体压力,安装有测量范围在0~400℃的铂电阻测量头,以测量熔体温度。PET纺丝,熔体压力应控制在10~12MPa。

一般纺丝箱体内装有纺丝组件、熔体管道和加热保温等几个系统,也有计量泵装在纺丝箱体内的,一般称为纺丝泵。纺粘法所用的纺丝箱体大部分呈长方形,一般用8~10mm厚的锅炉钢板焊接而成,横向宽度取决于纺丝组件和熔体输送管道的配置尺寸,高度取决于纺丝座的尺寸,纵向长度取决于喷丝方法与喷丝位数目,其外观结构如图3-4-41所示。

纺丝箱体的形式多样,有一个箱体仅装有一块长喷丝板的,也有一个箱体装有多个纺丝位的喷丝板,还有短型小纺丝箱体呈一定倾斜角度排列,组成非织造材料的幅宽所需用的多组箱体群,其中一排纺丝箱体可以装一排喷丝板,也可装二排或四排喷丝板,使纤维呈多排下落,有利于非织造材料成网的均匀。纺丝箱体内部结构如图3-4-42所示。

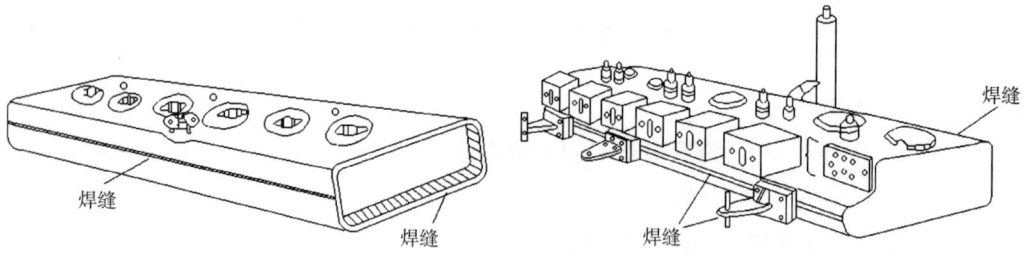

图 3-4-41　纺丝箱体外观结构

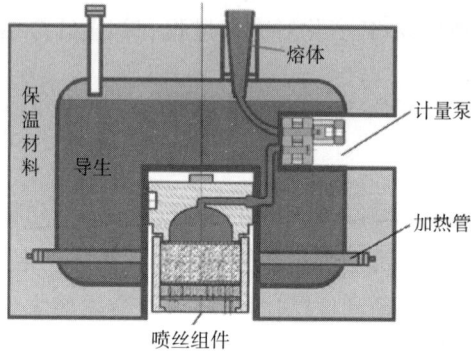

图 3-4-42　纺丝箱体内部结构

纺粘非织造的纺丝箱体长度由幅宽决定,一般非织造材料的幅宽有 1.6m、2.4m、3.2m、4.4m、5m 及 6m 各种不同尺寸,箱体长度要保证幅宽的实现。图 3-4-43 是 Reicofil 纺丝箱体结构。

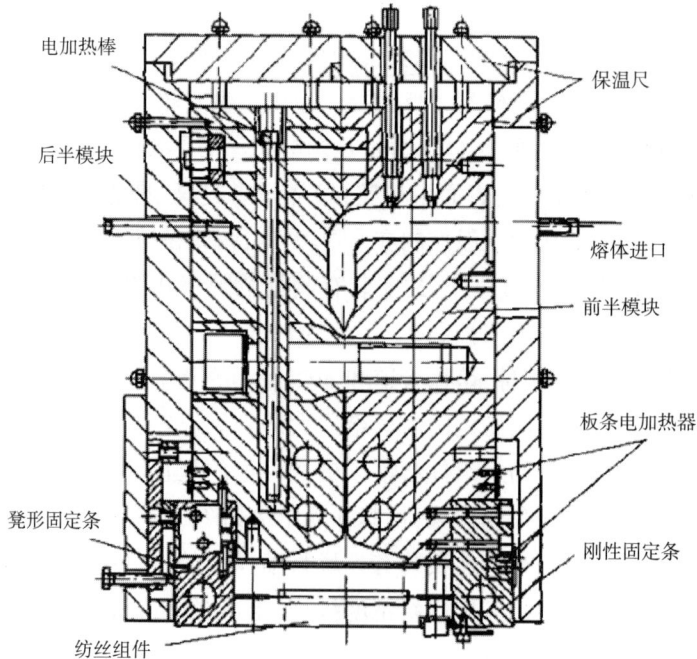

图 3-4-43　Reicofil 纺丝箱体结构

为了保证熔体出挤出机后温度恒定,使纺丝顺利进行,纺丝箱体内必须具备加热装置,而且箱壳要有优良的保温层,保证熔体温度偏差在±1℃之内,因此,纺丝箱体的加热与保温方式选择也非常重要。目前,纺丝箱体的加热主要有联苯加热、导热油循环加热和电热板加热三种方式。其中联苯加热箱间温差小,但存在联苯的密封问题,会引发环境污染问题;导热油循环加热受热均匀、温差小、热效率高,但易漏油,环境卫生差;电热板加热节能效果好,干净卫生,设备投资少,可简化纺丝箱体的设计结构。

2. 熔体分配管道

熔体分配管道对均匀纺丝也起到非常重要的作用,因此要求熔体经过管道的时间要短、压力降要小,各纺丝位上的压力降和时间要相同,以保证每个纺丝孔能均匀一致地喷丝,确保丝条均匀一致。熔体分配管道形式主要有分歧式和放射式两种,如图3-4-44所示。

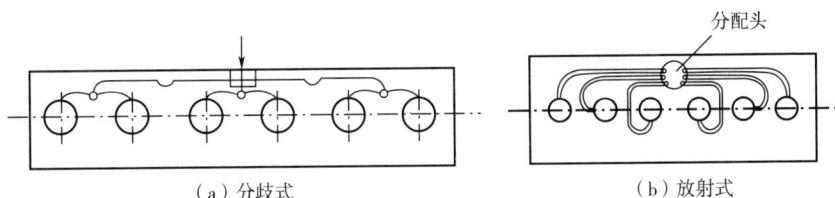

图3-4-44 熔体分配管道结构示意图

分歧式熔体分配管的管路内径不同,要保证熔体压力降相同,总管路的面积≤支管流通面积的总和,以减少分配管内的流差,避免不必要的流动阻力损失。放射式熔体分配管的接头少,只需一个分配头,从分配头到纺丝位的长度要相等,通过不同弯曲形式,保证其阻力相同。

3. 纺丝组件

纺丝组件是由喷丝板、熔体分配板、熔体过滤器材料及组装套的结合件、密封件组成。纺丝组件的设计必须要耐高温、高压。其结构如图3-4-45所示。

熔体过滤器一般由200~400目不锈钢丝网,粗、中、细三层组成滤层,其作用是最后一次过滤熔体,防止堵塞喷丝孔。熔体分配板呈多孔形,其作用是将过滤后的熔体充分混合,减少熔体黏度差异,把熔体均匀分配到喷丝孔的每个小孔中去形成熔体细流,使熔体细流均匀喷出,保证纤维的粗细及品质均一。

喷丝板是纺粘法非织造设备中最精密的关键部件,其作用是将熔体转变成细流,经风冷却凝固成丝条。纺粘法非织造材料生产一般选用矩形喷丝板,并根据纤网宽度要求可由多块拼接而成,但也有部分PET纺粘用圆形喷丝板。图3-4-46是纺粘用矩形喷丝板。

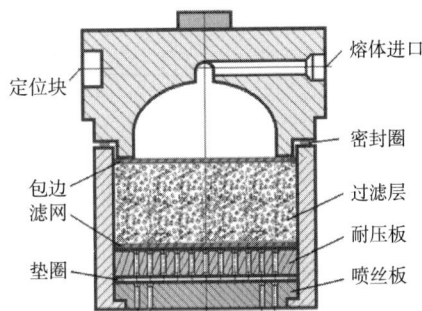

图3-4-45 纺丝组件结构

设备厂家不同,喷丝板的大小也各不相同。德国莱芬豪斯公司使用矩形喷丝板,整块板的

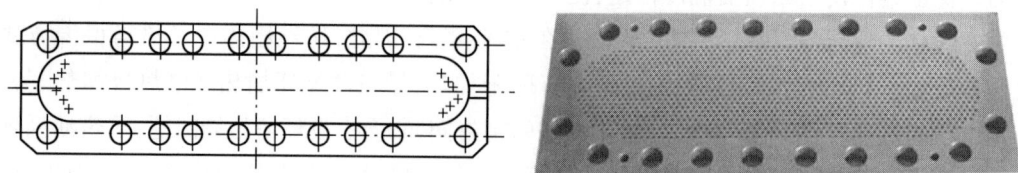

图 3-4-46　纺粘用矩形喷丝板

长度与生产线幅宽一样,最长可达 7m,宽 220mm。意大利 NWT 公司及国产非织造生产线所使用的矩形喷丝板较小,尺寸约为 580mm×95mm,每块喷丝板有 4~6 排喷丝孔,每排喷丝孔错开一定位置,以有利于通风冷却。每块喷丝板一般设计 400~1000 个喷丝孔,有的甚至更多,密度较高,孔径一般设计在 0.35~0.66mm。意大利 STP 公司的纺粘法生产线使用的矩形喷丝板较小,有 190mm×130mm 和 190mm×290mm 两种,前者有 154~160 个喷丝孔,分成 2 束;后者一般有 400 个左右的喷丝孔,分成 5 束。孔径一般在 0.4~0.5mm。意大利现代机械公司和摩登公司、ORV 公司常使用圆形喷丝板,孔径有 0.6mm、0.5mm、0.4mm 几种。

圆形喷丝板的外径根据孔数排列方式和工作条件来确定。纺粘法喷丝板的喷丝孔数目相对于短纤喷丝板少。由于要承受 4.9MPa 以上的压力和 230℃ 以上的高温,故常用厚度 10mm 以上的不锈钢板制造。

喷丝孔的结构分为导孔和微孔两部分,其中导孔引导熔体连续平滑地进入微孔。常见的喷丝孔形状如图 3-4-47 所示,其中平底圆柱型容易出现死角涡流现象,所以不会使用,最常用的是圆柱型喷丝孔。在导孔和微孔的连接处要使熔体收敛比较缓和,避免在入口处产生死角和出现旋涡状的熔体,保证熔体流动的连续稳定。熔体在微孔中流动的时候要严格控制熔体的剪切速率,一般 PET 控制在 $(0.7\sim0.9)\times10^4 \mathrm{s}^{-1}$,PP 控制在 $(0.2\sim0.4)\times10^4 \mathrm{s}^{-1}$。

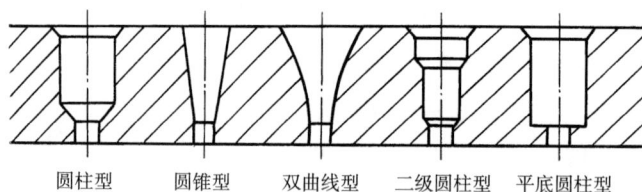

圆柱型　圆锥型　双曲线型　二级圆柱型　平底圆柱型

图 3-4-47　常见的喷丝孔形状

导孔的直径收缩,即导孔直径与微孔直径比非常重要。国产喷丝板导孔直径为 2.5~3.5mm,微孔直径为 0.25mm,其收缩比一般为 10~14。近年来,为提高排孔密度,大大降低了直径收缩比,取 6~7。对导孔底部的锥角,既要考虑熔体的流动性,又要考虑加工方便。导孔与微孔的过渡角小时,可以减缓熔体的收敛程度。目前常用的锥角为 60°、70° 和 90°。

由于熔体的"入口效应"影响出口熔体的流量稳定性,增大微孔的长径比,有助于熔体的弹性松弛,减小出口处的弹性胀大,对纺丝有利。但长径比越大,加工越困难,一般长径比取 1~4,应用比较广泛的是 1.5~2。

喷丝板的孔数对纤维质量和非织造材料均匀性也有很大的影响。纺粘生产用的喷丝板孔数按每米非织造材料平均有多少个喷丝孔计算。孔数过少,如 1000 孔/m 以下,产品的成网很难均匀,且产量低,单丝线密度偏大;孔数较多时,如 4000~7000 孔/m,则产品的成网比较均匀,产量增多,线密度也小,布的质量好。因此,随着现今纺粘技术的发展,增加每米布中单丝数目是一个重要方向,即增加喷孔数量是发展方向。但这必然增大熔体吐出的热量,冷却吹风必须相应跟上,否则生产过程中会产生新的困难。

随着纤维技术的发展,异形截面喷丝孔及多组分纤维技术成为发展趋势,纺粘法生产技术发展的一个特点就是向功能化和差别化纤维发展,因此异形纤维和多组分复合纤维在纺粘非织造技术中的应用也越来越多。图 3-4-48 是已经成熟的异形喷丝板及相对应的纤维截面,这些异形截面纤维已经出现在纺粘非织造材料中。

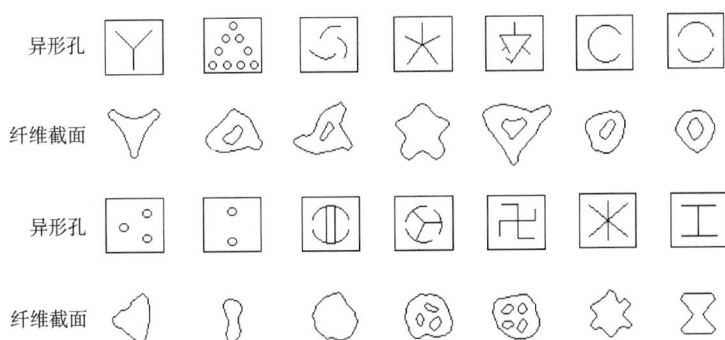

图 3-4-48 异形喷丝板及对应异形纤维截面

三、单体抽吸装置

在纺丝过程中,特别是对加入某些添加剂的共混纺丝,往往会有单体析出。单体抽吸装置的作用是当单体从成纤聚合物熔体中分离出来时,将这些相对分子质量小的物质抽走,以免单体向上附着在喷丝板上,弄脏了喷丝板或堵住喷丝孔而影响纺丝,或向下被牵伸风吸走时,以免冷凝附着在牵伸器或摆丝器上导致并丝。如果单体附在丝条上,还会降低丝条的强度,使疵点增多,影响颜色。

以 Reicofil 型纺丝箱体所用的单体抽吸装置为例。单体抽吸管就安装在箱体下方靠近喷丝板的位置,为安装方便,抽吸管采用方形不锈钢管,抽吸口离喷丝板很近,目的在于将随熔体从喷丝板挤出的单体立刻抽走。由于单体抽吸管下方紧接侧吹风冷却风管,在风箱上部吹出的冷却风也很靠近单体抽吸口,因此单体抽吸必须得到控制,不过量抽吸带走冷却风,不导致喷丝板被冷却而影响正常纺丝。

单体抽吸装置是生产线系统的一个环节,其操作也要和生产线的运行操作相适应。例如,生产线刚开车时,因熔体、喷丝板对外界的热量尚不平衡,单体抽吸装置可先不开,以免造成喷丝板温度低而影响纺丝,等纺丝正常了再开单体抽吸装置。

单体抽吸装置的抽吸风量过大,熔体热量损失大,板面温度低,初生纤维温度低,延伸性能下降;抽吸风量过小,熔体散发的热量及单体不易散发掉,影响熔体的冷却,并且挥发性单体冷凝后易黏附在牵伸器上,影响纺丝质量。

四、侧吹风冷却系统

(一) 冷却吹风作用

熔体纺丝时,熔体细流自喷丝孔喷出后,在空气介质中冷却凝固成型是一个单纯的物理过程。产品均匀度、丝条细度、外观质量与丝条冷却效果好坏有密切的关系。在选择冷却方式时要着重考虑冷却气流与丝条热交换的能量传递,从喷丝孔喷出的熔体细流,放出大量的凝固热,必须对此热流进行热交换,故熔体离开喷丝板10mm左右,要对其进行冷却吹风,冷却长度对丝条的扰动要尽量小。因此在喷丝板下面装有很严格的冷却风装置,要求在一定的长度内,对每根单丝均能进行均匀性冷却,这对正常生产和丝的质量有重大影响。

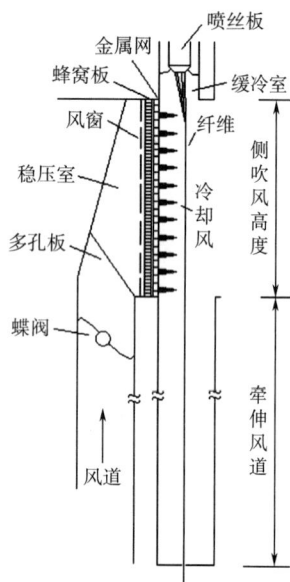

图 3-4-49　侧吹风装置结构图

(二) 冷却吹风形式

在纺粘法中,冷却过程与熔体细流成型同时进行。冷却可防止丝条之间的粘连和缠结,配合拉伸工艺,使黏流态的熔体细流逐渐变成稳定的固态纤维。纺丝成网工艺常采用单侧吹风和双侧吹风的形式,冷却介质为洁净空调风,风量应保证流动方式为稳定的层流状态,从而避免丝条扰动,影响丝条的均匀性。采用侧吹风时,空气与丝条呈垂直方向直接吹在丝条上,传热系数高、冷却效果好,其装置结构如图3-4-49所示,这种装置结构简单、操作方便。

蝶阀用于调节冷却风量,在阀后的风道上装有风量指示仪,指示各纺丝部位的冷却风量;多孔板呈倾斜状态,采用开孔率为50%~80%的金属板,孔径为1~3mm,用来克服风窗垂直面上风速分布的不均匀。

整流层采用金属薄板,制成蜂窝状结构,其作用是使冷却风呈层流状态水平吹向丝条,防止丝条发生不规则颤动或飘动。这种蜂窝式导流器由于冷风在蜂窝小室内改变流向,使冷风沿蜂窝轴线的平行方向流动,所以整流效果好。如果蜂窝网有损坏,则对丝条冷却及布面外观有影响,冷却风在此处出现紊流,布面乱丝较多,云斑较重。整流板气流方向的厚度为40~100mm。

过滤层采用不锈钢丝网,金属丝以不同角度交错而成,在风压不变的情况下,其作用是使冷却风均匀、混合稳定和过滤粉尘。通过测试证明,不锈钢网目数的大小对丝条细度和产品均匀度有很大影响。目数过大,丝条冷却不够,容易并丝,牵伸中易断丝;目数过小,丝条早冷却,牵伸受影响,易出现粗丝。因此,一般采用40~100目的不锈钢丝网4~6层。不锈钢网的平整度直接影响产品的均匀度,钢丝网的褶皱不平使产品表面显示明显的厚条和薄区,且表面乱丝较多。为了保证丝条冷却均匀,产品均匀度高,要保证整个网面同一水平线上风速大小均一,这样将会大大减少布面的云斑和乱丝。

　　缓冷室是为了防止冷却风吹向喷丝板、提高熔体细流性能和喷丝板的使用周期而设计的，其高度一般为 30~200mm。

　　在纺粘法工艺中，管式牵伸工艺的喷丝板都是用小型矩形板或圆形喷丝板，从喷丝板喷出的丝束头数少，一般由单向侧向吹风即可达到生产工艺要求，风窗高度一般为 0.6~1m。在窄狭缝式牵伸工艺中，所用的喷丝板长度较长，采用长距离吹风，冷却效果较差，距风窗较远处的丝束无法冷却，需要采用双侧吹风方法进行冷却，因为两面冷风作用强，距离不宜太长，一般在 0.4~0.6m。在宽狭缝式牵伸工艺中，冷却吹风装置有采用双侧吹风装置的，也有采用单侧吹风装置的。图 3-4-50 为双侧冷却吹风装置。

图 3-4-50　双侧冷却吹风装置

(三)侧吹风系统工艺控制

　　丝条冷却条件对纤维结构与性能有决定性的作用，现在大部分制冷系统的风机采用变频调速，可根据生产工艺需要调整送风量，保证风速、风压稳定。冷却吹风系统工艺条件包括风压、风速、风温、风湿和冷却位置等。

1. 风压

　　冷却吹风的风压必须十分稳定，力求所有单丝受冷均匀，这主要取决于风压与风速的设计。决定冷却风风压的大小因素有送风设备能力、送风量和冷却窗的结构、材料等。冷风输送风机风压高、风量大，冷却风风压就高；冷却风窗的结构花板孔径小、密度低或过滤网密度高、孔隙小、阻力大，冷却风窗的风室内压力就大，反之相反。冷却吹风风室压力大有利于冷风均匀分配或减少串风的干扰，但是压力过大，说明风窗透风效果差，不利于纤维冷却；压力过小，送风量不足或者屏蔽效果差，易产生送风不均现象。所以生产中控制冷却风的风压范围在 400~1200Pa。

2. 风速

　　管式牵伸纺粘设备采用单向侧吹风冷却，冷却要从熔体细流的一面吹向另一面，吹风距离长，熔体细流对冷却风的阻力大，因此在设计冷却风风速时要适当高一些。又因挤出量的变化，需要的冷却风风量也不相同，因此冷却风风速不同。根据经验，生产过程中，管式牵伸冷却风风速一般设定在 0.8~1.6m/s；宽狭缝式牵伸冷却风风速为 2m/s 左右，而窄狭缝牵伸工艺的冷却系统是双侧吹风冷却，吹风距离短，热量损失小，所以风速设计较低，一般在 0.4~0.8m/s。风速不能过低，否则达不到冷却的目的；但也不能过大，否则丝束会大幅飘荡，并在喷丝板处形成涡流，影响纺丝。

3. 风温

　　经喷丝板喷出的熔体细流温度高，熔体处于无定形的黏流状态，需要进行骤冷，使熔体呈高弹状态进行牵伸。为了达到骤冷的目的,在控制冷却风风量的同时还要设定好冷却风风温。风温高,冷却效率差,难以达到冷却的目的;风温低,冷却效率好,但过低易使丝条冷却过分,发生脆化,易断,不易拉伸,也容易形成僵头丝,还会影响板面温度,使喷丝板使用周期变短。因此,在生产过程中,应根据挤出量的大小、工艺温度高低及环境温度的变化来确定冷却风风温的高低。根据生产经验,冷却风风温一般设计在 8~20℃ 较好,寒冷的冬季使用外界风就可满足纺丝过程中的冷却需要。

4. 其他冷却参数

除了上述因素之外,冷却风的风湿度大小对纺丝也有重要影响,纺 PP 时相对湿度一般应控制在 65% 左右,纺 PET 在 85% 左右。

冷吹风位置对于冷却效果及成丝的质量也有一定影响。吹风窗顶部距离喷丝板 10cm 左右。冷吹风部位一般在 40~80cm 高处,过长的冷却距离会使拉伸应力上升,造成拉伸气流增大,不利于拉伸。吹风面离丝束外缘距离也不能过大,一般为 1~2cm。

除了上述冷却风条件外,丝室温度也会影响纤维的冷却成型过程,应加以控制。生产时,丝室温度最好保持在 40℃ 左右。

五、熔体纺丝过程中纤维结构的形成

熔体纺丝得到的纤维最终结构除决定于成纤聚合物本身的性质外,还取决于纺丝、牵伸、热定形等一系列加工过程,而且下一工序的加工条件和结果,又强烈地受前一工序已形成丝条结构的影响,其中纺丝得到的结构即初生丝结构对最终纤维结构具有非常重要的影响。

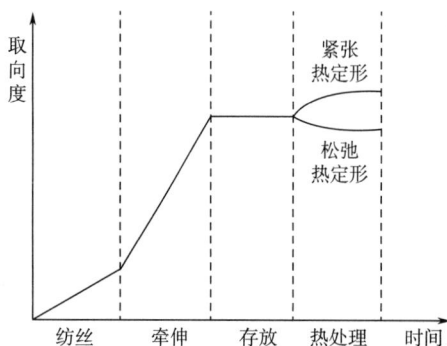

图 3-4-51　纤维成型过程中取向度变化过程

熔体纺丝过程是本体成纤聚合物冷却成型,形态结构不重要。这里的纤维结构主要是指超分子结构,即纺丝生产线上成纤聚合物的取向和结晶,它取决于纺丝、拉伸、热处理等工序。从喷丝孔挤出的熔体细流,会产生一定的预牵伸,发生传热和结晶动力学,形成具有一定结晶和取向的初生纤维,初生纤维经过牵伸、热定形之后,会形成最终具有高度取向和结晶的成品纤维,从而具有使用价值。纤维在成型过程中取向度变化过程如图 3-4-51 所示。

(一) 研究熔体纺丝成型过程的方法

对于熔体纺丝生产线上的成型过程,可以从两个方面进行研究。一是可以从宏观现象出发,是在化学工程的基础上发展起来的,着重对整个纺丝生产线上的应力场、温度场、速度场进行分析,这种研究方法称为唯象理论。二是可以从微观分子结构、分子运动出发,以高分子物理为基础,着重研究加工过程中应力历史、热历史对纤维微观结构的影响,尤其对结晶和取向的影响,这种研究方法称为分子理论。

在熔体纺丝过程中,PP、PE、PA66 都将发生不同程度的结晶。PA6 在接触水后迅速结晶,

PET普通纺不结晶,高速纺有较低结晶度,但是这几种聚合物在纺丝的过程中都会发生取向。前面的纤维成型机理、受力平衡和温度分布是从唯象理论进行研究,下面从分子理论的角度来研究一下纺丝过程中纤维结构的形成。

(二)熔体纺丝过程中的取向

纺丝过程中的取向对成品纤维取向度的贡献虽然不是很大,但是对后续的牵伸工艺有很大的影响,对结晶动力学和晶体形态也有一定的影响。

在纺丝过程中,材料在应力场中结构单元沿外力方向上的择优排列称为取向,这种排列是材料结构单元对外力作用的响应。发生取向是纤维加工中最重要的结构形成过程之一,材料经过加工得到的取向度,是取向和解取向过程的综合结果。取向度影响纤维的力学性质、光学性质和吸附性质,尤其是这些性质的各向异性行为。

1. 纺丝过程中的取向机理

纺丝过程中的取向作用,根据成纤聚合物在纺丝线上的形变特点可分为两种取向机理,一种是处于熔体状态的流动取向机理,另一种是纤维固化之后的形变取向机理。

(1)流动取向。流动取向包括喷丝孔中切变流场中的流动取向和出喷丝孔后熔体丝条在拉伸流场中的流动取向。

喷丝孔中切变流场的流动取向,是熔体在喷丝孔入口区轴向速度梯度 $\dot{\varepsilon} = \dfrac{\partial V_x}{\partial x}$ 和毛细孔中流动时径向梯度 $\dot{\gamma} = \dfrac{\partial V_x}{\partial r}$ 作用下的取向和分子热运动的解取向的综合结果。在稳态纺丝条件下,泵供量 W 越大, $\dot{\varepsilon}$ 和 $\dot{\gamma}$ 越大,取向度增加;但是此时熔体在喷丝孔中流动时的温度 T 较高,聚合物的松弛时间 τ 很小,而且熔体细流在出喷丝孔之后又会发生挤出胀大现象,聚合物分子容易发生解取向,导致取向度降低。试验数据表明,喷丝孔中切变流场的流动取向对最终纤维的取向度贡献很小。所以,喷丝孔中切变流场的流动取向可以忽略不计。

熔体纺丝生产线上拉伸流场中的流动取向,主要发生在细流出喷丝孔后,还处于黏流状态的阶段($T_x > T_f$),在轴向速度梯度 $\dot{\varepsilon} = \dfrac{\partial V_x}{\partial x}$ 的作用下产生的取向,除速度场类型与剪切流动取向根本不同外,形式上与喷丝孔中的取向相类似。试验表明,这是熔体纺丝中所应考虑的最重要的取向机理,初生纤维的取向度主要是纺丝线上拉伸流动的贡献。拉伸流动中,流动单元也是两种对立因素竞争的结果,一种是以轴向速度梯度 $\dot{\varepsilon}$ 为特征的拉伸流动速度场的取向作用;另一种是布朗运动的解取向作用,与扩散系数 D 或松弛时间 τ 有关。与毛细管中的剪切流动相似,在稳态时,决定取向度的参数是轴向速度梯度 $\dot{\varepsilon}$ 与松弛时间 τ 的乘积($\dot{\varepsilon} \cdot \tau$);在非稳态条件下,取向度还取决于取向时间 t 与拉伸条件下的稳态建立时间。

(2)形变取向。形变取向发生在纺丝生产线上的固化区,也即形变区,此时 $T_g < T_x < T_f$,是以高弹形变为基础、以塑性形变为主的大分子取向,主要取决于纺丝生产线上的形变比,对初生纤维的取向度也有一定的贡献。塑性介质中的刚性结构单元,如微胞、结晶等,在承受拉伸时,塑性基体产生永久的变形,在外力消除后,这些结构单元的取向也保留下来,而在弹性形变中,应

力消除后,取向立即或逐步消除,形变也跟着消失。

在塑性形变和弹性形变两种情况下,取向因子都取决于形变大小,而不像在流动取向中那样取决于速度梯度与松弛时间的乘积。流动取向立即或逐步消除,形变取向的差异在于后者可以看成是扩散速度 D 为零或松弛时间无穷大的极限情况,此时并没有对应的解取向作用发生。纺丝中哪种机理占优势,目前尚有争论,也许视情况不同而异。一般熔纺试验表明,松弛因素和速度差(V_L-V_0)对取向的影响较形变(V_L/V_0)的影响大得多。但对于松弛时间很长的成纤聚合物,例如支化聚乙烯或聚丙烯,则形变比有显著的影响,弹性的可回复形变的取向,通常随纺丝应力的去除而松弛。

2. 纤维取向的表征

常用于测定纤维取向的方法有双折射法、声速法和 X 光衍射法。其中双折射法和声速法反映的都是全部分子的取向,前者主要反映的是链段取向,利用大分子化学键在光波场中被极化、平行和垂直于纤维取向方向的折光指数差异来测试纤维的取向;后者是利用声波在平行和垂直于分子链方向的传播速度不同来测试纤维的取向。X 光衍射法反映的是微晶体的取向。

3. 影响纺丝取向的因素

纺丝生产线上的取向过程是非稳态的过程,取向因数与纺丝参数之间的关系是非常复杂的。有人将双折射仪安装在纺丝机旁,测定纺程上的双折射率,发现双折射率的变化规律与纺程上张应力的变化有一致性,即得出固化点处的双折射率 Δn 与固化点处丝条张应力 σ_{xx} 呈正比,即 $\Delta n \propto \sigma_{xx}$,而 $\sigma_{xx} = \eta_e \cdot \dot{\varepsilon}_{xx}$,其结果如图 3-4-52 所示。

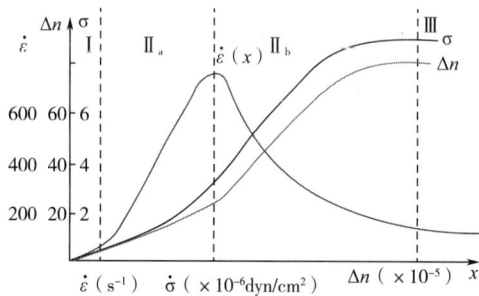

图 3-4-52　PET 初生纤维的取向与纺丝生产线上的张应力

$W = 0.124\text{g/s}$　$T_0 = 285℃$　$V_{dr} = 1100\text{cm/s}$;$1\text{dyn/cm}^2 = 10^{-5}\text{Pa}$

由曲线特点可知,在纺丝生产线上的 II$_a$ 区,$\dot{\varepsilon}$ 很大,但 η_e 小,Δn 略有增加。实际纺丝过程中,这时候纤维的温度还很高,熔体细流的拉伸黏度 η_e 很小,大部分形变在 II$_a$ 区发生。II$_b$ 区 $\dot{\varepsilon}$ 仍较大,η_e 增加,Δn 增大较快。实际纺丝过程中,这时纤维温度下降很快,基本接近固化点,η_e 大幅度增加,形变越来越困难。到了 III 区,$\dot{\varepsilon}$ 大大减小,虽然拉伸黏度 η_e 非常大,但是 Δn 趋于平衡。

初生纤维的取向度还受熔体温度的影响。有人在不同的纺丝温度下测试了 PET 初生纤维的张应力和双折射率,其结果见表 3-4-5。

表 3-4-5　不同纺丝温度下 PET 初生纤维张应力和双折射率

$T(\text{℃})$	278.5	282	285	288
张力(g)	32.33	32.00	31.50	30.00
$\Delta n(\times 10^3)$	2.386	2.171	2.027	1.660

由表 3-4-5 可以看出,随着纺丝温度 T 的升高,PET 初生纤维的双折射率降低,即取向度减小。这是因为,随着纺丝温度 T 的提高,一方面熔体细流的拉伸黏度 η_e 减小,另一方面凝固点的长度增大,导致拉伸应变速率 $\dot{\varepsilon}$ 减小,而纤维的取向度与拉伸黏度和拉伸应变速率的乘积 $(\eta_e \cdot \dot{\varepsilon})$ 呈正比,所以取向度降低,反映为双折射率减小。

初生纤维的取向度还受单丝线密度的影响。一般来说,在其他条件不变的情况下,单丝的直径越大,丝条传热的比表面积就越小,冷却速度越慢,凝固点长度越大,导致拉伸应变速率 $\dot{\varepsilon}$ 减小,所以取向度降低。

同样,冷却条件对初生纤维的取向度也有影响。一般情况下,冷却速度高、温度低,则凝固点长度小,拉伸应变速率 $\dot{\varepsilon}$ 大,取向度增加。

因为拉伸应力与卷绕速度呈正比,在喷丝头拉伸比 S 和卷绕速度恒定的情况下,单丝线密度对卷绕丝双折射率有强烈的影响。

除此之外,喷丝头的拉伸比对纤维取向度也有很大的影响,如图 3-4-53 所示。

对于初生纤维来说,在凝固点长度内 $(0-x_e)$ 的平均速度可以利用式(3-4-61)求出来。

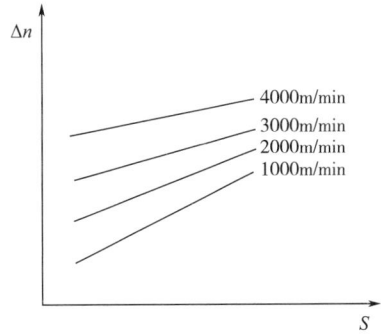

图 3-4-53　喷丝头拉伸比对取向度的影响

$$\frac{\mathrm{d}\bar{V}_x}{\mathrm{d}x} = \frac{V_{x_e} - V_0}{x_e} = \frac{V_{x_e}}{x_e}\left(1 - \frac{V_0}{V_{x_e}}\right) = \frac{V_{x_e}}{x_e}\left(1 - \frac{1}{S}\right) \tag{3-4-61}$$

熔体纺丝过程中喷丝头拉伸比 S 较大,约 100,因此 $1/S$ 很小,所以 S 的变化对拉伸应变速率的影响很小,Δn 的变化也很小,尤其是在高速纺丝的时候。

初生纤维的取向度还受聚合物相对分子质量的影响,一般来说,聚合物相对分子质量越大,拉伸黏度 η_e 越大,所以取向度也就越大。

但应说明的是,对于成品纤维而言,对取向度贡献大的是拉伸而不是纺丝过程。

(三)熔体纺丝过程中的结晶

冷却过程伴随着结晶过程。初期由于温度过高,分子的热运动过于剧烈,晶核不易生成或生成的晶核不稳定。随着温度的降低,均相成核的速度逐渐加快,熔体黏度增大,链段的活动能力降低,晶体生长速度下降。因此,熔体纺丝生产线上的结晶是控制丝条固化的一个极重要的动力学过程。纺丝生产线上的结晶对初生纤维的结构和性质起决定作用,而这一过程的发展除取决于成纤聚合物本性外,还与整个纺丝生产线的应力历史和热历史相联系,而且反过来对纺丝生产线上的温度分布、速度分布等有十分重要的影响。

1. 熔体纺丝过程中纤维结晶的主要特征

熔体纺丝过程中纤维的结晶特征包括两个方面：初生纤维本身的晶态结构和熔体纺丝中成纤聚合物结晶过程的发展。初生纤维的结晶特性包括晶格结构、结晶形态及尺寸、晶区取向、结晶度等，它们对于纤维的物理性质都有特殊的影响。

（1）晶格结构。成纤聚合物的晶体大多属于不对称晶系，而且常出现结晶变体，如 PP 在快速冷却时出现六角次晶，缓慢固化则出现单斜晶。几种熔纺成纤聚合物的晶格结构见表 3-4-6。

表 3-4-6　几种熔纺成纤聚合物晶格结构

成纤聚合物	PE	等规 PP	PA6	PA66	PET
晶系	正交	单斜	单斜	三斜	三斜

（2）结晶形态及尺寸。在光学显微镜和电子显微镜下，发现结晶成纤聚合物的形态有片晶、单晶、微丝晶、球晶、柱晶等，如在低速成型的粗丝条的熔纺卷绕丝中发现有球晶，高结晶速度的成纤聚合物如 PE 常出现柱晶。

晶粒的平均尺寸可以从相转变的动力学理论推导出来，也可以用广角 X 射线对晶粒大小进行测定，其数量级为 $1 \sim 10^2\,\mathrm{nm}$，即 $10 \sim 10^3\,\mathrm{\mathring{A}}$。

（3）晶区取向。熔体纺丝中的结晶过程是在应力作用下发生的，分子取向对成纤聚合物结晶过程的影响还表现在使结晶粒子有一定的取向。通常以大分子链所沿的晶轴（C 轴）对纤维轴的取向作为晶区取向因素。

（4）结晶度 θ_c。通常成纤聚合物的结晶与低分子物质不同，成纤聚合物的结晶极不完整，这种性质用结晶度 θ_c 来表征，它是成纤聚合物晶态结构很重要的特征之一。

θ_c 定义为结晶物质的质量分数或体积分数，表达式如式（3-4-62）所示。

$$\theta_c = \frac{W_s}{W_0} \ 或 \ \theta_c = \frac{V_s}{V_0} \tag{3-4-62}$$

式中：W_s、V_s——结晶部分质量、体积；

W_0、V_0——聚合物试样质量、体积。

2. 纺丝生产线的准等温结晶动力学方法

熔体纺丝生产线上的结晶过程是在拉伸应力作用下的非等温结晶过程。为了使研究问题简化，把等温结晶动力学的研究方法用于非等温过程，称为准等温结晶动力学方法。

用准等温结晶动力学方法进行研究目的有两个：一是确定结晶度沿纺丝生产线的发展，二是研究冷却条件、丝条张力分布对结晶动力学及结构形态的影响。

（1）结晶速率。根据等温结晶动力学理论，结晶的整个过程决定于两步，即晶核的生成和结晶的生长。晶核的生成可能是均相成核，也可能是异相成核。成核机理除与成纤聚合物和杂质本质有关外，还与过冷程度有关，第二步才是晶体在晶核上生长，由此得出结晶速率为：

$$\frac{\mathrm{d}\theta_c}{\mathrm{d}t} = (\theta_m - \theta_c)\int_0^t HU\mathrm{d}t \tag{3-4-63}$$

式中：θ_c——已知结晶物质的体积分数；

H——成核速度，即单位体积中单位时间内的成核数；

U——晶体生长速度，$U = \dfrac{\mathrm{d}V}{\mathrm{d}t}$；

θ_m——最大(平衡)结晶度。

成纤聚合物的结晶温度范围为 $T_g < T < T_m$，在此温度范围内，一方面，随着温度 T 升高，晶核自由能增加，晶核不稳定，成核速度 H 减小；另一方面，随着温度 T 升高，链段活动性增强，有利于晶体生长，晶体生长速度 U 增大。所以，在温度为 $T_g \sim T_m$ 之间，结晶速率有一个极大值。

(2)结晶速率常数 K。在一定温度下，结晶度达到最大结晶度的一半时所需时间的倒数 $(t_{1/2})^{-1}$ 称为结晶速率常数。它可以作为各种成纤聚合物结晶速率比较的标准，结晶速度快，结晶度达到最大结晶度的一半所需时间 $t_{1/2}$ 就短，结晶速率常数 K 大。

对于同一种成纤聚合物，结晶速率常数 K 是温度的函数，其关系如图 3-4-54 所示，图中 K^* 为最大结晶速率常数。

(3)动力学结晶能力 G。动力学结晶能力 G 定义为 K—T 曲线下的面积，如图 3-4-54 所示，即某成纤聚合物从熔点 T_m 以单位冷却速度降温至玻璃化温度 T_g 时所得到的相对结晶度，它是从准等温的角度来考虑非等温结晶过程的基本物理参数。图 3-4-54 中，定义 D 为半结晶宽度，其值为：

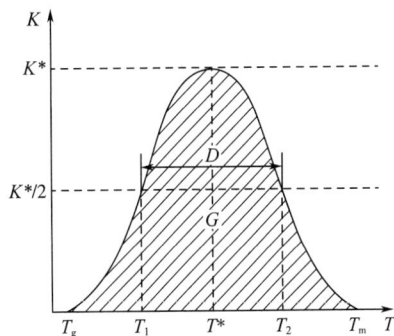

图 3-4-54 结晶速率常数 K 与温度 T 关系图

$$D = T_2 - T_1 \tag{3-4-64}$$

则可得到动力学结晶能力 G 为：

$$G = \int_{T_g}^{T_m} K(T)\mathrm{d}T \approx K^* \cdot D \tag{3-4-65}$$

(4)初生纤维的结晶度 θ_L。

$$\theta_L = \int_0^{t_L} K[T(t)]\mathrm{d}t = K^* \cdot (t_1 - t_2) \tag{3-4-66}$$

式中：t_L——丝条达到牵伸装置的时间；

t_1、t_2——丝条分别达到温度 T_1、T_2 的时间；

$T(t)$——丝条元由喷出到牵伸装置的温度历史，稳态时相当于 $T(x)$ 丝条元流经半结晶宽度 D 的时间。

$$t_1 - t_2 = \int_{x_2}^{x_1} \frac{\mathrm{d}x}{V(x)} \tag{3-4-67}$$

采用前述的温度分布方程：

$$\bar{T}(x) = T_s + (T_0 - T_s) \cdot (1 + K) \cdot \exp\left[-\int_0^x \frac{n \cdot \pi \cdot d(x) \cdot \alpha^*(x)}{W \cdot C_p} \cdot \mathrm{d}x \right] \quad (3-4-68)$$

则可以求出 $\bar{T}_1$ 和 $\bar{T}_2$，式中 $d(x)$、$\alpha^*(x)$ 为采用温度为 T^* 时的数值，此时 $d(T^*)$、$\alpha^*(T^*)$ 都是常数，T^* 为纤维直径，最后可以推导出 θ_L 为：

$$\theta_L = K^* \cdot \frac{d(T^*) \cdot \rho \cdot C_p}{4\alpha^*} \ln \frac{T^* + \dfrac{D}{2} - T_s}{T^* - \dfrac{D}{2} - T_s} \quad (3-4-69)$$

（5）影响初生纤维结晶度的因素。根据公式（3-4-69）可知，初生纤维的结晶度 θ_L 依赖于材料特性和纺丝工艺条件。

① θ_L 与材料特性有关。最大结晶速率常数 K^* 越大，即相对结晶速率越大，则 θ_L 越大；半结晶宽度 D 越大，即结晶温度范围宽，则 θ_L 越大；K^* 对应的温度 T^* 增高，由于高温下结晶快，所以 θ_L 减小。

② θ_L 与冷却过程的主要参数有关。传热系数 $\alpha^*(T^*)$ 越大，说明冷却速率越快，θ_L 减小；介质温度 T_s 越高，冷却缓慢，结晶容易发展，则 θ_L 大；丝条的比热 C_p 影响较小。

③ θ_L 与 $d(T^*)$ 有关。$d(T^*)$ 与纺丝运动学参数 W、V_0、V_L 等参数有关。一般来说，丝条直径 $d(T^*)$ 增大，丝条传热的比表面积减小，冷却速度下降，结晶容易发，θ_L 增大。

3. 高速纺丝生产线上结晶的特征

在高速纺丝时，尽管冷却速率增加，结晶所需时间相应降低，结晶速率仍随张应力或纺丝速度而增加，通常取向分子的结晶速率要大于未取向分子几个数量级，随应力增加，分子取向度增加，而取向又诱导结晶，这种现象是高速纺丝条结晶的特点。

对于高取向的 PET 全取向丝而言，其结构与性能的特点是结晶度较高、晶粒较大、晶区取向高。但是其双折射率低于普通纺的拉伸丝，即非晶区取向较低，而纤维的力学性能主要取决于非晶区的取向。因此，与普通纺的拉伸丝相比，高速纺的丝条强度低些、延伸度高些，这主要是非晶区的取向低造成的。非晶区取向度不高的原因一方面是结晶所需的规整分子来自非晶区取向高的部分，另一方面是非晶区发生一定的解取向，以松弛大分子的内应力。

第四节　拉伸工艺原理及设备

一、拉伸的目的和分类

（一）拉伸的目的

通过纺丝成型得到的初生纤维，力学性能远远达不到使用要求，主要体现在强力低、伸长大、结构极不稳定，必须经过进一步的加工，才能提高纤维的力学性能，具有优良的使用性能。

拉伸常被称为合成纤维的二次成型，是后加工过程中最主要的环节，它不仅是提高纤维力学性能必不可少的手段,而且也是检验纺丝成型过程进行好坏的关键。

拉伸是在固态条件下把成型的纤维拉长到原来的 20%~2000%。这种伸长过程常伴随着大分子链或聚集态结构单元发生舒展,并沿纤维轴向排列取向。在取向的同时,又常伴有相态结构的改变即晶区的部分破坏,以及其他结构特性的改变。

各种初生纤维在拉伸过程中所发生的结构和性能的改变并不完全相同,这与初生纤维的结构和拉伸工艺条件有关。但也有一些共同点,那就是经过拉伸后,纤维的取向度有很大的提高,同时伴有密度、结晶度等其他结构方面的变化。由于纤维内大分子沿纤维轴向的取向和伸展,纤维中承受外加张力的分子链的数目增加了,从而使纤维的断裂强度显著提高,延伸度下降,耐磨性和耐疲劳性也明显改善。

此外,在拉伸过程中形成了纤维的最终的宏观尺寸。图 3-4-55 是拉伸前后取向和未取向的纤维微观结构示意图。

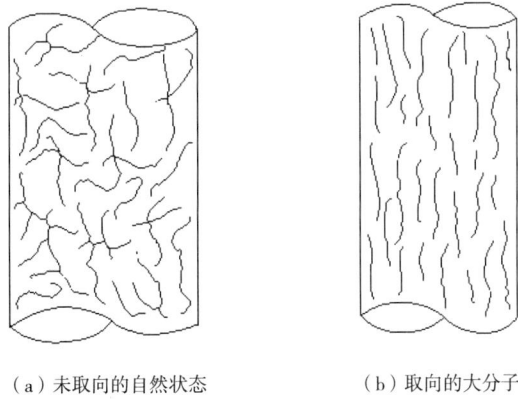

（a）未取向的自然状态　　　　　（b）取向的大分子

图 3-4-55　拉伸前后取向和未取向的纤维微观结构示意图

(二)拉伸的分类

纺粘法的拉伸是接着纺丝工序而连续进行的,纤维的品种不同、纺丝成型的方法不一样、初生纤维的结构和性质不一样,拉伸的条件和方式就不相同。按拉伸时纤维所处的介质不同,拉伸方式可分为:

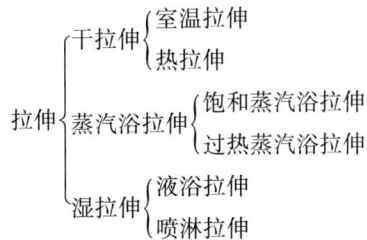

$$
拉伸
\begin{cases}
干拉伸 \begin{cases} 室温拉伸 \\ 热拉伸 \end{cases} \\
蒸汽浴拉伸 \begin{cases} 饱和蒸汽浴拉伸 \\ 过热蒸汽浴拉伸 \end{cases} \\
湿拉伸 \begin{cases} 液浴拉伸 \\ 喷淋拉伸 \end{cases}
\end{cases}
$$

室温拉伸一般适用于玻璃化温度 T_g 在室温附近的纤维。拉伸时不对纤维加热,而拉伸过程产生的热量,一部分提高了纤维自身温度,另一部分散失到空气中。如 PA 的玻璃化温度为 45℃,接近室温,且纤维中含有少量起增塑作用的单体和低聚物,故初生纤维的拉伸是在室温下进行。

拉伸方式也不完全取决于纤维的玻璃化温度。比如,PP 的玻璃化温度是-20℃,但由于其初生纤维结晶度很高,为避免在拉伸过程中纤维中产生空洞而使纤维发白或产生毛丝,需要进行热拉伸。

热拉伸是用热盘、热板或热箱对纤维进行加热,使纤维温度升高到玻璃化温度以上,这样才能促进分子链段的运动,降低拉伸应力,有利于拉伸的顺利进行。如 PET 长丝,一般加热到140~150℃时进行 3~4 倍的拉伸。

蒸汽浴拉伸是指利用饱和蒸汽或过热蒸汽对纤维加热,由于水分子的存在可以起到良好的增塑作用,可使纤维的拉伸应力有较大的下降。例如,在 PAN 短纤维生产中,T_g 为 15℃,为了进行高倍拉伸,必然把纤维温度升高到超过其玻璃化温度,即升温至 120℃ 左右,因此,在生产中常采用饱和蒸汽加热。在 PET 短纤维生产中,无定形的初生纤维玻璃化温度为 69℃,经过一道拉伸后,部分结晶的 PET 玻璃化温度升至 79~81℃。为进一步拉伸,往往采用 170~180℃ 的过热蒸汽使纤维加热至 137~150℃ 进行第二道拉伸,以降低拉伸应力。

湿拉伸是指纤维完全浸在加热液浴中,纤维与介质间传热迅速且较均匀,尤其是对粗丝束。PET 短纤的第一道拉伸常采用热水浴拉伸。

此外,还有将热水、热油剂喷淋到纤维上,边加热边拉伸的,称为喷淋拉伸,这也是湿拉伸的一种。

也可以按拉伸过程中使用的装置来分类,可以分为:

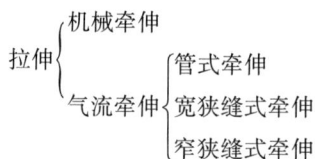

$$
拉伸
\begin{cases}
机械牵伸 \\
气流牵伸
\begin{cases}
管式牵伸 \\
宽狭缝式牵伸 \\
窄狭缝式牵伸
\end{cases}
\end{cases}
$$

机械牵伸是从纺丝借鉴过来的,但是发现在纺粘法的牵伸如果采用机械牵伸,纤维会呈束片状,对分丝铺网不利,也影响成网的均匀性,因此在纺粘法中几乎不用了。气流牵伸出来的纤维对后续分丝铺网有利。目前纺粘法的气流牵伸形成了三大流派:管式牵伸、宽狭缝式牵伸和窄狭缝式牵伸。

二、初生纤维的拉伸曲线

(一) 拉伸曲线的基本类型

初生纤维在拉伸过程中的力学行为强烈地依赖于纤维的内部结构和拉伸的条件。在拉伸过程中,应力和应变不断地发生变化,反映这种变化关系的曲线称为拉伸曲线。

各种初生纤维的拉伸应力—应变曲线可归纳为三种基本类型,如图 3-4-56 所示。

1. a 型

如图 3-4-56 所示,a 型 σ—ε 曲线是凸型,拉伸模量 E($d\sigma/d\varepsilon$)随形变 ε 的增大而减小,也就是在拉伸中越拉越省力,这种形变是不稳定的。随着 ε 的增大,在某一时刻 σ 达到最大值(此时的值称为屈服应力),随后纤维局部细化导致"细颈"产生和应力集中。纤维经不住继续

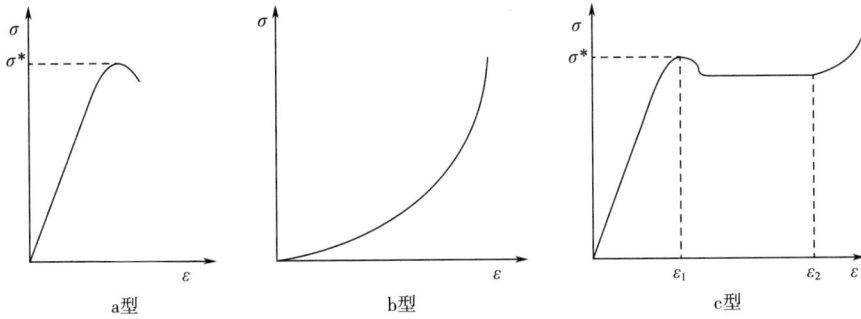

图 3-4-56 应力—应变 $(\sigma-\varepsilon)$ 拉伸曲线的基本类型

拉伸,很快产生断裂,也就是说纤维克服了屈服应力而开始塑性形变时,立刻就断裂了。$\sigma-\varepsilon$ 曲线属于这种类型的纤维是不可拉伸的,应尽量避免出现这种形变行为的初生纤维。

2. b 型

如图 3-4-56 所示,b 型 $\sigma-\varepsilon$ 曲线呈凹型,其拉伸模量 $E(\mathrm{d}\sigma/\mathrm{d}\varepsilon)$ 随 ε 增大而增加,越拉越费力。纤维在拉伸过程中均匀变细,不产生细化点,而是产生自增强作用,因而能承受更大的拉伸应力,形变是平滑的,当 σ 达到某一应力 $\sigma_{\max}$ 时,纤维以脆性断裂而结束,这种拉伸称为均匀拉伸。应尽可能使纤维的拉伸行为呈现这种类型,其可拉伸性是最好的。

3. c 型

如图 3-4-56 所示中,c 型曲线是先凸后凹的 S 形 $\sigma-\varepsilon$ 曲线,它表征了更复杂的体系,在较小的形变范围内,即 $\varepsilon<\varepsilon_1$ 时,形变是均匀的,并伴随着模量的减小,这种形变是可回复的。当 $\varepsilon_1<\varepsilon<\varepsilon_2$ 时,伸长是不稳定的,形变先是集中于一个或多个细颈处,继而逐渐扩散到整个样品,而细颈处的横截面积保持不变,在这个范围内的形变是不可逆的塑性形变。当达到另一临界形变 ε_2 时,形变又是均匀的、可逆的,且随着拉伸应力逐渐增大,直至纤维断裂。这是熔体纺丝聚合物材料在稍高于 T_g 时最典型的拉伸行为。

应该注意,$\sigma-\varepsilon$ 曲线仅仅对纯弹性体或纯塑性体来讲是唯一的。一般来说,聚合物纤维是黏弹性材料,$\sigma(\varepsilon)$ 函数还与纤维的形变历史和形变速率等因素有关。

在拉伸过程中还需要引入两个概念。一个是自然拉伸比 N,定义为细颈拉伸时原纤维截面积与细颈截面积之比。根据前面提到的质量连续性方程,因为丝条固化后密度不再发生变化,所以自然拉伸比也可以定义细颈拉伸时,当细颈发展到整根纤维时的长度与原长之比,如公式 (3-4-70) 所示。另一个是最大拉伸比,定义为纤维在拉伸过程中发生断裂时的纤维长度与原长之比。

$$N = \frac{A_0}{A_1} = \frac{\rho_1 \cdot L_1}{\rho_0 \cdot L_0} \approx \frac{L_1}{L_0} \tag{3-4-70}$$

式中:A_0、ρ_0、L_0——原纤维的截面积、密度和长度;

A_1、ρ_1、L_1——细颈拉伸后细颈发展到整根纤维时的截面积、密度和长度。

纤维在拉伸过程中发生断裂的示意图如图 3-4-57 所示。

（a）未拉伸纤维　　　（b）细颈拉伸　　　（c）纤维拉伸断裂

图 3-4-57　纤维细颈拉伸及拉伸断裂示意图

（二）初生纤维结构对拉伸性能的影响

初生纤维的结构包括分子链结构和超分子结构。对一种给定的纤维来说，大分子化学结构基本是固定的，分子链结构指的是成纤聚合物的相对分子质量及相对分子质量分布；而超分子结构主要是指结晶和取向，也就是大分子在空间的位置和排列的规整性。初生纤维的结构对拉伸过程有重要影响，主要体现在以下几方面。

1. 预取向度的影响

初生纤维的预取向度对自然拉伸比影响很大。初生纤维的拉伸与收缩如图 3-4-58 所示。

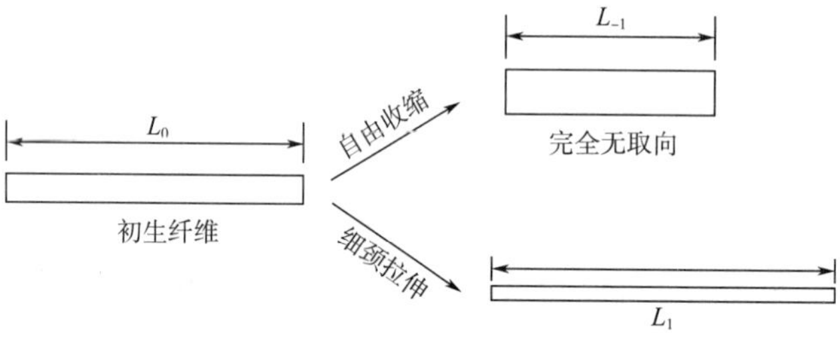

图 3-4-58　初生纤维自由收缩和细颈拉伸时形变示意图

初生纤维在自由收缩得到完全无取向状态时的收缩率 S 为：

$$S = \frac{L_0 - L_{-1}}{L_0} \tag{3-4-71}$$

根据公式（3-4-70），把 L_0 用自然拉伸比 N 和细颈长度 L_1 表示，代入式（3-4-71），可以得到：

$$\frac{L_1}{L_{-1}} = \frac{N}{1 - S} \tag{3-4-72}$$

大量试验表明，L_1/L_{-1} 近似为常数，这表明不论中间过程如何完全无取向，纤维拉伸成细颈的拉伸倍数基本恒定，相当于纺丝时形成的网络结构完全被"拉直"时的极限倍数（固定值）。因此，随着初生纤维的预取向度增加，自然拉伸比下降，如图 3-4-59 所示。

随着初生纤维预取向度的提高，拉伸过程中纤维产生自增强作用，形变特性沿着 c—b 型的方向变化,自然拉伸比减小,由不均匀拉伸转变为均匀拉伸,屈服应力和拉伸模量都有所提高。

为改善初生纤维的可拉伸性,使拉伸过程易于顺利进行,应在成型过程中控制纺丝条件,不要使初生纤维的预取向度过大,这是对普通纺丝工艺来说的。对纺粘法而言,气流拉伸在纺丝过程中进行,提高纺丝速度有利于纤维取向度的提高。

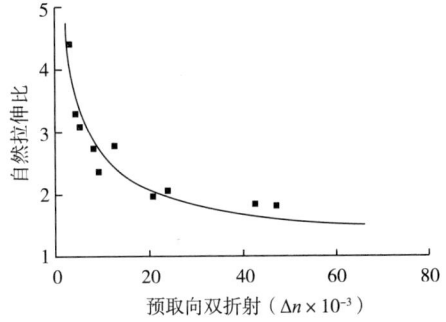

图 3-4-59　PET 初生纤维预取向度与自然拉伸比的关系

2. 结晶度的影响

初生纤维的结晶结构对其应力—应变性能影响很大。随着初生纤维结晶度的增大,$\sigma-\varepsilon$ 曲线沿着 b—c—a 型的方向转化,导致屈服应力 σ^* 提高和自然拉伸比增大。图 3-4-60 表明 PET 初生纤维屈服应力、屈服应变随结晶度的增加而线性增加。

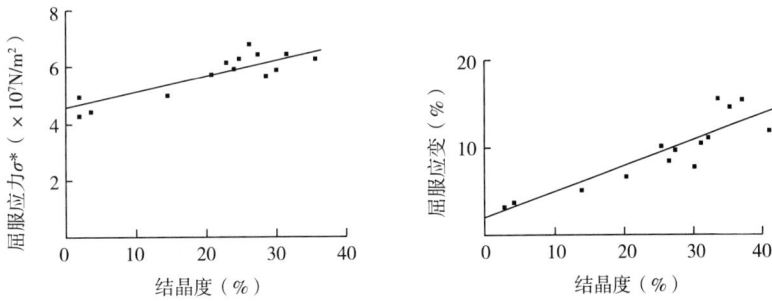

图 3-4-60　结晶度对 PET 初生纤维屈服应力、屈服应变的影响

3. 初生纤维相对分子质量的影响

一般来说,随着初生纤维相对分子质量的提高,拉伸时的屈服应力 σ^* 有所提高。在相同的温度下拉伸 PET 初生纤维,相对分子质量越高,则最大拉伸倍数有所下降,断裂强度反而有所增大。对相对分子质量较高的初生纤维,要以相同的拉伸倍数进行拉伸,必须相应提高拉伸温度才可顺利进行。

图 3-4-61 是相对分子质量不同的乙烯—乙烯醇共聚物的 $\sigma-\varepsilon$ 曲线。从图中可看出,试样 A 具有较好的拉伸性能,而试样 B 则较差,一拉就断。这说明相对分子质量过低是承受不起拉伸应力的,也就是说为使其具有一定的拉伸性,初生纤维的相对分子质量应达到某一值,这个值因不同纤维品种而异。

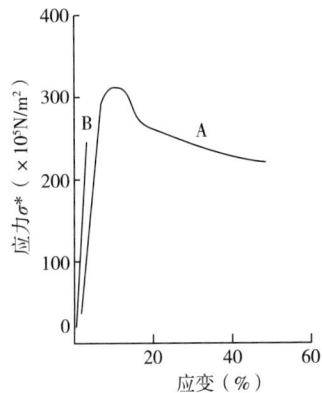

图 3-4-61　乙烯—乙烯醇共聚物的 $\sigma-\varepsilon$ 曲线

但也不是相对分子质量越大,可拉伸性就越好。随着相对分子质量的增加,大分子间的作用力增强,大分子间的缠结程度加强,造成分子间的滑移困难,即难以实现塑性形变,所以,相对分子质量超过某一限度,也会使纤维的可拉伸性能降低。

综上所述,同一种成纤聚合物的初生纤维,随其结晶度、取向度以及相对分子质量的不同,其拉伸性能差异很大。通常,随结晶度和取向度的增大,初生纤维模量增大,屈服应力也提高,断裂伸长则减少;当相对分子质量增大时,通常纤维的韧性增加,即断裂功增大,$\sigma—\varepsilon$ 曲线向更高断裂强度和断裂伸长的方向移动。

(三)拉伸条件对 $\sigma—\varepsilon$ 曲线的影响

在拉伸过程中,纤维的形变行为受到拉伸条件的影响,即在不同的拉伸条件下,纤维所表现出的拉伸行为是不一样的。最重要的影响条件是拉伸温度和拉伸速度。

1. 拉伸温度

聚合物的 $\sigma—\varepsilon$ 曲线对温度非常敏感。图 3-4-62 是一种未取向的结晶成纤聚合物在不同温度时的典型拉伸曲线。当在 T_g 以下拉伸时,聚合物的行为是脆性固体,拉伸曲线呈现 a 型,图 3-4-62 曲线 1、2、3 清楚地显示了弹性伸长—狭义范围的塑性流动—细颈型破坏的拉伸断裂过程。在拉伸温度大大低于 T_g 时,则表现为没有塑性流动的脆性断裂,PA 在 20℃ 以下拉伸时,就会发生脆性断裂。

随着拉伸温度的升高,塑性形变越来越显著,$\sigma—\varepsilon$ 曲线呈现 c 型。在这区域中,屈服应力随温度升高而降低,显示塑性形变有所增加,如图 3-4-62 曲线 4、5、6 所示。

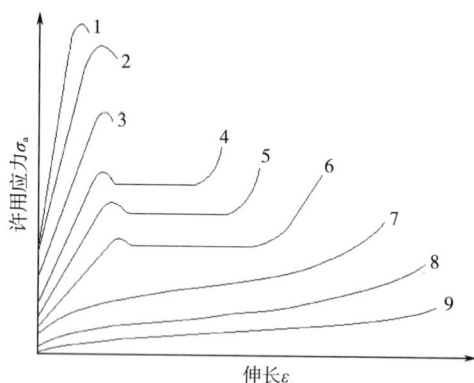

图 3-4-62 温度对 $\sigma—\varepsilon$ 曲线的影响

随着温度的进一步提高,屈服应力和水平部分消失,如图 3-4-62 曲线 7、8、9,在这区域中形变行为呈现 b 型。由 c 型向 b 型转变的温度范围取决于材料特性和形变速率,PET 纤维在 80℃ 以上、PP 纤维在 90℃ 以上才能观察到均匀拉伸。

应该指出,初生纤维拉伸时,适当提高拉伸温度到 T_g 以上是必要的,正如前面所述。但过高的温度也不好,拉伸时的取向作用和分子热运动的解取向作用是对立统一的。温度过高,造成解取向作用增强,会影响纤维的最终强度;而结晶速率的提高,结晶增加会使拉伸应力上升。

总之,拉伸过程最好在链段和大分子发生运动的基础上完成,所以拉伸温度一般要高于 T_g,而且随着拉伸过程中取向和结晶结构的变化,在多级拉伸中温度要逐级提高。当然拉伸温度应低于黏流温度。在黏流状态下拉伸,因大分子的活动性会导致快速解取向,所以不可能产生有效的取向。

2. 拉伸速度

对不同的材料进行观察,结果表明,拉伸速度 V_R 增大对 $\sigma—\varepsilon$ 曲线的影响与降低温度相类似,这符合时温等效原理。在 c 型形变范围内,随着拉伸速率 V_R 的提高,屈服应力 σ^* 和自然拉

伸比 N 有所增大。如果原来属于 b 型形变,则随拉伸速度的提高,逐渐由 b 型向 c 型转变。

PET 卷绕丝的屈服应力和拉伸应力随 V_R 的变化如图 3-4-63 所示,屈服应力和拉伸应力随拉伸速度增大而增加,这是黏弹过程松弛特征的反映。当拉伸速度 V_R 增加到某一值时,拉伸应力反而下降,这是绝热过程特点的反映,说明此时拉伸热效应所引起的温度升高超过 V_R 增大所相当的温度降低。

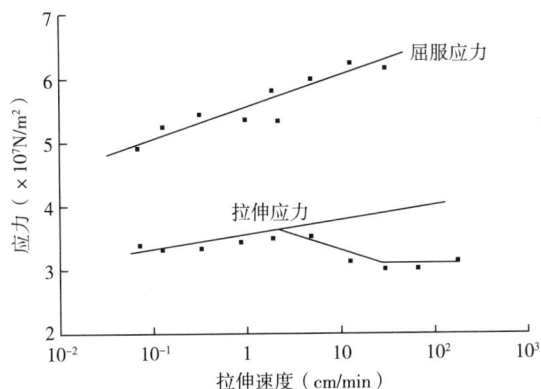

图 3-4-63　拉伸速度对 PET 卷绕丝屈服应力和拉伸应力的影响

对部分结晶的初生纤维,当拉伸速度很高时,会产生很大的应力,并使细颈区局部过热,导致不均匀的流动,可能使纤维中形成空洞甚至产生毛细断头。当拉伸速度很低时,会产生缓慢流动,此时拉伸应力不足以破坏不稳定的结构并随后使它重建,结果尽管拉伸比可能很高,但拉伸取向效果却不明显。当合适的拉伸速度可产生塑性流动时,应力足以使结构破坏并随后重建,可在细颈区建立最佳的热平衡,没有过分的应力集中,所以可获得缺陷较少的纤维。

三、牵伸点及其控制
(一)牵伸点及其稳定条件
熔体细流在离开喷丝板面一定距离时,温度仍然很高,流动性较好。在牵伸力的作用下,细流很快被拉长变细,速度增大;同时由于接触到冷却风,细流从上到下温度逐渐降低。当达到一定距离后,温度下降造成的熔体细流黏度增高越来越明显,细流变细的速度也越来越缓慢,最后细度的变化基本停止,黏流态的熔体细流变成了固态纤维。

从微观上看,拉伸过程中丝条内大分子得到初步取向,取向诱导结晶,到达某一位置大分子取向最好,同时出现结晶取向,这一点是丝条受拉伸被超延伸的效果。过此点后丝条不再变细,保持其细度不变,这个细度变化的终点是细颈处,一般叫牵伸点,其位置如图 3-4-64 所示。

由图 3-4-64 看出,拉伸过程可分为三部分:第一部分为细化变形阶段,变形是渐进式分子初步取向,非结晶或少结晶;第二部分为细颈变形阶段,超延伸变形,分子取向中间相到分子完全取向,纤维结构初步形成,结晶和取向结晶同时出现;第三部分细度不变,丝条直径一定,进一步分子取向和结晶,取向进一步促进结晶度提高,结晶完善和稳定,取向和结晶由丝条外部向内

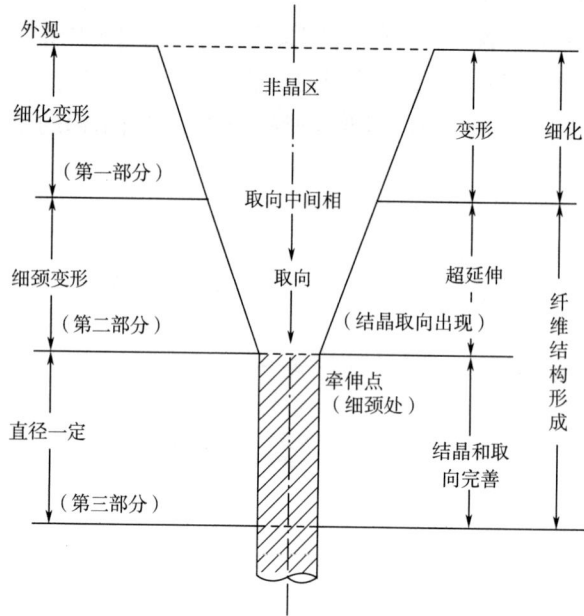

图 3-4-64 细颈变形过程

层扩展。在细颈变形牵伸点附近分子大尺寸和小尺寸取向同时出现,这是熔体纺丝过程中最重要的拉伸变形区域,牵伸点的位置必须控制好,它与纺丝速度、冷却降温速度和拉伸倍数等参数有关。当纺丝速度提高、冷却降温速度加快、牵伸倍数增大、拉伸应力变大时,牵伸点均会向喷丝板靠近。另外,还与挤出速度有关,当泵供量减小时,则挤出速度减小,喷丝头拉伸比增加,则牵伸点也向喷丝板靠近。

(二) 牵伸点的控制

从牵伸点开始,丝条受外力作用后发生大分子链被牵伸取向,如图 3-4-65 所示,图中 A_1、A_2 为牵伸点前后纤维的截面积,V_1、V_2 为牵伸点前后纤维的运行速度。

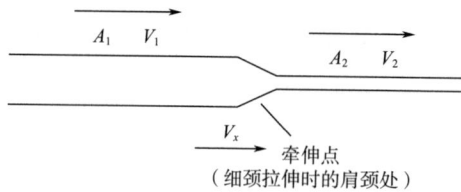

图 3-4-65 牵伸点及拉伸点的流动

假设在拉伸的过程中不产生二次拉伸,即不产生大于自然拉伸比的拉伸,根据质量连续性方程可以得到:

$$(V_1 - V_x) \cdot \rho_1 \cdot A_1 = (V_2 - V_x) \cdot \rho_2 \cdot A_2 \tag{3-4-73}$$

式中: V_x ——牵伸点的移动速度。

即进入牵伸点的质量与流出拉伸点的质量相等,而进入牵伸点和流出牵伸点的速度都用相对于牵伸点的速度。通过公式变换,可以求出牵伸点的移动速度为:

$$V_x = \frac{V_1 \cdot \rho_1 \cdot A_1 - V_2 \cdot \rho_2 \cdot A_2}{\rho_1 \cdot A_1 - \rho_2 \cdot A_2} \tag{3-4-74}$$

前面分析过,A_1/A_2 正好是自然拉伸比 N,定义 V_2/V_1 为名义拉伸比 R,对于固化后的丝条,密度基本不发生变化,也即 $\rho_1 = \rho_2$,代入式(3-4-75),可得:

$$V_x = \frac{V_2 \cdot (N - R)}{R \cdot (N - 1)} \tag{3-4-75}$$

因为自然拉伸比 $N>1$,若 $N - R = 0$,则 $V_x = 0$,牵伸点就稳定不动;若 $N - R > 0$,则 $V_x > 0$,此时牵伸点沿丝条行进方向移动,纤维中会出现未拉伸的粗节丝;若 $N - R < 0$,则 $V_x < 0$,此时牵伸点沿丝条喂入方向移动,牵伸点进入拉伸机构或区域,则纤维会产生毛丝,也影响纤维的质量。

牵伸点距离远,冷却作用缓慢,熔体大分子链自由延伸时间长、延伸率高、熔体强度高,有利于产生拉伸取向,对牵伸成型作用有利,可生产出牵伸倍数高、韧性好的纤维。但牵伸点距离过远,熔体细流离开喷丝板后受到的冷却效果太差,熔体温度高、强度低,成型不稳定,熔体易产生粘连现象,牵伸后易产生并丝,影响产品质量。如果牵伸点距离太近,熔体细流受的冷风强度太强,熔体温度下降速度快,在外界作用下,牵伸细化作用下降,延伸率低,纤维线密度高、手感差,并且熔体细流没有进行充分的自由延伸作用,熔体强度低,影响熔体的高倍拉伸。所以,控制拉伸点是纺好丝的关键。PP 纺粘拉伸点一般控制在离喷丝板 $15 \sim 20\text{cm}$。

牵伸点也可看成一段变形区间,一般在 $1 \sim 2\text{mm}$ 以内,影响其变化的是两个因素:一个是温度,另一个是张力。此点的丝条温度应稍高于或等于玻璃化温度,如丝条温度高于玻璃化温度很多则分子流动太好,拉伸张应力小,丝条变形小,不出现细颈,分子取向低;若丝条温度比玻璃化温度低得太多,则拉伸张应力过大,牵伸点难以固定,发生振动。这又与冷却降温有关。如降温太快,没有充分实现自然拉伸,牵伸效果差,纤维粗,且手感差;若降温太慢,熔体温度高的区域长,则丝条易粘连产生并丝,取向和结晶也差。

牵伸点在适当位置能使丝条有个冷却过程,适当延长大分子链自由拉伸时间,熔体温度稍高于玻璃化温度,由纺丝速度控制有细颈出现,在细颈处丝条温度略高于玻璃化温度,在细颈变形处达到平衡,即纺丝速度和牵伸值决定的丝条张力与细颈处超拉伸引起的变形达到平衡状态,由丝条外形观察其细颈不再变细,而丝条内部分子取向,分子取向诱导结晶,丝条结晶度提高,完成取向和结晶的精巧组合。若此点温度过高则为均匀拉伸,细颈消失;若温度过低则丝条被拉断无法连续纺丝。也有人把丝条达到玻璃化温度叫固化点,这是由降温过程去衡量的,有时和牵伸点是同一点,有时不同。丝条的降温区间要选好,最好先缓冷,再冷却加速,到某一点控制好降温,与拉伸张力配合好,最后可适当升温,再拉伸和热定形,开始降温吹冷风。

在喷丝板下 10cm 左右,可适当保持喷丝板温度,也可增加均匀流动拉伸的时间,降低径向差异,虽分子取向有所减少,但因喷头拉伸张力降低,这对分子链间束状结晶发展有利,可适当提高结晶度。有人提出在丝条完成冷却固化初步成型后,可以在较热的纺丝甬道中进行拉伸,这对纤维的取向和结晶均有利,但要控制好环境和丝条温度才行。拉伸时若温度过高,由于分子链的布朗运动较强,则得不到较高的分子取向;而拉伸温度过低,也会因丝条不能承受拉伸力,丝条上局部出现微孔或裂纹,严重时会将丝条拉断。

用激光对纺丝过程中的丝条测速,可得到拉伸应变速率变化和丝条降温的关系曲线,测试结果如图 3-4-66 所示。该测试是以纺丝速度为 5000m/min 的 PET 纤维拉伸为例,测出距喷丝板不同位置的拉伸速率变化,分为三个区间:Ⅰ区即出喷丝板喷丝孔后 1cm 左右,出口挤出胀大;Ⅱ区即拉伸形变区,由 1cm 到 100cm,形变逐渐加大,到达最大值后再迅速降低;Ⅲ区即固化区,丝条直径不再变化,拉伸速率接近为零。

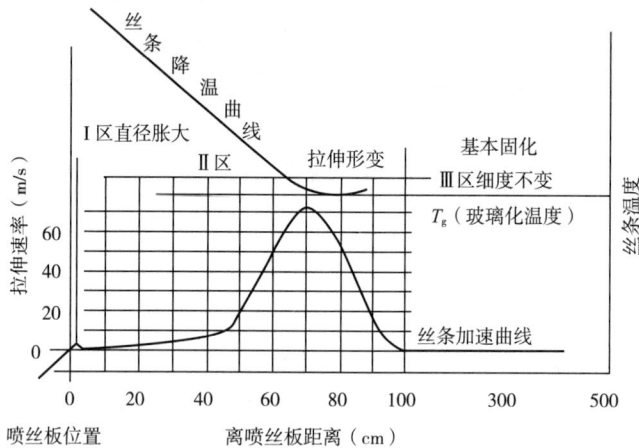

图 3-4-66　丝条降温与加速变形关系曲线

在实际生产过程中,调节拉伸温度、张力或速度就可以很好地控制拉伸点。当名义拉伸比 R 一定时,调节温度 T,使温度 T 升高,这时候自然拉伸比 N 减小,$N-R$ 值也跟着减小,即当 $N-R>0$ 时,使温度 T 升高可以调节拉伸点。当温度 T 一定时,可以调节牵伸速度 V_2,随着 V_2 的增加,名义拉伸比 R 增大,$N-R$ 值就跟着减小即当 $N-R>0$ 时,使 V_2 增加可以调节拉伸点。

在实际生产中,一般自然拉伸比 N 小于名义拉伸比 R,因此,实际上 $N-R<0$,$V_x<0$。为了使拉伸点固定,可以降低牵伸温度,使丝条温度 T 下降,屈服应力 σ^* 增大,产生少量二次牵伸,使牵伸点不再向喂入方向移动。

四、拉伸机理分析

(一) 帕杰尔斯模型

如前所述,纺丝流体是一种黏弹性流体,因此在拉伸过程中,也可以把具有黏弹性的纤维看成是由弹簧、弹簧和黏壶并联体、黏壶三部分串联而成,即符合帕杰尔斯模型,如图 3-4-67 所示。

在外力 σ 的作用下,纤维的总形变 ε 由三部分组成:

$$\varepsilon = \varepsilon_1 + \varepsilon_2 + \varepsilon_3 = \frac{\sigma}{E_1} + \frac{\sigma}{E_2}(1-e^{-t/\tau}) + \frac{\sigma}{\eta_3}t \quad (3-4-76)$$

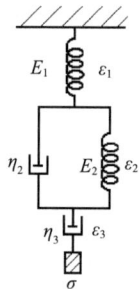

图 3-4-67　帕杰尔斯模型

1. 普弹形变

即帕杰尔斯模型的弹簧部分,在外力的作用下,形变瞬时发生,主要是大分子链的键长、键角受力后发生形变。这种普弹形变的特点是:ε_1与σ同相位;应力去除后,形变马上回复,ε与t无关;E_1很大,ε_1很小,占总ε的1%。

2. 高弹形变

即帕杰尔斯模型的弹簧和黏壶的并联部分,这是大分子链在拉伸作用下,由卷曲构象转化为伸展构象的宏观表现。这种高弹形变的特点是:形变值ε_2很大,可达几十倍,对总形变ε贡献大;形变ε_2落后于应力σ,有明显的时间t依赖关系;外力σ去除后,形变ε可完全回复,但与t有关,拉伸效果不稳定。

3. 塑性形变

即帕杰尔斯模型的黏壶部分,这是在外力作用下,大分子产生相对位移的宏观表现。这种塑性形变的特点是:在外力作用下,时间t越长,形变值ε_3越大,可无限发展下去,是不可逆形变;塑性形变必须在固体成纤聚合物屈服之后才能产生,即$\varepsilon_3 = \dfrac{\sigma - \sigma^*}{\eta_3} \cdot t$。

(二) 各种形变机理的相互关系

拉伸过程是在T_g以上进行的,在拉伸力的作用下,大分子由卷曲到伸展,大分子间的某些缔合点被拆散,产生了相对位移,并在新的位置上建起了新的缔合点,以利于取向的巩固。

由卷曲到伸展是高弹形变,但不拆散缔合点高弹形变就不能发展。在外力的作用下,缔合点拆散产生大分子相对滑移,即产生塑性形变。高弹形变和塑性形变是紧密联系、不可分割的,由大分子位移产生的塑性形变是巩固的、不可回复的,高弹形变是塑性形变的前提,塑性形变是高弹形变进一步转化的结果。

五、气流牵伸三大理论

在纺丝法成网非织造材料生产中,由于纺丝、拉伸、铺网、加固连续进行,所以要求拉伸在极短的时间内完成,难以采用化学纤维生产中使用的多辊机构拉伸方式,因为用机械牵伸方式牵伸出的纤维成束片状,对纤维的铺网均匀性极为不利。因此,目前纺粘法基本都采用气流牵伸的方法,其气流牵伸技术也成了纺粘法的核心技术。

气流牵伸是指采用空气喷射的方法牵动纤维前进,从而形成牵伸,它是以流体力学、空气动力学为基础的一项技术。采用气流牵伸有利于连续化高速生产,简化了分丝成网工艺,缩短了工艺流程,但就其牵伸效果而言,不如机械牵伸,但经气流牵伸后的纤维基本能满足非织造材料使用的要求,因此得到了广泛应用。图3-4-68、图3-4-69是机械牵伸和气流牵伸的示意图。

目前世界上纺粘法的气流牵伸基本上形成三大流派,即管式牵伸、宽狭缝式牵伸和窄狭缝式牵伸。

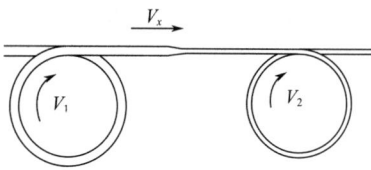

图 3-4-68　机械牵伸示意图

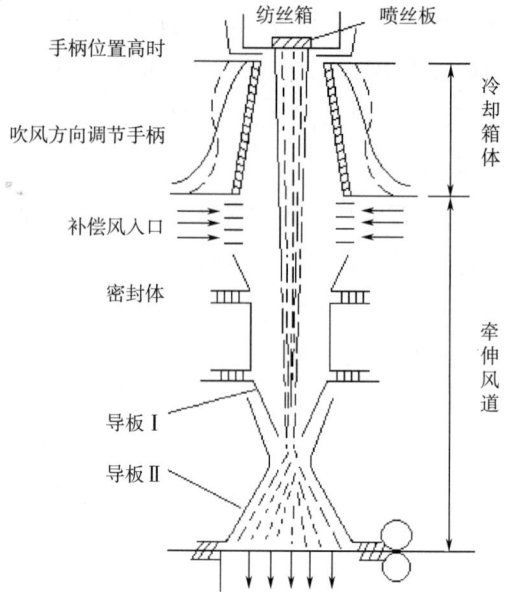

图 3-4-69　气流牵伸示意图

(一) 管式牵伸

管式牵伸以意大利 STP 公司为代表,现在意大利的摩登(Modern)公司、ORV 公司以及我国自行研制的纺粘法生产线(南海锦龙公司、浙江利达公司)均使用管式牵伸。管式牵伸是将成网宽度方向上的纤维分成许多小束,通过侧吹风冷却后,导入直径为 10mm 左右的不锈钢管中,用喷射气流(压缩空气)夹持纤维高速前进,形成牵伸,其装置如图 3-4-70 所示。

管式牵伸系统由空压机、高压空气分配缸和牵伸管三部分组成,其中空压机是提供牵伸气流的装置,高压空气分配缸可以将空压机提供的牵伸气流均匀地分配到每一根牵伸管,纤维在牵伸管被压缩空气带动完成牵伸,牵伸管的结构对纤维的结构和性能的形成起主要作用。目前的管式牵伸器主要有两种结构,如图 3-4-71 所示。

图 3-4-71(a)的管式牵伸机由吸丝嘴、气腔、管接头和牵伸管四部分组成,相互间用螺纹连接,高压空气从空气入口进入气室,通过环形

图 3-4-70　管式牵伸装置

切口进入长丝通道,与长丝相交呈一定角度,也可以与长丝平行而下。长丝由吸丝嘴进入,在高速气流扶持下通过喷嘴,从而得到牵伸,牵伸喷嘴的供风压力及环形切口的大小可根据工艺需要进行调整。除此之外,若想提高牵伸效果,可增加牵伸管的长度,如鲁奇公司的牵伸管长度为 2~5m,牵伸效果显著。

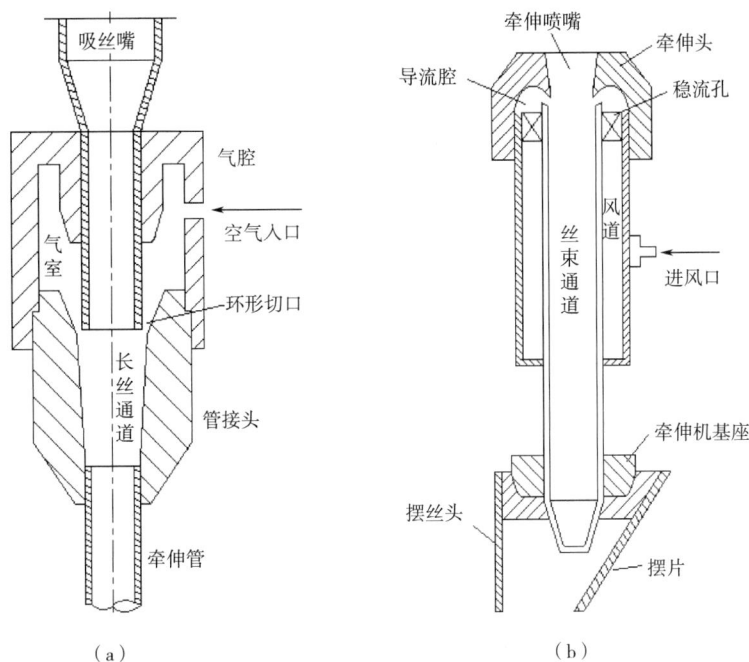

（a）　　　　　　　　　　　　　　（b）

图 3-4-71　两种管式牵伸示意图

图 3-4-71（b）的管式牵伸机所使用的压缩空气经稳压缓冲后，从稳流孔进入导流腔，最后经牵伸风道及出口排出。根据空气动力学虹吸原理，在牵伸管入口部位形成了负压，使大量的空气从入口处进行补充，补充空气带动长丝进入牵伸风道中。纺丝过程中，长丝从入口导入牵伸管，在高压空气的夹持作用下被迅速拉伸，使熔体直径从 0.3 ~ 0.6mm 突变到 0.015 ~ 0.02mm，纤维的牵伸速度为 3000~5000m/min，牵伸倍数达到 500~800 倍，纤维线密度在 1.5~2.5dtex。

对于管式牵伸，其工艺参数的设定对非织造材料性能的影响非常大。牵伸风风速越高，纤维牵伸比越大，纤维的线密度越低，纤维强度越高，手感越好；牵伸风风速越高，纤维撞击摆片的作用力越大，分散性越好，非织造材料的克重偏差率越小。牵伸风风压越大，牵伸风对纤维的握持作用越强，纤维的运行速度越快，牵伸比越大，纤维的质量越好，非织造材料越均匀。但是，在一定的生产工艺条件下，牵伸风风速过高，易引起断丝，影响纺丝稳定性。

测定各种牵伸管风速、风压主要是用风速仪。由于用风速仪测风速时需要进入成网机内，操作困难，所以在生产过程中，多数厂家采用测试各牵伸管入口真空度的方法。测定时先设定牵伸风的风压，用真空表（负压表）测量各牵伸风管入口处的真空度（负压值），根据负压值的大小，通过调整牵伸风风管的牵伸头入口与风管间的间隙来调整负压。根据生产经验，各入口的负压值误差不能超过 5%。

制备 PET 纺粘非织造材料时，牵伸风压力常达 0.5~0.8MPa，风速达 10000m/min；制备 PP 纺粘非织造材料时，牵伸风压力一般控制在 0.05~0.2MPa，风速一般控制在 5000~7000m/min。

(二)宽狭缝式牵伸

宽狭缝式牵伸在纺粘非织造材料生产中开发最早,目前应用较多。它以德国莱芬豪斯(Reifenhause)公司为代表。目前采用这种技术的还有日本 NKK 公司、神户制钢公司,美国诺信(Nordson)公司、希尔斯(Hills)公司,德国纽马格(Neumag)公司,瑞士立达(Rieter)公司和中国纺织机械集团公司等。宽狭缝式牵伸均采用一块基本与生产线宽度相同的整体长条形喷丝板喷丝,然后进入一条相同宽度的长狭缝式牵伸设备中,随着气流的高速前进,牵动纤维高速向前进行牵伸。

这种宽狭缝式牵伸的气流来源有三种方式:

(1)喷丝板与牵伸器分开,牵伸器有专门的风机提供高速气流来完成纤维的牵伸过程,即由狭缝入口部射入压缩空气,称为正压牵伸。此类设备的优点是牵伸足,基本可满足所有熔体纺丝原料的生产要求,目前日本 NKK 公司、美国诺信公司均使用此技术,如图 3-4-72 所示。

(2)喷丝板与牵伸器组成一个封闭系统,牵伸气流主要由双面冷却风和一些补充气流组成,通过成网帘底部排气抽吸系统和牵伸器内部截面积的变化,形成高速气流,抽动狭缝内的空气高速从上而下前进,从而带动纤维高速向前,完成拉伸过程,称为负压牵伸,如图 3-4-73 所示,德国莱芬豪斯公司采用的就是这种方法。负压牵伸的最大优点是操作简单、能耗低,但缺点是牵伸速度有限,只能生产对纺速要求不高的聚烯烃类纺粘布。

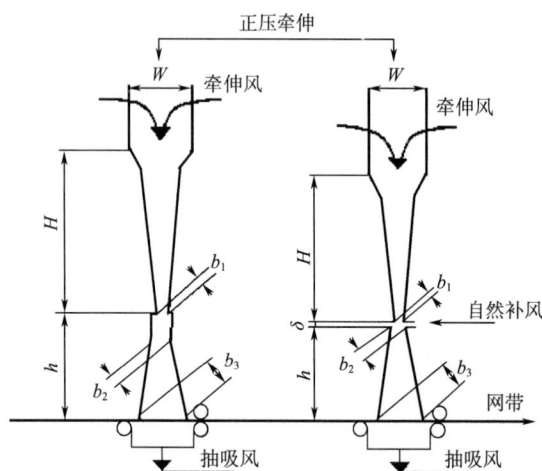

图 3-4-72　正压宽狭缝式牵伸示意图　　图 3-4-73　负压宽狭缝式牵伸示意图

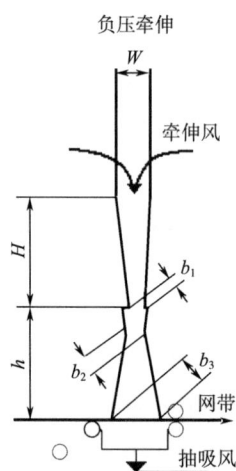

(3)正负压相结合的牵伸,即下面抽风、上面射入压缩空气,使纤维在宽狭缝内受到上推下拉的作用而高速向前,完成牵伸。这种牵伸方法可以使纤维前进的速度大大提高,莱芬豪斯公司的 Reicofil Ⅳ 型设备即采用此技术,效果非常好。

(三)窄狭缝式牵伸

窄狭缝式牵伸以意大利 N. W. T. 公司为代表,目前采用这种技术的还有我国沈阳非织造布中心、上海合成纤维研究所、沈阳六〇六研究所等单位,他们是在距喷丝板下面 40~50cm 处,每个喷丝板相应设一台高 40~50cm 的小狭缝式牵伸器,将成网宽度方向上的纤维束分成许多与网帘前进方向平行的多列。一般 3.2m 宽的生产线有 21~22 块这样的矩形喷丝板。利用压缩空气向狭缝高速喷射,从而牵动纤维高速向前进行牵伸,其示意图如图 3-4-74 所示。

这种牵伸方式由于丝束与牵伸风气流呈平行状态运行,丝条不易被扰乱,对分丝有利,均匀度较高。由于丝束同时受两侧冷却作用,冷却效果较好,有利于提高喷丝板的喷丝孔密度;但是,丝束易向中心集中,在冷却效果相对较弱的中心部位,纤维易并结与黏结,产生并丝现象。窄缝式牵伸工艺属于典型的低压牵伸,牵伸风压力在 0.025MPa 左右,风速在 2000m/min 左右,纤维牵伸倍数比管式牵伸低,取向度低,剩余的牵伸比较大,纤维线密度一般在 3~5dtex。纤维在牵伸作用下的运行示意图如图 3-4-75 所示。

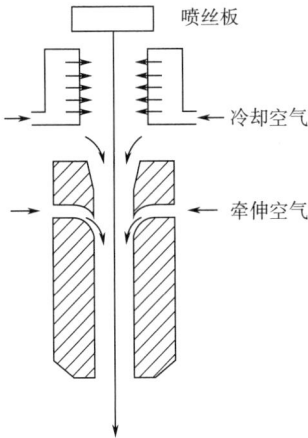

图 3-4-74 窄狭缝式牵伸装置示意图   图 3-4-75 窄狭缝式牵伸中纤维运行示意图

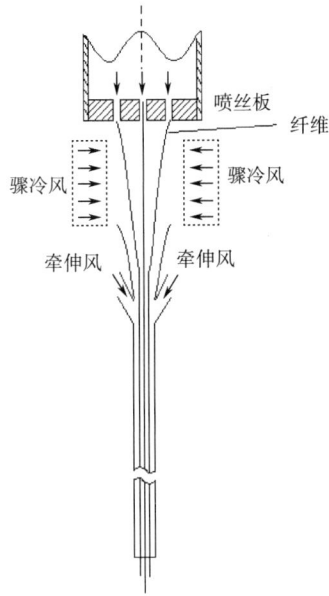

六、气流牵伸器

不论是哪一种气流牵伸方式,都是靠牵伸器来完成的。牵伸器是牵伸工艺过程的关键设备,其性能优劣直接影响纺粘生产线的产量和产品的质量。牵伸器以高速气体为介质牵伸聚合物熔体。通过对纺丝过程的数学模拟可以计算出牵伸器内部的气体流场和纤维的受力,从而对优化和改进工艺与设备、制取更细的纤维和降低能耗具有根本性的作用。

(一) 牵伸器的作用及分段

牵伸器的作用是对丝束进行牵伸,所以外部是喷射气流,中心是引射气流。为了增大牵伸力,除了提高牵伸段内的气流速度外,牵伸器的牵伸段也应长一些。纺粘法中的牵伸器是气体引射器应用的一个特例。

牵伸器是用一股压强较高的喷射气流来吸引压强较低并裹挟着丝束的引射气流。牵伸器可分为引射段、混合段和牵伸段三个部分,其中引射段由两侧两个喷射喷口和中心一个引射口组成三个气流入口,如图 3-4-76 所示。在气体动力学中,混合段称为初始段,牵伸段称为主体段。喷射气流和引射气流的混合可分为等截面混合和收缩截面混合两种。

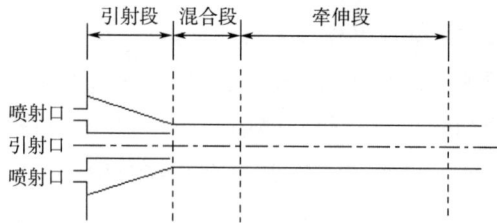

图 3-4-76　牵伸器结构示意图

(二)牵伸器的工作原理

牵伸器工作原理如图 3-4-77 所示,喷射气流以压强 P_1 经渐缩形流道以高速从喷射口(狭缝)喷出,流向混合段,速度由 v 升到 v_1,压强降为 P。由伯努利方程可知,在增加牵伸器中气体速度的同时,压强必然下降。因此,选择适当的牵伸器结构几何参数,可以在喷口处形成真空。

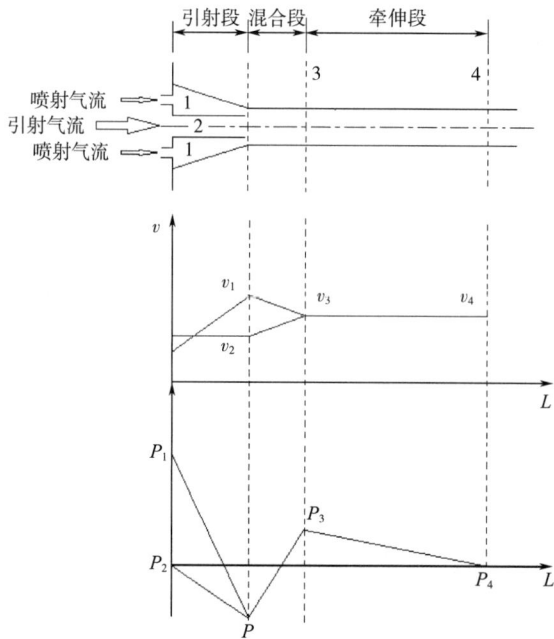

图 3-4-77　牵伸器工作原理图

而抽吸裹挟着丝束的引射气流以速度 v_2 进入混合段,混合段的长度为其直径的 5~8 倍。喷射气体与引射气体在混合段的终止截面发生混合,进行能量交换,两种气体逐步混合成均匀的流体,速度 v_3 趋于平衡,压强上升为 P_3,然后流入牵伸段。

在牵伸段,丝束受到气流摩擦牵伸而变细,然后气体压强降低到 P_4,气流速度变为 v_4。最后,混合气体和被牵伸的丝束一起从牵伸器喷口处喷射出去,完成对丝束的牵伸过程。

(三)牵伸力的计算

丝束因受到周围气流的摩擦作用而受到牵伸力。根据合成纤维纺丝原理,牵伸力 F 与气流的密度、纤维的直径、牵伸段的长度呈正比,还与气流和丝束之间速度差的平方呈正比,可根据公式(3-4-77)计算。

$$F = \int_0^L \frac{1}{2} \cdot C_f \cdot \rho_3 \cdot \pi \cdot d \cdot (v_3 - \mu_0)^2 \cdot dx \qquad (3-4-77)$$

式中：$C_f = 0.37 Re^{0.61}$，$Re = \dfrac{vd}{\gamma}$，$v = v_3 - \mu_0$

　　C_f——摩擦系数,由 Matsui 经验分式确定；

　　γ——气体的运动黏度；

　　v_3——气流速度；

　　μ_0——纺丝速度,$\mu_0 = 1536.9 \text{m/min}(25.6 \text{m/s})$；

　　ρ_3——流体的密度；

　　d——纤维的直径；

　　L——牵伸段的长度；

　　Re——雷诺数。

排式牵伸器的狭缝设计与管式牵伸器的环隙设计基本相同,牵伸气流量与缝隙截面面积呈比例关系:缝隙太小时,进入牵伸段的气体流量小,流动阻力大,这时丝束的牵伸效果取决于气流速度,这就要求相应的气流压力高;如果进入牵伸段的气体流量大,流动阻力小,则实际操作中气流速度必须相应降低。

在牵伸器的狭缝中,丝束被气流夹持牵伸,所以高速气流是牵伸器的动力。

(四)影响牵伸的主要因素

纺粘非织造材料牵伸的特点是用空气气流的高速运动带动纤维前进并牵伸,不同于普通长丝、短纤维的机械牵伸,要使初生纤维的牵伸过程稳定和牵伸丝的性能优良,必须有良好的牵伸工艺条件。

1. 牵伸器结构的影响

纤维是在高速气流作用下完成牵伸工艺过程的,喷口宽度与牵伸风道的设计十分重要。在相等的风量下,喷口与牵伸风道的大小与牵伸速度呈反比。喷口与牵伸风道小,牵伸速度高;喷口与牵伸风道大,牵伸速度降低,牵伸倍数减小,纤维的强度下降,从而影响纤维的质量。

此外,牵伸段的长度对产品性能也有很大的影响。在牵伸器其他结构几何参数一定的情况下,对于一定的喷射气体压力,牵伸段有一个最佳长度。牵伸段长度短,单纤维受力下降,丝束在气流中容易打滑;牵伸段长度长,气流在牵伸器中摩擦阻力增大,速度下降,单纤维受力降低,得不到完全的牵伸。

2. 牵伸风温度的影响

牵伸风温度高,纤维不能获得充分的冷却定形,影响大分子取向度的发展,纤维强度和模量降低,从而影响产品质量,严重时还会产生并丝现象。因此,一般牵伸风温度不能超过50℃。

3. 牵伸风压力、速度的影响

由于牵伸机结构复杂、阻力大,影响气流畅通,所以要由较高的牵伸风压和风速来实现高速牵伸工艺和牵伸倍数。一般来说,风压越高,风速越高,牵伸速度也会大大提高。但由于采用的气流牵伸,纤维在气流中打滑的原因,所以一般情况下,风速应是纤维前进速度的两倍,如纤维速度为 500m/min,则风速要达到 1000m/min 以上。

4. 冷却条件的影响

由于初生纤维处于黏流状态,受外力作用后,大分子链间发生黏性滑移,并在热和分子内聚力作用下,极易回复到原有的无序状态,达不到牵伸取向的目的。因此,必须给初生纤维以充分的冷却,使初生纤维从黏流状态转为高弹态。当初生纤维在高弹态时,受外力作用进行拉伸,大分子链或链段发生取向结晶后才能稳定下来,形成高度取向的纤维。

但是,冷却条件对牵伸影响很大。冷却条件不充分,会使初生纤维温度偏高,拉伸后结晶体不能充分稳固地保留下来,还会有部分大分子发生解取向,使纤维强度降低;而冷却条件过强,则初生纤维温度太低,大分子链取向结晶困难,牵伸比小,纤维强度低,韧性差,严重时发生断丝现象,影响产品质量。当冷却条件不一致时,纺丝难以进行和控制,因此,冷却条件是影响牵伸的重要因素。

一般管式牵伸使用小矩形喷丝板或圆形喷丝板,丝束头数少,一般单面侧向吹风即可达到生产工艺的要求。在窄狭缝式牵伸工艺中,所用的喷丝板长度较长,采用长距离吹风,冷却效果较差。距风窗较远的丝束无法冷却,因此需要双面侧吹风方法进行冷却。宽狭缝式纺粘生产的冷却吹风装置,有采用双面侧吹风装置的,也有采用单面侧吹风装置的。

5. 成纤聚合物质量的影响

成纤聚合物质量主要指聚合物原料的相对分子质量和相对分子质量分布。相对分子质量过大,成纤聚合物牵伸取向困难,需要较高的熔体温度和牵伸力;相对分子质量太小,受外力作用时牵伸取向容易,不需要过高的熔体温度,否则会出现分子链的相对滑移。所以相对分子质量分布太宽,会给牵伸工艺带来很大困难。在实际生产过程中,选择相对分子质量分布窄的聚合物,有利于牵伸工艺的控制,可生产高质量的纤维。

6. 成纤聚合物杂质的影响

由于纺粘法非织造材料都是采用高速气流牵伸,聚丙烯的牵伸速度在 3000~5000m/min,聚酯的牵伸速度在 5000~10000m/min,速度非常高,牵伸倍数大,若稍有杂质都会发生断丝现象。因此,除了选用杂质含量低的聚合物外,还要选择好的精过滤系统,确保牵伸工艺的稳定。

7. 喷丝板清洗质量的影响

如果喷丝板清洗质量差,存在堵塞或不规则孔径,从喷丝孔喷出的初生纤维就会变形或弯曲,牵伸时易产生断丝或与相邻的纤维粘连,发生并丝现象。初生纤维太细,在牵伸时也易断裂,形成断头,影响牵伸质量。因此,生产纺粘非织造材料一定要把好清洗喷丝板的质量关。

(五) 提高牵伸效率和高速牵伸问题

牵伸倍数越高,纤维的线密度越低,强度越高,韧性越好。因此,不管采用哪种牵伸工艺,只要能提高牵伸倍数,都可以提高纺粘非织造材料的质量。在提高牵伸倍数、提高牵伸机工作效率上,主要是通过提高牵伸风速度、提高牵伸风对纤维的握持作用来实现的。提高牵伸风速度主要通过两方面来完成,一是提高牵伸风风量和风压,二是减少牵伸风的流动阻力,使气流畅通。

　　同样,改进牵伸器的结构,对提高牵伸风速度有很大的影响。目前,新研制的管式牵伸器的牵伸风道直径缩小,在同样风量和风压下,流经牵伸器风道的气流速度提高,从而使纤维的牵伸倍数相应得到提高。另外,牵伸器的牵伸风道缩小后,牵伸气流和纤维束能够进一步集中在风道中心流动,更大程度地提高了牵伸气流对纤维束的握持作用,使纤维牵伸速度加快,牵伸倍数增加,牵伸效率提高。

　　对窄狭缝式牵伸器,在保持牵伸风风量不变的情况下,缩小牵伸风道的狭缝宽度后,可以使离开狭缝的气流继续保持高速运行,能有效提高牵伸气流速度。

　　对现有生产线而言,在正常生产过程中,提高牵伸器工作效率的方法就是提高牵伸器的输送风量和风压。牵伸风风量提高,牵伸气流加大,纤维牵伸倍数提高,产品质量提高。在生产管理上,除提高牵伸风风速外,能有效提高牵伸器工作效率的有效方法就是经常清理牵伸风风道。因为在生产过程中,环境中的灰尘杂质和聚合物在熔融纺丝过程中产生的蜡质挥发物经牵伸器入口进入牵伸风道后,易吸附在风道内壁上,形成黏性污垢,阻碍牵伸气流的流动,相应降低了纤维的牵伸倍数。因此,要定期用纺丝专用清洁剂清洗牵伸风道,清理牵伸器狭缝,防止杂物阻塞。及时更新牵伸器用空压机入风口的过滤器,保持生产环境干净,也是一项行之有效的措施。

　　同时,为了开发超细纤维非织造材料,各个设计制造厂家都在探讨进一步提高牵伸气流速度的方法,如改进牵伸器的设计结构、提高加工精度、研制高速牵伸工艺、降低纤维线密度等。目前德国莱芬豪斯公司开发的 PP 纺粘非织造材料和日本三菱公司开发的 PET 纺粘非织造材料的纤维线密度均低于 1dtex。

七、牵伸过程中纤维结构和性能的变化

　　在牵伸过程中,纤维的超分子结构要发生深刻的变化,包括取向的提高和晶态结构的变化,从而引起纤维性能发生相应的改变。

(一) 牵伸过程中纤维结晶结构的变化

　　在不同的牵伸条件下,对不同的成纤聚合物,结晶结构的变化情况也不一样。一般而言,结晶结构的变化有三种典型的情况。

　　第一种情况是牵伸过程不改变相态结构,即非晶态聚合物牵伸后仍保持非晶态,结晶试样则不改变其结晶度。这是非结晶性成纤聚合物(如无规聚苯乙烯等)牵伸时的一般规律,此时牵伸只影响非晶区的取向而不改变结晶。对于部分结晶的成纤聚合物,在慢速低温牵伸条件下,也会出现这种情况,如未结晶的聚酯。或者当非晶区分子活动性较大时也会发生这种情况,此时外力不能使晶粒破坏和融化,如湿纺时的第一级拉伸,高度膨润的纤维素结晶度不变,晶粒转动发生取向。

　　第二种情况是在牵伸过程中伴随着原来结构的部分破坏和结晶度下降。高度结晶的试样在分子活动性低的条件下进行牵伸,原有的晶态结构就会发生破坏,新的结构会建立,这种新的结构具有较大的缺陷,并会沿张力方向取向。如果牵伸是在低温下发生以及原有的晶态结构破坏后不再重建,结果会形成非晶区和高度破坏的晶体共存的结构。在聚乙烯、聚丙烯冷牵伸时,都曾观察到结晶度降低的现象,这种结晶度下降常伴随着微晶体大小和完整性的改变。

第三种情况是在牵伸过程中结晶度提高,这种情况可能是由两种不同的因素诱发所致的。一种是纯动力学因素,在牵伸过程中分子的活动性增加,因为牵伸时的加热和形变能的转换,会导致纤维温度升高,从而有利于纤维结晶速度的提高。另一种因素是牵伸过程中分子取向和应力的作用,会促进结晶的形成,从而影响成纤聚合物结晶动力学平衡,因此非晶态成纤聚合物的牵伸伴随着发生取向而引发的结晶过程。例如,橡胶是对取向结晶非常敏感的一类材料,在各向同性状态下,它是非晶态的,当受到牵伸作用时会很快结晶,这种效应对高于玻璃化转变温度的结晶成纤聚合物都会发生。聚乙烯、聚丙烯、聚酯、聚酰胺在热牵伸或冷牵伸时都会使结晶度有所提高。而 PET 是取向诱导结晶的典型,因而牵伸中结晶度明显增大,牵伸后 PET 结晶度可提高 20%~40%,其取向与结晶度的关系见表3-4-7。

表3-4-7　PET 取向与结晶度的关系($T_{结晶}=120℃$,$M_n=21000$)

Δn	0	0.005	0.027	0.080	0.150
$t_{1/2}(s)$	660	20	0.7	<0.01	<0.001

图3-4-78 所示为应力作用下结晶速率的变化情况,结晶速率可以增大很多,而且最大结晶速率时温度向低温方向移动。例如,PET 在牵伸应力作用下,动力学结晶能力可增大 10^4 以上,因此通过牵伸可发生较显著的结晶。

在拉伸工艺参数逐渐变化的过程中,还可能出现上述各种变化趋势的组合。如 PA6 未牵伸丝中存在不同的结晶变体,当牵伸倍数小于 1.8 时,γ 晶体在取向纤维中仍存在,而牵伸倍数为 2 时,发生剧烈相变,γ 晶体已被破坏,而 α 晶体还未形成,处于结构大变动阶段,因此拉伸 2 倍时纤维不匀率是牵伸 3.3 倍时的 3~7 倍。图3-4-79 所示是 PA6 结晶度随拉伸比的变化。当纤维拉伸至200%时,结晶度逐渐降低,此后拉伸倍数提高时,纤维结晶度逐渐增加;当纤维结晶度达最大值,继续提高拉伸倍数结晶度又下降。

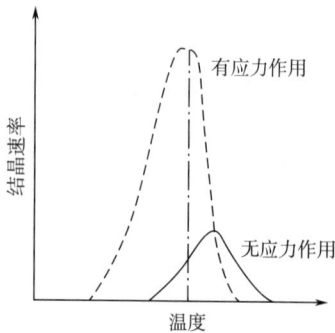

图3-4-78　应力作用下结晶速率特性曲线

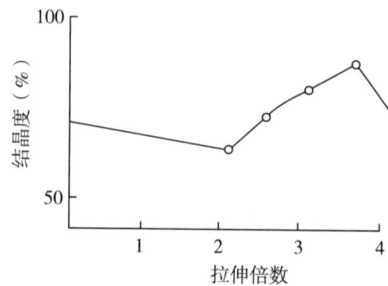

图3-4-79　PA6 结晶度随拉伸比的关系

不仅牵伸倍数,而且牵伸温度和牵伸速度对结晶度在拉伸中的变化产生影响。一般来说,牵伸温度越高,结晶度提高越大。牵伸速度的影响比较复杂。对 PA 和 PET,结晶度随牵伸速度的增加而增大;而对某些纤维,在较高的牵伸速度下结晶度的增加有所减慢或对牵伸速度的影响不明显。

对于某些纤维,如 PA6、PP 等,随纺丝条件不同,所得纤维的晶体结构也不同,在拉伸过程中,晶体结构会进一步发生变化。PA6 在成型后存放一段时间,一般形成不稳定的六方晶体,如果是慢慢冷却则生成稳定的单斜晶(α 型)。对 PA6 的研究发现,在牵伸过程中不稳定的六方晶体变成单斜晶系,随牵伸倍数增大、牵伸温度提高,稳定的单斜晶(α 型)会增多,不稳定的晶型(β 型)会减少,晶体结构会逐渐完整。而 PP 初生纤维的结晶度已经达到了 50%,牵伸是部分晶体熔化、再结晶的过程,因此在高温下牵伸,则结晶度增加,这是因为温度越高,结晶速率越快,这时候结晶生成速度大于结晶破坏速度,所以结晶度增加;如果是低温下牵伸,则结晶度减小,这是因为温度越低,结晶速率减小,来不及生成大量的沿纤维轴排列的晶体。具体的结晶度随拉伸条件的变化见表 3-4-8。

表 3-4-8 不同牵伸条件下 PP 纤维的结晶度变化

牵伸倍数	0	3	4	5.3	3	5.3	7
牵伸温度 T（℃）	—	30	30	30	120	120	120
纤维密度（g/cm³）	0.8875	0.8875	0.8870	0.8865	0.8980	0.9025	0.9035

(二)牵伸过程中纤维取向的变化

如上所述,在牵伸过程中结晶的变化情况比较复杂,与此相反,取向在牵伸过程中的变化趋势十分简单,总取向度随牵伸程度的增加而增大。

不同的成纤聚合物在牵伸中的结构变化有所不同。非晶态成纤聚合物纤维的牵伸取向较简单,视取向单元的不同分大尺寸取向和小尺寸取向两类。大尺寸取向是指整个分子链取向,但链段可能未沿纤维轴向取向,如熔体纺丝过程中从喷丝孔出来的熔体细流就会发生大尺寸取向。小尺寸取向是指链段在纤维轴向的取向,而整个大分子链排列杂乱无章。一般取向较低时,整个分子不能运动,在这种情况,就得到小尺寸取向。

晶态成纤聚合物纤维的牵伸取向过程比较复杂,在取向的同时伴随有复杂的大分子聚集态结构的改变。对于具有球晶结构的成纤聚合物,牵伸取向过程实质上就是球晶的形变过程。在低倍牵伸时,球晶被拉长而成球,继续牵伸到不可逆形变阶段,球晶变成带状结构。球晶形变过程中,组成球晶的片晶之间发生倾斜、滑移甚至破坏,部分折叠链被拉直为伸直链,原有的结构部分或全部被破坏,而形成新的结晶结构,它由取向的折叠链片晶与在取向方向上贯穿于片晶之间的伸直链段组成,这种结构称为微纤结构。在拉伸过程中,原有的折叠链片晶也有可能部分转变成为沿牵伸方向的完全伸直链晶体。牵伸过程中球晶的转变过程如图 3-4-80 所示。

同时存在晶态和非晶态的纤维,晶区和无定形区的取向发展情况是不同的。晶区在较低的牵伸倍数下就已开始取向;无定形区虽然也发生取向,但不如晶区显著。在较高牵伸倍数时,晶区取向已达到极限而不再增加,而无定形区的取向却继续增大。图 3-4-81 是 PET 纤维的牵伸

（a）球晶

（b）折叠链片晶

（c）完全伸直链晶体

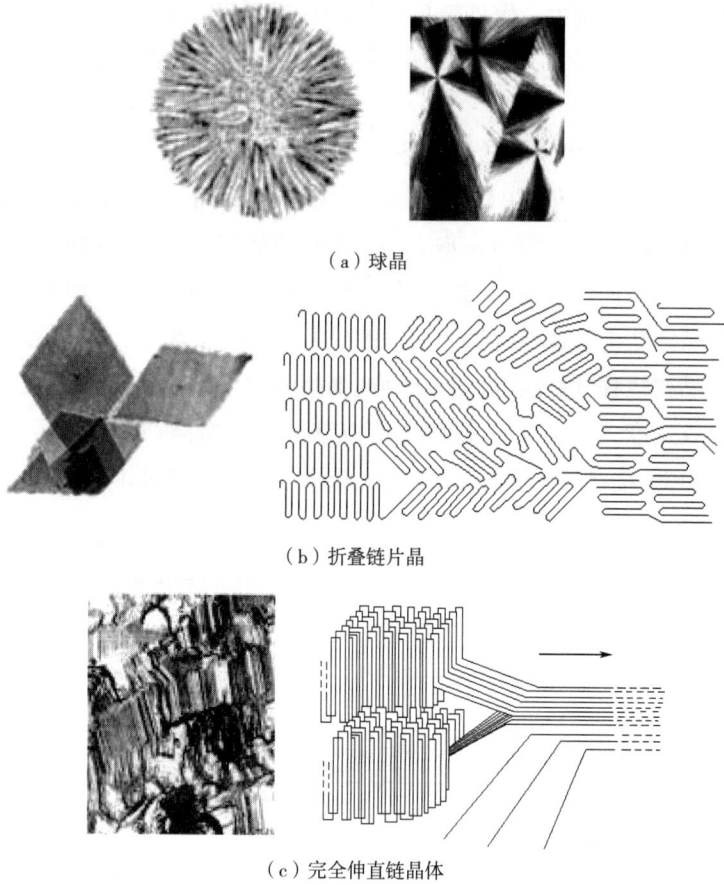

图 3-4-80　晶态聚合物拉伸取向时结构变化示意图

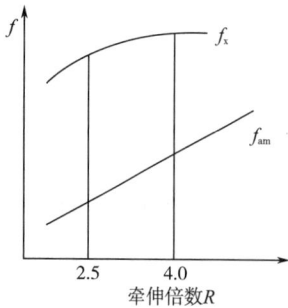

图 3-4-81　PET 纤维的牵伸倍数与晶区、
无定形区的取向关系

倍数对取向度的影响。

从图 3-4-81 可以看到,随着牵伸倍数 R 的增大,晶区取向 f_x 和非晶区取向 f_{am} 都增大,随牵伸的进行取向诱导结晶,牵伸至 2.5 倍时才出现明显的晶区取向。而晶区取向在一定的牵伸倍数下趋向饱和,当牵伸倍数为 4 时晶区取向饱和,即牵伸过程中晶区先取向。晶区的取向值明显高于非晶区的取向值,非晶区的取向是连续不断地随牵伸倍数的增加而增加的。

成纤聚合物牵伸取向的结果是伸直链的数目增多,而折叠链的数目减少。伸直链使得晶区之间的连接增加,从而提高了纤维的强度。因此,控制加工过程中生成的成纤聚合物分子聚集状态,使它生成尽可能多的伸直链结构,是提高成纤聚合物力学强度的一条有效途径。

牵伸使大分子、晶粒和其他结构单元沿纤维取向。这种取向导致许多物理性质的各向异性,如导致光学性质(双折射、吸收光谱的二向色性)的各向异性以及热传导、溶胀和其他一些性质的各向异性。牵伸对纤维结构的另一重要影响是伴随发生了相变、结晶、晶体破坏和晶型转化。与结晶度有关的物理性质主要有密度、熔化热、介电性质和透气性等,发生相应的变化。牵伸纤维的力学性质取决于牵伸过程中所形成的超分子结构,即为牵伸纤维的取向态、结晶态和形态结构所确定。

纤维的牵伸取向主要是为了提高纤维的强度和降低其形变性,事实上,未取向纤维与取向纤维的强度相差达 5~15 倍之多。牵伸纤维的力学性质与取向结构的关系分两种情况:有一些力学性质直接与纤维的平均取向度有关,如模量、断裂强度、断裂伸长、回弹性等;另一些力学性质直接与非晶区取向度相关,如强度与非晶区取向度呈正比。一般来说,牵伸条件,特别是牵伸倍数是影响纤维力学性质的主要因素,牵伸模量 E、屈服应力 σ^* 随牵伸倍数 R 单调增加,断裂伸长 ε、总形变功 W 随牵伸倍数 R 单调减小。不同牵伸工艺制取的 PP 纤维的双折射率及其力学性能见表 3-4-9。

表 3-4-9　不同牵伸工艺制取的 PP 纤维的双折射率及其力学性能

牵伸工艺	初生纤维	牵伸丝	高速纺丝	Recofil 气流牵伸丝
$\Delta n(\times 10^{-3})$	5~12	30~35	20~25	17~19
强度(cN/dtex)	0.89~1.34	4.0~4.9	1.6~2.67	1.07~1.87
断裂伸长(%)	>200	20~60	110~200	>120

第五节　分丝和铺网工艺

成网是纺粘法非织造材料中一个重要工序,技术难度高,因为在纺丝牵伸后形成的长丝必须在很短时间内分丝铺成网。由于长丝运动速度高,而牵伸气流速度更高,控制气流运动的难度更大。因此,在纺粘法非织造材料生产过程中,纺丝成网均匀度很难进行有效控制。特别是生产薄型产品,纤网的均匀度就更难控制。所以许多设备制造厂家都在研制新的工艺技术,提高纺丝成网的纤网均匀度。

在纺粘法非织造材料生产技术中,成网就是将聚合物经熔融挤出、纺丝、冷却、牵伸后形成的连续长丝均匀分散开,并铺置在成网帘上,形成均匀纤网。为了保证良好的纤网状态还必须网下吸风。

一、分丝工艺

在纺粘法生产工艺中,纤维的拉伸是在尚未完全冷却固化的条件下进行的,采用的是气流拉伸。而在拉伸过程中极易造成纤维间的相互粘连,形成并丝,影响纤网的均匀度和外观质量及性能,因此,一般在拉伸工序后都采用一定的分丝方法。

分丝的目的是利用机械或气流手段,使长丝彼此分开,防止纤维相互粘连或缠结,保证成网的均匀性和蓬松性。

不同公司生产的设备采用的分丝装置各不相同,但基本上可以分为静电分丝、机械分丝和气流分丝三大类。

(一) 静电分丝法

1. 强制带电法

在拉伸过程中,让丝束通过静电压高达几万伏甚至更高的电场,使丝条都带上同性电荷。根据成纤聚合物特性,可以是正电荷或负电荷,利用同性电荷相斥的原理,达到分丝的目的。杜邦公司研制的 Typar 工艺就是根据这一原理进行分丝的。Typar 法以 PP 为原料,在成纤聚合物熔体中加入一定数量的导电盐,熔体从喷丝板挤出后,经过一高压电极和金属板组成的高压静电场,使长丝上带上同性电荷。

图 3-4-82 是美国孟都山公司开发的用于聚酰胺纺丝成网非织造生产线,从气流牵伸管喷出的长丝导向偏转板,而电晕发生器上有许多尖针,在通电后可在偏转板与电晕发生器之间产生电晕,长丝穿过电晕接近偏转板就带上了静电荷,处于松弛状态,取得良好的分丝效果。

2. 摩擦带电法

利用丝条在拉伸中与某一装置相互摩擦而产生静电来达到分丝的目的。为了保证有充足的静电荷产生,在聚合物中可以加入一些能增加静电作用的添加剂。对多数聚合物都可以采用摩擦带电的方法,此法设备工艺简单易行。

图 3-4-83 是摩擦带电法分丝示意图,由喷丝板喷出的长丝经三根接地的介电摩擦棒后进入气流拉伸管,由拉伸管引出后即铺放成网。一般认为,长丝表面的静电量要达到 30000 静电单位/cm^2、聚合物电阻率达 1010Ω 时才能取得良好的分丝效果。

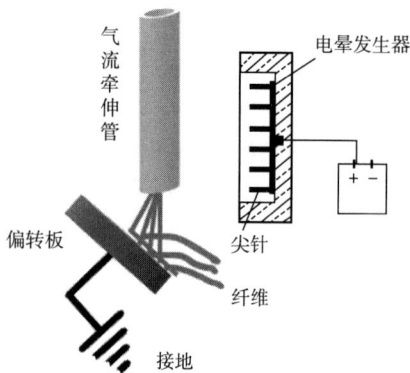

图 3-4-82 美国孟都山公司开发的用于
聚酰胺纺丝成网非织造生产线

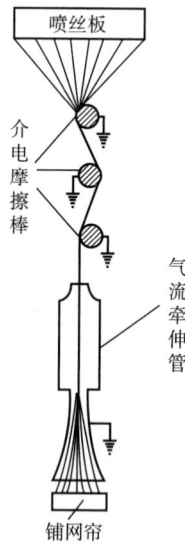

图 3-4-83 摩擦带电法分丝示意图

静电分丝的优点是成网较为均匀,缺点是纺粘非织造材料的横向强力下降。此法一般由于生产对横向强力要求不大的产品。

(二) 机械分丝法

利用挡板、摆片、摆辊或振动板等机械手段,使经过拉伸后高速运动的纤维受到突然撞击、振动等机械作用而改变纤维原来的运动状态,使其无规则运动,达到相互分离的目的。

法国 Bidin 纺丝成网法就是采用这种方法进行分丝的。它利用纤维在运动中产生的惯性,当高速缘遇到障碍后,突然改变方向,纤维在惯性作用下向四周散射,从而达到分丝的目的。

在管式牵伸机中,常使用摆片进行摆丝,摆片的运动频率可达 600~1400 次/min,纤维在高速系统的扶持下迅速撞击摆片,在撞击作用下被分散开,并在摆片的左右摆动和成网帘的前进双重作用下,纤维以 S 形轨迹铺置在成网机上,如图3-4-84 所示。

机械分丝法制成的非织造材料常有并丝、丝束出现,但其制备的非织造材料强度高。

(三) 气流分丝法

这种方法是利用牵伸过程中的高速气流及在某一部位管道截面积突然变化而产生的空气动力学效应,形成紊流,或经气流扩散减速的方法,使纤维相互分离。莱芬豪斯的 Recofil 工艺就是采用这种方式,长丝经过牵伸后,当运动到牵伸风道

图 3-4-84 管式牵伸后机械分丝纤维运行图

末端时,由于管道截面突然扩大,气流速度突然减速扩散,使纤维运动状态发生无规则的变化,而达到相互分离的目的。

气流分丝方法设备结构简单,工艺上易于调节和控制,成网后纤维分布随机程度高,纤网均匀性好,产品的各向同性性能好,一般都采用这种方法。

二、铺网工艺

铺网就是将经过牵伸、冷却、分丝后的长丝均匀地铺在成网帘上,形成均匀的纤网,并使铺置的纤网不因外界因素而产生波动或丝束产生飘动;网帘前进时要求不受外界气流影响而产生翻网现象,而且要消除纤维在牵伸时带来的静电。因此,铺网设备应包括成网帘、网下吸风装置以及静电消除设备。铺网时凝网带以规定的方向和速度前进,在网下吸风装置作用下,将经过分丝后的纤网牢牢地吸附到网帘上,形成均匀连续的纤网送入下道工序。铺网方式可以分为排笔式铺网、打散式铺网、喷射式铺网和流道式铺网四种。

(一) 排笔式铺网

以意大利 NWT 为代表,采用窄狭缝式牵伸器,出口处安装圆辊式摆丝器,利用气流的附壁效应进行摆丝铺网。长丝在牵伸气流的夹持作用下经过摆丝器的两个摆辊的间隙喷向成网帘,在网下吸风的作用下形成纤网。由于摆丝器以一定频率和摆幅做往复运动,当某个摆丝器的摆辊靠近牵伸气流时,在牵伸气流的带动下,摆辊与牵伸气流的出口夹角处呈真空状态,长丝在真

空抽吸作用下,随牵伸气流一起改变运动方向,达到摆丝目的。当摆丝器摆杆远离牵伸气流后,出口夹角消失,真空作用也消失,牵伸气流与纤维回复到原来的方向。而另一个摆杆摆动到牵伸气流处,同时使牵伸气流和长丝改变流动方向,但方向相反。这样,牵伸气流与长丝随摆丝器摆辊的左右往复摆动形成横向铺丝,并在成网机的纵向运动和网下吸风作用下完成铺网工序。

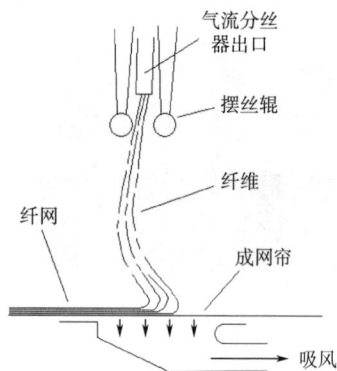

图 3-4-85　排笔式铺网示意图

在摆丝铺网过程中,就一对摆辊而言,纤维在摆动铺网时,两侧有停留,中间快速经过没有停留。在这样的铺网过程中,纤维在两侧出现堆积,中间出现许多"平行线"。为了减少这种影响,使摆丝器与生产线轴线呈 15°夹角。另外,由于利用附壁效应进行摆丝,气流裹挟纤维经过摆丝器后,形成一束很窄的气流射到成网带上。由于气流比较集中,流速很快,网下吸风吸不住,气流把纤网上部的纤维吹散、吹乱、吹成绺,也能产生并丝。其示意图如图 3-4-85 所示。

圆辊式摆丝器的附壁效应是 NWT 模式产生并丝的根源,这种铺网虽然非织造材料的纵横向强力差异较小,但产品中并丝较多。

排笔式铺网安有摆丝器,目的是使铺网均匀,增加非织造材料的横向强力。从原理上讲,这种方法是利用气流的附壁效应进行摆丝铺网,属于附壁射流铺网,纤网有并丝。

(二) 打散式铺网

以意大利 STP 为代表,采用管式牵伸器和摆片式摆丝器进行打散铺网。由于纤维从比较细的牵伸管喷出,比较集中,使用一般摆丝器很难把纤维分散均匀。采用打散方法,丝束在牵伸风的作用下高速撞击摆丝器的第一个摆片,被初步分离,接着又撞击到第二个摆片上,被进一步分离,纤维离开摆片后立即被网下风吸附到成网帘上。这种先让纤维打在一个摆片上再折到另一摆片上,纤维经打散后铺网,就像一块泥巴打在板上四处飞溅,飞溅出的块大小不一,分散不匀。因此,采用打散方法分丝铺网,产品中必然产生"云斑"。为了减少云斑,摆丝器的摆动频率要很高,在 STP 成网系统中,摆片的摆动频率达 600~1400 次/min,用变频调速(图 3-4-86)。

图 3-4-86　打散式铺网装置图

由于摆片型摆丝器是左右横向摆动,成网帘是以一定速度作纵向运动,所以从摆丝器摆出的纤网呈现 S 形运行轨迹铺置到成网帘上。

由于 STP 公司的纺粘法非织造生产工艺是用管式牵伸、摆片型摆丝、纤维铺置到成网帘上又是呈现 S 形的轨迹,从原理上讲,是利用气流的附壁效应进行摆丝铺网,属于附壁射流铺网。易出现云斑,在纤网中较多地散布着稀薄区疵病,造成较大范围的不均匀。为了克服纤网厚薄不匀的疵点,STP 公司最新开发的生产线,将原来的两排牵伸、两排分丝改成四排牵伸和四排分丝,有效地降低了纤网的不匀率,提高了非织造材料厚薄均匀性。同时研制成功静电分丝系统,使分丝效果接近德国莱芬豪斯生产线水平。该成网机安装有光电跟踪仪、紧急停机装置,可保证成网机高速运动时网帘不走偏。一旦走偏可紧急停机,防止网帘损伤。

(三)喷射式铺网

以日本神户制钢和美国艾森为代表,采用横式整体牵伸器,没有摆丝器。气体出牵伸器后,随着喷射气流截面宽度的扩大,气流速度下降,在气流速度与纺丝速度相等点以后,纤维在气流中呈螺旋状向下运动,最后落到网帘上。由于网帘向前移动,所以纤维落到网帘上呈现椭圆形。成网帘速度越快,椭圆的长短轴比就越大,产品的纵横向强力差别就越大。

从原理上讲,气流出牵伸器后是无限空间射流,属于自由射流铺网。这种方式制备的产品并丝极少,没有云斑,柔软性好,延伸度高,但非织造材料的纵横向强力差别较大。其示意图如图 3-4-87 所示。

(四)流道式铺网

以德国莱芬豪斯为代表,牵伸器利用文丘里管原理,采用横式整体牵伸器,没有摆丝器。由于采用压布辊技术,牵伸器出口就是成网帘,纺丝甬道全部密封,在拉伸通道最窄处的下一段为扩散段,呈上小下大的喇叭状,气流从喇叭口高速流出后,由于截面迅速扩大,速度随之急剧降低,气流除了继续向下运动外,尚有一个沿水平方向扩散的运动,从而将原来集中的长丝分散开,扩散过程中形成的紊流还使长丝产生沿幅宽(横向)方向的摆动,然后落在铺网帘上,不同丝条之间的交叉、重叠,便形成连续的均匀纤网。其示意图如图 3-4-88 所示。

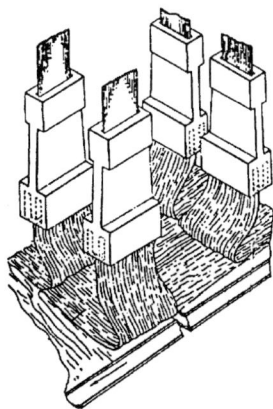

图 3-4-87　喷射式铺网示意图　　　　图 3-4-88　流道式铺网示意图

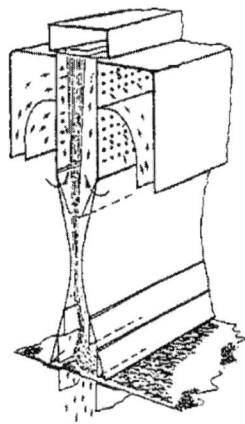

流道式铺网纺丝甬道全部密封,相当于气体在管道里流动,没有气体射流问题。产品并丝极少,没有云斑,柔软性好,延伸度高,但非织造材料的纵横向强力差别较大。

三、网下吸风

(一) 网下吸风的作用

网下吸风在纺粘法非织造生产中有两种作用:第一是在负压法牵伸工艺中,利用网下吸风,对纤维进行气流牵伸。其优点是噪声小、耗电量低,但要达到很高速的牵伸,单纯依靠网下吸风还不够,还需要适当增加一些正压吹风,Recofil Ⅳ 型就有了这种改性。第二是在正压法牵伸设备中,网下吸风用以吸收牵伸带下的大量气流。假如不排除这些气流,风在网上必然四面飞散,造成纤维的飞舞,使成网难以进行,纤网十分不均匀。

因此,网下吸风与牵伸风具有同样重要的位置,两者必须配合一致。与冷却风并称为纺粘工艺用三风。

(二) 网下吸风均匀性结构

抽吸气流不仅对纤维的牵伸有很大影响,而且对铺网的均匀性有明显的作用。因此,无论是侧置抽吸风机的抽吸风道,还是底部中央抽吸式风道,都设置了相应的分配挡板,保持在与网帘上方拉伸通道相对应的区域,能有相同的压力和流量,从而保证了铺网的均匀性。

为了保证纤维有良好的铺网,要求网下吸风在产品幅宽范围内均匀,一般多采用双向抽风,幅宽2.4m以下的也有采用单向抽风。常用的有不等宽风口单向抽风、对称流道双向分流和水平均布调节风叶三种方式。

1. 不等宽风口单向抽风

采用不等宽风口,靠近出口端负压较高,风口较小,远离出口端负压较低,风口较大,结构如图3-4-89所示。

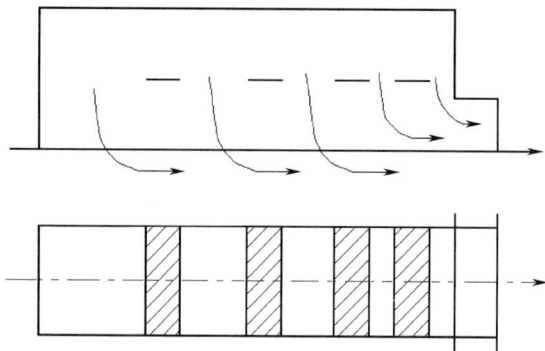

图 3-4-89　不等宽风口单向抽风示意图

2. 对称流道双向分流抽风

用于双向抽风,为了避免流道分隔的误差,在出口处每个流道装有调节风叶,结构如图3-4-90所示。

3. 水平均布调节风叶

网下吸风口都设置了一块活动孔板来拦堵断丝等杂物,在孔板下方的风道扩口前设置调节板来达到下风均匀,结构如图 3-4-91 所示。

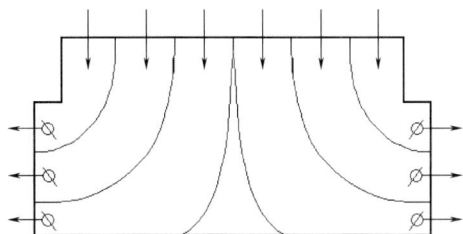

图 3-4-90 对称流道双向分流抽风示意图　　　　图 3-4-91 水平均布调节风叶示意图

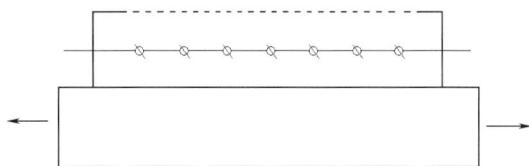

(三) 典型的成网均匀性辅助装置及技术

为了防止逆向气流吹翻纤网,在生产过程中一般会采用辅助风道法和压网关风辊技术,当关风辊技术不能满足时,也采用其他密封技术弥补。辅助风道法是通过增加辅助风道直接吸入气流压网或负压压网,辅助风道与主风道的衔接是易造成并丝的关键难点。

1. 辅助风道法

意大利 NWT 公司的窄狭缝式牵伸工艺和我国研制的窄狭缝式牵伸工艺,均使用典型的主副风道式成网机。意大利 NWT 成网机如图 3-4-92 所示。其中主副风道之间的隔板预留一定间隙,有利于网下吸风强度平稳过渡,防止因主副风道的吸风强度差别太大而引起翻网。

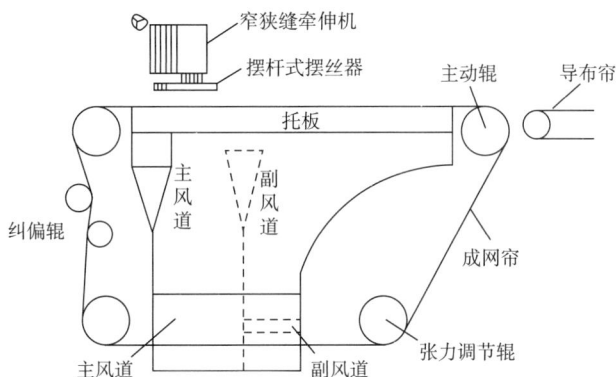

图 3-4-92 意大利 NWT 成网机示意图

由于成网机的主副风道与纺丝箱体、牵伸喷嘴、摆丝器相对应呈 15°,在铺丝过程中,相邻喷嘴的长丝经摆丝后可以相互弥补均匀度方面的缺陷,提高纤网均匀性。该成网机采用机械限位纠偏系统,气缸带动纠偏辊进行纠偏,灵敏度较差。

随着非织造技术的不断提高,经过技术人员不断探索研究,成网机的结构设计不断改进,铺网均匀性也随之提高。如有将摆辊式摆丝器改成摆板式摆丝器的,降低并丝现象。

意大利 STP 公司的成网机结构如图 3-4-93 所示,其结构特点是,主风道室处于封闭状态,吸风面被均匀分为 12 部分,如图 3-4-94 所示,其中吸风面 1、2、3、1′、2′、3′由同一台风机 7 控制,4、5、6、4′、5′、6′由另一台风机 7′控制,每个部分由独立的风门控制网下吸风的强度,主风道风室与副风道产生的网下吸风被预压辊严密分开,互不影响。纤网成型后首先被预压辊轧平,防止纤网在运行过程中被逆向风作用后形成翻网现象。因此,STP 成网机很少产生翻网现象。成网机预压辊用变频调速,同步性能好。

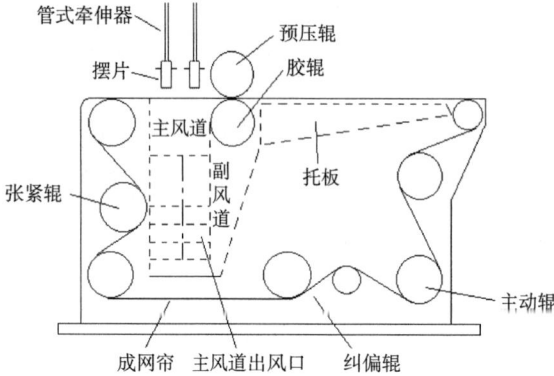

图 3-4-93　意大利 STP 公司成网机结构示意图

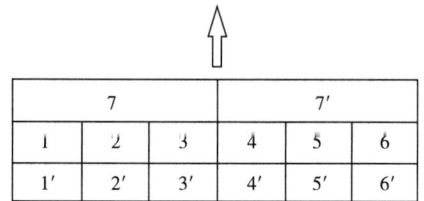

图 3-4-94　意大利 STP 公司成网机下
风道吸风面分布示意图

2. 压网关风辊技术

压网关风辊技术是在纤网前进方向的网下吸风道边界处设一对轧辊夹持纤网和输网帘,如图 3-4-95 所示。其中夹持辊上辊直径较大,比较光洁,并设清洁刀防止缠辊;下辊直径较小,通常采用橡胶辊。采用压网关风辊技术时,应防止将不正常纺丝坠落的聚合物熔体块压铸在输网帘上而造成吸风不匀。

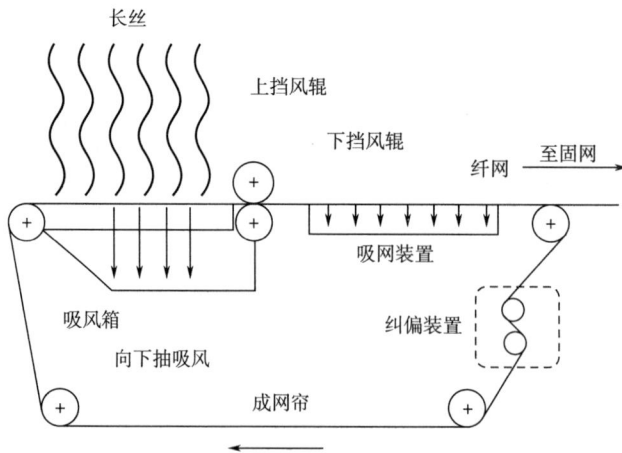

图 3-4-95　压网关风辊技术示意图

牵伸风道的底面,也是纺粘长丝的铺网面,尤其负压牵伸铺网面的四周必须密封良好。目前设计采用的密封措施为:网道两侧的压辊与网下托辊压紧带网,或在非生产方向端不用压辊,

而用毛刷压紧网面;风道两端的端板底部安
装毛刷贴紧网帘;扩散风道板与压辊间的密
封是毛刷。通过在连接端板的横梁上安装
毛刷贴紧辊面中心位置并安装软胶板贴紧
风道板,是常用的成网均匀性辅助装置,如
图3-4-96所示。

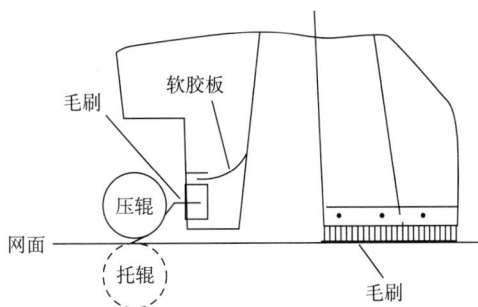

图3-4-96 毛刷作用位置

四、输送网帘的设计及要求

成网机上的输送网帘,也称为筛网输送
带,是具有透气性能、按一定方法编织而成的网状输送带。随着输送带的向前运行,长丝便在网
帘的上表面形成均匀连续的蓬松纤维网。为了使纤网能可靠地附着在网帘上,并随着网帘运
动,在网帘的下方与牵伸通道相对应的位置设置了一个密封的抽吸通道,通道与一个流量大于
冷却及辅助风流量总和的离心式抽吸风机吸入口相连接。一方面,在网帘下方的抽吸风机可以
透过网帘和纤网将上方冷却气流全部吸走,并保持负压状态。通道上下形成足够大的压力差使
气流产生高速运动.实现对长丝的牵伸;另一方面,抽吸气流把纤网紧紧吸附到带有孔眼的网面
上,丝条便不会因高速撞击在网帘上而发生弹跳位移,并随网帘一起运动。对正压拉伸机型,由
于其通道是开放式的,抽吸风机的主要作用是将纤网吸附到网帘上,因此,常用流量较大而排气
压力较低的轴流式风机。

(一) 对网帘的要求

1. 透气性

网帘的透气性能对铺网过程有重大影响,若透气性太差,气流通过阻力大,使气流量减
少,影响丝条的冷却和形成足够的牵伸速度梯度,使长丝得不到充分牵伸。但透气性太好,
也就是网帘中的网眼较大,在抽吸气流的作用下长丝会被过多地收入网眼中,与网帘紧密附
着,难以在下一步输送时,使纤网与网帘分离,产生所谓的缠网现象。由于纤网无法与网帘
分离,只是缠绕在网帘上运输、积聚,生产过程便会中断,这种情况在生产小定量产品时尤为
严重。因此,负压拉伸系统常用网帘的透气量为 $5000 \sim 10000 \mathrm{m}^3/(\mathrm{m}^2 \cdot \mathrm{h})$。设备运行速度低,产
品定量小,牵伸速度低,则透气量较小;设备运行速度高,产品定量大,牵伸速度高,则透气量
较大。

2. 承受张力

网帘在成网机上组成闭环运行,由于运转过程中的张力会影响网帘编织结构的形状,从而
影响网帘的透气性及被抽吸时的下挠程度。因此,往往根据产品的产量和纤网的表面质量来调
整网帘的张力。原则上产品定重小,张力也小,但张力应能保证网帘不会产生打滑而造成速度
不稳定;定重大,张力也大,这样可以少量增加网帘的透气性,并减少网帘在通过抽吸区时的下
挠程度,从而消除或改善纤网表面沿幅宽方向出现的不规则波浪状"裂纹"。但张力不能过大,
否则会对网帘造成损害。用碳纤维与 PET 材质做成的网帘,允许的最大张力 ≤2000N/m。由
于网帘在运动中承受较大的张力,因此,连接部位要求牢固、平整。

3. 网帘幅宽

为了有效承载和全部接收由扩散段落下的纤维,网帘的宽度必须大于铺网纤维的覆盖范围,如产品名义尺寸为 3.2m 的生产线,铺面宽 $B>3.4m$。在负压拉伸系统中,还要加上通道密封机构的宽度,因此,配套网帘的宽度要控制在 3.6m 左右。

4. 抗静电性

纤维在铺网过程中,会因相互摩擦而产生静电,而静电对纤网与网帘的分离是不利的,容易出现翻网现象。因此,有的网帘在制造过程中,混入电阻率较低的碳纤维材料,以使积聚的电荷得到释放,提高网帘的抗静电性能。

5. 密封装置

为了使纤网能可靠地附着在网帘上并随着网帘运动,在网帘的下方与牵伸通道相对应的位置,设置了一个密封的抽吸通道,通道则与一个流量大于冷却及辅助风流量总和的离心风机吸入口连接。这样,在网帘下方的抽吸风机可以透过网帘和纤网将上方的冷却拉伸气流全部吸走,并保持负压状态,通道上下形成足够大的压力差,使气流产生高速运动,从而使长丝牵伸后达到良好的铺网状态。

在风道范围内,铺好的长丝在离开风道进入外部空间前需经压紧,以免在固网前的输送过程中纤网松散,所以采用网下的支承辊和网上的压辊对压网帘实现压丝和密封。网下的支承辊采用外表胶辊,而网上压辊采用外镀陶瓷或镀铬后经特殊的喷砂处理,以免出现运转过程中粘丝现象。网上压辊两端的轴承座通过导杆与气缸连接,既可以调节压紧力,又可以抬起压辊,以容易排除故障和便于网帘拆装。

(二) 网帘的张紧和纠偏

一般纺粘生产线在成网机的驱动辊下方装有张紧辊,在辊两端的轴承座上装有手动调节的 T 型螺纹杆,在开机运行前需张紧网帘,如无张力显示则靠经验手感来判断是否合适;而在装拆网帘时可移动张紧辊,放松网帘。

张紧辊的另一端装有纠偏辊,纠偏辊上装有电动的自动纠偏机构,该机构能使网帘平稳运行,既要求网帘的幅度中线能与成网机中线重合,还要求网帘的边线保持平直。

纠偏装置的原理是通过动态调整纠偏辊的轴线与网帘移动方向的交叉角的大小和方向,使纠偏辊在转动的过程中产生一个使网帘沿成网机的幅宽方向移动的摩擦力,从而动态调整网帘在成网机的幅宽方向上的相对位置和移动方向,确保网帘动态地处于成网机幅宽方向的中间位置,达到纠正网帘跑偏的目的。可从纠偏辊的摆角 θ、等效纠偏辊的轴线与网帘移动方向的交叉角来分析纠偏能力,其原理如图 3-4-97 所示。纠偏辊一般采用一端轴向固定,另一端可绕固定端在一个平面内摆动的形式,不断改变交叉角 θ 的大小和方向,从而达到动态纠偏的目的。

摆动端的推动机构有两种形式。采用丝杠丝母副或成套电动推杆的优点是纠偏精度高、可靠性高、噪声低、结构简洁耐用、易维护。实际使用时发现采用这种结构,成网机运行速度恒定一段时间,并且经过几次纠偏动作后,纠偏辊会找到一个非常好的平衡位置,网帘基本不再跑偏,纠偏装置基本不再动作,直至网帘速度发生变化时才会再度跑偏而有纠偏动作。缺点是要做细致的调试电气的工作,找到最优的控制程序和参数才能使纠偏的精度提高。采用气缸的优

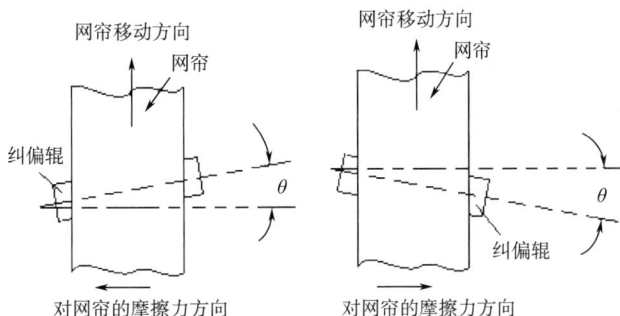

图 3-4-97 纠偏原理

点是响应速度快、纠偏效果显著、调试简单,缺点是纠偏精度低,即使成网机运行速度恒定,也需要不停地纠偏,不会找到一个非常好的平衡位置,只能通过调试尽量降低纠偏动作的频率,噪声也大,还需要加一套气动控制系统,需要较多的维护,整体可靠性下降。

目前,我国大部分铺网机的最高速度在 100~200m/min,部分可达 300m/min,国外最高速度已达到 600m/min。对高速运行的铺网机,为了避免网帘纠偏装置失灵时,导致严重跑偏碰到其他机构造成损坏,成网机设置了网帘越限报警停机检测装置,一旦网帘超越设定的偏移界限,系统便会立即切断机器电源,使网帘停止运转,并发出报警信号。

(三) 网帘驱动

在生产方向的网帘前端装设驱动辊。生产过程中要求网帘速度与生产工艺匹配,因此网帘速度必须无级调速来适应生产要求。网帘的驱动辊应由直流电动机或变频调节的交流电动机驱动。从驱动功率消耗来看,包括如下三部分:

(1)网帘张紧力和网帘运行速度所决定的功率。

(2)网帘在压辊与支承辊之间的摩擦力和网帘运行速度所决定的功率。

(3)所有辊的自重产生的摩擦力和运行速度决定的功率。

其中第(2)项消耗的功率占有相当比例,因此,最好采用网下支承辊电动机驱动,而不是上、下辊都被动,靠网帘来拖动上、下压辊,这样网帘容易受损,会缩短使用寿命。但是必须做到与主驱动的速度同步,这又是一个难题,所以在设计上还是用一个主驱动电动机,由驱动辊带动网帘运行。而在调整压辊压力时控制到能满足工艺要求的压力为好。

五、成网工艺计算及控制

成网机的最高速度由生产线的设计规格确定,产品幅宽也是定数,实际操作成网速度取决于产品规格(g/m²)和泵供量,也就是计量泵的转速 $n(r/min)$。在纺粘法生产中,成网帘的运行线速度是决定非织造产品规格(g/m²)的主要参数之一,成网帘线速度 V 的计算如式(3-4-78)所示。

$$V = \frac{K \cdot W}{G \cdot B}$$

(3-4-78)

式中：V——成网帘线速度，m/min；

$\quad$ G——产品定量，g/m^2；

$\quad$ W——计量泵挤出量总和，g/min；

$\quad$ B——有效铺网宽度，m；

$\quad$ K——速度系数，其值为成网帘线速度/热轧机速度，一般取 $K=1$。

W 为所有计量泵挤出量总和，可由公式(3-4-79)表示。

$$W = N \cdot q \cdot \rho \cdot n \qquad (3-4-79)$$

式中：N——计量泵个数；

$\quad$ q——计量泵每转排量，cm^3/r；

$\quad$ ρ——熔体密度，g/cm^3；

$\quad$ n——计量泵转速，r/min。

把计量泵泵供量计算式(3-4-79)代入速度求解公式(3-4-78)，再经变换，可得式(3-4-80)。

$$G = \frac{K \cdot N \cdot q \cdot \rho \cdot n}{V \cdot B} \qquad (3-4-80)$$

设备确定后，则计量泵的个数和生产线的幅宽是确定的；而计量泵选定后，则其每转的排量就确定了；纺丝温度确定后，则熔体密度也成了定值。这样，最终产品的定量仅与纺丝泵的转速及成网帘的线速度有关。因此，生产同一定量规格的产品，生产线的运行参数 n、V 并不是唯一的，只要 n 与 V 保持同一比例关系，则均可以制造出相同定量的产品。但不同的参数，对产品的质量、产量、工艺稳定性、能耗的影响是不一样的。

根据产量与计量泵转速呈正比的关系，计量泵转速越大，产量越高，单位产品能耗降低，生产成本降低，但纤维的质量下降，从而使产品质量降低；计量泵转速小，虽然产量降低，生产成本增加，影响经济效益，但纤维质量提高，使非织造材料的均匀度及力学性能得到改善，而且使工艺过程趋于稳定，减少断丝、飞花等现象。

在非织造产品定量不发生变化的情况下，成布的力学性能随计量泵转速的提高而降低，透气性能随计量泵转速的提高而升高，强力下降的主要原因是由于纤维网中纤维的细度发生变化。在纤网的克重一定的情况下，计量泵的转速会直接影响到纤维的细度，随着计量泵转速的提高，纤维的直径是不断增大的，由此，纤维直径的增大，导致纤维的牵伸不够充分，纤维的内部出现结构不完善，因此在牵伸过程中很容易被拉断。

在纤维的线密度发生变化后，纤维与纤维之间的排列紧密程度也随之发生变化，纤维越细，它们之间可以透过空气的可能性越小，同时，在后面的热轧辊加热过程中也易于被热量穿透，纤维与纤维之间黏合固结的程度越高，因而导致纤维的透气量明显下降；而随计量泵转速提高，纤维变粗，纤维与纤维之间的孔隙就越大，透过空气的量就增大。

网下抽风风量与产品每平方米的质量呈正比。产品单位面积的质量增加，网下抽风的阻力也增加，因此要提高抽风机的转速、提高风压，同时，风量也增加了。

在计量泵的转速及成网帘的线速度设定好以后，除非是产品定量未符合要求，否则不能单独调整其中的任何一个设定值，因此常以成网帘的线速度作为生产线中其他后续设备的速度基准,所有这些设备都会随着成网帘的速度变化而同步变化,因此对成网帘线速度的调整精度及稳定性都有很高的要求。这就简化了生产线的运行操作,因为在由很多台机器组成的电力驱动系统中,仅需调节成网机的速度,便可协调各台机器之间的速度关系,无须逐台机器去设定。

在一条生产线中,可以有一套或多套采用同种或不同种原料、工艺相同或不同的成网装置,目前已有 SS、3S、4S 等多种复合式一步成网生产线,对提高产量、改善产品质量和性能都有很明显的作用。

第六节　固网及后整理

一、固网

长丝经过冷却、牵伸、铺网之后,所得的纤维网只是半成品,还必须把纤网固结成布,才能成为最终产品。

短纤维梳理成网所用的机械加固、热黏合加固和化学黏合加固的方法,都适用于纺粘非织造材料的固网。但是考虑到纺粘生产的过程中没有任何污染,不产生废气、废水、废渣等污染环境的产物,且所用的聚合物材料无毒,因此用作卫生材料的比较多,所以常用热黏合方法进行加固。一般热轧法居多,主要是对定量为 $10 \sim 150 g/m^2$ 的纺粘非织造材料进行固网。利用 PET 制备的纺粘非织造材料,主要用于土工合成材料,考虑到其垂直渗透系数等特性,一般用针刺法进行加固,主要是对定量为 $80 g/m^2$ 以上的纺粘非织造材料进行固网。随着双组分纺粘技术的问世,又引入了水刺法加固,在固网的同时还可以进行开纤,尤其是针对橘瓣和并列双组分纺粘法,可以通过水刺开纤和固网制备超细纤维非织造材料。这是一种高新技术,用于处理高质量、高水平、手感柔软、成网均匀的纺粘布,可以用于制作婴幼儿内衣等,是非织造材料中强度高、手感最近接纺织品的材料。

虽然短纤维梳理成网所用的固网方式都可以应用于纺粘非织造材料的固网,其原理也相同,但是,由于纺粘非织造材料中纤维为连续长丝,没有卷曲度,且纤维的强度高,在针刺时所受的针刺力比较大,所以在选择刺针的时候要求刚度比短纤维针刺时的刺针刚度高。同样,水刺的时候一般水压要比短纤维梳理成网时的水压要高,属于高压水刺范畴。

二、热定形

目前,纺粘非织造生产使用的主要原料是聚丙烯、聚酯和聚酰胺,由于聚酯、聚酰胺的分子结构决定其结晶能力较低,在纺丝过程中结晶很少或根本不能结晶,经过牵伸后纤维的取向度增加,结晶得到了发展,结构得到了强化,纤维的力学性能得到了相应的改善,如强度提高、模量增加、延伸率下降,但是纤维的形状稳定性较差,遇热后会发生较大的收缩,因此纤维的弹性、韧性和耐磨性等较差。为改善纤维的性能,提高其使用价值,必须进行热定形,以提高纤维的结晶度,改善其结晶结构,从而在纤维中生成较多的稳定的结晶,提高纤维的力学性能。通过热定形处理,可以改善和提高非织造材料的许多性能,如提高强度、降低纵横向强力比、增大密度、改善表面平整性、提高尺寸稳定性等,因此热定形工艺在非织造材料生产中得到了广泛应用。

（一）热定形的作用与分类

1. 热定形的作用

在纺丝和牵伸过程中,纤维所经历的时间很短,而大分子链段的松弛时间较长,一个大分子在周围其他大分子的影响下,常受到各个方向力的同时作用,使它的某些链段处于松弛状态,而其他一些链段则处于紧张状态,使纤维内部存在着不均匀的内应力;而且纤维的结晶结构也存在很多缺陷且不稳定。这种不均匀的内应力和结构上的缺陷对纤维的力学性能和尺寸稳定性十分不利,都有待于在后续的热处理中解决。这种后续的热处理工艺通常称为热定形。通过热定形后,纤维的结构和尺寸都比热定形前更为稳定。

如前所述,牵伸过程中主要发生塑性形变,但同时也有高弹形变发生,热定形可使纤维某些链间的联结得到舒解和重建。因为定形所经历的时间较长,与大分子链段松弛时间有相同的数量级,所以来得及进行纤维重建。在这个过程中,内应力大部分可消除,大分子链的联结点得以加固,也能生成一些新的联结点,无定形区的平均序态也有所提高。这样,就在很大程度上改善了纤维的品质。

由于纤维晶区的结构远比无定形区牢固,稍高于玻璃化温度不足以改变晶区的结构,所以必须采用远高于玻璃化温度的温度,才能达到改变晶区结构的目的。在实际定形工艺中,所选用的温度常在玻璃化温度和熔点之间,再加上湿度、张力等共同作用,使纤维晶区结构发生改变。视纤维种类和定形条件不同,纤维的晶区取向、结晶度、晶粒大小和结晶完整性或多或少会发生变化。当然,彻底改变纤维的结晶结构并非热定形的目的,但结晶结构对纤维尺寸和性能的稳定确实有很大的作用。

纤维在热定形过程中,晶区和无定形区结构都会发生变化,但热定形的目的是修补和改善纤维在成型或拉伸过程已经形成的不完善结构,而不是彻底重建纤维结构。

因此热定形的作用可以概括为:通过链段的热运动舒解部分处于不平衡状态下的不稳定的分子间作用力,重建在新的平衡状态的分子间力,通过消除纤维的内应力和提高纤维结构的稳定性,达到提高纤维的尺寸稳定性,进一步改善纤维的力学性能,改善纤维的染色性能的目的。同时结晶结构进一步发展,使纤维的结构得到巩固和强化。

2. 热定形的分类

热定形可以在不同的条件下完成。若按加热的介质可以分为干热空气热定形、湿热水蒸气热定形和液浴热定形三大类;若按加热方式又可以分为接触式热定形和非接触式热定形。同时热定形可以在一定张力作用下进行,也可以在无张力作用下进行。根据所加张力的大小,纤维在热定形时可以完全不发生收缩或发生部分收缩。如果根据定形时纤维的收缩状况来区分,则可以分为控制张力热定形、定长热定形、部分收缩热定形和自由收缩热定形四种定形方式。其中控制张力热定形在热定形时张力恒定,纤维不收缩且略有伸长;定长热定形在热定形过程中纤维既不收缩也不伸长,但张力衰减;部分收缩热定形在热定形过程中允许纤维产生一定的收缩。这三种热定形方式都是在张力的作用下进行的,所以又合称为紧张热定形。自由收缩热定形在定形过程中不加控制,纤维完全处于松弛状态,因此也称为松弛热定形。

　　热定形方式不同,所采用的工艺条件也不相同,热定形后纤维的结构和性能也就不同。不同类型的纤维在热定形时所发生的结构和性能方面的变化及产生的定形机理也是各不相同的,其定形的效果也会各异。因此定形方式的选择应视产品的最终用途和性能要求而定。

(二)热定形过程分析

1. 纤维在后加工过程中的形变

合成纤维是典型的黏弹性材料,其形变和应力都具有时间依赖性,如图 3-4-98 所示。

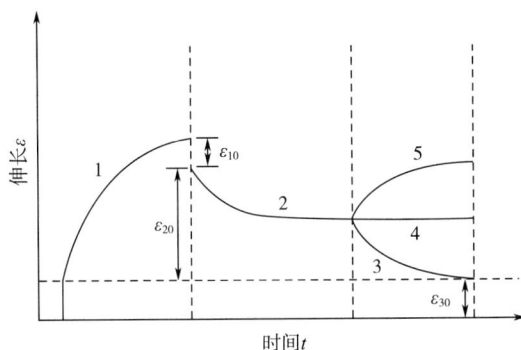

图 3-4-98　合成纤维形变随时间的变化

1—拉伸　2—低温回复　3—松弛热定形　4—定长热定形　5—控制张力热定形

　　当纤维受到恒定的应力 σ_0 的作用被拉伸时,总的形变 ε 为:

$$\varepsilon = \varepsilon_{10} + \varepsilon_{20} + \varepsilon_{30} \qquad (3-4-81)$$

式中: ε_{10} ——普弹形变;

$\quad\ \varepsilon_{20}$ ——高弹形变;

$\quad\ \varepsilon_{30}$ ——塑性形变。

σ_0 作用 t 时间后,总的形变 $\varepsilon(t)$ 为:

$$\varepsilon(t) = \frac{\sigma_0}{E_1} + \frac{\sigma_0}{E_2}(1 - e^{-t/\tau}) + \frac{\sigma_0}{\eta_3^*}t \qquad (3-4-82)$$

式中: E_1、E_2 ——弹性模量;

$\quad\ \eta_3^*$ ——塑性黏度;

$\quad\ \tau$ ——松弛时间。

2. 松弛热定形

设牵伸时间为 t_0,则:

定形前: $\varepsilon(t_0) = \varepsilon_{10} + \varepsilon_{20} + \varepsilon_{30}$

定形开始: $\varepsilon(t = 0) = \varepsilon_{20} + \varepsilon_{30} = \dfrac{\sigma_0}{E_2}(1 - e^{-t/\tau}) + \dfrac{\sigma_0}{\eta_3^*}t_0$

定形 t 时刻: $\varepsilon(t) = \varepsilon_{20}\,e^{-t/\tau} + \varepsilon_{30} = \dfrac{\sigma_0}{E_2}(1 - e^{-t_0/\tau})\,e^{-t/\tau} + \dfrac{\sigma_0}{\eta_3^*}t_0$

为使热定形过程尽快完成,使 t/τ 远大于1,要用热处理或增塑剂使松弛时间 τ 减小。松弛热定形的结果是使纤维收缩变粗,线密度增加,且由于高弹形变的松弛回复和内应力消除使纤维尺寸稳定性提高,钩接强度增大。

3. 定长热定形

对于定长热定形,ε 为常数,此时应力是时间的函数,松弛过程可以用式(3-4-83)表示。

$$\sigma(t) = C_1 e^{-\lambda_1 t} + C_2 e^{-\lambda_2 t} \tag{3-4-83}$$

式中:C_1、C_2——取决于起始条件的常数;

$\quad$ λ_1、λ_2——物质的特性函数,即为 E_1、E_2、η_1^*、η_2^* 的函数。

定长热定形的实质是纤维在长度不变的情况下,把内应力松弛掉,使高弹形变转化为塑性形变,定形效果也即消除内应力的程度与定形时间及应力松弛时间有关。

4. 张力热定形

定形开始:$\varepsilon(t=0) = \varepsilon_{20} + \varepsilon_{30}$

在恒定张力 σ 作用下,$t>0$ 时:

$$\varepsilon(t) = \varepsilon_{30} + \varepsilon_{20} e^{-t/\tau} + \frac{\sigma}{\eta_3}t + \frac{\sigma}{E_2}(1 - e^{-t/\tau}) \tag{3-4-84}$$

式中:$\quad \varepsilon_{30}$——热定形前纤维原有的塑性形变;

$\quad \varepsilon_{20} e^{-t/\tau}$——松弛回复后的剩余高弹形变;

$\quad \dfrac{\sigma}{\eta_3}t$——在张力 σ 作用下在热定形中新发展的塑性形变;

$\dfrac{\sigma}{E_2}(1 - e^{-t/\tau})$——在张力作用下在热定形中新发展的高弹形变。

张力热定形在定形中同时发生新条件下的拉伸,不可避免地会出现新的高弹形变。定形的结果不能达到完全排除高弹形变的目的,一般在张力定形后还要再进行一次松弛热定形,以消除内应力,否则纤维尺寸仍不稳定。

(三)热定形的影响因素

成纤聚合物的松弛时间对热定形有很大的影响,其表达式如式(3-4-85)所示。

$$\tau = \tau_0 \exp\left(\frac{E_a + \Delta E_a}{kt}\right) \tag{3-4-85}$$

式中:E_a——松弛活化能,160kJ/mol;

$\quad \Delta E_a$——张力 σ 作用下活化能的增加值;

$\quad k$——波尔兹曼常数。

1. 温度和时间的影响

在实际热定形工艺中所采用的温度是在玻璃化温度与熔点之间的适当选择,对于每一种纤维都有一个最适合的热定形温度范围。一般热定形温度应高于纤维或其非织造材料的后加工和最高使用温度,以保证在使用条件下的稳定性。随着热定形温度 T 的升高,纤维链段的松弛时间会大大降低,如PET纤维,其热定形的温度从20℃升高至120℃,松弛时间 τ 下降 $10^6 \sim 10^7$

倍。而且随着热定形温度 T 的升高,热定形时间 t 可以缩短,热定形的最佳时间范围也会缩短。图 3-4-99 是 PET 热定形温度与时间的关系。从图中可以看出,温度越高,时间越短,最佳热定形时间的范围越窄。

2. 张力和介质的影响

在张力作用下定形,链段的活动性下降。也即随着张力的增加,纤维链段的松弛时间增加,需要更高的温度或延长热定形时间。在有增塑剂的作用下定形可使松弛时间减小,但增塑剂对不同成纤聚合物材料有不同的影响。

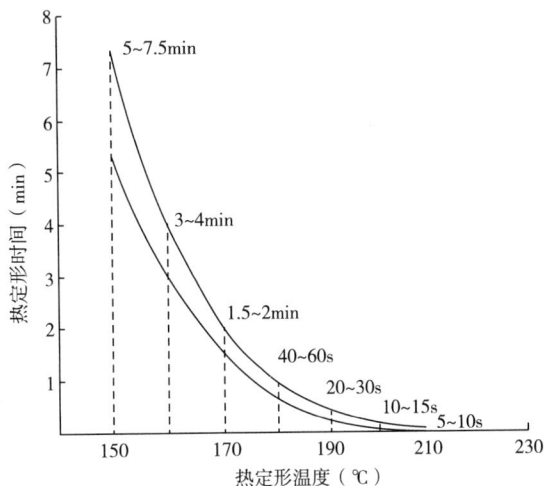

图 3-4-99 PET 热定形温度与时间的关系

(四)热定形过程中纤维结构的变化

在热定形过程中纤维超分子结构的变化比牵伸过程中更明显。热定形过程中纤维结构的变化,在很大程度上取决于大分子链的柔性和热定形条件,如温度、张力等。

1. 结晶方面的变化

对于结晶性的成纤聚合物,在松弛状态下热定形,其结晶度有所提高,定形时温度越高结晶度的提高往往越快。常见的纤维,如 PET、PA、PP 等,在热定形过程中结晶度都有提高,一般可达 20%~30%。如果是在定长热定形或在张力下热定形,结晶度增加得就较缓慢或保持不变,且外力越大,增加越慢。

在热定形的过程中,晶粒的尺寸有所增加,晶区的缺陷减小。一般对于松弛热定形,垂直于纤维轴方向上的晶粒尺寸增大较多;而对于紧张热定形,则平行于纤维轴方向上的晶粒尺寸增大较多。此外,热定形也能影响晶格的结构。对 PP 的研究表明,定长热处理 30min,准晶就可以变为有序性高的单斜晶,在 70℃时更显著,随温度升高,准晶干涉强度下降,单斜晶干涉强度增大。

对取向的 PA6,如果在干状态下加热,则只能增加原来六方形结晶的完整性,如在水或其他氢键生成剂存在下加热,则会促使其转化为单斜晶变体。PET 热定形过程中,结晶度也有所提高,晶粒尺寸有所增加,折叠链的长度变大。试验表明,PET 在热定形过程中,在 85℃时急剧产生前段结晶,生成准晶态结构,而从 130℃左右开始,缓慢发生后段结晶,生成三斜晶结构。可以预料,结晶速率和平衡结晶度与纤维原有的结构有关。

对 PA66 和 PET 纤维的热定形研究表明,大分子折叠链的数目增加了。热定形前,PP66 的结构特点是:序态较低,分子间键能分布宽,结构中有少数折叠链,但多数大分子链是伸直的。在热定形过程中,加热使链段自由运动,改为较稳定、较牢固的分子间键合,这种过程是一种局部的再结晶。纤维结构中原有的折叠链可能起到一种晶核的作用,使折叠链继续扩散,结晶度和结晶完整性随之提高。大量的链折叠引起纤维收缩。改组后的结果是晶区和无定形区都集中了，贯穿整个纤维网结构的长直链分子数减少，导致纤维强度下降。

一般认为，由于热处理而发生结晶时，在高温下生成的结晶稳定，因此，在低温下进行长时间热处理不及高温下短时间热处理好。

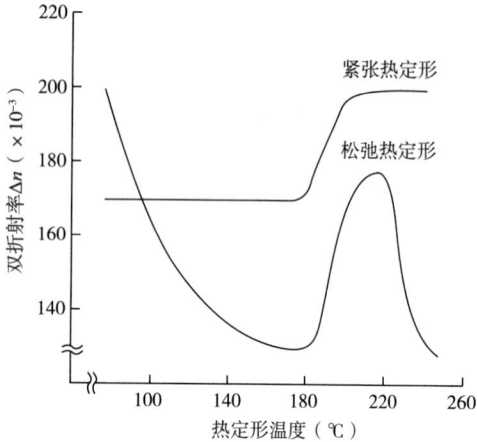

图 3-4-100 PET 热定形时双折射率的变化曲线

2. 取向度的变化

纤维取向度的变化受热定形方式的影响很大。图 3-4-100 是 PET 热定形时双折射率的变化。由曲线可以看出，松弛热定形与紧张热定形后纤维的取向度有明显的不同。经松弛热定形后，晶区取向略降低，非晶区取向明显降低，总的来讲双折射率减小，同时也说明晶区对热较不敏感，即使在高温下热定形，晶区的解取向也不明显。而非晶区则对热较敏感，受热后由于链段的运动，发生明显的解取向。在 180～200℃ 热定形，不论是松弛热定形还是紧张热定形，双折射率都有所增大，这可能与折叠链结晶结构的形成和发展有关。

在定长热定形或张力热定形后，双折射率基本不变或略有增加。

（五）热定形对纤维性能的影响

在热定形过程中，纤维发生松弛和结构变化，其力学性能也必然随之发生变化。这种变化取决于纤维的性质和热定形的条件，其中热定形的温度和张力对其性能的影响最为明显。与纤维取向度密切相关的断裂强度，在松弛热定形中有所降低，这是因为在松弛热定形过程中纤维取向度降低，而在紧张热定形中它保持不变或有所增大。

在不同温度下热定形时，PET 的长度收缩随着定形温度的升高而增大，而剩余收缩率则随温度提高而下降。剩余收缩率越小，纤维在以后的热处理过程中，收缩应力也会越小，有利于产品尺寸稳定性的提高，这正是松弛热定形的目的之一。

由于在热定形过程中，纤维的结晶结构发生了变化，而水分子及染料一般只能渗入纤维的非晶区，因此热定形后纤维的吸湿及其染色性都可能发生变化。对不同的纤维，其影响程度也不尽相同，例如，PAN 纤维热定形后吸湿性能降低，而 PA6 在紧张热定形后染色性能下降。

通过热定形后对纤维性能的研究表明，凡是定形过程中使取向增加，特别是非晶区取向增加的因素，都能促使纤维断裂强度、弹性模量增加，断裂伸长、断裂功下降。因此，紧张热定形可以生产高强低伸型纤维，松弛热定形用于制造低强高伸型纤维。定形中有利于内应力松弛的因素，如定型收缩增加、温度升高、时间延长及增塑剂作用等都有利于消除内应力，都会使纤维的断裂伸长率、耐磨性、勾接强度、耐疲劳性得到提高。定形后结晶度和结晶完整性增加，纤维的结构更加紧密，因而对溶剂、活性物质的稳定性增强。调节定形条件或改变定形方式，可以在一定程度上改变纤维的结构,但它是在原有结构上的完善,而不是彻底的重建。

（六）热定形机理

不同合成纤维热定形时所发生的结构与性质的变化不同,它们的定形机理也有差异。目前,纺粘法非织造材料所使用的原料主要为 PP、PET 和 PA。由于 PET 与 PA 分子结构决定了其结晶度较低,在纺丝过程中结晶很少或根本不结晶,因此,为了改善纤维的性能,在纺丝成型后必须要进行热定形,按定形效果而言,可分为暂时定形和永久定形两种机理。

暂时定形是由非晶区分子间力的作用而产生的,PA 纤维主要是大分子间的氢键,PET 纤维是酯键及苯环之间的分子间力,这种非晶区分子间作用力一旦温度升高就会发生舒解,因此只能产生暂时的效果。而永久定形是晶区结构的变化产生的,小而不完整的晶体熔化,较大较完整的晶体继续生长。

刚成型的纤维中,晶区微晶体的大小是不同的,晶区与晶区之间由非晶区联结,每个晶区中也还可能存在着结晶不完整的地方(缺陷)。在热定形过程中,晶区缺陷可能得到消除,或同时晶区长大。视晶区大小和结晶完整性不同,其熔点是不一样的,小和不完整的晶区较易熔融。图 3-4-101 是永久定形机理示意图。

由图 3-4-101 可以看出,将纤维加热至温度 T_1,小而不完整的晶体将首先熔融(Ⅰ画线部分),而较大、较完整的晶体将生长,使原来的分布Ⅰ变为定形后的分布Ⅱ。继续升温至温度 T_2,则Ⅱ画线部分将熔融,分布将进一步变成Ⅲ。即在一定温度范围内,定形温度 T 越高,永久定形程度越大。但热定形温度的提高并不是无限制的,温度过于接近整个纤维的熔点,会使结晶组织所构成的网络结构解体,引起纤维力学性质的恶化。

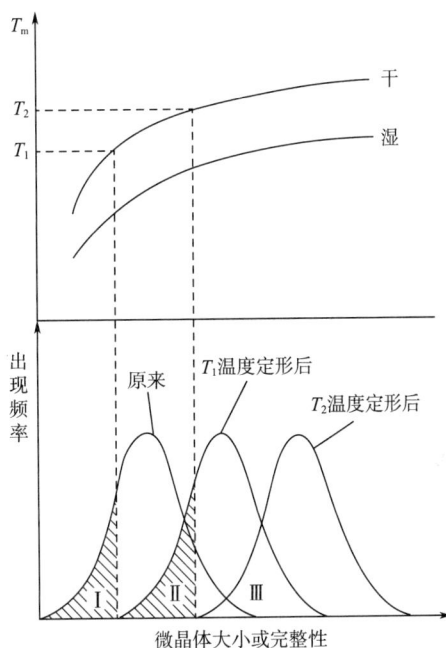

图 3-4-101　永久定形机理示意图

图 3-4-101 也表明,水分或其他溶剂存在会使整个熔点曲线降低,因此在水中或蒸汽介质中,热定形温度应相应降低。

对 PET 纤维热定形后的超分子结构的研究也表明,当热定形温度 $T<175℃$ 时,随着温度的升高,结晶度增加,晶粒数目增多,晶粒尺寸增加较少。当热定形温度 $T>175℃$ 时,随着温度的升高,结晶度略有增加,晶粒尺寸明显增大。

（七）热定形设备

由于纺粘法具有生产速度高的特点,而热定形又大多要求在线实施,因此纺粘法中的热定形通常有别于传统的纺织与化纤生产中的热定形。在纺粘法热定形工序中,通常是提供一个远高于成纤聚合物玻璃化温度的机内环境温度,再加上湿度、张力等工艺条件,使纺粘非织造材料通过时纤维的结构和品质发生改变。为使纺粘非织造材料得到均匀有效的定形,最常用的方法是采用热风穿透并辅以拉幅,以改善横向性能参数。

纺粘法热定形设备种类很多,应根据产品的最终性能要求和定形条件选择合适的定型设备。热定形设备按照纤维或纤网的加热方式主要可分为两大类。

1. 热风式定形设备

这种定形的加热载体是热空气,通过热风穿透纤网,将热量传递给纤维,按照纤网在定形设备内的运动方式,又分为圆网滚筒式和平网式两种。

图 3-4-102 所示的是一种圆网滚筒式热定形设备。

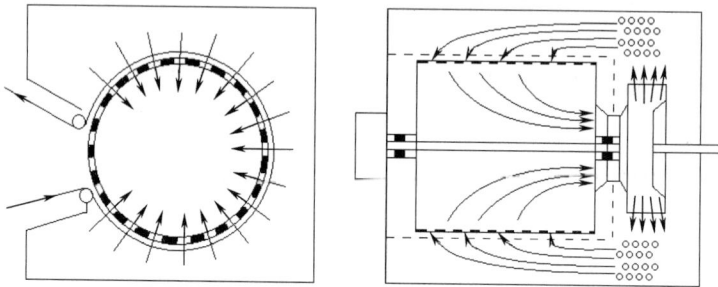

图 3-4-102　圆网滚筒式热定形设备

当采用单个滚筒时,为增加受热时间,纤网对滚筒的包围角可达 300°,轴流风机从滚筒侧面抽风,形成循环气流,气流经过热交换器时进行加热。这种设备具有占地面积小、加热速度快、定形后表面平整等特点。圆网滚筒也有采用两个或更多的,排列方式可采取垂直排列和水平排列,如图 3-4-103 和图 3-4-104 所示。

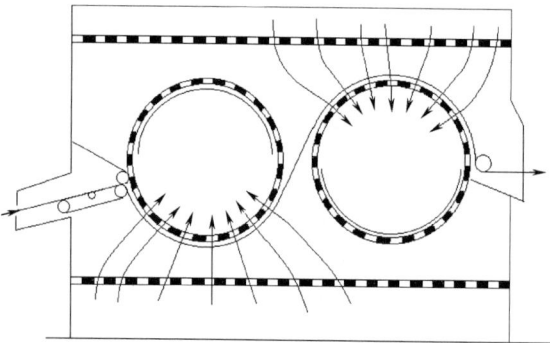

图 3-4-103　水平排列双滚筒热风定形设备

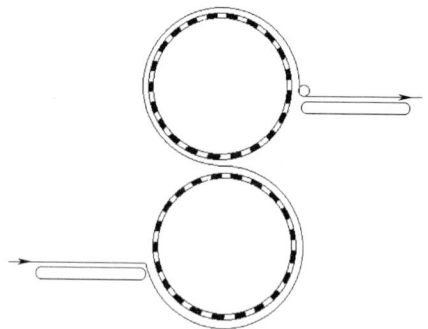

图 3-4-104　垂直排列双滚筒热风定形设备

这两种设备都可使热风交替穿过纤网的两面,加热效果更理想,更适合于厚重产品的热定形,可以通过改变滚筒直径,增加其加热能力。每只滚筒都可以单独调速,以适应加工不同品种及规格的纤网,因为不同的纤维,其热收缩率不同。

有时为了控制纤网的收缩,增加纤网的密实程度,在圆筒上附加一压网帘。图 3-4-105 是单层平网式热风定形设备,这种设备的突出特点是,可以根据需要将整个工作长度分为几个不同的温度区域,以满足工艺上的要求,但其缺点是占地面积大。一般来讲,热风定形过程中,热空气穿透整个纤网,使纤网中间部分的纤维也能受热均匀、定形效果好而持久。

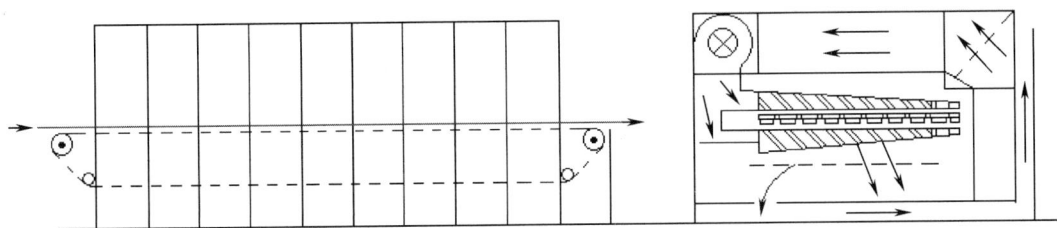

图 3-4-105　平网式热风定形设备

2. 接触式定形设备

接触式定形是将纤维或纤网绕经一组加热的滚筒,通过热传导将纤维或纤维网加热定形。由于热传导速度慢,对纤维网而言,只是其表层纤维可以达到热辊温度,而中间层纤维的温度则较低。因此,这种设备适合于薄型产品或只需表面进行热定形的产品。其特点是设备结构简单,占地面积小,可采用热油或蒸汽对热辊进行加热,或采用电热管直接加热。

此外,还有一种采用红外线辐射加热的定形设备。它是利用任何材料都能吸收某特定波长的红外线转变为热,使材料本身温度升高的原理工作的,如图 3-4-106 所示。这种设备加热速度快,热损失小,加热温度高,可达 500～1800℃,控制加热温度较容易。这种设备适合生产厚型、密度大的产品。

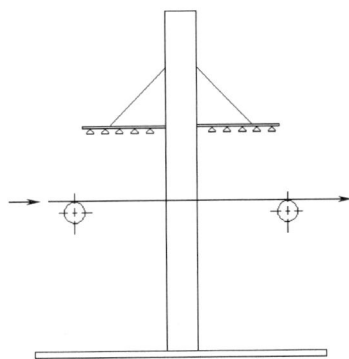

图 3-4-106　红外线热定形设备

三、后整理

大部分能用于非织造材料的后整理方式都可以用于纺粘法非织造材料的后整理,但是纺粘法非织造材料的后整理常用的过程一般包括烧毛、浸渍、烘干、冷轧等,下面简单地介绍。

(1)烧毛。烧毛一般用于针刺法纺粘非织造材料,通过明火将纺粘非织造材料表层的部分纤维熔融,或用明火将一块不锈钢板加热,纺粘非织造材料在不锈钢板上经过的方法使纤维部分熔融。采用后一种方法时,通过选择不锈钢板与行进的纺粘非织造材料间对应的角度参数及温度,可使纺粘非织造材料表面达到非常理想的表面光洁度,其产品大部分作过滤材料使用。烧毛机结构如图 3-4-107 所示。

(2)浸渍。浸渍一般用于各种胎基布生产,例如生产防水基布、沥青油毡基布等,需要对纺粘非织造材料进行配胶处理。浸渍设备中一般包括定比例计量配胶设备和针刺纺粘非织造均匀浸渍(包括压挤出多余的浆液)装置两部分,如图 3-4-108 所示。浸胶之后进行烘干、包装,再送到沥青工厂涂沥青,作为防水材料使用。

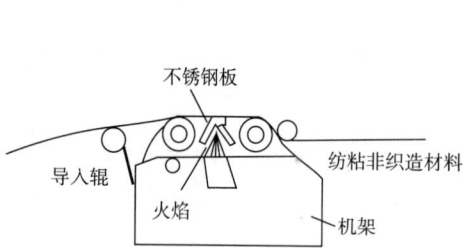

图 3-4-107　烧毛机

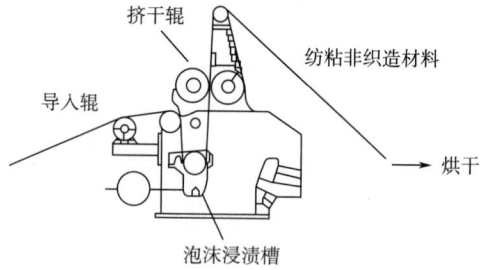

图 3-4-108　泡沫浸渍机

（3）烘干。烘干的作用是将浸渍后的针刺纺粘浸胶材料烘干,烘干设备与热定形设备相似。有的薄型纺粘生产线,在热轧成布后,配备有喷洒或浸渍各种化学助剂(如抗静电剂、阻燃剂、防老化剂、表面活性剂等)的设备,使布变湿,因此也必须配置干燥设备。但由于含湿量较小,一般仅配一个小型圆网滚筒即可把布烘干。烘干机结构如图 3-4-109 所示。

（4）冷轧。冷轧是保证产品厚度和提升光洁度的重要手段,能使纺粘非织造材料在成卷时冷却。它通常是用一对直径为 800mm 左右的内部通冷却水的大型轧辊对烘干后的热纺粘非织造材料进行地强压,如图 3-4-110 所示。冷轧后产品的厚度能满足用户要求,且具有很好的光洁度和平整度。

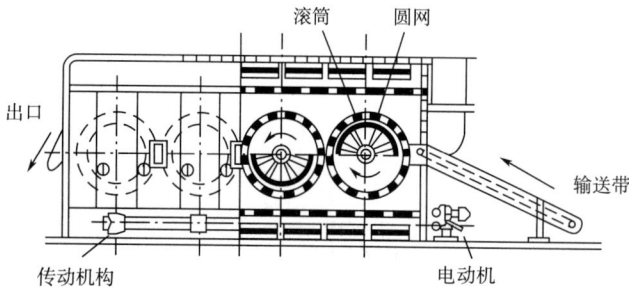

图 3-4-109　烘干机

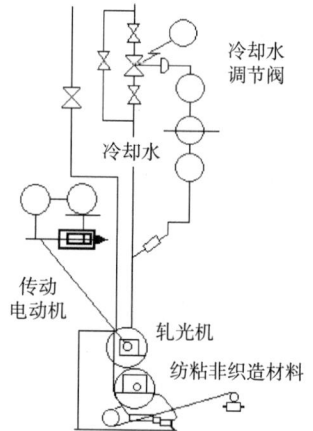

图 3-4-110　冷轧机

四、卷绕与分切

（一）卷绕张力的控制

为了保证产品的质量,卷绕机是按恒张力卷绕方式工作的,即对一定规格定量的纺粘非织造材料,从卷绕开始到结束,要求其全过程张力都保持在设定值范围内。

纺粘非织造材料在卷绕机上绕过上、下两张力测量辊,在两个张力测量辊之间装有电动机转动的夹布辊,由两个张力传感器测量纺粘非织造材料的张力并将测量信号传送到计算机,其结构如图 3-4-111 所示。如果布面的张力与设定值有偏差,则通过调整夹布辊驱动电动机修正张力偏差。对于定量规格不同的纺粘非织造材料,其卷绕张力要求是不一样的,张力的大小随产品定量而变化,定量大,张力也大。

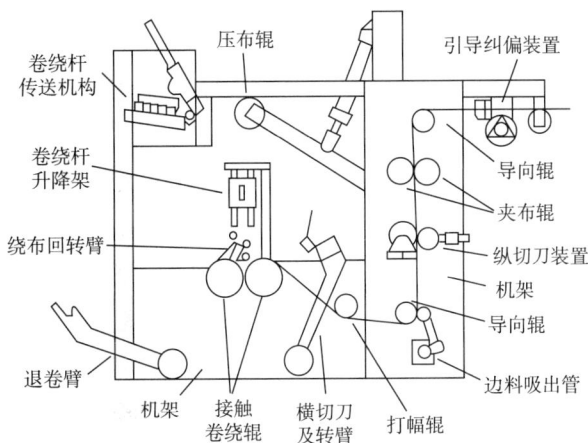

图 3-4-111 卷绕机构

张力的大小除影响成品纺粘非织造材料的卷径大小外,还会对卷长及幅宽产生影响。张力过大,纺粘非织造材料被拉长,会增加卷长计量的误差,同时导致幅宽变窄,这是客户投诉的一个潜在原因,因为用户基本上都是在零张力的自由状态下测量卷长和幅宽的,这与在大张力条件下的测量结果会存在很大误差。

(二)接触辊与卷取操作

双接触辊式卷绕机是以表面驱动的收卷方式工作的,即卷绕轴在外力的推动下,紧靠在由电动机驱动的主动接触辊表面上,依靠两者之间的摩擦力带动卷绕杆旋转,将产品卷取到装在芯轴上的纸筒管上,卷绕速度取决于主动接触辊的外圆线速度。由于卷绕过程是依靠摩擦力进行的,而摩擦力又与摩擦系数及压力有关。为了增大摩擦系数,在双接触辊式卷绕机中,主接触辊的工作表面用橡胶制造。为了保证布卷能有足够的压力与接触辊接触,除了在卷绕杆两端有汽缸施加稳定的压力外,还装有压紧装置向布卷加压。

但随着布卷直径增加、自重增加,接触辊所受的压力也会增大。为了保证卷绕过程摩擦力的恒定,压紧装置根据布卷直径测量机构提供的卷径参数,自动减小对布卷的压紧力,使布卷直径在变化过程中,保持与最小直径时一致的合成力,即使卷绕杆两端压力、布卷自重、压紧装置压力三种力的合力保持稳定,使卷绕过程能正常进行。

(三)分切机构及其操作

卷绕机的分切系统分为横向分切和纵向分切两部分。横向分切仅在执行自动换卷程序时才短时工作一次。为了尽量减少横切口的斜度,从而减少因横切所形成的废品,横切刀的动作要快,可在零点几秒内完成切断动作。例如,由无杆气缸驱动的飞刀式横切刀,线速度可达10m/s甚至更高。其结构示意图如图 3-4-112 所示。

纵向分切就是沿生产线的运动方向将全幅产品分切成几个部分,如图 3-4-113 所示。当然不是所有的卷绕机都有这种机构,在这种情况下,只能将全幅宽产品转移到专用的分切机上按需进行分切。带有纵向分切机构的卷绕机大,都可以分切出所需要幅宽的产品。但由于受分切刀安装间距及大直径小幅宽布卷的稳定性和横切过程可靠性等条件限制,在生产线上分切的产品幅宽不宜太小,小幅宽的产品还是在专用分切机上分切较好。

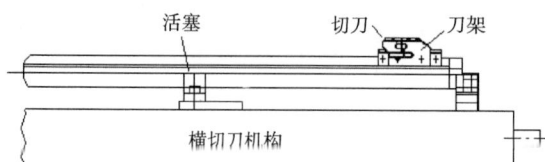

图 3-4-112　横向分切结构示意图

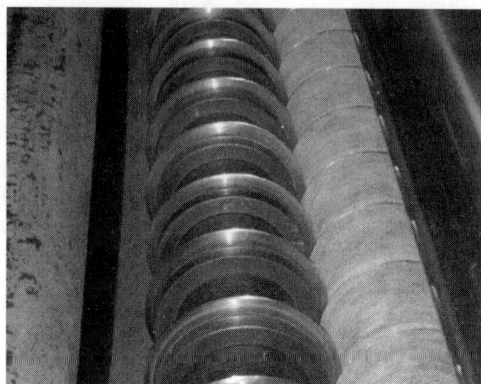

图 3-4-113　纵向分切机构

五、纺粘法非织造材料的质量问题

纺粘法非织造材料的质量问题主要是由其纺丝成型引起的,如纺丝工艺控制不好会出现注头丝、挂丝、飘丝等现象,而如果侧吹风冷却及牵伸工艺不合理的话,则会出现并丝、集束不良或丝条晃动过大等问题,从而严重影响最终纺粘非织造产品的质量。生产中常见故障、疵点、产生原因及解决方法见表 3-4-10。

表 3-4-10　常见的生产故障、产生原因及解决方法

故障及疵点	产生原因	解决方法
飘丝	熔体含水率高	调整切片干燥工艺,降低含水率
	喷丝板板面和喷丝孔不洁	铲洁板面或更换纺丝组件
	组件压力过低	增加过滤层压力
	组件过滤破损	更换纺丝组件
	熔体温度过高	降低箱体、溶体温度
	熔体黏度不匀	调整各区温度,增加螺杆挤出机混合效果
并丝	溶体温度过高	降低螺杆各区及箱体、熔体温度
	侧吹风冷却不良	增加侧吹风风速或降低侧吹风温度
	泵供量过大	降低泵供量
	喷丝板板面不洁	铲洁板面或更换纺丝组件
	喷丝孔有弯头丝	更换纺丝组件,修整喷丝孔

续表

故障及疵点	产生原因	解决方法
注头丝和硬头丝	新装组件的预热温度偏低	提高组件预热箱温度和延长预热时间
	溶体温度过低	提高溶体温度
	侧吹风冷却过快	降低侧吹风风速或提高侧吹风风温
	熔体与喷丝板板面剥离性能不良	更换纺丝组件
挂丝	喷丝板过滤网堵塞,喷丝速度不均,冷却速度不一致,喷丝孔磨损	更换纺丝组件
	冷却不充分	提高冷却效率
集束不良	侧吹风风速过大	调整侧吹风风速
	冷却凝固点过长	改善冷却凝固条件
丝条晃动过大	侧吹风风速过大或过小	调整侧吹风风速
	纺丝室空气流动过大,回风严重	正确控制纺丝室气流状况
	侧吹风过滤网堵塞严重,吹风不匀	清理侧吹风过滤网

第七节　纺粘非织造材料的应用

　　纺粘法非织造材料是以热塑性高分子化合物为原料,经过熔融纺丝、牵伸铺网,然后用热轧、针刺及水刺等方法固结而成的片状纤维材料。从材料的外观形态上看,它和纺织品、纸张以及塑料近似,都是面积大、相对厚度很小的天然或合成高分子材料。由于纺粘法非织造材料是牵伸后的长丝直接铺网成布的,因而它的结构和纺织品、纸张有某些共同之处。所有这些特性都表明纺粘法非织造材料的性能介于纺织品、纸张和塑料之间,因而可以在传统的纺织品、纸张和塑料等的应用市场中找到很多可取代的位置,并且比传统产品得到更为经济和优良的应用效果。这种关系可以用图 3-4-114 加以表示。

　　在图 3-4-114 中,A 部分代表纺粘非织造材料可以取代纺织品的应用市场,例如医用材料、卫生用品、家具用布、地毯基布、涂层基布、装饰材料、土工布、过滤材料、防护服、电气绝缘材料等。B 部分代表纺粘非织造材料可以取代纸张的应用市场,例如防水材料基材、电池隔膜、电气绝缘材料、卫生用品、过滤材料、包装材料、装饰材料等。C 部分代表纺粘非织造材料可以取代塑料薄膜的市场,例如农业用布、包装材料、防护用品、复合材料等。

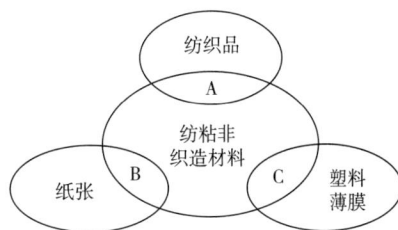

图 3-4-114　纺粘非织造材料与纺织品、
纸张和塑料薄膜的关系

　　由于纺粘非织造材料是一种新型纤维材料,它除了具有与上面所说的纺织品、纸张、塑料薄膜相近的性能以外，还具有其自身的独特性能。正因如此，它除了可取代传统产品以外，实际上已被开发成一种全新的、性能更优良的新产品，以满足现代经济发展和人类生活素质提高的需要。例如，使用纺粘非织造材料生产的婴儿尿布、妇女卫生巾和老人尿失禁用品等卫生材料，比过去传统用纸张、纺织品做成的卫生用品更方便、实用，更卫生。又如，使用纺粘非织造材料作载体加工成的改性沥青防水材料，其使用效果是传统的以纸张和纺织纤维材料为载体的防水材料无法相比的，已发展成一种新型的建筑材料，在重要工程和高档建筑中得到了广泛应用。

经过近40年的研究发展，纺粘非织造材料已经从作为纺织品、纸张和塑料的"边缘材料"逐步形成了一系列具有自己独特功能的应用市场。目前纺粘非织造材料的实际用途按行业可分为10个类别。

（1）医疗卫生产品。包括婴幼儿纸尿裤、卫生巾、成人失禁用品、医用口罩、帽子、鞋罩、套袖、手术隔离用布、手术用具消毒用布。

（2）一般工业用布。包括过滤材料、抛光材料、擦布、隔热材料、吸音材料。

（3）土工材料。包括公路铁路用布、运动场等地面用布、海岸稳定加固用布、水库水坝用布。

（4）建筑结构材料。包括沥青屋顶材料、橡胶屋顶材料。

（5）农用材料。包括温室遮阳制品、杂草防护布、植物防寒覆盖物、幼苗培育的温湿度控制、水果的套袋、蔬菜和花卉的保护布。

（6）地毯行业。包括簇绒地毯的第一层底布、第二层底布，汽车用地毯系列。

（7）合成革基布。包括箱包用布、家具和服装用布。

（8）电气绝缘材料。包括电缆包布、电池隔膜、绝缘用布、半导体用布。

（9）家具行业。包括床垫、沙发、椅子的包布和填充料，装饰用布，条形滑动窗帘。

（10）纺织品。包括桌布、防雨和防晒制品、衬布。

纺粘非织造材料的市场十分广泛，还可以根据产品的使用特征分为用即弃产品和耐久性产品两大类。前者是指一次性的、经济价值较低、使用方便的产品，而且是人们经常需要而大量使用的产品，又称"短使用寿命产品"，如上述的第一类医疗卫生用品；后者则指用于工程、建筑和各种工业制品、生活用具中的部分材料，又称"长使用寿命产品"，如后面9类产品。当然，这里所谓的用即弃和耐久性都是相对而言的，在新产品的开发中要根据其价格和性能来确定其用途。

从原料角度来看，纺粘非织造材料除了少量PA和PE以外，基本上都是PP和PET，市场上习惯称为丙纶纺粘布和涤纶纺粘布。由于PP切片和PET切片在性能上有区别，因此在纺粘法生产工艺和设备上也是有区别的。虽然都是纺粘非织造材料，但性能和价格方面也有差异，因此应用的市场也有变化。一般丙纶纺粘非织造材料以薄型居多，多用于用即弃产品，而涤纶纺粘非织造材料以中厚型和厚型居多，主要用于特定的耐久性产品方面。下面从医用防护材料、卫生材料、土工材料、防水材料及农用材料多等几个应用领域进行简单介绍。

一、医用防护材料

医用防护材料是应对疫情、灾害的重要战略物资和民生健康产业急需的关键材料,全球市场规模高达每年1200亿美元。根据医疗行业分类,我国的医用防护材料可分为手术病人及手术台覆盖用感染控制产品、医生穿戴用于感染控制的产品、器械用感染控制产品、生物防护用品等几大类。其中手术病人及手术台覆盖用感染控制产品要求无菌供应,与手术室的净化系统联合,覆盖在病人身体或手术台上,使手术区域或手术器械台上方形成无菌区域,阻止产品下方有菌区域的细菌、皮屑等向手术创面或手术器械传播,对微生物、皮屑、体液等起阻隔和控制作用。医生穿戴用于感染控制的产品也与手术室的净化系统联合,穿在医务人员身上,使胸前和袖口的手术区域形成无菌区域,阻止内部有菌区域的细菌、皮屑、头屑、汗液等向手术创面传播。器械用感染控制产品则是用在自然腔道内检查的重复性使用器械上的一次性隔离用品,可以防止通过器械造成病人间的交叉感染。生物防护用品是供医护人员、医院垃圾清理人员、器械消毒清洗人员穿戴的职业防护用品,起生物防护作用,阻止来自患者的病毒向医疗机构和医疗从业人员传播。

根据国家产业结构调整目录,防护服属于公共安全与应急用品行业,保障人类避免受各类伤害的防护服饰。而医用防护服一般指医务人员(医生、护士、公共卫生人员、清洁人员等)及进入特定医药卫生区域的人群(如患者、医院探视人员、进入感染区域的人员等)所使用的防护性服装,其需要满足的性能如图 3-4-115 所示。

对于防护材料,其首要满足的性能是防护性能,也就是说,当人体暴露在危险

图 3-4-115 医用防护服需要满足的性能

环境中时,材料要具有最基本的防护功能,表现在对微生物、病毒、液体及固体颗粒等的阻隔性能。在使用过程中,医用防护材料应该具备阻隔病菌的性能,同时应该能够防止水、血液和酒精的渗透,从而避免交叉感染。

在材料具备防护性能的基础上,还要求材料必须有舒适性,也就是防护材料在使用的过程中必须使患者或医护人员感到舒适,这种舒适性可以通过材料的定量、厚度、透气透湿性、悬垂性、贴肤性等性能来表现。其中最为重要的是材料的透气透湿性能,因为湿热如果不能及时排除,医护人员和患者长时间穿戴防护材料会感到烦躁,从而影响身体健康和工作效率。但是透气透湿性能往往与防护性能是对立的,因此应在材料达到防护性能的基础上尽可能使材料透气透湿。

虽然目前的医用防护材料大部分为一次性产品,但是对防护材料的力学性能也有一定的要求,必须保证医护人员和患者在穿着过程中材料本身及缝合处不会开裂,在被硬物或尖锐物质的碰触下不会被刺破,从而避免为病菌的传播提供通道,增加感染的机会。

纺粘非织造材料由聚合物切片原料直接熔融纺丝制备而成,在生产过程中不添加任何化学黏合剂和其他物质,具有加工简单、成本低、强度高、无尘屑和短绒脱落等优点,所选用的聚合物材料本身对人体无害,且能有效防止细菌的传播和交叉感染,可以较好地满足医用防护用品的一次性使用要求,减少术后感染的危险,所以在医疗领域的应用越来越广,对纺粘技术也提出了更高的要求。

如前所述,纺粘非织造材料作为防护材料强度和舒适性能满足要求,但是在阻隔性能上相对弱一些。针对这个问题,世界各国都在借鉴熔喷法的超细纤维技术,采取一定的措施使纺粘非织造纤维既具有一定的强度,又能保证形成超细纤维,因此,细旦化纺粘技术已经成为纺粘技术的一大研究热点。

应运而生的是双组分纺粘水刺技术,这种技术是德国的科德宝公司首先发明的,它利用中空橘瓣型纺丝组件,将熔体细流从喷丝孔挤出之后,经冷却吹风、气流牵伸形成长丝铺置在成网帘上,再利用高压水刺技术进行开纤及固网,开纤率能达到70%以上。国内天津工业大学工程中心有一条幅宽30cm的小型试验线,江西吉安三江化纤有一条正式生产线,廊坊新元公司的生产线因故已经停产。

这类产品在普通圆形纤维的基础上进行开纤,目前常用16瓣和32瓣的喷丝孔,因此开纤后纤维直径非常细,且截面为楔形而非圆形。经水刺开纤后产品外观和柔软度与纺织品非常相似,其阻隔性能相比普通的纺粘或水刺非织造材料好,因此可用于医疗防护材料。土耳其非织造材料生产商Mogul最近推出了一款可用于手术衣的这种材料,其开纤后的纤维比发丝细100倍,能阻隔微生物,具有抗血液和酒精的特性,还具有良好的吸湿透气性、隔热性。这种非织造材料的微孔结构和防护性能使其成为医用防护服的理想材料。这种双组分纺粘纤维的截面图及表面图如图3-4-116所示。

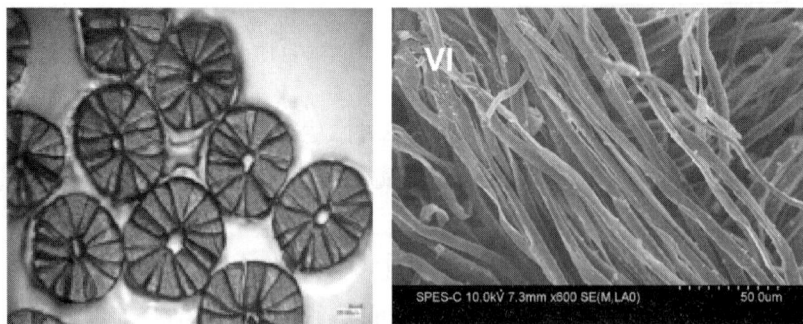

图3-4-116 双组分纺粘纤维截面图及表面图

另外,原料方面的研究也是纺粘医用防护材料的热点。目前,为了解决废弃物处理过程中可能遇到的再感染危险,其中一大研究热点是采用可生物降解聚合物为原料,如聚乳酸(PLA)、聚羟基乙酸(PGA)等,这些材料具有非常好的微生物降解性能,废弃物丢弃之后通过堆肥掩埋而自然分解,完全分解为二氧化碳和水,对环境也没有任何污染。为了解决穿着舒适性问题,另一发展热点是采用弹性聚合物为原料,如美国艾克森美孚公司的弹性聚丙烯(PP)、中国科腾公司的弹性苯乙烯嵌段共聚物(SBC)等,这些材料具有很高的弹性,使穿着者能感到很好的贴合性和舒适性,保持心情愉快,有助于提高医护人员的工作效率和患者的康复过程。

随着非织造工业的发展,世界各国越来越多地使用非织造防护服,目前使用的防护服的透气、透湿性差,覆膜医用防护服的剥离强度低,容易导致病毒对医务人员的侵害。因此,开发高阻隔性、高透气透湿性的高性能防护服用非织造材料的需求也急剧增加。开发新型防护材料生产技术,提高防护服产能具有广阔的市场前景。

除了医用防护材料之外,随着我国对工业生产过程中生产的有害物质的重视,工业防护服需求巨大,要求也存在差异,尽快开发新型纺粘非织造防护材料生产技术非常急迫。

二、卫生用材料

纺粘非织造材料在卫生领域一般用于婴儿纸尿裤、妇女卫生巾和成人尿失禁用品等,这类产品又可称为吸收性产品。它们都是用于吸收人体排泄出的废物(液),具有良好的吸收性能并对人体皮肤无刺激。这类产品给人们生活带来舒适和方便,且清洁卫生效果好,一般都是用即弃的,因此要求轻薄而且便于携带,且价格低廉。这个市场将随着全球人口的增长和经济的发展而不断扩大。应该说,吸收性产品本身是一个巨大的市场,它也是纺粘法非织造材料应用的主要领域之一。

随着全球人口老龄化的发展、人们健康保健意识的提高和消费习惯的改变,市场对卫生用纺织品的需求呈现出日益增长的态势,尤其对高端一次性卫生用品的消费用量和性能要求均快速提高。一次性卫生用品的表层材料对传递液体速率、干湿态舒适度等起着关键作用。经过近20年的不断升级换代,表层材料在纤维原料、生产工艺、表观形态等方面都取得了长足的进展,非织造材料占据了绝对的市场份额。

1. 婴儿纸尿裤

据调查,目前全球范围内平均每秒大约有5个新生儿出生,一年新生儿的出生数量就达到了1.57亿。美国、日本等发达国家婴儿纸尿裤市场渗透率已达90%以上,但是婴儿人口数量高的发展中国家和不发达国家,纸尿裤渗透率比较低,这就为市场提供了巨大的增长潜力。全球婴幼儿纸尿裤市场消费情况及增长预测如图3-4-117所示。

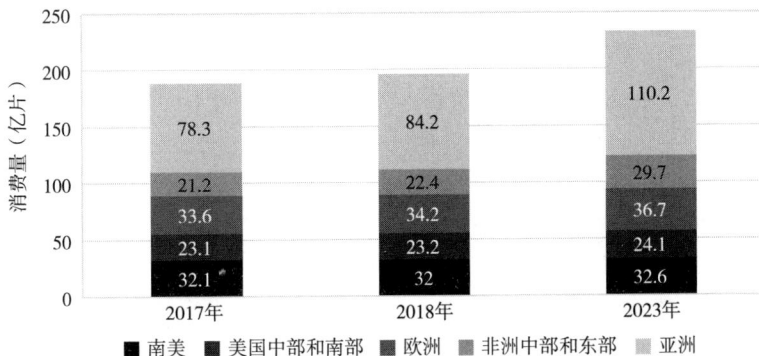

图3-4-117 全球婴幼儿纸尿裤市场消费情况及增长预测

近年来,中国婴儿纸尿裤市场渗透率提升速度明显。2018 年的市场渗透率达 63.9%,销售额达 600 亿元人民币,但是跟发达国家相比中国婴儿纸尿裤的市场渗透率仍然较低。从目前市场情况分析,人口的持续增长、消费者消费能力的提升以及新生育政策的出台,无疑已成为这个市场不断增长的"马达"。未来,随着生活水平的提高和健康观念的转变,我国婴儿纸尿裤的使用将进一步从大中型城市向中小型城市以及农村地区普及。随着新一代年轻父母消费观念的转变,婴儿纸尿裤在国内的消费需求呈现明显走强的趋势,这让婴儿纸尿裤行业成为一个极具潜力的庞大市场。如何把握机会,在市场中占有一席之地将成为相关企业发展的目标。中国近几年的婴儿纸尿裤消费量统计如图 3-4-118 所示。

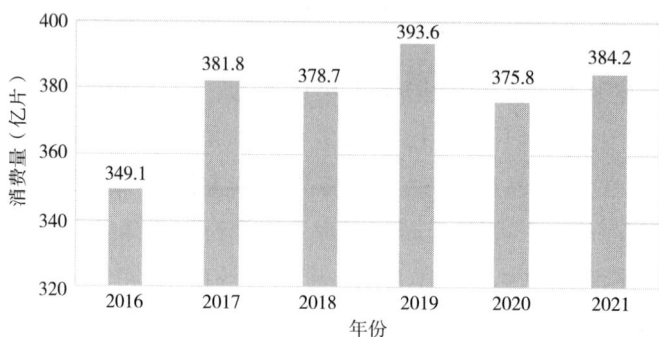

图 3-4-118 中国婴儿纸尿裤消费量统计

2. 妇女卫生巾

妇女卫生巾是卫生用品的又一大类别。经过多年的发展,女性消费者的卫生巾使用习惯已得到充分培养,个人健康护理意识大大提高,卫生巾已成为女性经期护理必不可少的卫生用品。根据生活用纸专业委员会的统计,2012 年我国卫生巾市场渗透率为 91.3%;截至 2018 年,我国卫生巾市场渗透率提高至近 100%,已达到欧美、日本等地的市场渗透率水平。

资料显示,我国 2017 年卫生巾的使用人口数量超过 3.4 亿,卫生巾市场拥有庞大的消费者群体,市场规模稳步增长。2012~2018 年,卫生巾消费量从 916.0 亿片增加至 1193.4 亿片,年复合增长率为 4.5%(图 3-4-119),市场潜力巨大。

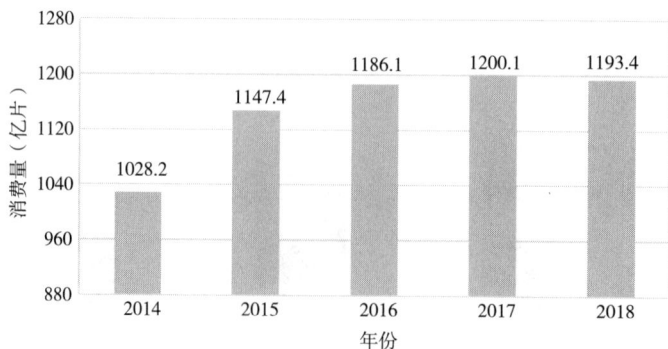

图 3-4-119 中国妇女卫生巾的消费量

3. 成人尿失禁用品

随着人口老龄化的发展,成人尿失禁用品潜在市场也非常巨大。所谓人口老龄化是指人口生育率降低和人均寿命延长导致的总人口中因年轻人口数量减少、年长人口数量增加而导致的老年人口比例相应增长的动态。截至 2018 年底,中国 60 岁以上老年人口已经达到 2.49 亿人,预计 2025 年将突破 3 亿人,2050 年将达到 4.83 亿人。而根据全国老龄委办公室公布的数据显示,目前我国 65 岁以上需要长期护理的老年人数达到 3750 万人,65 岁以下的瘫痪和半瘫痪病人约 200 万人,再加上其他失禁病人,保守估计全国需要使用成人失禁用品的失能老人总人数近 4000 万人。

根据中国城乡老年人生活状况抽样调查结果显示,有 65.6% 的老年人使用了老龄用品,其中使用成人纸尿裤或护理垫的比例仅为 1.0%,远低于世界平均渗透率水平 12%。而根据现有失能老人的人口计算,如果按人均每天消耗 4 片计算,一年我国的成人纸尿裤市场的需求将在 585 亿片左右。如果按照世界平均渗透率水平计算,一年成人失禁用品的消费量将达到 61.32 亿片,市场规模巨大。

纺粘非织造材料在这类吸收性产品中的应用,最早只是用于表层包覆材料。无论在使用过程中干态还是被液体润湿状态,都不允许对皮肤有刺激,要求触觉柔软。由于包覆材料下面为转移层,尿液或者血液通过表层能迅速渗到吸收芯层,因此包覆材料还要保持对皮肤干爽的触觉。

除了表层包覆材料外,现在所谓的"服装式"背层材料中也引入了纺粘非织造材料(SMS 纺粘布),这样不但具有良好的背层功能,而且更加美观,可以设计得更像裤子,如图 3-4-120 所示。

图 3-4-120　以 SMS 为背层的牛仔纸尿裤

近年来,由于 PP 细旦纺粘技术的成功开发和纺粘、熔喷的多纺丝箱体组合,如 SMS、SMMS 等产品的开发,PP 纺粘非织造材料用在吸收性产品上的数量得到增长,这既有人口增长和经济发展的原因,每年的年增长率为 5%~7%,也有吸收性产品中使用 PP 纺粘非织造材料比例的增加。除了上述的面层包覆材料、背层材料外,在"腿口"、转移层都开始使用纺粘产品。因此,现在所说的"包覆材料"常常是广义的,它包括了用于面层、背层、"腿口"、转移层的所有材料。例如,早在 20 世纪 90 年代前,纸尿裤中的"腿口"部分是另外加上去的,而现在则是与背层连接在一起的 SMS 非织造材料了。目前,有些纸尿裤生产商已用薄型 SMS 做背层,由于熔喷材料的加入,就多了一道屏障,可以阻断尿液外泄。更主要的是,这种背层和以前的塑料薄膜相比更具有纺织品的感觉,皮肤触感如同衣服,受到消费者欢迎。由于这个市场的驱动,近年来细旦 PP 纺粘和 SMS 的生产和消费得到了迅速增长。

三、土工材料

土工材料是指由各种纤维材料通过机织、针织、非织造和复合等加工方法制成的,在岩土工程和土木工程中与土壤和(或)其他材料相接触使用的一类产品的总称,可实现隔离、过滤、增强、防渗、防护和排水等功能。

目前,非织造土工材料的加工方法主要分两类,一类是短纤维针刺土工材料,另一类是纺粘针刺土工材料。纺粘针刺土工材料主要以 PET 切片为原料,其工艺流程为:PET 切片→干燥→熔融纺丝→冷却吹风→气流牵伸→分丝铺网→针刺加固(预针刺、主针刺)→热定形→切边卷绕→成品,这类产品通过连续长丝直接铺网而成,经针刺加固后纤维结构紧密,产品较薄,渗透性不如短纤维针刺土工材料,但具有更高的断裂强度与伸长率,在受到负荷时更能承受拉伸形变,其幅宽取决于纺粘生产线幅宽。也有以 PP 切片为原料制备的纺粘土工材料,如天鼎丰聚丙烯材料技术有限公司于 2015 年成功攻克了高强粗旦 PP 纺粘针刺土工材料产业化技术难关,纤维细度最高可达 1.2tex(11D),是普通纤维细度的 3~4 倍,单丝强力超过 31.5g/tex(3.5g/D),并引进了四条意大利 FARE 公司设计制造的年产 8000t 的生产线,产品性能远高于国标。

巨大的基础设施建设及“一带一路”倡议的提出,将持续推动土工、建筑材料的创新与应用。在国家不断加大对交通等基础设施、环境治理和水利建设投资的推动下,在公路、铁路、水利、围海造地等基础建设,垃圾处理,尾矿治理,石油勘探,工程加固和选矿护坡等领域用非织造土工材料的应用将大幅提升,预计年增长率为 11.5%。其应用如图 3-4-121 所示。

图 3-4-121　纺粘非织造土工材料的应用

同时,企业积极开拓环境治理工程市场,在垃圾填埋、尾矿处理、石油勘探、工业防渗和生态护坡等领域取得较大突破,2011~2020 年中国水利投资达到 4 万亿元,土工材料潜在市场巨大。

有数据显示,土工与建筑是仅次于医疗卫生的中国非织造材料第二大应用领域,其中 PET 土工非织造材料市场不断有新的拓展。自我国提出“美丽中国”建设、“一带一路”建设以来,国家促使铁路、水利、环境等建设投资持续高位,为纺粘土工布产品带来良好发展机遇,PET 非织造材料企业乘势而上,形成了自己的特色产品。而高强粗且 PP 纺粘针刺土工材料的开发成功,则改变了国外垄断该技术以及国内长丝土工材料几乎全部是 PET 长丝纺粘布的现状,结束了我国工程应用中长期依赖进口 PP 纺粘针刺土工布的历史。可以预测,未来土工布市场仍将快速增长,PP 非织造土工布势必将成为我国土工布行业发展的潮流方向之一。

四、防水材料

屋顶防水材料是一种重要的建筑材料,它直接被用于建筑物的屋顶,以防止渗漏。由于屋顶直接经受风、雨和阳光的作用,无论白天黑夜,还是一年四季温度都在变化,稍有孔隙就会发生渗漏。同时还由于防水卷材在搬运和屋顶铺设过程中,易受到来自外界的机械力作用,这些力作用在防水卷材上会使其断裂而造成工程渗漏。为解决这些问题,往往在防水卷材中间增设一层纺粘非织造材料形成胎基,以增强防水卷材的强力和延伸性。屋顶的防水也是世界各国建筑界都面临的重要课题,例如,美国对建筑物索赔进行的研究表明,屋顶占全部索赔的 28% ~ 31%,特别是油毡屋面在全部建筑费用中只占 2%,却占建筑物诉讼案的 50%。当然,屋顶的渗漏除了材料以外,也还有设计和施工等方面的原因。

传统防水油毡是以纸为载体浸涂沥青而成,习惯上称沥青防水卷材。这种材料由于基胎是纸,所以抗延伸率很小,使用寿命短。为防止渗漏,一般都在施工时采用二毡三油或三毡四油的叠层方法,即使这样也只能用于耐用年限不高的一般建筑。而采用化纤材料,如用 PET 纺粘非织造材料代替纸作载体,浸涂加有橡胶改性材料(SBS)或塑料改性材料(APP)的成纤聚合物改性沥青,防水卷材的防水性能就远优于传统的沥青防水卷材。这种新型成纤聚合物改性沥青防水卷材最理想的胎基材料就是 PET 纺粘非织造材料,其延伸率大,使用寿命是纸胎的 20 多倍。由于加入了 SBS 或 APP,材料的耐温性能好,且耐紫外光,其老化期在 20 年以上。和传统的油毡相比,改性沥青油毡施工也简单,只需单层使用,其重量只有二毡三油重量的 15% 左右。因此,这种改性沥青油毡发展很快,在欧洲已发展成为防水材料的主导产品,取代了传统油毡的地位。例如,法国这种改性沥青油毡已占 85%,意大利占 95%,德国占 46%,挪威占 65%,荷兰占 50%,美国和日本也呈现迅速增长之势。

由于改性沥青油毡综合性能优良,除了可用于屋面以外,也可用于地下、墙面、车库、桥梁、水库、屋顶花园、隧道等多种防水工程,用途十分广泛(图 3-4-122)。业内人士认为这是防水材料的主要发展方向。

国家标准 GB 50207—1994《屋面工程技术规范》中,对一级防水层耐用年限要求 25 年,特别重要的民用建筑和对防水有特殊要求的工业建筑,其防水层可用成纤聚合物改性沥青防水卷材,并应做三道或三道以上防水设防;对防水层耐用年限在 15 年的二级重要的工业与民用建筑、高层建筑,宜选用成纤聚合物改性沥青防水卷材、做二道防水设防;对防水层耐用年限 10 年的三级一般的工业与民用建筑,应选用三毡四油沥青防水卷材、做一道防水设防;对防水层耐用年限 5 年的四级非永久性建筑可选用二毡三油沥青防水卷材、做一道防水设防。

改性沥青油毡对基胎的质量要求较高,除了必须具有足够的力学性能以外,还要求基胎的

图 3-4-122　纺粘非织造防水材料的应用

热收缩性能达到生产和使用要求。一般在纺粘生产过程中,除了以 PET 为原料外,在纤网针刺(少数也用热轧)固结后必须用树脂浸渍,然后高温焙烘定形。这样才能保证产品能耐受 180℃条件下改性沥青的浸涂。我国目前在用于改性沥青屋顶防水材料基胎的 PET 纺粘非织造材料生产方面已经达到国际水平,可以满足这种新型防水卷材的生产和使用要求。

除了作为屋顶防水材料外,国外还有人研究粗旦 PET 纺粘技术,利用其做成高强的防风防水建筑材料,用于森林小木屋的增强及防风挡雨,如图 3-4-123 所示。

图 3-4-123　纺粘非织造防风防水建筑材料的应用

五、农用材料

纺粘法非织造材料作为农业用布的应用是一个有待开发并且颇有前途的市场。我国是一个农业大国,全国农业生产跨越的地域广阔,所遇到的自然气候和地理条件差异很大,利用纺粘非织造材料以及和其他材料的组合来达到保温、遮阳、防雨、防虫害等目的,从而创造出一个小环境,使得在不利于作物生长和栽培的自然条件下也能获得作物的良好生长。

在水稻种植方面,PP 纺粘非织造材料制备的育苗暖棚特别适合于北方地区的水稻育苗。试验表明,40g/m² 的 PP 纺粘非织造材料与塑料薄膜对比,其抗拉强度、断裂伸长、撕破强度、顶破强度都优于塑料薄膜。育苗暖棚的透光率要求达到75%以上,纺粘非织造材料的透光率完全符合这一要求。且纺粘非织造材料具有较好的透气性,受外部风压影响时,暖棚内压差较小,棚面波动小,呈基本平稳状态。育苗过程中苗棚经常需要掀盖,由于纺粘非织造材料强度高、不易破损,而且浇水时,不用掀盖即可浇水,因而大大降低了劳动强度。

除了育苗,纺粘非织造材料在蔬菜种植上的应用前景也非常好。利用纺粘非织造材料制备遮阳、覆盖、防虫、防雨、保温等有利于绿色蔬菜生长的农用产品市场需要量不断扩大,每年以20%的速度增长(图3-4-124)。

图3-4-124　纺粘非织造蔬菜棚盖材料的应用

在经济作物方面,纺粘非织造材料在人参栽培上的应用也十分成功。人参是一种经济价值很高的药材品种,据统计,我国的人参种植面积大约为1.4亿平方米,主要分布在长白山脉一带。人参生长期一般为5~6年,由于人参是一种喜阴而怕阳光直晒的作物,因此每年5~10月参农都要采取遮阳措施。过去传统的遮阳用具是用芦苇做成,这种芦苇帘子经风吹雨打和太阳直晒,很不耐用。采用一定克重和色泽的纺粘非织造材料做成遮阳帘子代替传统的芦苇帘子,不但方便实用,而且可以科学地保证人参生长所需要的光照强度。除了保证透光率以外,纺粘非织造帘子还可以防雨,从而防止参园因滞留过多的水分而影响人参的生长和品质。有人做过对比实验,发现采用纺粘非织造帘子的人参产量可比用芦苇帘子的人参产量增加6%左右,而且无论是新鲜人参的重量,还是干重都高于芦苇帘子。

在果园种植方面,对水果生长期中的果实采用"套袋"技术可以防止病虫害,起调节温湿度的作用,使水果生长得又大又美观。我国农业部在"十五"期间就已明确提出推广水果果实套袋的技术。用纺粘非织造材料代替塑料薄膜、纸张等来做"套袋"用于水果市场潜力大。

相信随着农业生产科技含量的不断增加,纺粘非织造材料作为农业用布的市场也会随之扩大。

❓ 思考题

1. 聚合物直接成网法可以分哪几类?各有什么特点?分别应用在哪些领域?

2. 纺粘法生产工艺流程是什么?有哪些原料?

3. 聚合物切片干燥的目的和基本原理是什么?切片干燥过程中会发生哪些化学反应?

4. 纺粘法的纺丝工艺原理是什么？螺杆挤出机的分类、分段及作用是什么？

5. 熔融纺丝设备作用及特点有哪些？

6. 侧吹风冷却的作用与影响因素是什么？

7. 牵伸变形有几种机理？起主要作用的是什么形变？

8. 气流牵伸的三大流派是什么？牵伸器的动力是什么？

9. 影响气流牵伸的主要因素有哪些？

10. 简述分丝的目的与方法。

11. 简述铺网方法及其异同。

12. 热定形的分类及机理是什么？

第五章 熔喷非织造材料及其复合生产技术

第一节 熔喷非织造工艺原理

一、概述

熔喷法是聚合物直接成网法中的一种,与纺粘法不同,熔喷法是将螺杆挤出机挤出的成纤聚合物熔体通过用高速高温气流喷吹或其他手段(如离心力、静电力等),使熔体细流受到极度拉伸而形成超细纤维,然后聚集到成网帘或成网滚筒上形成纤网,再经自黏合或热黏合作用得以加固而制成非织造材料的一种生产技术。

熔喷非织造材料的开发研制始于 20 世纪 50 年代初期,当时美国海军实验室为收集美国和苏联核试验产生的放射性微粒,开始研制具有超细过滤效果的过滤材料,即开始了气流喷射纺丝法的研究,纺得极细的纤维,其直径在 5μm 以下,并制得由这种超细纤维制成的非织造材料,这就是熔喷非织造材料的雏形。20 世纪 60 年代中期,美国的 Exxon 公司也开始对熔喷非织造技术进行研究,五年之后成功地生产出了超细纤维。但直到 70 年代后期,Exxon 公司才将这一技术转为民用,使得熔喷纺丝成网法得到很大发展,成为聚合物直接成网非织造材料中的第二大生产方法。随后,其他一些公司也开发成功各自的熔喷非织造技术,如美国的 3M、德国的 Freudenberg、日本的旭化成和 NKK 等公司。到目前为止,世界上已出现了三百多项与熔喷技术及其产品有关的专利,其中 Biax Fiberfilm、Exxon Mobil、Accurate Products、Reifenhauser、Kimberly-Clark 和 Nordson 等公司都为熔喷技术的发展作出了突出的贡献。Biax 公司和 Exxon 公司设计的熔喷模头结构代表了世界上两种典型的技术类型。Exxon 公司设计的熔喷模头为组合式,由带有一排喷丝孔、坡口角度呈 30°~90° 的鼻型模头尖和两个气闸组成。Biax 公司的熔喷模头则由多排纺丝喷嘴和同心气孔组成,可提高生产能力和产品质量。Nordson 公司则开发出了双组分熔喷非织造设备,生产出的熔喷纤维平均直径为 0.7mm。

我国熔喷非织造技术的开发也比较早。早在 20 世纪 50 年代末,中国核工业二院、北京化工研究院等机构就开始了这方面的研究,在工艺理论和产品开发等方面做了大量工作,但在生产设备的研究、设计和制造方面一直处于较落后的状态,与国外水平相比,还有一定距离。70 年代中期,上海市纺织科学研究院率先开始了熔喷非织造技术的研究,仅用了两年时间就试验成功,生产出了聚丙烯熔喷非织造材料。80 年代,中国纺织大学(现东华大学)研制出了间隙式熔喷非织造生产线。几年后,熔喷非织造技术在中国一些地区推广、应用,有数十条简易的国产熔喷非织造生产线投入应用。1988 年,广州第二合成纤维厂谢明、冯烁辉等赴美参观了美国田纳西大学熔喷实验室、Exxon 公司的研究院、Accurate 公司、Agel 公司,并将考察的熔喷技术介绍给国内同行。90 年代初,北京化工研究院、中国纺织大学(现东华大学)、北京超纶公司等单位设计出的熔喷设备,在国内投产了近百台。当时熔喷非织造材料主要用于电池隔板、过滤材料、吸油材料等领域。由于国内市场的局限,熔喷布的市场开发在较长时间内一直发展较慢。

2003 年的非典,引起熔喷非织造材料严重短缺,促使我国的熔喷非织造行业进入了快速发展阶段。江阴金凤非织造布制品有限公司、安徽奥宏无纺布有限公司、天津泰达股份有限公司和山东俊富无纺布有限公司等陆续投产了 5 条国外引进的连续式熔喷生产线,使我国熔喷非织造材料的生产技术上了一个新的台阶。

基于全球熔喷非织造材料需求的不断增加,中国熔喷非织造行业产能也逐年增长。从熔喷非织造生产线来看,2019 年 9 月,中国产业用纺织品行业协会纺粘法非织造布分会发布《2018年中国纺丝成网非织造布工业生产统计摘要》,数据显示,2014~2018 年,我国熔喷非织造生产线呈现波动变化态势。其中,2018 年我国的熔喷非织造材料产量为 5 万吨,连续式熔喷非织造生产线为 136 条。在此期间,我国熔喷非织造材料的生产能力和水平有了较大的提高,熔喷非织造材料的应用领域也正在逐步扩大。

尤其是 2019 年底开始,由于新型冠状病毒在全球的快速传播,严重危及人类的生命和健康,全球应用于医用防护材料的熔喷非织造材料需求量大幅增加。我国熔喷非织造材料行业的整体产能以及产量水平均得到了显著的提升。

二、熔喷非织造原料

熔喷非织造材料生产所用的原料都是热塑性塑料。热塑性是指在特定温度范围内塑料能够反复加热软化,冷却后能够硬化的特性。熔喷非织造生产工艺所用的原料在常温下都是固态的,有时候也称为"切片"或"树脂"。目前,熔喷法采用的原料主要有:聚丙烯(PP)、聚酯(PET)、聚乳酸(PLA)、聚碳酸酯(PPC)、聚酰胺(PA)、聚氨酯(PU)和聚苯硫醚(PPS)等。

因为 PP 具有优良的加工成型性、稳定性、相容性、低色泽、无臭味、良好的经济性等优点而被用作熔喷非织造材料的首选原料。我国有将近95%的熔喷非织造材料所用原料都是聚丙烯。聚丙烯由碳原子为主链的大分子所组成。根据甲基在空间排列位置的不同,存在三种立体结构,即等规、间规和无规结构。在熔喷成型加工中,一般采用等规聚丙烯为原料。

在聚丙烯成型加工中,熔体流动性能是一个重要指标,一般采用熔体流动指数(熔融指数,MI)来表征,它是指在一定的温度下,熔融状态的成纤聚合物熔体在 2.16kg 的标准负荷下,10min 内从直径为 2.095mm、长度为 8mm 的标准毛细管中流出的质量,单位为 g/10min。熔融指数的大小与 PP 的相对分子质量有关,一般相对分子质量越高,熔融指数值越小。在熔喷加工成型过程中,为了更利于热空气喷吹形成超细纤维,对切片原料的熔融指数要求较高,一般要求 PP 熔融指数为 400~2000g/10min,1000g/10min 以上更佳,相对分子质量分布指数<2。

早期,熔喷聚丙烯原料主要靠进口。市场上主要有韩国大林料,熔融指数为 900g/10min、1500g/10min;北欧化工原料,熔融指数为 1200g/10min;Exxon Mobil 的 PP3035G 熔融指数为400g/10min,PP3525G 熔融指数>500g/10min,PP3546G 熔融指数为 1200g/10min,PP3746G 熔融指数为 1500g/10min。目前,国内扬子、燕山石化、山东道恩、广东金发、山东天风等公司均已掌握熔喷 PP 原料生产技术。

高熔融指数熔喷专用聚丙烯原料的生产方法主要有两种。第一种是利用茂金属催化剂在大装置聚合得到,其产品相对分子质量分布窄,熔融指数波动小,产品质量好;第二种是将低熔融指数 PP 原粉在双螺杆挤出机上利用过氧化物降解造粒成型,该方法工艺简单,但相对分子质量分布较宽,且易导致过氧化物残留。

熔喷 PP 成型过程中,物料黏度过高,流动不稳定,出口形变大;物料黏度过低,流动较前者稳定,但流速快,切粒机速度无法满足要求,加上物料本身强度低,所以非常容易断裂。因此必须将物料控制在一定的黏度范围,才能得到熔融指数在 1000g/10min 以上的熔喷专用聚丙烯原料。

随着熔喷技术的发展,共混原料也被用来进行非织造材料的熔喷法制造,如聚丙烯/聚酰胺、聚丙烯/聚乙烯、聚丙烯/聚苯乙烯等。近年来,一些热塑性的弹性体也用到熔喷法中。其中美国的 Kimberly-Clark 公司首先研制出了弹性熔喷材料(热塑性聚氨基甲酸酯),目前应用的弹性材料有聚氨酯(PU)、聚酯、聚酰胺、聚苯乙烯、A−B−A′型嵌段共聚物(B 为弹性体)、聚醚酯、乙烯和 α−烯烃共聚物等。

为使熔喷非织造技术显示出更强的优势,符合环保的要求是必要和迫切的。20 世纪 90 年代中期,在实验室成功生产出了可降解的聚乳酸熔喷产品,其均匀性、强度、手感都较好。同时研究人员还对聚酰胺酯、聚乙烯醇、纤维素二醋酯等可降解聚合物进行过试验,结果表明,所用原料中只有聚乳酸(PLA)、聚酰胺酯可顺利进行熔喷生产,且熔喷产品与普通原料的熔喷产品类似。近年来,Kurary 公司还发明了可热水溶解的熔喷用 EVA(乙烯−乙烯醇共聚物)。

三、熔喷非织造工艺原理及设备

(一) 熔喷法的工艺流程

熔喷法是将聚合物切片通过螺杆挤压机熔融,经过滤后从喷丝模头的喷丝孔中挤出,在模头两侧高速热气流的喷吹下,受到极度牵伸形成超细纤维,这些超细纤维在负压抽吸作用下吸附在成网帘或成网滚筒上凝集成网。由于接收距离较短,丝条没有经过充分冷却,因此在凝聚成网后仍能保持较高的温度,通过纤维间相互粘连,使纤网得以加固,形成的熔喷布可根据需要,进一步采用热轧黏合法加固。传统的熔喷工艺流程为:

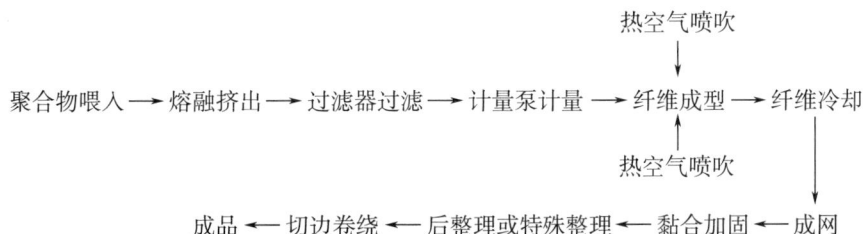

热空气喷吹

聚合物喂入 → 熔融挤出 → 过滤器过滤 → 计量泵计量 → 纤维成型 → 纤维冷却

热空气喷吹

成品 ← 切边卷绕 ← 后整理或特殊整理 ← 黏合加固 ← 成网

所用聚合物一般都制成小球状或颗粒状切片,倒入料桶或料斗中,输入螺杆挤压机。在螺杆挤压机的进料端,聚合物切片要与稳定剂、功能母粒及色母粒等添加剂混合均匀,经充分搅拌混合后进入螺杆挤压机,加热成为熔体,最后由计量泵经过滤器将熔体送入喷丝板。在熔喷工艺中,一般挤压机也借其剪切作用与热降解作用来降低聚合物的相对分子质量,有利于热空气喷吹。

经过滤的清洁熔体经分配系统均匀送入每组喷丝板,使喷丝板整体幅宽上熔体挤出量一致。其喷丝板与其他纺丝成网法不同,喷丝孔必须排成一直线,上下两侧开有高速气流的喷出槽。由喷丝孔挤出的熔融状熔体聚合物细流在两侧高速热气流的冲击作用下迅速变细伸长,形成超细纤维。这时喷丝板两侧有大量的室温空气同时被吸入,与含有超细纤维的热空气流相混,使其降温,从而使纤维冷却固化。

在熔喷非织造材料生产过程中,喷丝板可以水平放置,这时超细纤维喷在一圆形收集滚筒上成网;也可以垂直放置,此时纤维落到一顶水平移动的成网帘上凝集成网。由高速气流和室温气流相混的混合气流带向成网帘的超细纤维基本上是以杂乱状态分布在气流中的,其中有些纤维相互间有少量的缠结。在适当工艺条件下,纤维凝结在成网帘上时仍带有余温,十分柔软有黏性。因此,纤网中部分纤维产生黏结作用,加上少量的缠结作用,使得纤网得到自身黏合加固。这种自身黏合作用,对于某些要求结构蓬松的熔喷布来说已经足够,而对于很多其他用途的产品来说还不够,还需要进行热黏合或超声波黏合等其他手段加固。

可见,熔喷法和纺粘法的工艺过程十分类似,铺网前的工艺都是以合成纤维的生产工艺为基础,都是经过熔融、过滤、熔体计量、喷丝、牵伸黏合、卷绕等过程。但是,从技术角度分析,纺粘和熔喷这两种不同生产技术还是存在很大的差别,主要表现在以下几个方面:

(1)对原料的要求不同。纺粘法要求聚丙烯树脂的 MI(熔体流动指数)在 $20 \sim 40g/10min$,熔喷法则通常采用 MI 在 $400 \sim 2000g/10min$ 的聚丙烯树脂。这是因为聚丙烯树脂 MI 越高,熔融黏度越低,熔体的流动性越好,纤维就越容易被牵伸,因而容易获得单纤线密度很低的纤维。

(2)纤维的牵伸速度不同。熔喷法纤维的牵伸速度可达 $30km/min$ 以上,而纺粘法的纤维牵伸速度最高只能达到 $6km/min$。

(3)牵伸距离不同。纺粘法的牵伸距离为 $2 \sim 4m$,而熔喷法只有 $10 \sim 30cm$。

(4)冷却和牵伸的条件不同。纺粘法丝条的冷却是靠空调冷却风,即丝条先冷却,形成初生纤维,然后在冷却风和抽吸风的共同作用下牵伸;而熔喷法的纤维从喷丝孔出来后,在热风的作用下牵伸,丝条的冷却通常靠自然风(实际上为车间内的空调风)来完成,为了提高生产线产品稳定性,部分生产线会采用双侧冷却风冷却。

(5)纺丝温度不同。由于熔喷纤维的牵伸距离短,要求熔体有更好的流动性,因此其纺丝温度要比纺粘法高 $50 \sim 80℃$。

(二)熔喷非织造生产设备

下面以莱芬豪斯(Reifenhauses)公司的 MB2400 全自动熔喷生产线为例,详细介绍熔喷设备的组成和结构。图 3-5-1 所示是整条生产线组成示意图。

该生产线主要以 PP 为原料,可根据产品要求,分别添加色母粒和抗静电剂。设备的各个部分都可由计算机控制,自动化程度高。产品定量范围在 $10 \sim 500g/m^2$,有效幅宽为 2400mm,年生产能力为 1500t。

整套熔喷设备由主机、加热系统、润滑系统、液压系统、冷却系统、电气控制系统几部分组成。

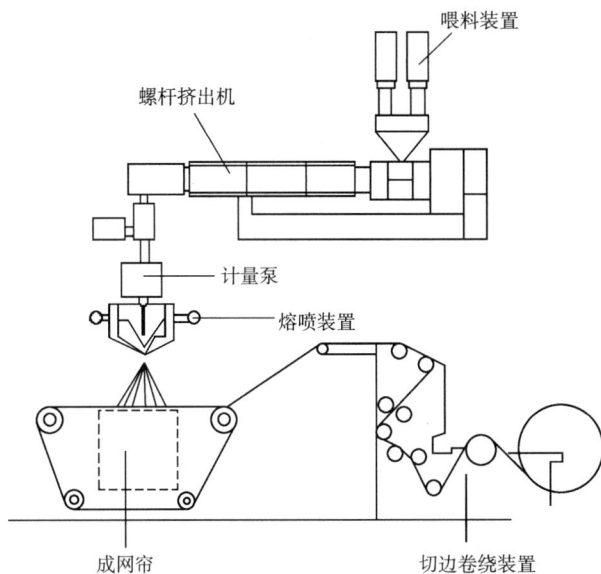

图 3-5-1　Reifenhauser 公司的熔喷非织造生产线示意图

主机是整套设备的核心,主要包括喂料系统、螺杆挤压机、滤网、计量泵、熔喷模头、接收网系统和卷绕机构。

下面就主机的各部分组成、结构及作用逐一介绍,其中重点介绍模头部分。

1. 喂料系统

此熔喷生产线的喂料系统采用德国 AZO GMOHCO 公司的 P-320-38G 型三集料箱计量混料系统。喂料由三个料桶组成:主料桶、色母粒辅料桶和抗静电剂辅料桶,其中主料桶加入主体聚合物切片,两个辅料桶分别加入色母粒和抗静电剂,且通过 PLC/SB BL 自动控制主料、色母粒及抗静电剂的比例和喂入量。

喂料系统的主要作用是实行定时定量的喂料,以满足挤出量的要求。三个料桶都有一个料位水平指示器,显示桶中料位的高度,由程序监控。当料不足时,发出加料信号,启动真空泵,在料桶和进料管之间建立起真空状态。在负压的作用下,储料箱中的粒料被吸入料桶中,到达规定高度后,料位水平指示器发出信号,关闭真空泵,进料停止,并通过一个过滤阀恢复料桶常压状态。

喂料系统的另一重要作用就是混合作用。定量加入的粒料在混合计量桶内进一步混合,其桶内有一个螺旋搅拌器,通过搅拌使各种粒料混合均匀,再通过喂入管喂入螺杆挤压机。

2. 螺杆挤压机

螺杆挤压机采用的是 RH801 单螺杆挤压机,其结构如图 3-5-2 所示。

3. 滤网

在生产过程中,如果熔体含杂太多,易堵塞模头,影响正常生产,因此,熔体从螺杆挤压机挤出后,在进入纺丝组件之前需经过过滤装置。本生产线采用的是 Joachim Kreyenborg 公司的双活塞过滤装置,这种装置可以保证在生产过程中在线更换滤网,其结构简述如下。

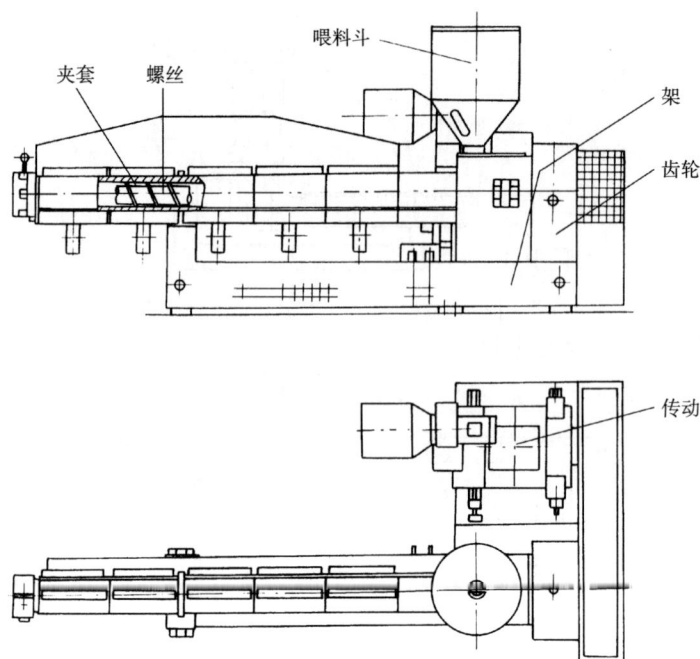

图 3-5-2　RH801 单螺杆挤压机的结构

过滤器上配有上、下两个活塞杆(实际为两个圆柱体),分别装在滤网更换器的两个孔中。在每个活塞杆上沿径向开有一个熔体通道,其上装有过滤网,在正常工作时,活塞杆上的熔体通道与熔体管相通。熔体经活塞杆上的两个过滤元件过滤后进入熔体管路。当工作一段时间后,因过滤元件阻塞,使过滤装置内的压力增大到一定值时,需要更换滤网。这时液压系统将其中一个活塞杆缓慢移出,而另一个活塞杆仍正常工作。移出的活塞杆更换滤网后,复位,再更换另一个滤网。更换过程中,设备始终保持正常的工作状态,过滤机构的结构如图 3-5-3 所示。

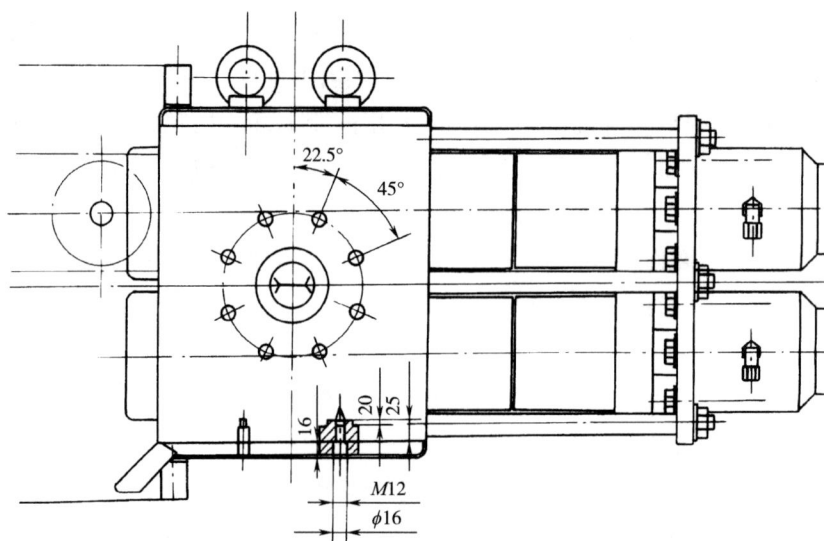

图 3-5-3　过滤机构结构示意图

滤网采用的是复合滤网,共由五层组成,表面层目数较低,中间层目数较高,滤网的更换周期取决于使用原料的洁净程度。如果出现压力达到设定值、挤出量明显减少、挤出机动力消耗增大等情况,应及时更换滤网。

4. 计量泵

计量泵的作用是精确计量,连续输送成纤聚合物熔体到纺丝模头,并产生预定的压力,以保证熔体能克服组件和喷丝头的阻力,从喷丝头喷出形成纤维。熔喷生产线使用的计量泵与纺粘法相同,是由 1 对精确啮合的齿轮、3 块泵板、2 个轮轴和 1 幅联轴器组成的。这在前一章已介绍过了,此处不再详细介绍。

5. 熔喷模头

模头是整个熔喷生产线的关键部件,模头设计及调节的好坏直接影响熔喷产品的质量和性能。模头的设计应解决好以下几个问题:熔体在模腔内匀速流动;热气流在模头宽度上均匀分布;保养和维修简便。

Reifenhauser 公司熔喷模头由以下几部分组成(图 3-5-4)。

(1)模头。喷丝模头要纺出均匀的纤维,最重要的是保证聚合物熔体在每个喷丝孔中的流量相同。模头由上下两部分组成,上部是均流管道,使熔体流至每个喷丝位的阻力和流经时间相等。模头两侧设有小孔,用于安装子弹式加热器和温度传感器,对模头进行加热,使其保持所需的温度。下部为模尖部分,它主要由过滤层、预成型层和纺丝板组成。其中过滤层是与几层滤网与一铝合金导架复合而成,主要对熔体起过滤作用,防止杂质阻塞喷丝孔;预成型板和喷丝板用螺丝固结在一起,用聚四氟乙烯密封,作用是使熔体顺利流入喷丝孔。模头尖部组成如图3-5-5 所示。

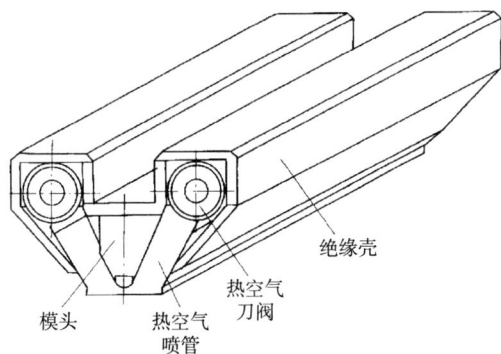

图 3-5-4 熔喷模头

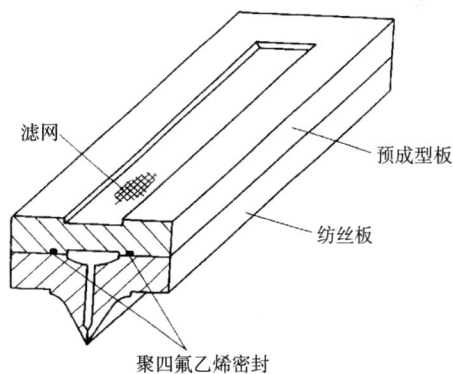

图 3-5-5 模头尖部组成

前面已介绍,熔喷所使用的喷丝板结构与其他纺丝成网法所用的喷丝板不同,喷丝孔必须排成一直线,上下两侧开有高速气流的喷出槽,其结构如图 3-5-6 所示。

对于熔喷法的喷丝板来说,其喷丝孔的直径要比纺粘法的大,一般熔喷喷丝板孔径为 0.3~0.4mm,喷丝孔排列密度为 12~16 孔/cm。

目前,熔喷模头在宽度、个数、安装形式及纺丝孔形状等多方面都有了极大的技术进步。如

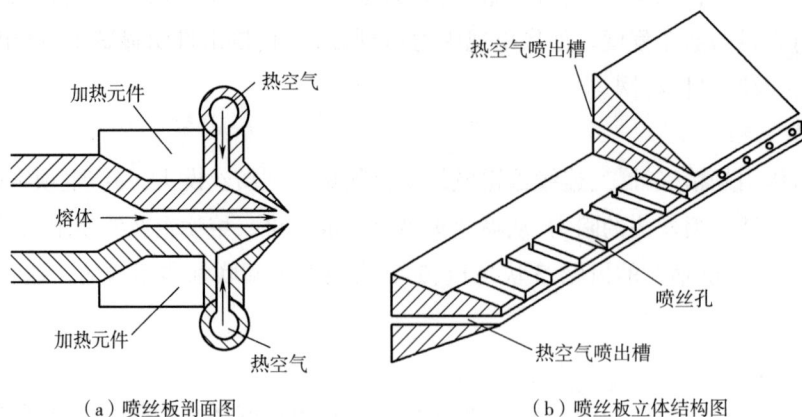

（a）喷丝板剖面图　　　　　　　　　（b）喷丝板立体结构图

图 3-5-6　喷丝板结构图

模头宽度,由 1967 年 Accurate 公司制造的世界上第一个具有 254mm 宽的喷头,到 1969 年的 1016mm、1970 ~ 1979 年的有效尺寸在 254 ~ 1727. 2mm 之间可调节喷头,后来供给 Kimberly-Clark 公司 2692mm 的喷头。1992 年 Accurate 公司为 Corovin 公司提供了 3556mm 宽的喷头。现在,Accurate 公司可为用户设计 254 ~ 4318mm 的任何宽度的喷头。德国的 Reifenhauser 公司目前模头宽度最宽可达 7000mm。

　　不仅熔喷设备的喷头宽度增加了,其喷头数目也增加了。Kimberly-Clark 公司申请专利的一种熔喷非织造设备就具有多个挤出机和多个喷丝头,喷头与纤网垂直,且沿纤网方向平行排列。各个喷头的工艺参数设定可以不同,从而使每个喷头产生的纤维层中纤维的直径各不相同,所以纺制的熔喷布具有深度方向的纤维直径梯度,产品具有很高的过滤效率。

　　不仅喷头在纤网的纵向发生了数量方面的变化,其本身在横向也发生了变化。通常熔喷模头在宽度方向上是一个整体,它决定了纤网的宽度,当模头损坏或喷丝孔堵塞时,要换掉整个模头。1997 年的美国专利中提到一种“标准化模头”,用户可根据需要将几个这种标准化的模头在宽度方向上连接起来,并且可随时增减模头的数量。模头异常时,只要更换相应的那部分即可。

　　另外,过去熔喷设备的喷头是固定的,其宽度决定了产品的宽度,要生产不同宽度的熔喷产品必须更换喷头,这不仅有碍于生产效率的提高,同时也限制了产品的发展及设备的利用。德国的 Reifenhauser 公司曾在熔喷技术方面做过许多革新,可旋转喷头就是其中之一。这种旋转喷头可以调节产品的幅宽,同时也可提高最终产品的质量。目前,Accurate 公司和 J&M 公司也能提供这种喷头的熔喷设备,实现了熔喷模头能与纤网输出方向垂直安装或倾斜安装。另外,J&M 公司的熔喷设备还可快速更换喷头。

　　最初的熔喷设备,其模头为狭缝式双槽形喷头,即长而窄的热空气喷出口分布在一排圆形喷丝孔的两侧,如图 3-5-7(a)所示。1983 年,施瓦茨(Schwarz)设计了方形和三角形纺丝孔,并申请了专利,如图 3-5-7(b)、(c)所示。据该专利介绍,这种形式的喷头不仅可以减少熔喷过程中聚合物的降解,还可以节约能量,因此在提高最终纤维强力的同时降低了成本。另外使用该种喷头还可以使纤维的直径达到2μm以下。1995年,Schwarz又申请了圆形喷丝孔的熔喷设备,如图3-5-7(d)所示,这种喷丝孔的纺丝板与特殊的空气盖板组合,可形成一级和二级两个空气腔,因此保证了各个喷丝孔周围气流的均匀分配,所以喷丝孔的排数可更多(至少4排),这不仅提高了生产率,还保证了熔喷纤维的质量,而且"shot"(即"晶点")现象也消除了。

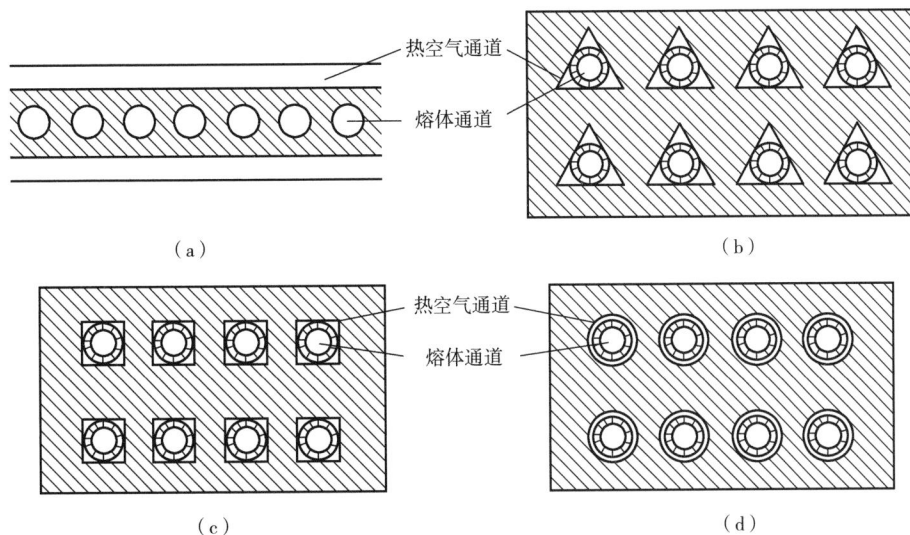

热空气通道
熔体通道
(a)
(b)
热空气通道
熔体通道
(c)
(d)

图3-5-7　各种形状喷丝孔结构图

　　Kimberly-Clark公司还申请了狭缝式喷丝孔模头的专利,即喷丝孔不再是一个个单独的孔,而像喷出热空气的气隙那样,是一条连续的缝隙。因为从狭缝中挤出的熔体会形成薄膜。为了能生产出单根纤维,狭缝的一侧壁上刻有沟槽,另一侧壁则低于刻槽的这侧。这种模头最明显的优点是可以大大降低喷丝孔的堵塞,还可以减少维修费用,提高利用率。

　　经过多年的努力,Biax FiberFilm公司还在喷丝孔排数上有了突破,已经能生产出喷丝孔排数最多为12排的喷丝板,其每排的孔排列密度为6~7孔/cm。图3-5-8是该公司设计的8排喷丝孔的设备在正常生产中。

　　(2)热空气喷嘴和刀阀。因为熔喷纺丝成型是聚合物熔体从喷丝孔挤出后,经高温、高速热气流喷吹而完成的,所以模头整个宽度上每一点的气流速度应尽可能相同,否则无法保证成丝。空气喷吹风道的结构如图3-5-9所示。

　　热气流喷嘴安在模头的两侧,加热的气流经刀形阀进入热气流通道。为了保证气流的均匀分配,每个进气管都配有刀形阀。气流管道中间直径较大的部分作用是在气流进入管道后、从喷嘴喷吹出之前,使其流动变得稳定。

图3-5-8　Biax FiberFilm公司的多排孔熔喷模头

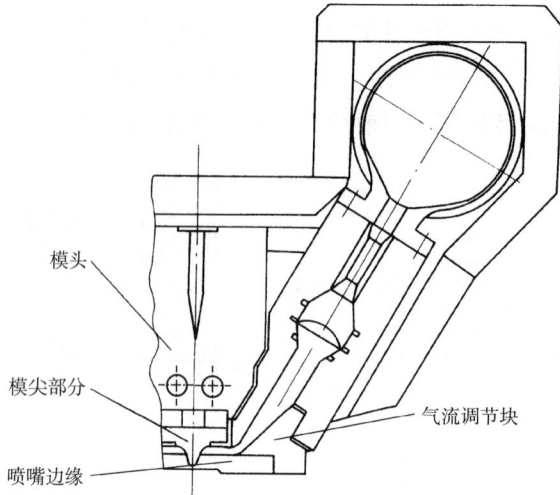

图 3-5-9　空气喷吹风道结构示意图

　　喷嘴边缘是可以调节的,它用螺丝固定在喷嘴上,使喷嘴口的宽度在 0.3~0.5mm 可调,调节块配合两边的压力调节螺栓和收紧螺栓,保证喷嘴边缘能够固定在所需位置上。喷嘴的结构如图 3-5-10所示。

　　风道的调节和设置至关重要,它直接影响热气流的喷吹方向,决定着纤维的质量。图 3-5-11 是喷嘴的调节示意图,风道的调节参数主要有喷嘴宽度 W 和模头尖至喷嘴边缘的距离 H。其中喷嘴宽度 W 的调节范围在 0~13.5mm,模头尖至喷嘴边缘的距离 H 的调节范围在 0~3mm。

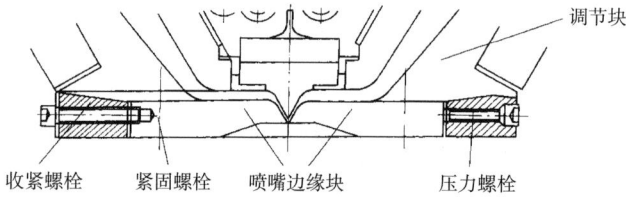

图 3-5-10　喷嘴的结构

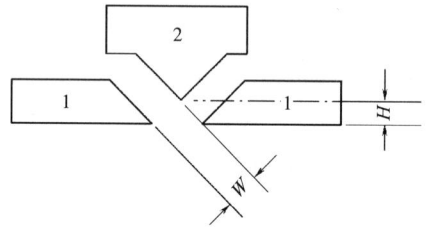

图 3-5-11　喷嘴的调节
1—喷嘴边块　2—模头尖
W—喷嘴宽度　H—模头尖至喷嘴边缘距离

　　(3)接收装置。接收装置也就是熔喷非织造材料的成网系统,前面已经讲过,熔喷非织造材料的喷丝孔可以水平放置,也可以垂直放置。如果水平放置,则收集装置为一圆形滚筒;如果垂直放置,则收集装置为一定水平移动的成网帘。不管是成网帘还是成网滚筒,其下部或内部都有真空抽吸装置。一般成网帘式用得较多,其组成如图 3-5-12 所示。

　　如图 3-5-12 所示,抽吸风机将模头喷出的超细纤吸附在成帘网上。随着成网帘的回转,纤网沿机器输出方向输出。根据纤网定量的要求,调节成网帘的输出速度。起落架可调节模头到成网帘的距离,即接收距离(DCD)。

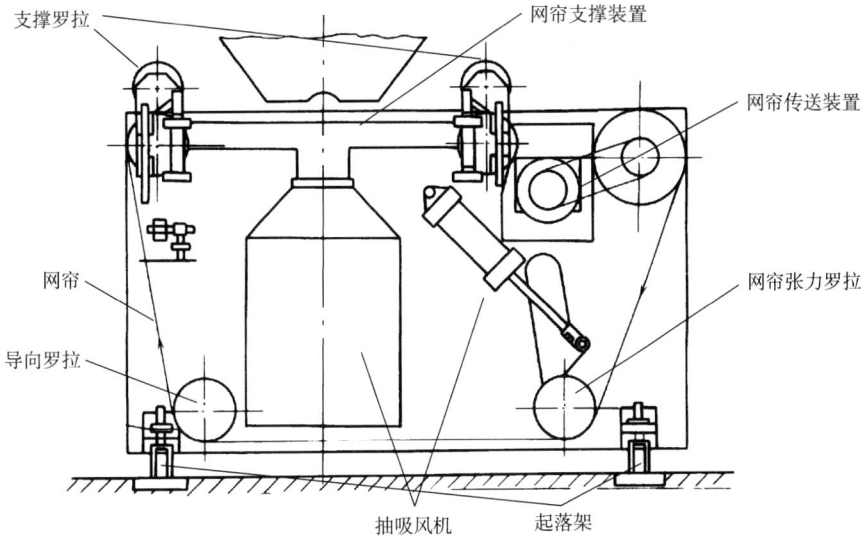

图 3-5-12　接收装置的组成

　　熔喷的成网方式主要可分为间歇式和连续式两种。间歇式是指非连续式成网方式,即采用能往复运动且自转的滚筒接收熔喷纤维,纤维均匀地铺在其圆周表面,形成内径与滚筒外径相等的筒状材料,或经切割形成片状材料;连续式成网是使熔喷纤维凝聚在循环运动的成网帘上形成连续的纤网,并经卷绕装置加工成卷材。可将纤网铺在一个滚筒接收器上,再把纤网引出进行卷绕。可以设计成连续式接收装置,这种方式接收芯轴呈悬臂梁形式,内有输出管状滤芯的传动轴,传动轴头端有螺纹,将管状滤芯从接收芯轴上拔出并送至切割系统。当生产有密度梯度的滤芯时,应配多个不同接收距离的模头,如图 3-5-13 所示。

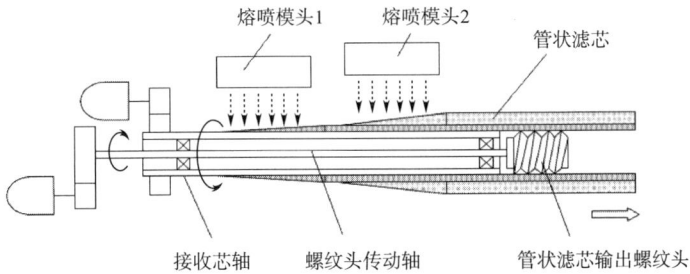

图 3-5-13　连续式熔喷滚筒接收示意图

6. 接收网系统

　　接收网系统的作用是让熔喷纤维沉积并通过自粘合成布。根据接收网帘形状的差异,可分为平网式和辊筒式,在生产管状滤芯时也可采用芯轴作为接收装置。为了避免生产过程中飞花,改善纤网平整和均匀性,接收网系统中通常会有网下吸风装置。

7. 卷绕机构

　　熔喷卷绕机构主要由收卷架、张力控制系统、自动切割系统、控制系统等组成。其工作原理是将熔喷布卷轴通过张力控制系统拉伸到设定的宽度,再经过自动切割系统将布卷切割成所需的长度。

(三) 双组分熔喷生产线

以上介绍的是莱芬豪斯公司的单组分熔喷非织造生产线的组成结构及工作过程,其他公司设备的组成与其主要组成类似,只是具体结构和控制上有所不同。

通常,熔喷工艺生产的是单组分纤维熔喷产品。与单组分熔喷产品相比,双组分产品显示出了更高的蓬松性、弹性和抗渗性,还有着纺制更细纤维的可行性,因而有着很大的应用潜力。早在 20 世纪 80 年代,双组分熔喷技术就有报道,1999 年 Reicofil 安装双组分熔喷生产线,双组分技术已获得实际应用。美国 Hills 公司和 Nordson 公司较早就开发成功双组分熔喷技术。目前国内已经有多个公司和研究中心能提供双组分熔喷生产线或拥有双组分熔喷非织造技术,国内首条双组分熔喷生产线是天津泰达从美国 Nordson 公司引进。

双组分熔喷生产线跟单组分熔喷生产线的区别之处在于,两种组分通过各自的熔融系统进行熔融,在喷丝模头处汇合,然后通过同一喷丝孔喷出。根据喷丝孔设计的不同,纤维可以是并列型、皮芯型或微细旦型。其生产原理如图 3-5-14 所示。

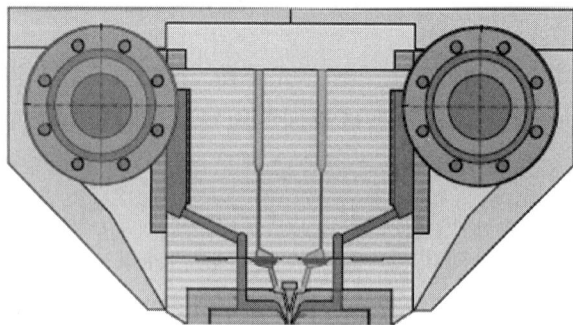

图 3-5-14　双组分熔喷法生产原理示意图

皮芯型:可以做成同心、偏心、异形的产品。一般廉价材料做芯,昂贵的、具有特殊或所需性能的聚合物为外皮层,如芯为聚丙烯,外皮为尼龙,使纤维具有吸湿性;芯为聚丙烯,外皮为可黏接用的低熔点聚乙烯或改性聚丙烯、改性聚酯等。对炭黑类导电纤维,则将导电芯包裹在里面。

并列型:可以是两种不同聚合物,也可以是不同黏度的同种聚合物,利用不同聚合物不同的热收缩性可做成螺旋式卷曲纤维。例如 3M 公司开发了熔喷 PET/PP 双组分纤维的非织造材料,由于收缩不同,形成螺旋卷曲性,使非织造材料具有极好的弹性。

微细旦型:可以采用橘瓣型、条形剥离型组件,也可以是海岛型组件。用两种不相容的聚合物剥裂做成超细纤维网,甚至纳米纤维网。如 Kimberly-Clark 研制的剥裂型双组分纤维,就是利用两种不相容聚合物做成的双组分纤维在热水中不到 1s,两种聚合物就可以完全剥离的特点做成超细纤维网。海岛型的则要把海溶去,得到微细的岛纤维网。

(四) 熔喷法主要生产工艺参数

影响熔喷非织造材料最终产品性能的工艺参数很多,如原料树脂的熔融指数、熔融温度、聚合物熔体的挤出量、气流速度、接收距离、驻极工艺等,现分述如下。

1. 熔融指数

在一定的温度和压力下,熔体在 10min 内流过标准毛细管的克重,称为熔融指数,单位为

g/10min。对于不同的产品,性能要求各不相同,应根据最终产品的性能要求来选择不同熔融指数的成纤聚合物原料。

熔融指数的高低不仅反映了成纤聚合物本身的流动性,而且与其制成纤维及纤维网的力学性能密切相关。高熔融指数的聚丙烯树脂具有良好的流动性,成为熔喷法的首选原料。有试验表明,熔喷非织造材料的强度随原料熔融指数的提高而下降,断裂伸长也随之降低。

在螺杆速度相同的工艺条件下,采用高熔融指数的聚丙烯树脂,可使产量提高约1/3,同时,由于热空气的温度可降低,能耗也会相应降低。表3-5-1列出了PP熔喷非织造材料定量与PP树脂熔融指数的关系。

表3-5-1 PP熔融指数与产品定量的关系

产品	A	B	C	D
PP树脂的熔融指数	1000	500	400	110
定量(g/m²)	130	120	120	100

2. 螺杆挤压机各区的温度

螺杆挤压机各区的温度设置,不仅会影响纺丝过程能否顺利进行,而且对最终产品的手感及力学性能有很大影响。温度设置不当,会产生堵塞喷头、磨损喷丝孔、增加布面疵点及飞花等现象。表3-5-2列举了上述不同熔融指数产品螺杆挤压机各区的温度设置的例子。

表3-5-2 不同产品螺杆挤压机各区温度的设置

产品	进料段(℃)	压缩段(℃)	计量段(℃)
A	165	260	270
B	170	270	275
C	175	275	280
D	180	280	290

3. 热气流速度

气流喷吹速度是非常重要的一项工艺参数,它对纤维的直径和产品的物理特性都有直接影响。在相同的温度、螺杆转速和接收距离下,纤维的直径会随气流速度的增加而减小。表现在布面上,就是手感由硬变软;纤维缠结增多,布面由粗糙到密实、光滑。但气流速度如超过某一值,就会出现飞花现象,严重影响布面外观。

4. 热空气喷射角度

热空气的喷射角是指气流与模头底面的夹角,如图3-5-15所示。热空气的喷射角度会显著影响拉伸效果和纤维形态。热空气喷射角接近90°时,将产生高度分散而湍动的气流,使纤维在成网帘上形成无规则

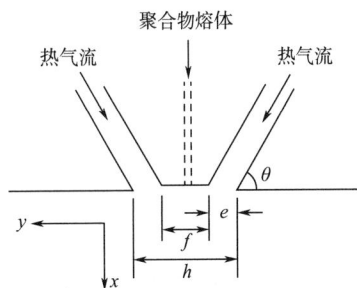

图3-5-15 热空气的喷射角示意图

的分布,角度越小,越易形成平行的纤维束,但角度过小,气流对纤维的牵伸力减弱,纤维直径不易细化。目前常用的热空气喷射角为60°。

5. 接收距离(DCD)

接收距离是指熔喷模头底面与接收网帘表面间的距离。一般情况下,随接收距离的增加,非织造材料的纵向强度、横向强度和弯曲刚度降低,纤维直径略有增加,手感变得蓬松、柔软,过滤效率和过滤阻力下降。接收距离过小,纤维冷却不充分,熔喷非织造材料容易脆化。

6. 螺杆挤出速度

在温度不变的条件下,熔喷布的强度随着挤出量的增加而增大,达到一个峰值后便趋于减小。PP树脂的熔融指数在400~800的原料在测试过程中,这一变化趋势不明显;但在对熔融指数为1000~2100的原料测试时,这一趋势变得较明显。强度达一定值后出现下降的原因,可能是由于挤出量过高时,丝条牵伸不充分,并丝严重,导致布面黏结纤维减少。

7. 驻极工艺

驻极是提高熔喷空气过滤材料过滤效率的重要手段。目前,常见的驻极方法有电晕放电、低能电子束轰击、液体接触充电、热极化、摩擦起电等,其中电晕放电和水摩擦充电是生产驻极熔喷非织造材料的主要方法。电晕放电驻极过程中,驻极电压和驻极距离对驻极效果影响显著,目前常用的驻极电压范围为40~60kV,驻极距离为6~10cm。水驻极工艺主要包括注水压力、注水距离和负压抽吸风量。注水压力一般为0.1~0.3MPa;注水距离根据喷嘴间距和喷嘴扇形角大小进行调节,以相邻水射流相交为宜,通常在5~8cm;负压吸风量一般大于40m³/min。

(五)熔喷非织造产量及成网工艺计算

在熔喷非织造生产过程中,其产量计算主要由计量泵和成网帘速度决定。生产运转过程中,计量泵不需要特别的管理,但其转速必须根据产品定量进行人工设定,并根据检测出的非织造材料产品定量差异做相应的微调,以保证定量达到设定的要求。

计量泵的转速决定了生产线的产量,根据计量泵的每转排量、转速、熔体密度便可直接计算出计量泵的泵供量W,也即是生产线的产量Q:

$$Q = W = q \cdot \rho \cdot n \qquad (3-5-1)$$

式中:q——纺丝泵每转排量,cm^3/r;

ρ——熔体密度,g/cm^3;

n——纺丝泵转速,r/min。

在熔喷法生产中,成网机的最高速度由生产线的设计规格确定,产品幅宽也是定数。实际操作中成网速度取决于产品规格(g/m^2)和泵供量,也就是计量泵的转速$n(r/min)$。成网帘的运行线速度是决定非织造材料产品规格(g/m^2)的主要参数之一,成网帘线速度V的计算公式如下:

$$V = \frac{K \cdot W}{G \cdot B} \qquad (3-5-2)$$

式中:V——成网帘线速度,m/min;

W——计量泵挤出量总和,g/min;

G——产品定量,g/m²;

B——有效铺网宽度,m;

K——速度系数,一般取 $K = 1$。

把泵供量(3-5-1)的计算代入式(3-5-2),再经变换,可得:

$$G = \frac{K \cdot q \cdot \rho \cdot n}{V \cdot B} \qquad (3-5-3)$$

这样,产品的定量仅与纺丝泵的转速及成网帘的线速度有关。因此,生产同一定量规格的产品,生产线的运行参数 n、V 并不是唯一的,只要 n 与 V 保持同一比例关系,则可以制造出相同定量的产品。

四、熔喷法产品

熔喷非织造材料是非织造材料生产中发展较快的一种,在国外被誉为流程最短的聚合物一步法生产工艺。由于熔喷技术生产的纤维很细,同时熔喷布具有很大的比表面积、孔隙小而孔隙率大,具有过滤效率高、过滤阻力低、体积小、质量轻、柔软、网络能自身缠结和黏合、手感好、可折性及挺括性好等许多明显的优点,在许多方面其性能优于传统纺织品的同类产品。尤其是聚丙烯熔喷非织造材料,其内部纤维比表面大,从而形成大量的微细孔隙,产品有很高的孔隙容积和很好的抗渗性,因而具有优良的过滤性和透气性,主要用作中效及亚高效过滤材料,包括空气过滤、酸碱液体过滤、食品卫生过滤、工业防尘口罩制作等。除了过滤性能,其屏蔽性、绝热性和吸油性等应用特性是其他单独工艺生产的非织造材料所难以具备的,所以熔喷非织造材料还广泛应用于医用和工业用口罩、保暖材料、医疗卫生材料、吸油材料、擦拭布、电池隔板以及隔音材料等领域。随着后加工技术的不断开发,熔喷非织造材料的应用领域将更加广泛。

(一) 过滤材料

过滤材料是聚丙烯熔喷非织造材料最大最早的应用领域,主要是利用熔喷超细纤维的特性,因为熔喷布的纤维直径能达到 $1\sim2\mu m$,且排列是随机分布的,具有一定的杂乱性,这种结构使其具有更大的比表面积、更小的孔径,可以制作品质非常高的过滤材料,主要应用于空气过滤、水过滤、油过滤、油水分离等诸多领域。如果通过静电驻极处理作为过滤材料其效果更好。而其他非织造工艺的纤维较难达到 $10\mu m$ 以下。

目前,全世界熔喷非织造过滤材料用量约20kt/a,主要用于气体和液体过滤,其中液体过滤占65%,气体过滤占35%。如用于空气净化器,作为亚高效、高效的空气滤芯以及用于较大流速的粗、中效空气过滤,具有阻力小、强度大、有优良的耐酸碱性、耐腐蚀、效率稳定、使用寿命长、价格便宜等优点,且用其净化后的气体中没有滤材脱落的短绒现象。随着现代工业的迅速发展,对环境的洁净度要求越来越高,要达到高等级的空气洁净度,就需要有性能优越的过滤材料。将聚丙烯熔喷非织造材料与纺粘、针刺等材料进行复合,可以得到综合效果较好的空气过滤复合材料,在相同滤速下具有初始阻力低、过滤效率高、容尘量大的特点。聚丙烯熔喷非织造材料经热轧等特殊工艺处理后,可作为液体微滤膜,用于过滤 $0.02\sim10\mu m$ 粒径的颗粒,如细菌、血液及大分子等物质。在过滤市场,熔喷纤网的早期开发应用之一为香烟滤嘴,但熔喷香烟滤嘴的工业化生产迄今未取得成功,目前此项开发工作仍在继续。

(二)医疗卫生材料

医卫材料也是非织造材料的一个主要应用领域。熔喷布过滤效果好,透气性能好,与纺粘布复合普遍用于一次性医卫材料,不会造成交叉感染。如采用新型熔喷和驻极加工工艺生产超微细纤维熔喷非织造材料与纺粘非织造材料复合,代替传统纺织产品作为口罩的阻隔层应用于口罩布,其特点是强度高、手感好、有效地屏障细菌的穿透、不透血但可以透气;能够防止交叉感染、减少尘屑和毛羽的脱落、提供最佳的手术环境;减少护理人员的劳动量、方便储藏、供应和更换;穿戴及使用方便、价格低。尤其是 2003 年非典期间,通过对超微细纤维滤材的研究及口罩结构的设计,所制成的防护口罩过滤效率大于 95%,气流阻力小于 343.2Pa,能够隔离病毒,过滤性能强,空气阻力小,密闭性能好,可满足一线医务人员、值勤人员、消毒人员、卫生人员的需要。这使得熔喷非织造材料成为非织造材料市场上最为紧俏的产品之一,无论是过滤产品,还是医疗卫生产品都十分热销。

由于熔喷非织造材料具有上述特点,在国外已大量做成绷带、急救包、开刀布、接生包等应用于医疗行业,以及妇女卫生巾、尿布等卫生领域。产品经特殊处理后还可做成的消炎止痛膜,透气性好,无毒副作用,使用方便;与纺粘布复合的 SMS 产品可广泛用于制作手术衣帽等医疗用品。

在 2003 年非典和 2020 年新冠肺炎疫情期间,熔喷非织造材料在医疗卫生行业发挥了重要作用,因此为做到未雨绸缪,防患于未然,许多国家(特别是发达国家)已把熔喷布作为国家储备物资作为应急时用。

(三)吸油材料

熔喷布主要采用聚丙烯原料。由于聚丙烯的密度比水轻,几乎不吸水,也不溶于油类和强酸强碱,却有很好的亲油性,制成熔喷布后具有孔率高、比表面积大的特点,所以熔喷布具有很好的吸油性能。经过试验测得,它可以吸收比自身重量大 17~20 倍的油,且吸油速度快,吸油后能浮于水面而不下沉,水油置换性能好,能反复使用和长期存放,因此是理想的吸油材料。根据它的这些特点可做成吸油毡、吸油滤芯等广泛应用于环境保护工程、油水分离工程、港口环保以及海洋轮船事故处理中。

(四)保暖材料

熔喷超细纤维的平均直径在 0.5~5μm,比表面积大;熔喷超细纤维结构孔径小,这种结构内部含有大量的空气,能够有效阻止热量散失,具有极好的保温绝热性;手感柔软,具有非常好的抗风能力,透气性能良好,且重量非常轻,是做保温服装的最佳材料。经过国家级检测单位测定,相同重量的服装保温材料中,熔喷布保温效果最好,因此可应用于保暖絮片。目前国内外已大量使用,市场增长速度也较快。天津泰达率先开发出了用熔喷布做的保暖材料,从而带来了中国熔喷非织造材料发展的高潮。熔喷非织造材料与三维卷曲纤维共纺制出的保暖絮片不仅具有很好的保温效果,同时具有非常好的弹性和蓬松性能。特制的絮片材料松软、轻便但不显得单薄。熔喷絮片材料的最大优点还在于能用洗衣机洗涤,易干,且不像其他絮材会越洗越板,相反会越洗越松软,越洗越保暖。因此被广泛用于服装和各种绝热材料的生产中,如用于皮夹克、滑雪衫、防寒服、棉衬布等,具有质轻、保暖、不吸潮、透气性好、不霉烂等优点。

(五)电池隔膜

熔喷布纤维极细,耐酸性和碱性液体性能优良,具有多孔性及一定强度,早期的用途为电池隔板,一直被国内外电池行业看作是良好的隔膜材料,并得到广泛的应用,不但降低了电池成本,简化了工艺,且大大减轻了电池的重量和体积。艾克森(Exxon)公司为该用途开发出了聚丙烯三层热轧层压材料。Riegel Products 公司的 Roy Volkman 在 20 世纪 70 年代工业化生产出了一种铅酸免保养电池用聚丙烯熔喷布隔板。国内众多的小熔喷生产线生产熔喷非织造材料用于普通蓄电池隔板是一个重要应用领域,所用聚丙烯原料熔融指数在 35g/10min 左右,也有 70g/10min 左右的,要求其相对分子质量分布窄。

(六)擦拭材料

传统擦拭布产品多以棉纱、碎布作为原料制备而成,生产效率低、成本高,清洁能力和纳污能力不足,且擦拭后易留下毛屑和水迹,难以满足高端应用领域的使用需求。熔喷 PP 非织造材料纤维直径小,特别经亲水改性后具有亲水和亲油双重特点,吸污性强、手感柔软,有效地保护被揩拭物的表面,经过特殊整理的擦拭材料还具有一定的抗菌、抗静电、耐高温等功能。国外有的企业用熔喷非织造材料制作婴儿揩擦布、家庭用揩布、个人用揩拭布,都很受欢迎,熔喷揩拭布也可用于汽车揩拭布及精密机床和精密仪器揩布等。随着我国非织造产业的快速发展,非织造擦拭布以其高产量、低成本的特点占据了擦拭布的主要市场。

第二节　纺熔复合非织造工艺原理(SMS)

一、概述

随着各种非织造材料加工技术的成熟,各工艺之间相互渗透,向混杂化、复合化方向发展是当前非织造材料发展的趋势,尤其是各工艺之间的复合越来越受到大家的重视。所谓非织造复合技术,就是将两种或两种以上性能各异的非织造材料或其他材料经过复合加工,制成具有多功能、高性能、高适用性的多层非织造材料的加工技术。

在非织造复合加工中,纺粘—熔喷非织造复合材料占有很大的比重,即通常所说的 SMS 复合非织造材料,其缩写取之于纺粘(spunbond)和熔喷(meltblown)的英文首字母。其中,纺粘非织造材料的最大特点是纤维呈连续长丝结构,纤度范围大,与同克重的其他非织造材料产品相比强度高,纵横向比性能优越,但其成网均匀度和表面覆盖性则不如其他非织造产品。熔喷非织造材料虽然有上述各种优点,但其缺点是强度低、耐磨性较差。将这两者结合,所形成的复合非织造材料则恰好弥补了彼此缺点,强度高,耐磨性好,同时具有优异的过滤和屏蔽等性能。目前,以聚丙烯(PP)为主要原料的 SMS 已经等到很好的应用,其市场也在逐步扩大,因其性能优良,价格低廉,生产技术成熟。目前,纺粘—熔喷复合非织造材料的主要品种有 SM、SMS、SMMS、SMXS 等。

SMS 复合非织造材料的起源得益于纺粘和熔喷非织造技术的快速发展。20 世纪 80 年代开始开发应用研究,90 年代初由美国一家公司开发出 SMS 复合非织造材料。虽然 SMS 出现的历史短暂,但因其独特的性能和价格优势而被广泛应用于医用防护服、医用口罩、手术服、婴儿尿裤、妇女卫生巾、过滤材料、化学防护服等各个领域。

熔喷、纺粘两种技术的融合是聚合物直接成网法非织造材料的重要发展方向之一。Reifen-hauser 公司和埃克森(Exxon)公司通过技术合作使熔喷、纺粘复合 SMS 得以商业化生产,极大地推动了熔喷技术的发展。目前 Reifenhauser、金佰利(Kimberly-Clark)和诺信(Nordson)等公司的设备均可生产 SMS 复合非织造材料,SMS 复合技术中的熔喷技术代表了熔喷非织造材料中的先进技术,并成为先进的发展趋势。同时采用多喷头技术提高熔喷产量,采用特殊结构的波形喷嘴以及叠片式熔喷头可以获得纳米级纤维,这也将成为熔喷法技术的发展趋势。

二、SMS 复合技术的分类

纺粘法和熔喷法技术在加工原理上非常接近,生产设备也很相似。根据其生产过程中两种技术的组合方式不同,可以分为在线复合、离线复合及一步半法复合三种。

(一)在线复合

在线复合工艺是指 SMS 复合可以通过在同一条生产线上的纺粘和熔喷设备来实现,即所谓的一步法 SMS。

纺粘与熔喷的在线复合,大多数是在纺丝成网生产线的成网区设置熔喷系统,或在两个纺丝成网系统之间加设熔喷装置。当纺粘长丝铺成的纤网在成网帘的输送下通过熔喷成网区时,熔喷系统喷出的超细纤网落在纺粘长丝纤网上,就形成了由一层纺粘纤网与一层熔喷纤网并合而成的复合纤网,即 SM 纤网;如果熔喷装置设在两个纺丝成网系统之间,则在熔喷纤网铺置到第一层纺粘纤网上之后,又由第二层纺粘纤网将其覆盖,形成三层复合的纤网,即 SMS 纤网。采用 SMS 的成网方式时,当需要生产 SM 产品时,可停止第二个纺丝成网系统的运转。SM 或 SMS 形成的纤网一般都经过热轧机黏合,最后经过卷绕机形成 SM 或 SMS 复合非织造材料。图 3-5-16是在线 SMS 复合工艺原理示意图。

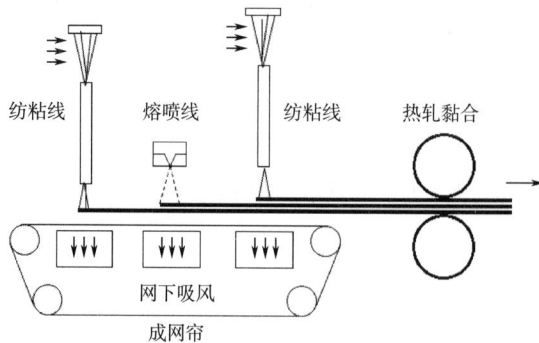

图 3-5-16 在线 SMS 复合工艺原理示意图

目前,随着纺粘和熔喷技术的发展和大规模生产方式的需要,这种复合方式已经扩展到一条铺网机上可设置6~7个纺丝箱体,可以是 SMMS、SMXS、SSMMSS 等,生产能力也扩大到一条生产线上能生产$(2\sim3)\times10^4\,\text{t/a}$。图 3-5-17 是 Reifenhauser 公司的在线复合 SMMS 生产线示意图。

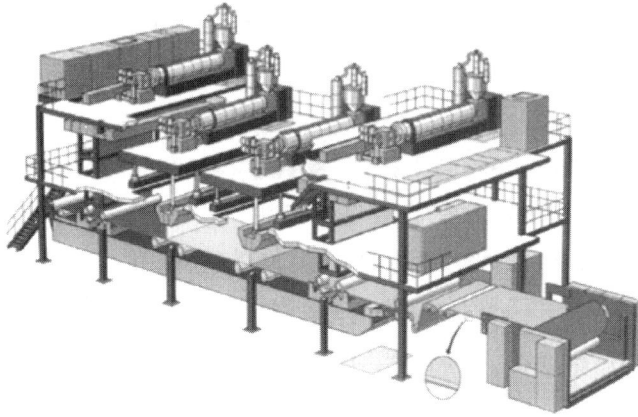

图 3-5-17 Reifenhauser 公司的在线复合 SMMS 生产线示意图

还可以在纺粘和熔喷线上都使用双组分或多组分喷丝装置,生产具有并列、皮芯或橘瓣结构的双组分 SMS 非织造复合材料,使得产品具有两种或两种以上材料的特性。图 3-5-18 是 CJS 公司的双组分 SMS 在线复合生产线原理图。

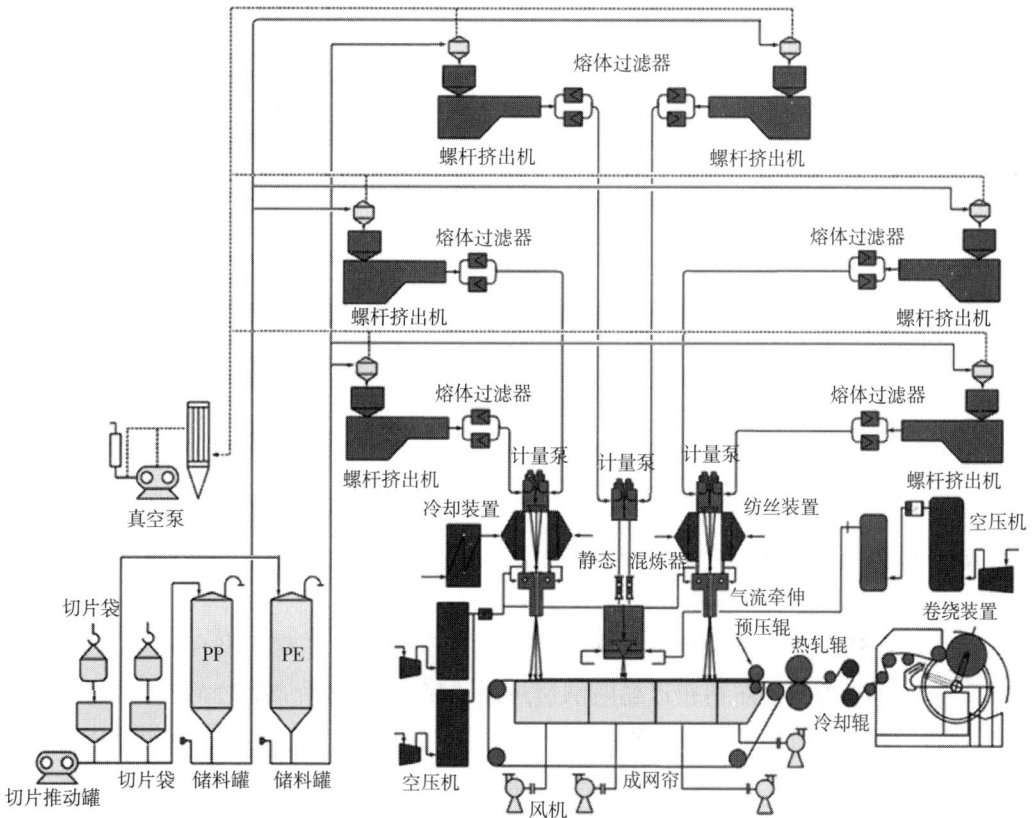

图 3-5-18 CJS 公司的双组分 SMS 在线复合生产线原理图

　　在线复合 SMS 生产线,采用两种不同的成网技术的结合,生产工艺具有许多优点和灵活性,例如,可以根据产品的性能要求,随机调整纺粘层和熔喷层结构的比例;产品具有良好的透气性;产品的过滤性能和抗静水压能力得以大大提高,可生产低克重的产品等。但是在线复合生产线投资成本大,建设周期长,生产技术难度相对较大,开机损耗大,故在线复合 SMS 不适合小订单生产。

　　国内于 2000 年引进了第一条德国莱芬豪斯的 3.2m 在线复合 SMXS 生产线,填补国内在线复合 SMS 的空白。之后在 2003~2005 年,又陆续引进了德国莱芬豪斯、美国诺信、日本 NKK 等多条在线复合 SMS 生产线,包括两条 PET/PP 两用 SMXS 生产线、三条 PP SMXS 生产线。广东南海 Berry 集团引进的德国莱芬豪斯 Reicofil Ⅴ SMS 生产线及必得福进口的 7m 幅宽双组分 SMXS 生产线都已经投产运行,在新冠病毒传播期间发挥了很大的作用。而国产的在线 SMS 生产线技术也已经成熟,宏大研究院、邵阳纺机、瑞法诺机械等研制的在线 SMS 已被国内非织造生产商认可,广泛投入运行中。

(二)离线复合

　　离线复合工艺是指先由纺粘和熔喷两种工艺分别制得纺粘非织造材料和熔喷非织造材料,再经过复合设备将两种非织造材料复合在一起形成 SMS 复合型非织造材料,即所谓的二步法 SMS。离线复合 SMS 要经过三套设备,由纺粘生产线生产出纺粘非织造材料,由熔喷生产线生产出熔喷非织造材料,再将两层纺粘非织造材料中间夹持一层熔喷布,通过专门的热轧复合机热轧或者超声波黏合成三层复合材料 SMS,如图 3-5-19 所示。

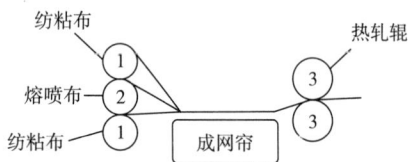

图 3-5-19　离线复合工艺原理示意图

　　离线复合生产 SMS 产品的优点是灵活性高,适于小订单生产,投资小,见效快,适合复合熔喷非织造材料含量高的产品,提高复合材料的过滤、耐静水压性能等。

　　离线复合生产 SMS 产品的缺点在于其产品性能不够理想,例如,单独生产的熔喷布,因没有纺粘布的支撑作用,熔喷工艺难以灵活调整,很难改善产品的透气性、抗静水压能力等性能,而且熔喷布的强力低,受力拉伸后熔喷的 3D 结构容易破坏,因而离线 SMS 产品中熔喷布的克重很难降下来,产品的阻隔性和抗静水压能力也因熔喷布受拉伸略有损失,这样复合的 SMS 产品,其均匀性便很难得到控制。另外,离线复合生产 SMS 产品经过三次黏合,产品的透气性大大降低。

(三)一步半法复合

　　鉴于一步法 SMS 设备投资大、二步法 SMS 产品克重高的缺点,现国内的一些企业已经开发出了一步半法 SMS,即一层纺粘布退卷随网帘送到熔喷区,和熔喷布结合后,再叠加一层纺粘布,最后通过热轧辊复合的工艺。这种设备投资较一步法 SMS 小,工艺比一步法 SMS 灵活,而且由于熔喷布是在线生产,不需要通过收卷、退卷工序,即使是低克重的熔喷布,由于有纺粘布支撑,其结构也不会破坏,这样就有效解决了二步法 SMS 产品克重高的缺点。其工艺原理如图 3-5-20 所示。

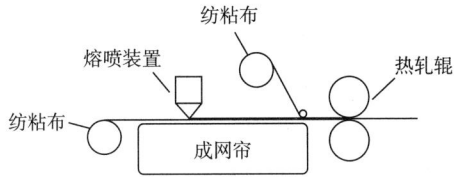

图 3-5-20 一步半法复合工艺原理示意图

一步半法复合是具有创新性的,它解决了离线复合不能生产低克重产品的壁垒,如果使用低克重的小轧点纺粘布在线复合,产品外观与在线复合产品相当接近。工艺调节灵活,如可以通过更换不同颜色、克重的纺粘布灵活改变产品品种,但是由于复合用的纺粘布上有轧点,这样会对产品透气性有一定的影响。此外,纺粘布作为底层,纤维密度比纺粘纤网大,纺粘布上有轧点,这样就增加了熔喷区真空抽吸系统的负担。

下面以 Reifenhauser 公司的 Reicofil Ⅲ SMXS 在线复合设备为例进行生产线介绍。

1. 工艺流程

Reicofil Ⅲ 的工艺流程如图 3-5-21 所示。

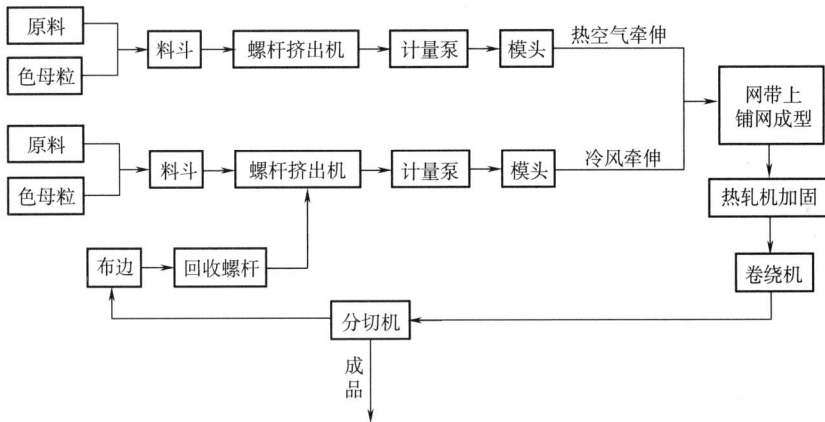

图 3-5-21 Reicofil Ⅲ 的工艺流程

2. 设备特点

Reifenhauser 公司的 Reicofil Ⅲ生产线的最大特点是组件式结构,简称 SMXS 生产线(其中 X 可以是 S 或 M)。设备总体图如图 3-5-22 所示。

其中第三部分组件可以是纺粘或熔喷,即可以是 SMMS 或 SMSS。这种设计使设备有了很大的灵活性,通过更换组件,可以生产不同的产品。这种设计对 Reifenhauser 来说,有很大的意义,在同一条生产线上换用不同的组件,可以满足不同的客户要求,可以增加该设备的市场占有量。而对于生产厂家来讲,更换组件并不容易,组件的价格不便宜。如果那样做,无疑增大了资金的投入和产品调试的时间。该设备的组件式结构还有另外一个重要特点,就是熔喷装置设计成可以向上转移,这样便于维修,图 3-5-23 就是熔喷组件移动的示例。

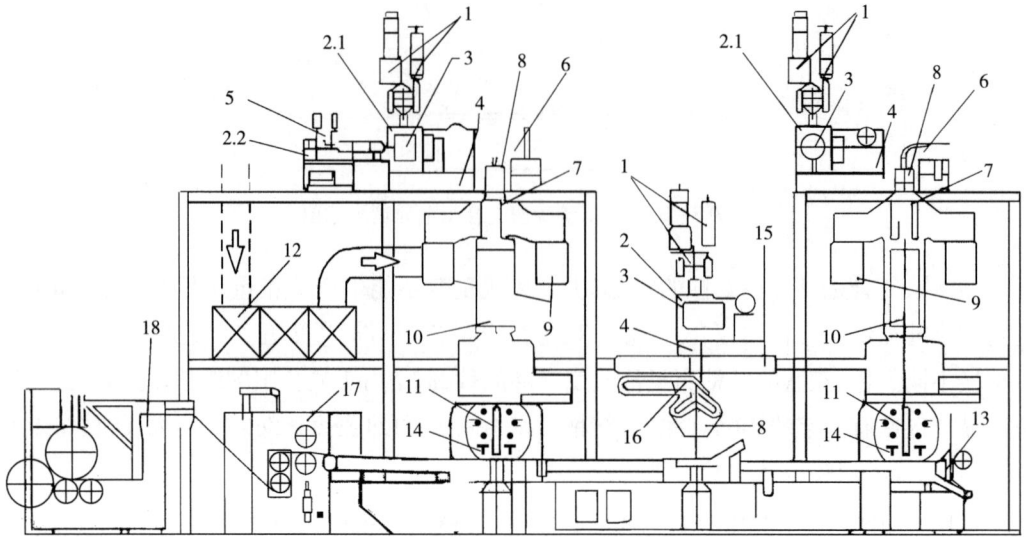

图 3-5-22　复合设备总体图

1—真空吸料泵　2.1—螺杆挤压机　2.2—小螺杆　3—过滤网　4—计量泵　5—边料回收
6—单体管　7—风管　8—模头　9—冷却室　10—牵伸风道　11—扩散风道　12—冷却风机
13—挡风辊　14—热水辊　15—推出平台　16—高压热空气　17—热轧机　18—卷绕机

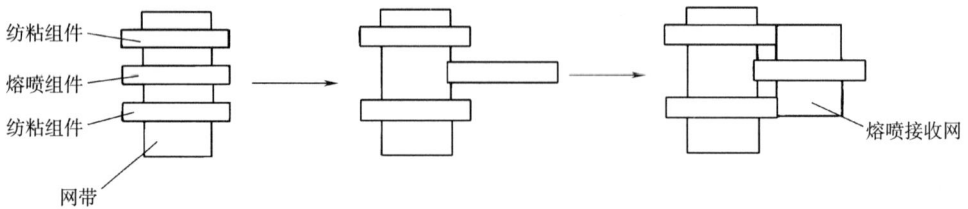

图 3-5-23　熔喷组件移动示例

对于这种组件式结构,只要加上一个附加标准组件,即熔喷的平行输送和改向装置,就可以进行纺粘(双束)和熔喷两者的平行生产,并具有所需要的灵活性。标准组件的其他工艺,如梳理、层压、铸膜等,都可以很容易地嵌入 SMS 生产线之内,也可以在单独的熔喷系统中。这样的设计可以使设备的运行费用降低,因为除了大量订单的单一产品外,专用市场也正在兴起,这就需要较小和灵活的生产线,这正好是一种合理的解决方案。这种设备的优点是:①生产能力高。它的线速度超过 350m/min,最高可达 400m/min。日产量达 20t,年产量可达 9000t,是目前国内生产能力最高的非织造布生产线。②能量消耗低(约 1.2kW·h/kg)。③产品质量高。

三、SMS 产品的特性和应用

SMS 复合技术充分利用了纺粘产品和熔喷产品的技术优势,大大扩展了非织造材料的应用领域。SMS 产品既有纺粘层固有的高强耐磨性,中间熔喷层又提高了产品的过滤效率、阻隔性能、抗粒子穿透性、抗静水压、屏蔽性以及外观均匀性等，从而实现了良好的过滤性、阻液性和不透明性。

以 PP 为主原料的 SMS 复合非织造材料具有如下的优异特性：均匀美观的外观；高抗静水压能力；柔软的手感；良好的透气性；良好的过滤效果；耐酸、耐碱能力强。另外，还可以对 SMS 非织造材料进行三抗（抗酒精、抗血、抗油）和抗静电、抗菌、抗老化等处理，以适应不同用途的需要。

正是由于 SMS 产品具有如此优异的特性，决定了其广泛的用途。

薄型的 SMS 产品，因为它的防水透气性，特别适用于卫生用品市场，如用作卫生巾、卫生护垫、婴儿尿裤、成人失禁尿裤等的防侧漏边及背衬等。

中等厚度的 SMS 产品，适合使用在医疗方面，制作外科手术服、手术包布、手术罩布、杀菌绷带、伤口贴、膏药贴等。也适合于工业领域，用于制作工作服、防护服等。在这一部分市场上，过去一直是水刺布的天下，因其具有良好的柔软性、吸水性，外观、性能又最接近传统的纺织品，曾一度得到推广并沿用至今。但水刺布抗静水压能力较差，阻隔能力也不够理想，在目前的医疗市场上，这两种产品基本上平分秋色。如今，SMS 产品以其良好的隔离性能，特别是经过三抗和抗静电处理的 SMS 产品，更加适合作为高品质的医疗防护用品材料，在世界范围内已得到广泛应用。

厚型 SMS 产品，广泛用作各种气体和液体的高效过滤材料，同时还是优良的高效吸油材料，用在工业废水除油、海洋油污清理和工业抹布等方面。

第三节　其他新型熔喷非织造技术

一、短纤插层复合熔喷非织造技术

熔喷聚丙烯纤维直径很小，只有 $1 \sim 5 \mu m$，纤维柔软，造成熔喷非织造材料的耐压性和压缩回弹性很差不足，在使用过程中孔隙结构容易发生变化，大大降低了 PP 熔喷非织造材料中的空气保有率。美国 3M 公司在传统熔喷工艺的基础上开发出短纤插层耐压复合熔喷非织造材料制备技术。通过短纤插层复合熔喷工艺制造的熔喷保暖絮片，压缩回复率可达 90% 以上，保温性能优良，是相同克重羽绒的 1.5 倍、普通保暖棉的 15 倍，特别适用于制作滑雪服、登山服、被褥、睡袋、保暖内衣、手套、鞋履等。同时该材料在高容尘型过滤材料、车用吸音材料领域具有广阔的应用前景。

短纤插层复合熔喷非织造材料的核心技术为在 PP 熔喷成网的过程中，通过侧吹送风系统将经开松、梳理成单纤化的一定量高卷曲中空 PET 短纤维送至熔喷超细纤维射流中，使得高卷曲中空 PET 短纤维均匀分散在 PP 熔喷超细纤维中共同组成插层式复合熔喷非织造材料，利用 PET 纤维的刚性和粗细纤维互相补偿的方式有效地改善材料的孔隙结构，解决了 PP 超细熔喷非织造材料耐压性和弹性回复性差的问题，其工艺流程及生产线如图 3-5-24 所示。

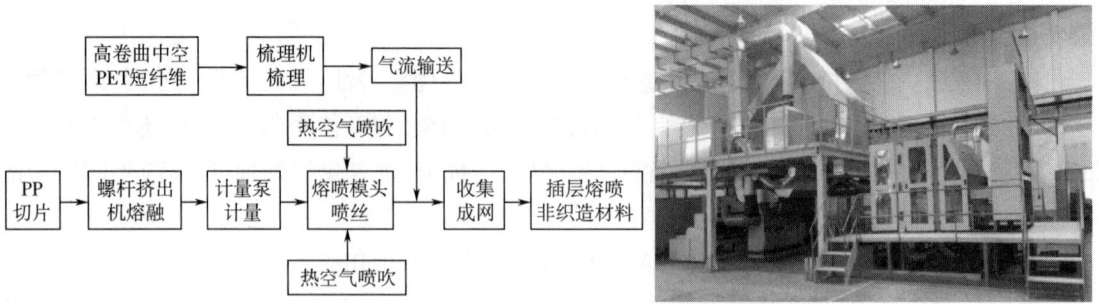

图 3-5-24　短纤插层复合熔喷工艺流程及生产线

二、木浆/熔喷复合非织造技术

木浆/熔喷复合非织造技术,又称作"孖纺(MultiForm)",是一种将熔喷工艺生产的超细纤维与天然木浆纤维及其他功能性合成纤维,通过气动混合并高温缠结铺网而形成多纤共混的新型复合非织造材料的工艺技术,其工艺与短纤插层技术类似。该材料既含有连续的、直径为 1~5μm 的聚丙烯纤维,又含有不连续的、直径为 10~25μm 的天然木浆纤维,并且可以根据不同应用需要添加不同比例的其他功能性纤维或者高吸水性树脂(SAP)等辅助材料,使其具有无与伦比的优异使用性能及产品多样性。图 3-5-25 是单喷头和双喷头两种不同的孖纺生产线示意图,该生产线中主要包括熔喷生产系统和纤维素纸浆粉碎沉积系统。

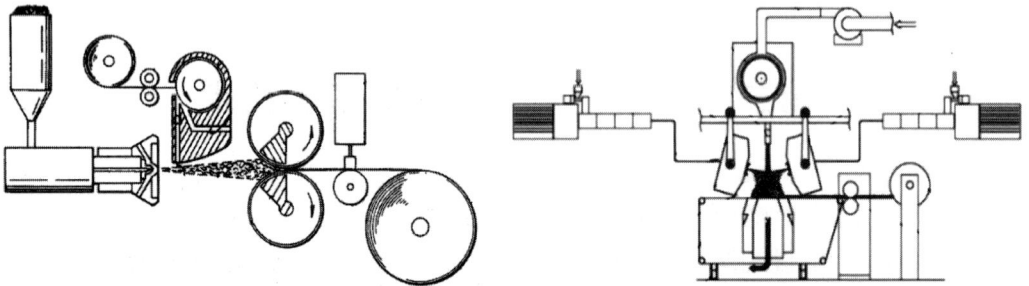

图 3-5-25　单喷头(左)和双喷头(右)孖纺生产线示意图

孖纺工艺作为一种平台型的柔性化新型非织造材料生产技术,可开发性强,可用于生产多样化、差异化的微纤复合材料。通过不同类型熔喷原料树脂的选用、主组分纤维和功能性纤维品种和配比的调整、压光或压花的不同外观效果的选择,所生产的产品在品种、外观和性能上均具有极大的可设计性,可用于开发和生产诸如全生物基非织造材料、可冲散非织造材料、吸水复合芯体材料等多种新型热门卫生材料。

三、熔喷纳米纤维非织造技术

纳米纤维是指直径为纳米尺度而长度较大的线状材料。纺织领域通常把纤维直径低于1000nm 的纤维均称为纳米纤维。当纤维直径从微米数量级降至纳米数量级时,可显著提升纤维材料在环境、能源、医疗卫生、工程与装备等领域的应用性能。

降低喷丝孔孔径是目前制备熔喷纳米纤维最主要的手段。图 3-5-26 是一种小孔径（0.127mm）、大长径比（高达 200）的熔喷模头，可生产出平均直径在 300~500nm 的熔喷非织造材料。

NTI(Nonwoven Technologies)公司开发了一种薄型喷丝板组件用于制备熔喷纳米纤维非织造材料，如图 3-5-27 所示。它是将带有喷丝孔的喷丝薄板单元和阻隔薄板单元二者相间叠合，并采用特殊的方法将其组合起来，形成垂直排列的喷丝板组件。各单元的缺口即为熔体进入的地方，内腔是熔体容纳和传输的通道。在压力泵的作用下，熔体可以依次通过内腔传输至各喷丝薄板的喷丝孔，将熔体挤出纺丝孔；与此同时，分布在纺丝孔两侧的气腔沿纺丝组件整个长度贯通，中间通过热空气，在到达纺丝孔两侧时快速喷出，将挤出的熔体牵伸形成熔喷纳米纤维。NTI 喷丝组件的喷丝孔孔径细至 0.0635mm，纺出的熔喷纤维直径大约为 500nm，最细的单纤直径可达 200nm。

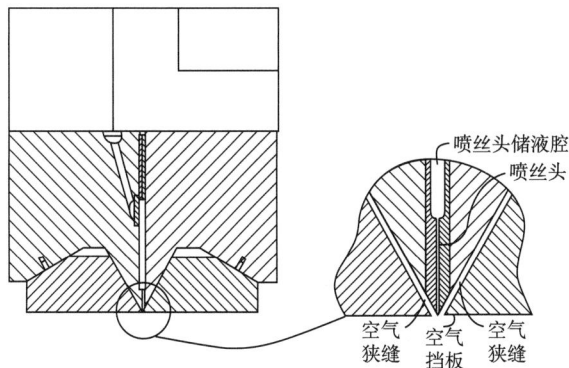

图 3-5-26　小孔径、大长径比的熔喷模头示意图　　图 3-5-27　单排组合式薄型喷丝板组件示意图

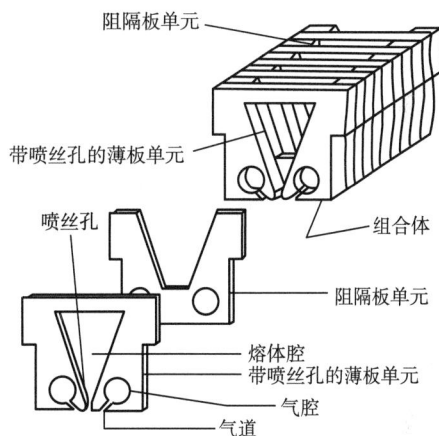

四、一步法熔喷微纳米交替纤维非织造技术

天津工业大学程博闻教授团队研究发现，基于低相容成纤聚合物的高温流动差异特性，通过熔喷或静电辅助熔喷技术可实现具有"多尺度结构"的微纳米粗细交替纤维非织造材料的规模化制备。图 3-5-28(a) 和 (b) 分别是聚丙烯/聚苯乙烯、聚丙烯/聚乳酸体系在气流场和静电—气流场耦合作用下制得的熔喷微纳米粗细交替纤维滤膜的 SEM 图。经测算，滤膜中约有 40% 的纤维直径小于 1000nm，最小直径为 150nm；约有 20% 的纤维直径大于 6μm，部分超过 10μm，尤其在静电—气流耦合作用下纤维粗细差异更为显著。

利用微米级粗纤维非织造材料中粗纤维起到骨架支撑作用，可增大纤网孔径，改善纤维的通透性；纳米级细纤维的小尺度效应可提高过滤性能，是高效低阻过滤材料开发的重要途径之一。微纳米交替纤维的成型核心为非均相聚合物熔体的黏度变化而产生"拔河"效应的非稳态拉伸细化机制。如图 3-5-28(c) 所示，非均相聚合物熔体经螺杆挤出至毛细孔时，低黏度熔体区 A 在气流牵伸力（或静电—气流牵伸力）作用下加速流动细化时，受到相邻高黏度熔体区 B

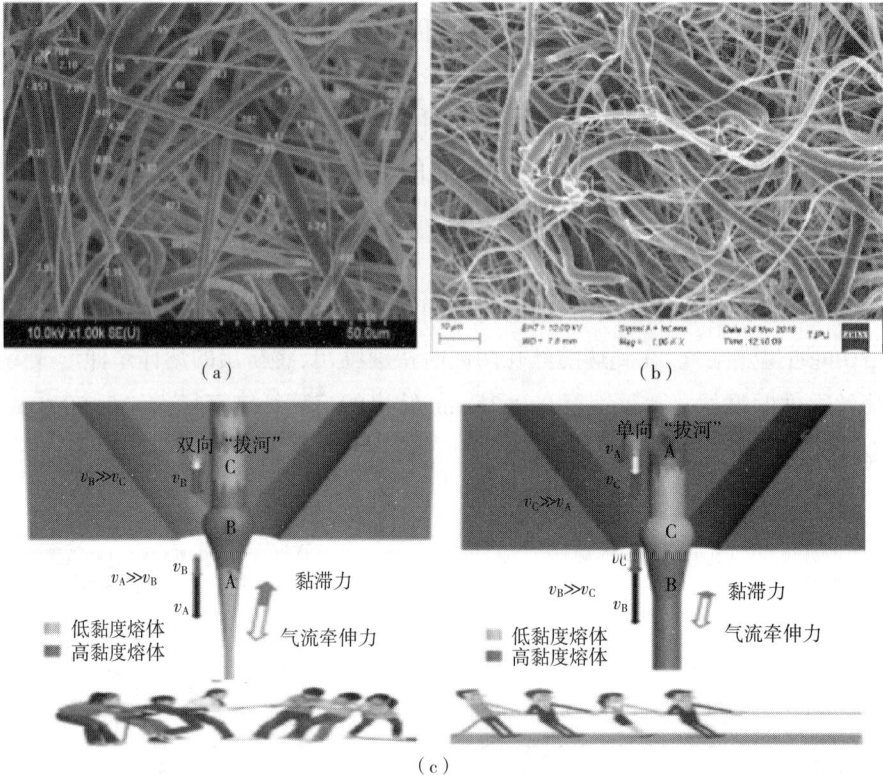

图 3-5-28 聚合物熔体微纳米粗细交替纤维膜照片及"拔河"效应纤维细化机制示意图

黏滞力的反向牟制,此时速度 v_A 远大于 v_B,形成类似双向"拔河"的作用,促使高流动性熔体 A 细化成纳米纤维;而当随后的 B 区受牵伸时,与之相邻的是黏滞力较小的高流动熔体区 C,此时熔体 B 受类似单向"拔河"作用,使得 v_B 与 v_C 速度差较小而难以细化,形成大直径微米纤维,依次循环,最终堆积形成微纳交替多尺度纤维滤布。

思考题

1.简述熔喷非织造材料生产工艺原理。

2.简述熔喷非织造材料的特性及主要工艺参数。

3.什么是非织造材料复合生产技术?

4.SMS 离线复合和在线复合的优缺点有哪些?

5.何为孖纺?该产品有何特点?

第六章 新型聚合物直接成网法 非织造工艺原理

第一节 闪蒸非织造工艺原理

闪蒸法非织造生产技术是美国杜邦公司于 20 世纪 60 年代初期开发出的一种新型非织造材料生产方法,由于其特殊的成型方法,所得纤维网中的纤维线密度极小,一般为 0.1～0.3dtex,是一种超细纤维非织造材料。1955 年,杜邦公司研究员怀特(White)无意中发现了闪蒸纺丝法,深入研究该技术后,于第二年申请了专利。再经过几年的技术改进,杜邦公司于 1965 年为该产品注册了商标"TYVEK",1967 年正式以该品牌生产产品进行商业销售,从此,"TYVEK"(中文名:特卫强)独霸全球闪蒸非织造材料市场达几十年。

与纺粘法和熔喷法不同,闪蒸法采用的纺丝方法不是熔融纺丝法,而是采用干法纺丝技术进行纺丝,纺丝时首先将成纤聚合物在高温高压条件下进行溶解,配制成均一的纺丝液,然后由喷丝孔喷出,由于溶剂喷出后压力急剧降低导致溶剂瞬间挥发,成纤聚合物析出并被高倍拉伸,形成三维网状结构纤维。形成纤维后再经过静电分丝,使纤维根与根之间彼此分散开来进行铺网,再经固网工艺进行加固,从而得到闪蒸非织造材料。由于该产品具有高强质轻、耐撕裂抗穿刺、防水透气、阻隔性好、耐候性好等特点,现已广泛应用于不同领域,如防护服、医疗包装、防水材料、印刷材料、服装材料等。闪蒸纺丝工艺经过多年的发展其工艺日渐成熟,产品性能也更加优越,应用也越来越广泛,但该项技术却一直被美国杜邦公司所垄断。为了打破美国在该技术上的垄断,国内一些企业联合高校共同进行了闪蒸技术的研发,部分企业已实现了闪蒸非织造布的产业化生产,不仅填补了国内技术空白,也对我国非织造产业的发展有着积极的推动作用。

一、闪蒸工艺原理

(一)干法纺丝工艺原理

干法纺丝是聚合物溶液通过溶剂的蒸发而使聚合物固化的方法。从聚合物溶液变成纤维的传统干法工艺过程如下:纺丝液由计量泵输送到喷丝头,经喷丝孔挤出的纺丝液细流进入纺丝甬道,在这里受到热气流的加热使溶剂迅速挥发,丝条聚合物浓度逐渐升高,最后使丝条固化,接着以一定的速度卷绕,使丝条拉伸细化而形成纤维。

闪蒸纺丝是一种特殊的干法纺丝,是由于溶剂本身过热而导致的瞬间蒸发。闪蒸纺丝工艺具有以下特点:

(1)纺丝液的浓度较高,一般在 12%～25%,相应的黏度也较高,能承受较大的气流拉伸,易制得比较细的纤维。

(2)纺丝速度快,聚合物溶液在高压下喷出喷丝口,速度一般在几十甚至上百米每秒。

（3）所得纤维较细，聚合物在冷却的同时被气流高倍牵伸，纤维直径一般在几百纳米或几微米。

(二)相分离原理

闪蒸纺丝最突出的现象就是相分离。在溶解过程中聚合物和溶剂在高温高压下搅拌转化为均相溶液；当压力稍稍降低时，溶液会发生一定程度的相分离，形成两相溶液，其中一相为富成纤聚合物相，另一相为富溶剂相；最后溶液由喷丝孔进入常温常压空气时，溶剂转化为蒸气而迅速与聚合物产生相分离。

聚合物溶液的温度—浓度相图曲线如图3-6-1所示。由该相图曲线可以看出，聚合物溶液存在上临界共溶温度(UCST)和下临界共溶温度(LCST)。聚合物浓度一定时，只有温度介于上临界共溶温度和下临界共溶温度之间，聚合物和溶剂才会形成均一相溶液；而当温度过高(超过上临界共溶温度)或过低(低于下临界共溶温度)，聚合物都不能完全溶解而析出。图3-6-2是聚合物溶液的压力—浓度相图曲线，聚合物溶液存在上临界共溶压力(UCSP)。聚合物浓度一定时，只有当压力超过上临界压力，聚合物和溶剂才能形成均一相溶液，而当均一相的纺丝溶液压力降低时，聚合物析出，从而聚合物溶液由一相变成两相。闪蒸纺丝所利用的是聚合物的UCST。以图3-6-2为例，聚合物和溶剂在高温高压条件下处于a点，为均一相溶液；当溶液喷出喷丝孔后，由于压力减小，溶液由均相变为两相，经喷丝口喷出进行纺丝。而从a'点到b点，压力变化对形成的纤维结构有很大影响，具体数值要根据实际情况确定。

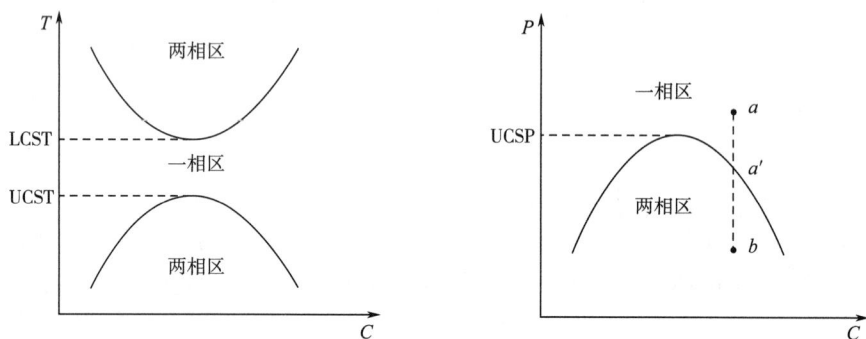

图3-6-1　聚合物溶液温度—浓度相图曲线　　图3-6-2　聚合物溶液压力—浓度相图曲线

(三)超音速流原理

图3-6-3为闪蒸纺丝喷丝口处的结构示意图。在a点处纺丝液压力相对较高，b点处纺丝溶液处于一个压力相对较低的区域，纺丝溶液发生一定程度的相分离，到c点时，溶剂由于压力骤降而气化，迅速膨胀形成超音速流。流体中聚合物以液滴状存在，在b点到c点的变化过程中，溶剂与聚合物发生分离，聚合物被超音速流高速拉伸，在这过程中，溶剂需吸收大量热量，温度剧烈下降，从而使聚合物快速结晶冷却并被牵伸成高度取向的超细纤维丛丝。

另外，在整个闪蒸纺丝成型过程中还涉及高温高压下的"高分子溶液的性质""超临界流体性质""相平衡原理""传热传质过程"，以及纺丝过程中的"液体蒸发过程""纤维结晶取向"等研究领域的综合知识和技术原理，在国内该项技术涉及的原理还有待研究。

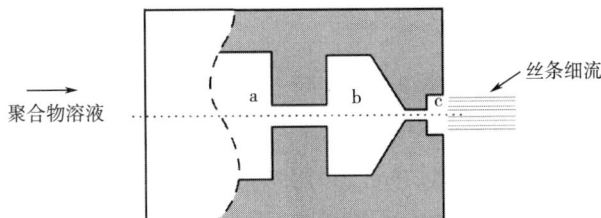

图 3-6-3　闪蒸纺丝喷丝口处的结构示意图

二、闪蒸纺丝溶液

闪蒸纺丝溶液由成纤聚合物、溶剂和一些添加剂组成。

(一) 成纤聚合物

闪蒸纺丝使用的成纤聚合物一般为结构比较规整的聚烯烃,如高密度聚乙烯、聚丙烯以及聚乳酸等,其中聚乙烯最为普遍。发展到如今的已有丰富多样的烯烃类聚合物,如低密聚乙烯、高密聚乙烯、超高分子量聚乙烯;烯类聚合物与其他聚合物的混合物以及其他不饱和烯烃聚合而成的聚合物,如聚甲基丙烯酸酯类、聚丙烯酸类、聚乙烯乙酸酯类、聚环戊烯等;还可以采用聚酯类(PET、PBT、PBN 等)、聚酰胺类、聚缩醛类、聚氨酯类、聚碳酸酯类等。大卫(David)等使用少量 α-丁烯、α-己烯或者 α-辛烯与乙烯的共聚物与高密度聚乙烯共混闪蒸纺丝,来改善非织造材料的柔性,且可降低纺丝时的噪声。西恩(Shin)采用乙烯和四氟乙烯为单体合成了含氟聚合物,并采用闪蒸纺丝技术将其纺制成耐高温的超细纤维及其非织造材料,但它们尚未实现工业化生产。

(二) 溶剂

闪蒸纺丝液中使用的溶剂一般包括主溶剂和辅溶剂。

1. 主溶剂

主溶剂沸点一般应在 0~100℃ 范围内,有芳香烃如苯、甲苯等,脂肪烃如丁烷、戊烯、正己烷、庚烷、辛烷以及它们的同分异构体,脂环烃如环己烷,不饱和烃,卤代烃如二氯甲烷、四氯化碳、氯仿、氯甲烷、三氯氟甲烷、氯乙烷以及二氯乙烯等。

所选择的主溶剂应该符合如下要求:

(1)沸点需低于聚合物至少 25℃;

(2)在其正常沸点或沸点以上时能溶解成纤聚合物,而在正常沸点或正常沸点以下最多溶解不到 1% 的成纤聚合物;

(3)在纺丝温度下不与成纤聚合物发生反应;

(4)在高温高压条件下能溶解成纤聚合物;若压强稍微减小能发生快速相分离,形成两相溶液,其中一相为富成纤聚合物相,另外一相为富溶剂相,若压强进一步减小则溶剂瞬间蒸发。

2. 辅溶剂

辅溶剂包括烷烃、环烷烃、卤代烃、醇类(如甲醇和叔丁基乙醇等)和一些气体(如氮气和二氧化碳等)。辅溶剂主要起助溶、提高或降低纺丝溶液浊点、压强及成纤聚合物表面张力等作用。

3. 溶剂的选择

卤代烃是闪蒸纺丝的一类优良溶剂,特别是三氯氟甲烷,大部分工业生产的闪蒸非织造材料都采用它作为主溶剂,但研究发现它们会破坏大气中的臭氧层。目前杜邦公司的一些科研人员正在寻找更好的代替溶剂,如西恩(Shin)采用二氯甲烷作主溶剂,采用卤代烃如1-三氟甲基-1-氟-2,2-二氟环丁烷、1,1,2,2,3,3-六氟环戊烷、1,1,2,2,3,3,4,5-八氟环戊烷等作为辅溶剂;施魏格尔(Schweiger)采用不饱和烯烃1-戊烯、1-己烯作主溶剂,辅溶剂用的则是烷烃和环烷烃。

伍德尔发明了一种确定某溶剂是否适合用作闪蒸纺丝溶剂的方法。将聚合物与适量溶剂混合后(聚合物质量分数约为10%)密封在一个厚壁玻璃试管中(混合物所占体积为试管体积的1/3~1/2),并且使混合物在自热的压强下加热,测试时温度范围通常是从约100℃到刚好低于被测液体的临界温度 T_c(或者聚合物的分解温度,取较低的一个)的任何温度都没有在试管中形成一个单相的、可流动的溶液,那么溶剂的溶解力就太低。如果在低于临界温度 T_c 的某一温度能够形成单相溶液,但该溶液在加热到更高的温度(仍低于 T_c)不能转变成具有两液相的液体,说明溶剂溶解能力太高。可以通过添加辅溶剂来适当地调节溶剂的溶解性能,以使之适于应用。临界温度是指物质处于临界状态时的温度,即加压力使气体液化时所允许的最高温度。在这温度以上,物质只能处于气体状态,单用压缩方法不能使之液化。各种物质的沸点、临界温度等不同,表3-6-1列出了一些溶剂的特性。

表3-6-1 一些闪蒸纺丝溶剂特性

溶剂	沸点(℃)	临界温度(℃)	密度(g/cm³)
三氟氯甲烷	23.80	198.0	1.480
异丁烷	−11.75	135.1	0.577
丁烷	−0.45	152.1	0.600
环丁烷	12.55	186.9	0.694
2-甲基丁烷	27.85	187.3	0.620
2,2-二甲基丙烷	9.45	160.6	0.591
戊烷	36.1	196.6	0.630
环戊烷	49.25	238.6	0.745
2,2-二甲基丁烷	49.65	215.7	0.649
2,3-二甲基丁烷	57.95	226.9	0.662
2-甲基戊烷	60.25	224.4	0.653
3-甲基戊烷	63.25	231.4	0.664
己烷	68.80	234.4	0.660
甲基环戊烷	71.85	259.6	0.754

续表

溶剂	沸点(℃)	临界温度(℃)	密度(g/cm³)
环己胺	80.70	280.3	0.780
2-甲基己烷	90.05	257.2	0.679
3-甲基己烷	91.85	262.1	0.687
庚烷	98.50	267.2	0.684
甲醇	64.60	239.5	0.790
乙醇	78.30	240.8	0.789
丙醇	97.15	263.7	0.804
异丙醇	82.25	235.2	0.786
2-丁酮	79.55	263.7	0.805
特丁基乙醇	82.35	233.1	0.787
二氧化碳	升华	31.0	—

(三) 添加剂

为了使闪纺过程比较顺利或者给产品赋予某种特定性能，还需在纺丝液中加入其他的添加剂，如成核剂、稳定剂、抗氧化剂、膨胀剂、染料和颜料等。如哈里斯(Harris)等在聚乙烯中加入颜料，使闪蒸非织造片材具有更好的印刷性能。

三、闪蒸纺丝工艺

闪蒸纺超细纤维非织造工艺过程如图3-6-4所示。它是将成纤聚合物在高温高压条件下溶解制备成一定浓度的均相纺丝溶液，将制备好的均相纺丝溶液在高压的作用下进入低压室内，由于压力稍有降低而发生不完全相分离，随后纺丝溶液再快速经过喷丝孔，在喷丝口处迅速膨胀，溶剂发生相转变成为蒸气，与聚合物产生迅速相分离，且形成超音速蒸气流，聚合物由此而产生破裂且被超音速蒸气流高速拉伸。在这过程中，溶剂需吸收大量热量，从而使聚合物快速结晶冷却成高度取向超细纤维丛丝。然后利用高速溶剂气流的冲击力，将超细纤维丛丝输送至旋转分散盘处，由于受到旋转分散盘阻挡作用，改变方向向下面的传送带运动。最后通过电晕放电法对超细纤维丛丝施加静电场，使超细纤维丛丝带上同种静电荷，在拉伸的过程中相互排斥散开，通过摇摆装置，将开纤后的网状超细纤维丛丝进行堆积铺网，所得纤维网经不同方式黏合加固，得到闪蒸纺超细纤维非织造材料。

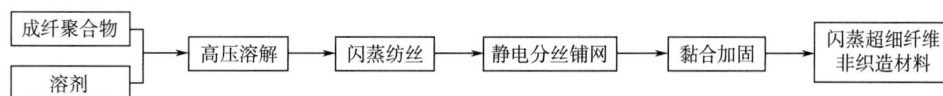

图3-6-4 闪蒸纺超细纤维非织造技术工艺过程

(一) 纺丝液制备

纺丝液的制备是闪蒸纺丝工艺的重要环节。成纤聚合物溶解的好坏程度，直接影响纺丝液的稳定性和可纺性，也将影响成品纤维及非织造材料的性质。闪蒸纺丝液与常规溶液纺丝的纺丝液制备有较大差别，常规纺丝液选择的溶剂都是成纤聚合物的良溶剂，可在常压下进行溶解；而闪蒸纺丝选择的溶剂在常压下不能溶解成纤聚合物，须在高压溶解釜中才能实现。高压溶解釜由耐高压容器、搅拌器及传动系统、冷却装置、安全装置、加热装置等组成。闪蒸纺丝液的配置主要是要控制好纺丝液中成纤聚合物浓度、温度和压力三者之间的关系。

图 3-6-5 是聚乙烯和某溶剂形成的不同纺丝液浓度在不同纺丝压力和纺丝温度下的相态关系图，图中横坐标是纺丝压力，纵坐标是纺丝温度，a~d 四条曲线分别代表不同浓度纺丝液在不同条件下的相态临界线。由上文中相分离原理可知，聚合物溶液温度只有介于上临界共溶温度和下临界共溶温度之间，聚合物和溶剂才会形成均一相溶液；聚合物溶液压力只有超过上临界压力，聚合物和溶剂才能形成均一相溶液。不同浓度的聚合物溶液想达到完全溶解，所需要的温度和压力有所不同，以 c 线为例。c 线的左侧是两相态区，代表聚合物溶液还没有完全溶解完毕；c 线的右侧是单相态区，代表聚合物溶液已经溶解完全。不同的聚合物溶液体系对应不同的相态分布图。

当聚合物完全溶解形成均一溶液并稳定后，可以进行后续操作。如图 3-6-5 中 A 点的溶液是单一相态，溶液的温度和压力都比较高(见图 3-6-3 中的 a 处)，可以进行纺丝；当溶液进入减压室后(见图 3-6-4 中的 b 处)，由于压力降低，溶液发生相分离而变成两相，对应图 3-6-5 中的 B 点，一部分为富溶剂相，一部分为富聚合物相，但此时温度降低得比较少；当聚合物溶液喷出喷丝头进入常压或低压区后(见图 3-6-3 中的 c 处)，由于压力瞬间降低，溶剂急剧蒸发吸热，聚合物温度降低并被拉伸变成纤维丝条。

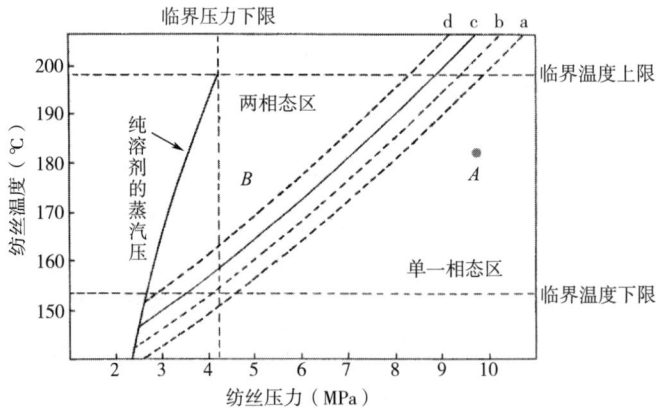

图 3-6-5 不同浓度纺丝液相图

纺丝液的压力由溶剂在加热密闭容器中自身产生的压力和通过注入惰性气体(如 N_2 等)施加的压力组成。纺丝液压力大小与所用溶剂、溶液浓度和温度有很大关系，但一般必须要保证设定压力高于溶液的浊点压力。所谓浊点压力是指单相溶液开始转变为富溶剂相和富成纤聚合物相两种液相分布时的压力。在单一溶剂的溶液体系中，纺丝液的浊点压力与温度一般呈正比关系，即温度越高，溶液浊点压力越大。另外，浊点压力的大小可以通过辅溶剂来调节，例如，要提高浊点压力,可选择成纤聚合物的不良溶剂或者其溶解性能低的辅溶剂。

(二) 过滤

为了防止喷丝孔堵塞和挤出液流紊乱,纺丝液必须均匀,且不含有任何未溶物、溶胀物以及其他杂质,所以纺丝液必须经过过滤。过滤装置一般使用不同目数的不锈钢钢丝网,形式上可采用单过滤网或双过滤网。

(三) 纺丝成型

如图 3-6-6 所示为闪蒸超细纤维非织造材料的生产装置示意图。将成纤聚合物在溶剂及高温、高压和剪切力作用下溶解形成均一的纺丝溶液,通过供给管道进入减压室进行初步相分离,此时均一的纺丝溶液发生轻微的相分离,一相为富溶剂相,另一相为富聚合物相。喷丝孔打开后,经过初步相分离的溶液在压力作用下从喷丝孔中喷出,此时溶剂由于过热而瞬间蒸发并产生大量气流,溶剂蒸发后经排风口排出并回收,同时蒸发的溶剂也会吸收大量的热量。聚合物在析出的同时被冷却,并被高速气流牵伸从而形成纳微米纤维丛丝,这些纤维丛丝一般呈束状,多为薄带状的短纤维,这些短纤

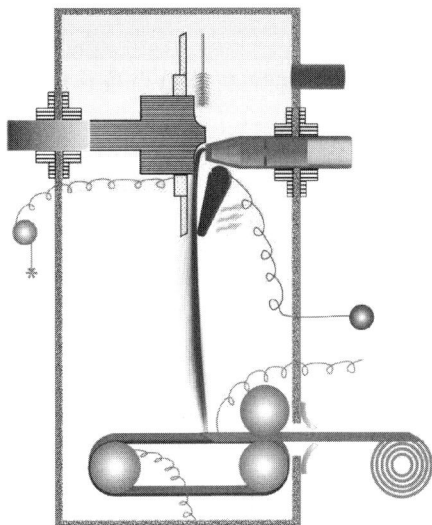

图 3-6-6　闪蒸非织造材料生产装置示意图

维在网络结构中基本都是沿同一空间方向上纵向排列,并且在三维方向上相互连接,形成一个错综复杂的纤维网络。

(四) 静电分丝铺网

为了把闪蒸法纺丝得到的丝条制成非织造材料,必须对丝束进行开纤,使其分散成为网状纤维,以增加纤维的比表面积并有利于形成均匀的纤网。当纤维网络丛丝经纺丝孔释放出来时由于受到旋转分散盘的阻挡作用,将转变方向向着下面的传送带运动。在旋转分散盘上装有护罩,护罩上面的凹口内装有由呈放射状分布的多个放电针头与导电板。当放电针头外接高压电源(20~50kV)及导电板接地时,在其中间将产生电场,对纤维网络丛丝电晕放电。纤维网络丛丝在静电场的作用下将带上同种电荷而互相排斥,纤维网络丛丝于是向两边展开构成一张很宽的纤维网。因为旋转分散盘可以左右来回旋转,再加上护罩的夹持作用,使得整张纤维网沉积在接地的传送带上,控制好旋转分散盘的旋转速度和传送带的传送速度,就可以在传送带上得到厚度不同的纤维网,成网速度一般为 20~50m/min。

(五) 黏合加固

经闪蒸纺丝分丝铺网后,纤维网再通过热轧黏合加固,便可得到闪蒸超细纤维非织造材料。控制热轧温度和压力以及采用不同形式的热轧辊处理,可得到不同类型的闪蒸法非织造材料。若由一对光面辊进行热轧处理,得到的是面黏合的"硬"型产品,随着热轧温度和压力的提高,

产品硬挺度也有所增加。若用花纹辊与光面辊配合进行热轧,得到的是点黏合"软"型产品,在非织造材料上具有浮雕花纹,手感柔韧。

(六)溶剂回收利用

闪蒸纺丝所使用的溶剂必须回收,防止污染环境并降低成本,减少爆炸或火灾的危险。目前溶剂回收所采用的方法主要是设计密闭性能较好的纺丝箱体,在纺丝过程中将溶剂蒸气从箱体吸出,经吸附脱附后实现回收利用。

四、闪蒸非织造材料性能特点及其用途

(一)性能特点

闪蒸非织造布具有很多优良性能:

(1)其纤维线密度达 0.11dtex,具有优良的防水透气性,浸在水中不影响其物理性能;

(2)生产纤维连续,产品强度好,抗撕裂、耐穿刺,强度是聚丙烯非织造布的 2~3 倍,是牛皮纸的 5~6 倍;

(3)非织造材料片材一般不起毛,不产生尘埃;

(4)纤维保持单根状态使闪蒸非织造布产品质地均匀,表面光滑,尺寸稳定性好,不透明度高,非常利于印刷;

(5)进行防静电处理后,可防止静电蓄积;

(6)轻盈,手感好。

(二)产品用途

闪蒸法非织造材料是一种结合了纸张、薄膜和织物等几种材料优异性能的新型材料,其应用非常广泛。

1. 功能性防护服

闪蒸法非织造材料因为其优异的耐穿刺、抗撕裂和防水透气性能被广泛应用于各种功能性防护服。防护服轻质柔软,布面上布有透气细孔,穿着相当的舒适。

(1)医用防护服。医用的手术衣采用闪蒸法非织造材料制造时,既可避免手术中的血液、体液污染,又因材料的阻隔性好、不起毛,对于细菌接触伤口而引发破伤风有很大程度的防御作用。

(2)无尘防护服。无尘作业的工作人员使用闪蒸法非织造材料的防护服既可以避免衣物或者人体散落的粒子对电子零件的污染,也可以防止危险性或者腐蚀性材料对使用者的皮肤造成伤害。

(3)防辐射防护服。各种防核辐射的防护服可用硼锂化合物和成纤聚合物混纺制成的非织造材料来制造,此类防护服也能够用于包覆航天器吸收辐射,保障航天器和宇航员的安全。

2. 包装材料

现代生活中人们对纸制品的需求随着生活水平的不断改善而逐渐增加,这就导致木材的供不应求。而闪蒸纺非织造产品手感光滑平整、强度高、可书写等的优异性能使得其能被广泛地应用于邮件包装、食品包装、药物包装和电子器件包装等领域。目前,国际上已经有 55%~72%

的传统意义上的纸制包装材料被闪蒸法非织造包装材料所代替,而我国这方面与国际水平还有很大的距离。

（1）邮件包装。闪蒸非织造材料可广泛用于书写材料、信封等印刷品包装。相同的规格,如果使用闪蒸法非织造材料来做信封,重量会减轻一半,强度却会提升几十倍,故而减少甚至避免了信封在运输过程中的损坏。闪蒸法非织造材料来作为邮件的包装,减少了重量,提升了保障,节省了邮资与运费,更重要的是能够缓解我国木材使用的紧张局面。

（2）食品包装。良好的透气性、抗菌性和高去污性使得闪蒸法非织造材料成为食品和饮料包装的理想材料。其产品不污染环境,能够100%地回收再利用,是环境友好型材料。

（3）医用包装。闪蒸法非织造材料防菌性能很高,可以不打开包装而直接与药品一起进行杀菌消毒处理,对于提高药品的生产效率很有帮助。

（4）电子器件包装。闪蒸非织造材料手感柔软、表面光滑平整,有很强的防尘去污能力。经过防静电处理之后,可用于包装精密的电子器件,防止静电蓄积导致放电损坏部件。

3. 印刷材料

因为闪蒸法非织造布的布面光滑平整、强度高、耐褶皱性好,抗撕裂性能强和较高的不透明度,重量轻盈,方便携带与存放,且能够承受各种恶劣条件而保持图案和字迹的清晰。因此可用于军事地图纸、钱币纸、各种书籍纸等高级印刷用纸。

4. 盖布

用闪蒸法非织造材料所制得的盖布,因为其遮光、防水、防尘、透气性远远好于普通的塑料薄膜和棉质帆布,而且质轻价廉、耐腐蚀、耐老化,可以用于建筑业和汽车工业。目前在世界上,巴西、哥伦比亚、墨西哥、智利等国家中闪蒸法非织造布已成为一种实用的小汽车遮盖产品。随着我国家庭轿车的急速增加,闪蒸法非织造材料的遮盖布市场将有广阔的前景。

5. 农业用材料

经过真空镀铝的闪蒸非织造材料是一种具有"呼吸"功能的热反射材料,用其制备的农用薄膜和温室栽培材料,使用过程中对于温室中的温度有很好的控制作用,可应用于大棚菜的种植,此项技术有利于提高农业产品的产量和品质。

第二节　静电纺非织造工艺原理

一、静电纺丝技术概况

纤维超细化甚至纳米化技术已成为当前纤维材料领域重要的国际研究热点问题和主要发展方向之一。纳米纤维,从狭义上讲是指那些直径在 1~100nm 的纤维。但是根据实际应用的需要,从广义上说,直径在 1~1000nm 的纤维也可称为纳米纤维。纤维的直径减小,如从微米级缩小到纳米级时,纤维界面的原子或分子结构可能发生变化,因而使纤维材料本身会出现许多意想不到的新奇性质,如减小纤维直径可以显著提高纤维比表面积,普通纤维的比表面积仅 $0.1m^2/g$ 左右,但当纤维直径减小到 100nm 时,其比表面积约为 $44m^2/g$,是普通纤维的 440 倍。

　　制造超细和纳米纤维的方法有熔喷法、海岛复合纤维纺丝法、模板合成法、相分离法、自组装法、闪蒸法和静电纺丝法等。其中静电纺丝方法是目前可以获得长而连续的纳米直径纤维的最直接、最基本的方法之一。这一技术的关键是使高分子溶液或熔体在高压静电场中产生变形和射流流动,溶剂在射流飞行过程挥发而聚合物固化或射流冷却固化,从而获得超细甚至纳米纤维。图3-6-7为静电纺丝技术获得的纳米纤维与人类头发和花粉的扫描电镜照片,可以看出,静电纺纳米纤维直径远小于人类头发。由于静电纺丝技术获得的纤维大多是以无序排列的非织造材料形式出现的,因此静电纺丝技术属于一种典型的非织造材料成型工艺。

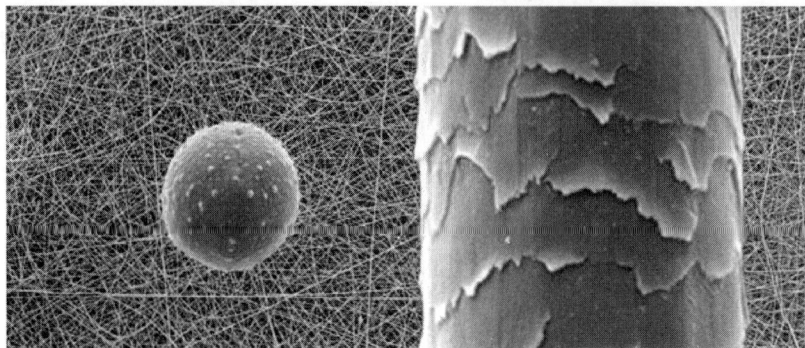

图3-6-7　静电纺纳米纤维与人类头发、花粉的照片

　　"静电纺丝"一词来源于英语"electrospinning"或更早一些的"electrostatic spinning",国内一般简称为"静电纺""电纺丝""电纺"等。学术界对有关静电纺丝技术的起源问题一直有不同的看法。主流观点一般认为,美国人福姆哈尔斯(Formhals)是发明静电纺丝技术的第一人,主要依据是其在1934年申请的专利——一种人造纱的生产工艺及装置(图3-6-8)。但也有不少研究者认为,静电纺丝技术应该起源于1902年约翰·库利(John Cooley)和威廉·莫顿(William Morton)等的静电喷雾装置(或静电喷涂,electrospraying)专利,这主要是根据二者工艺原理上的相似(图3-6-9)而得出的结论。如果从原理上说,其实早在1882年,罗利(Raleigh)在研究带电液体微滴产生的不稳定性问题时就指出,当静电力克服表面张力时即可产生液体射流。因此,从研究的角度,Raleigh应该算是研究液滴分裂成带电射流的第一人,但从连续纺丝的角度来看,Formhals则无疑应该算是静电纺丝技术的第一发明人。

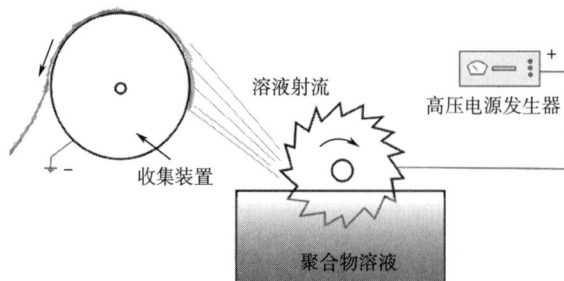

图3-6-8　Formhals申请专利的世界上第一个静电纺丝机

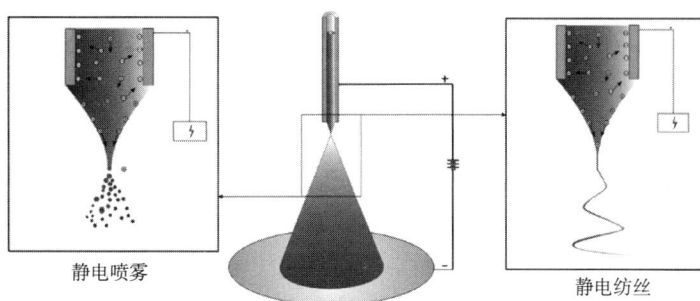

图 3-6-9 静电喷雾技术(左)与静电纺丝技术(右)原理图

20 世纪 30 年代,Formhals 申请了一系列利用静电纺丝方法及其改进技术生产长丝纱线的专利。但是由于当时美国正陷于经济危机,而随后整个世界又陷于第二次世界大战之中,人类迫切需要解决的是快速量产的人造纤维以解决温饱问题。而静电纺丝工艺产量相对较低,很难受到当时工业界和学术界的重视。另外,当时的科技发展也远没有达到人们关注如此超细甚至纳米纤维的程度,因此在第二次世界大战期间及战后相当长的一段时间,该项技术几乎处于无人问津的境地。偶尔的研究多来源于科学家的学术兴趣而不是工业界。不过这个时期最值得关注的是 1964~1969 年,杰弗里·泰勒(Geoffrey Taylor)发表了一系列里程碑式的学术论文,揭示了强电场对聚合物溶液或熔融液滴的演化规律,特别是首次从理论和试验上证实聚合物溶液或熔体由圆球形转变为圆锥形且临界锥角为 49.3°时会有射流射出,因此被命名为"泰勒锥(Taylor Cone)"。直到 20 世纪 90 年代中后期,随着纳米科技的兴起,静电纺丝技术才重新受到人们的重视并获得了快速发展。

近三十年来,静电纺丝技术的发展大致经历了四个阶段。第一阶段以学术界为主,主要研究静电纺丝技术的可纺性,包括各种聚合物的可纺性和纺丝过程中工艺参数对纤维细度及性能的影响以及工艺参数的优化等。第二阶段主要研究静电纺纳米纤维应用问题,主要包括纳米纤维的表征、应用及功能化问题。第三个阶段主要研究静电纺丝工艺过程的控制问题,如生产有高度取向排列的纳米纤维和纳米纤维长丝纱等以实现纳米纤维的可控生产使其满足功能化的需要。第四阶段主要研究静电纺丝技术批量化生产的问题以及静电纺纳米纤维材料在能源、环境、生物等领域的新应用等。这四个阶段相互交融,并没有明显的界限,其中从第三个阶段开始工业界已经深度进入并使得相关生产装备不断被研发出来。

与其他纳米纤维生产方法相比,考虑到设备复杂性、工艺可控性、原料适纺范围、成本、产率以及纤维长度和连续性等,静电纺丝技术具有明显的优势。另外,静电纺丝技术获得的纳米纤维膜除具有很高比表面积和能够形成独特的网状结构和高孔隙等独特结构和性能外,该技术生产效率相对较高,生产工艺和设备相对简单,成本低廉也是其主要优势之一。而且几乎现在已知的所有可溶且具有一定相对分子质量的成纤聚合物如天然聚合物、合成聚合物、纳米颗粒或载药聚合物、陶瓷等均可以利用静电纺丝技术制成纳米纤维。另外,静电纺丝产品除纳米纤维外,还有诸如纳米颗粒、珠状物、带状物、杯状物、纳米孔纤维以及芯皮结构纳米纤维、附载药物纳米纤维等。特别要指出的是,静电纺丝方法还可以制备多种无机纳米纤维,包括氧化物纳米纤维,以及无机—无机、无机—高分子复合的多组分纳米纤维,因而具有其他方法无可比拟的优点。

二、静电纺丝技术工艺原理

一般情况下,典型的传统喷头式静电纺丝装置主要由聚合物纺丝液或熔体供给系统(如储液箱、微量推进泵或其他形式的溶液推进装置)、喷丝头系统(一般是金属、玻璃或塑料等制作的微细管)、纺丝区、接收系统和提供静电场的高压静电发生器等组成,如图3-6-10所示。

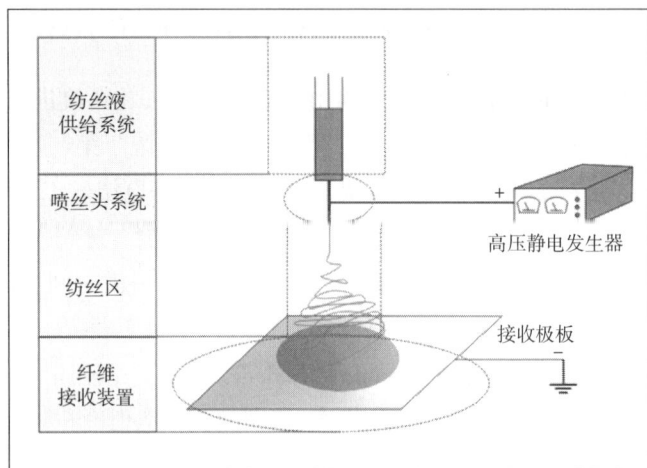

图 3-6-10 传统静电纺丝装置示意图

其中纺丝液或熔体供给系统主要用于储存和输送纺丝液或聚合物熔体,喷丝头系统主要用于形成纺丝液或熔体泰勒锥,纺丝区提供射流飞行、拉伸细化、溶剂挥发或熔体冷却固化的通道,接收系统则是纤维沉积的载体,包括接收帘、接收滚筒、平行极板或其他形状的接收载体,而高压静电发生器的作用在于在喷丝头与接收系统间形成高压静电场。因此,静电纺丝技术的主要工艺原理是:聚合物纺丝液或熔体存储在储液箱中,在微量推进泵作用下精确供给喷丝头系统,在喷丝头处形成较为稳定的液滴或凸起。在喷丝头和接收装置间存在静电场,随着电场增强,喷丝头处形成的聚合物溶液液滴或凸起表面电荷被极化,电荷主要分布于液滴或凸起的顶端,此时顶端处电场最强。受电场力作用,液滴或凸起进一步发生变形,由原来的球形向锥形转变(图3-6-11),当纺丝电压达到临界电压V_c,锥角达到临界锥角49.3°时,此时被称为泰勒锥,将有射流从锥顶射出(图3-6-12),受电场作用飞向接收系统。射流在纺丝区飞行过程中不断扰动拉伸或劈裂细化,期间伴随溶剂挥发或熔体冷却形成纳米级纤维。最后,纤维以无序排列的形式沉积在接收装置上形成超细或纳米纤维非织造材料。

整个静电纺丝过程,聚合物液滴或凸起在静电场作用下的变形和射流在纺丝区的运动较为复杂,涉及电流体力学。其中射流在飞行过程中,先经历一小段直线态飞行,而后射流经历不稳定阶段[图3-6-13(a)]。一般认为,静电纺丝射流飞行的不稳定性存在三种类型:第一种是由毛细力和黏性力的作用引起的Rayleigh不稳定性,第二种是由电本质引起的轴对称形变和流变的不稳定性,最后一种是由电本质引起的非轴对称不稳定性。其中后两种都具有传递性,分别是曲张不稳定和弯曲不稳定,这两种都是由射流的表面电荷在电场作用下流动引起的。期间射流不断扰动拉伸或劈裂细化[图 3-6-13(b)],直径大幅下降,溶剂挥发或熔体冷却固化形成超细或纳米直径的纤维,最终在接收基材上形成典型的非织造材料。

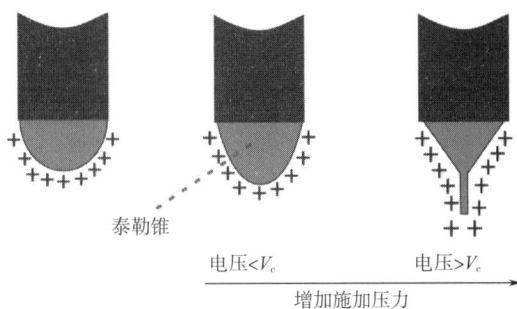

图 3-6-11 不同电压下的泰勒锥示意图(V_c 为临界电压)

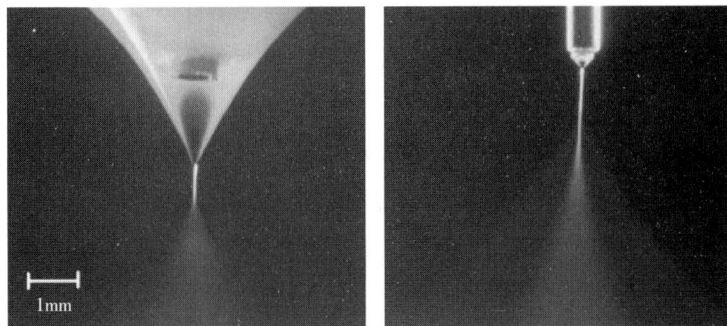

（a）泰勒锥　　　　　　　　　　（b）射流喷射

图 3-6-12 静电纺丝过程中泰勒锥和射流喷射照片

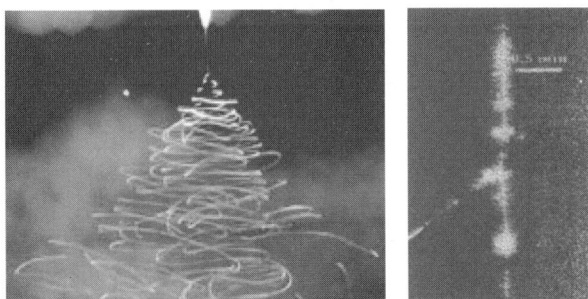

（a）不稳定挠动　　　　　　　　（b）静电纺劈裂

图 3-6-13 静电纺丝过程中典型射流不稳定挠动照片和静电纺劈裂照片

经过多年研究,人们发现,并非只有传统的针式喷丝头及其形成的锥形液滴可在静电场中发出射流,实际上,几乎所有带有一定圆形或锥形形状的物体结合聚合物溶液或熔体均可在静电场中发出射流,因此近年来出现了许多新的静电纺丝方法或装置。但无论何种方法或装置,其纺丝原理均与上述传统静电纺丝装置及工艺类似,但在泰勒锥形成、射流数量、射流飞行轨迹、沉积方式等方面略有不同。

三、静电纺丝工艺理论研究

静电纺丝技术的理论关键问题主要是电驱动流体的行为、射流初始面的形状以及射流的稳定性等问题。独立的带电液滴稳定性问题被首先从理论上进行了研究,当电场力加在悬垂的液滴表面时,有静电力作用于液滴表面。这个电场力与表面张力相反,试图维持液滴的球形形状。当作用于表面的静电力克服了原有的表面张力,则液滴变得不稳定,满足公式(3-6-1)。

$$\left(\frac{1}{8\pi\varepsilon_0}\right) \times Q^2 / R^2 = 8\pi\gamma R \tag{3-6-1}$$

式中:Q——球形液滴的总电荷量,C;

ε_0——自由空间的介电常数;

γ——液体的表面张力,dyn/cm;

R——液滴的半径,cm。

从上述公式的理论预测发现,这些液滴将变得不稳定,并且当电荷与表面张力的稳定效应相比足够大时将发生分裂,即球形液滴将保持它的形态和尺寸直到电量超过下面等式中的某一界限值,带电液滴失去稳定性,在液滴顶点处有射流发生,满足公式(3-6-2)。

$$Q \geqslant \pi \left(64 \pi^2 \varepsilon_0 \gamma R\right)^{1/2} \tag{3-6-2}$$

这个理论后来被泰勒(Taylor)进行了修正,发现当加在溶液上的电压达到破坏喷丝口处液滴初始面平衡的临界电压时,圆锥液面的理论半锥角为 49.3°,该锥后来称为"泰勒锥"(Taylor Cone),并成为静电纺丝或静电喷雾等与电驱动流体有关的里程碑事件之一。

从泰勒锥顶端喷出的射流沿着运行轨迹向收集板方向持续细化,连续的射流带着电荷射向接收板(电场的另一极),从而形成闭合的电流回路。在向接收板运动的过程中,射流经历了一个扰动,一般认为这种不稳定性是射流中带电离子的斥力引起的,将其称为弯曲不稳定性。目前高速摄影技术已证实,看上去似乎分裂为多股细流的不稳定的射流实际上只是单股快速鞭动的射流,证实非轴对称或鞭动不稳定性是静电纺丝射流拉伸和不稳定的原因。稳态射流数学模型可使用非线性幂律连续方程(3-6-3)表示。

质量守恒: $$\nabla \cdot \vec{u} = 0 \tag{3-6-3}$$

动量守恒: $$\rho(\vec{u} \cdot \nabla)\vec{u} = \vec{\nabla T}_{\mathrm{m}} + \vec{\nabla T}_{\mathrm{e}} \tag{3-6-4}$$

电荷守恒: $$\nabla \cdot \vec{J} = 0 \tag{3-6-5}$$

式中:u——流体速度;

T_{m}——流体黏性力;

T_{e}——流体电应力张量;

J——电流。

如果综合考虑热、电和流体动力学特点,可通过修改麦克斯韦尔的电场流体方程、受电场影响的 N-S 方程和流体本构方程建立相对较为完善的静电纺丝过程的流体力学模型:

$$\frac{\partial q_e}{\partial t} + \nabla \cdot \vec{J} = 0 \tag{3-6-6}$$

$$\rho \frac{d\vec{u}}{dt} = \nabla \cdot \vec{t} + \rho \vec{f} + q_e \vec{E} + (\nabla \vec{E}) \cdot \vec{P} \tag{3-6-7}$$

$$\rho c_p \frac{dT}{dt} = Q_h + \nabla \cdot \vec{q} + \vec{J} \cdot \vec{E} + \vec{E} \cdot \frac{d\vec{P}}{dt} \tag{3-6-8}$$

其中电流主要由三部分组成,第一部分为欧姆电流,即 $I_c = \pi r^2 kE$;第二部分为表面电荷运动引起的电流,即 $I_s = 2\pi r \sigma u$;第三部分为温度梯度引起的电流,即 $I_t = \pi r^2 \sigma_T \frac{\partial T}{\partial z}$ 。

若考虑热效应,方程(3-6-7)可修改为:

$$\rho \frac{d\vec{u}}{dt} = \nabla \cdot \vec{t} + \rho \vec{f} + q_e \vec{E} + (\nabla \vec{E}) \cdot \vec{P} + \zeta \nabla T \tag{3-6-9}$$

在探究射流非稳定性行为方面,大多以黏弹性哑铃作为带电射流直线运动部分的数学模型。根据这个模型,将射流看成一系列小球排列形成,沿着长度方向,这些小球组成一系列直径增加螺旋环,而随着环数的增加,形成螺旋环的射流开始细化。取任意相邻两个小球 A、B,质量均为 m,带电量均为 e。假设小球 A 被非库仑力固定,则作用在小球 B 上的库仑斥力为 $-e^2/l^2$,外电场作用在 B 上的力为 $-eV_0/h$。哑铃 AB 以黏弹性 Maxwellian 射流为模型,则可知小球 B 指向 A 的应力为 $\frac{d\sigma}{dt} = G\frac{dl}{dt} - \frac{G}{\mu}\sigma$ 。其中 t 是时间, G 和 μ 是弹性模量和黏性系数, l 是射流的长度。球 B 的动量守恒:

$$m \frac{du}{dt} = -\frac{e^2}{l^2} - \frac{eV_0}{h} + \pi a^2 \sigma \tag{3-6-10}$$

式中: a ——射流横截面半径,cm;

　　　u ——小球 B 的速度,其满足 $\frac{dl}{dt} = -u$ 。

这些数学模型可用来研究射流路径、轨迹、速度、长度方向的应变等。射流在飞行过程中,由于带电离子和电场之间的相互作用而引起不同类型的射流非稳定性行为。这些非稳定性沿着路径变化,主要取决于流体参数和工艺条件。一般认为,三种非稳定性状态都存在,即经典的 Rayleigh 轴对称模式的非稳定性、电场诱导模式的非稳定性、鞭动模式的非稳定性。研究人员观察到,在高电荷密度的射流中鞭动模式的非稳定性占主要地位,而在低电荷密度的射流中轴对称非稳定性起主要作用。也有人提出用近似渐近线模型来讨论这些非稳定性行为,该模型假设射流是一种长细体,且长径比膨胀很大,则有:

质量守恒: 　　　　　$\partial_t(\pi r^2) + \partial_z(\pi r^2 u) = 0 \tag{3-6-11}$

电荷守恒: 　　　　　$\partial_t(2\pi r\sigma) + \partial_z(2\pi r\sigma u + \pi r^2 KE) = 0 \tag{3-6-12}$

动量守恒: 　　　$\partial_t u + \partial_z\left(\frac{u^2}{2}\right) = -\frac{1}{\rho}\partial_z p + g + \frac{2\sigma E}{\rho r} + \frac{3\nu}{r^2}\partial_z(r^2\partial_z u) \tag{3-6-13}$

式中: r ——射流半径,cm;

u ——射流轴向速度；

σ ——表面电荷密度；

E ——轴向电场强度；

p ——流体内压力；

K ——液体电导率；

ν ——液体动黏度。

若假设带电射流为牛顿流体，射流鞭动最后阶段的非稳定现象可用射流最终半径的经验方程来表示，所得的最终半径是流率、电流和流体表面张力等参数的函数。

四、静电纺丝技术分类

由静电纺丝技术生产原理可知，纺丝原料、喷丝头系统、纺丝区、接收系统等对静电纺丝技术生产影响较大，有较多的改进及变化空间，因此，静电纺丝技术种类繁多。

（一）按纺丝原料状态分

依据纺丝时所用原料的状态，可以分为溶液静电纺丝、熔体静电纺丝和无溶剂静电纺丝三种。

溶液静电纺丝指将聚合物和溶剂配制成纺丝前驱体溶液，然后在纺丝过程中溶剂挥发，射流固化成纤维，最终沉积在接收基材上。该方法类似于传统纺丝工艺中的干法纺丝，适用聚合物种类较多，如聚乙烯醇（PVA）、聚丙烯腈（PAN）、聚氧乙烯（PEO）、聚偏氟乙烯（PVDF）等，得到的纤维直径较小，一般从数纳米到数微米不等，纤维主体直径大多分布在数百纳米。但是由于溶解聚合物所用有机溶剂大多具有毒性，使用时需要考虑溶剂挥发和回收问题。

熔体静电纺丝是将聚合物加热至熔融状态后，在推进泵的作用下挤出到喷丝口，聚合物熔体在高压静电场力的作用下在喷丝口处形成泰勒锥并产生射流，射流在空气中飞行并冷却固化，最终在接收集板上得到超细纤维，整个过程中不使用溶剂。该方法类似于传统纺丝工艺中的熔融纺丝，适用于加热能熔融或转变成黏流态而不发生降解或分解的聚合物，适用的聚合物种类较少，如涤纶、丙纶、锦纶等，得到的纤维直径较粗。熔体静电纺丝装置构成比较复杂，包括加热系统、进料系统、可承受高温的料筒等。但是由于熔融聚合物不使用有机溶剂，生产过程中无溶剂回收和环境污染等问题。由于不用溶剂，无须考虑纤维形成时的溶剂回收和溶剂引起的火灾，也无须从收集纤维除去残留的溶剂。

无溶剂静电纺丝是指纺丝前驱体溶液的90%以上被纺成纤维，固化机理为溶剂参与式反应固化，即前驱体溶液中的溶剂参与了纤维的固化成型，并未挥发到空气中。目前的无溶剂静电纺丝技术包括紫外光固化静电纺丝、超临界 CO_2 辅助静电纺丝和热固化静电纺丝。

此外，还有一种类似熔体静电纺的激光熔融静电纺丝技术，不需要溶剂也无须聚合物熔融，而是利用一束激光照射到固态聚合物上，使其在喷头处小范围熔融形成熔体泰勒锥从而实现静电纺丝的目的。

（二）按喷丝头类型分

依据喷丝头的类型，可以分为喷头式静电纺丝、非喷头式静电纺丝两种，其中喷头式静电纺丝也常称为针式静电纺丝,非喷头式静电纺也称为非针式静电纺。喷头式静电纺丝又分为单喷头式静电纺丝、多喷头式静电纺丝、多孔管式静电纺丝、同轴式静电纺丝等;非喷头式静电纺丝主要以自由液面静电纺丝为主,包括旋转滚筒静电纺丝、旋转实心针式静电纺丝、螺旋线静电纺丝、线式静电纺丝、磁流体静电纺丝、气泡静电纺丝、金字塔形自由液面静电纺丝等。

1. 喷头式静电纺丝

传统的单喷头静电纺丝机由于设备简单、成本较低、容易操作、易于改造,而且基本可以满足实验室制备超细或纳米纤维的需求,因而受到研究人员的广泛青睐。但随着静电纺丝技术的发展和纳米纤维应用范围的日益广泛,传统单喷头式静电纺丝机产率低已经成为制约纳米纤维应用的瓶颈问题,因此出现多喷头静电纺丝设备。这种设备主要是在传统的单喷头静电纺丝机上,使用多个喷丝头排列组合而成(图3-6-14),纺丝时通过喷丝头数量而增加射流数量从而提高纳米纤维生产效率,设备其他部分和单喷头装置类似。但是由于存在静电干扰现象,射流受到周围喷丝头电场的影响,甚至相邻带电射流也会相互影响。一般处于中间位置的射流能保持原射流状态,但是射流鞭动不稳定的包络角一般有所减小;而靠外侧的射流则向外偏移,处于边缘处的射流偏移程度最大(图3-6-15)。各喷嘴上下左右间距越大,静电排斥力影响越小,但制品克重(面密度)越低。由于喷丝头间相互静电干扰,易出现某些喷丝头不纺丝导致纳米纤维膜不均匀和"溶滴"等现象发生。因此,多喷头静电纺丝需要重点考虑喷头组合排列分布,一般喷头间距20~40mm为宜。采用多喷嘴时,为了消除不均匀现象,多采用往复横动系统,使喷嘴部件作机械横向移动。多喷嘴总体横向移动距离一般要结合克重(厚度)及生产速度等需要,调节往复的动程和速度(循环)。除了横向机械移动使喷嘴喷丝分散的方法外,也可采用静电力及气流的方法。但由于机械方法最为简单,成本低,因而被广泛采用。

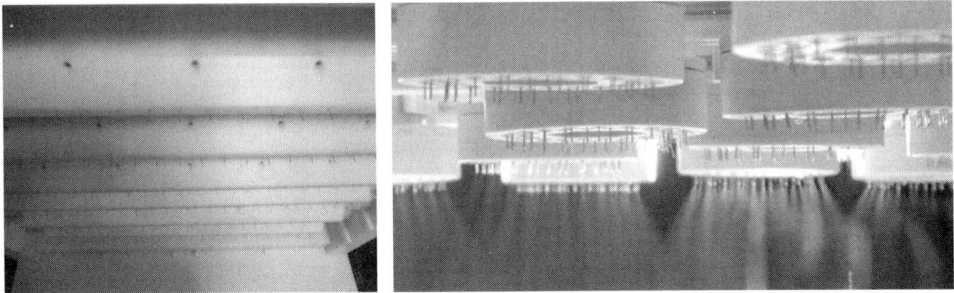

图3-6-14　多喷头静电纺丝设备中喷头分布照片

目前,美国的 Donaldson、杜邦、E-Spin、Finetex、eSpin Technologies、Nanostatics 等公司、德国的 Freudenburg Nonowoven 公司、韩国的 TOPTECH 等公司以及我国江西先材、北京首科喷薄、三门峡兴邦特种膜等公司拥有大型喷头式静电纺丝设备。

在喷头式静电纺丝装置中,同轴静电纺丝是一种较为特殊的喷头式静电纺丝技术,如图3-6-16所示。两种聚合物溶液在同轴喷丝口处汇合,一般这两种聚合物溶液的扩散系数较低,因此两种纺丝液在固化前不会混合。施加高压电场,内层溶液的电荷逐渐迁移到外层溶液表面。随着电压升高,电场力变大,外层溶液表面的电荷量逐渐增加,当电荷聚集到一定程度,

（a）   （b）   （c）

图 3-6-15　多喷头静电纺丝中射流的偏移及获得纳米纤维毡表面形貌照片

电荷的排斥力增大，外层溶液被拖拽并拉伸，在纺丝喷头处形成复合溶液泰勒锥，继而从泰勒锥体拉伸出由壳层聚合物包覆着核层聚合物的同轴复合结构射流，射流在飞行过程中经过强烈的鞭动、弯曲变形，伴随溶剂快速挥发和射流的逐渐细化，最终在接收装置上收集到复合结构的超细纤维膜。同轴静电纺丝技术可以获得中空纤维、核壳结构纳米纤维，通过调节内外喷头位置和数量，可以获得多核型、"肩并肩"型中空或核壳结构纳米纤维。

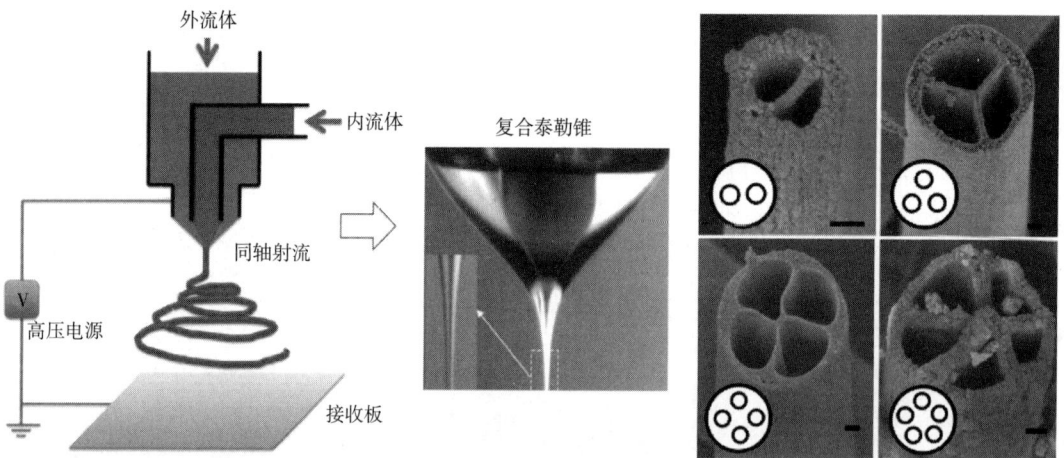

图 3-6-16　同轴静电纺丝示意图、泰勒锥及典型中空纤维照片

尽管喷头式静电纺可以通过组合使喷头数量增多，但纤维产量仍然受限，主要原因包括：

（1）喷头的直径还是很小（约 1mm），推进速度仍然缓慢（0.1～10mL/h），若加大喷头直径或加大推进速度又出现新的问题，如不能形成稳定泰勒锥而无法生产或制品率过低等。

（2）纺丝过程中喷丝头之间存在严重的静电干扰问题，易造成生产的纳米纤维直径和纤维膜结构材料单位面积不匀。

（3）受纺丝液黏性和可纺性影响，在喷头直径较小的情况下，易发生堵塞，清洗困难，也将影响纺丝效率等。

针对上述问题，研究人员提供了诸如添加附加电极、增加辅助气流等解决方案，对抑制或减少上述问题发挥了重要作用。

2. 自由液面静电纺丝

为了进一步解决传统喷头式静电纺丝喷头易堵塞的问题,提高静电纺丝效率,近年来出现了多种新型静电纺丝技术,其中以自由液面式静电纺丝技术较为突出,也是近年来工业界发展的主要方向之一。自由液面式静电纺丝技术主要是在自由液面上强制形成类似泰勒锥形状的凸起,如滚筒、螺旋金属丝、旋转圆盘、气泡、金字塔形电极或尖锐边缘电极等(图3-6-17)。

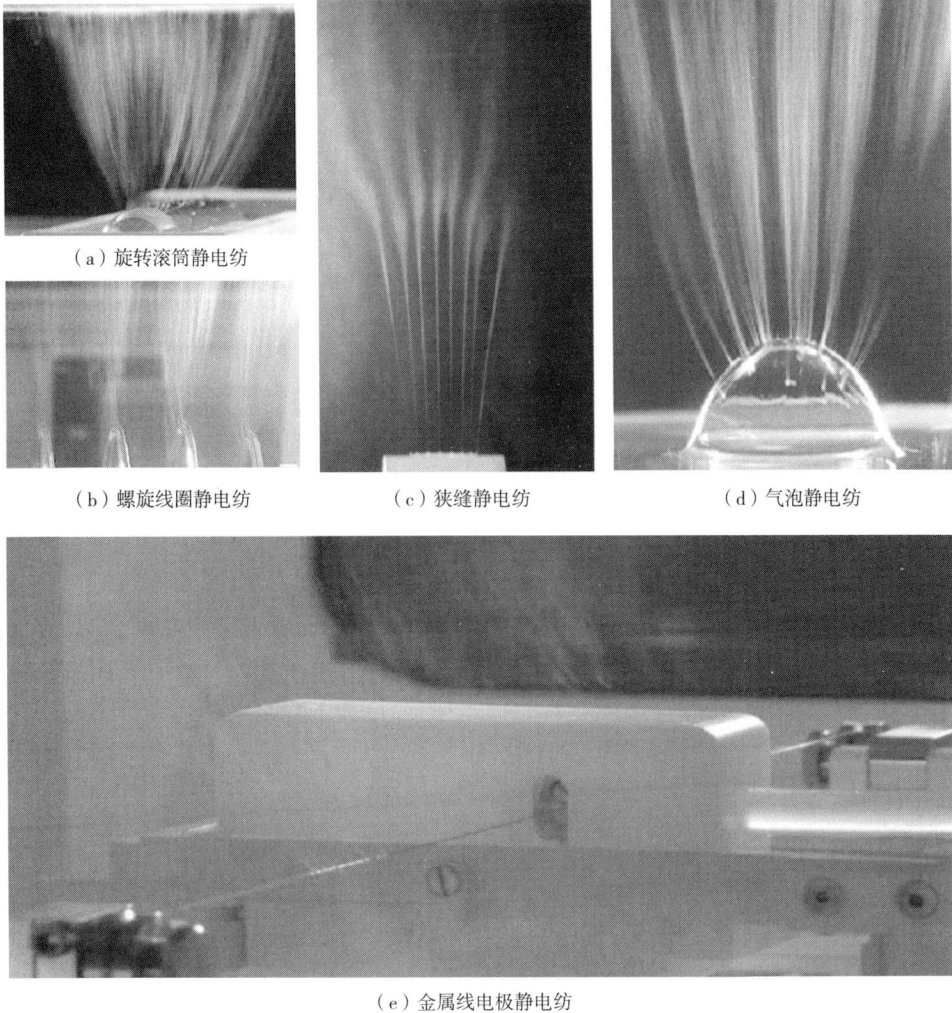

（a）旋转滚筒静电纺

（b）螺旋线圈静电纺　　　（c）狭缝静电纺　　　（d）气泡静电纺

（e）金属线电极静电纺

图3-6-17　几种典型的自由液面静电纺丝照片

该技术克服了传统喷头式静电纺丝送液管窄小、送液速度慢、泰勒锥小、喷头易堵塞、射流数量少等问题,通过大液面、大"泰勒锥"、开放式多射流发射等,可显著提高纳米纤维生产效率。其中以捷克Elmarco公司的Nanospider最早实现工业化生产的旋转滚筒式静电纺丝设备为主要代表,如图3-6-18所示。旋转滚筒式静电纺丝技术包括储液容器、旋转滚筒电极、接收电极、接收帘、卷绕装置和退绕装置等。其中旋转滚筒电极是纺丝主要部件,可为光面滚筒或螺杆状的滚筒,也可以是带针板的滚筒,甚至可以为线状回转状电极等,形态可有多种变化。该技术的工作原理是纺丝液储存在开口容器中,旋转滚筒电极部分浸没于纺丝液中,利用滚筒旋转,在滚筒上形成薄层高分子溶液膜,薄层纺丝液黏附于滚筒上并到达滚筒顶端,形成圆弧状泰勒锥,随着电压增加,受电场作用有射流从滚筒上端产生并飞向接收极板,沉积在接收帘上。滚筒式静电纺丝工艺中电场分布与传统喷头式不同。一般传统喷头式纺丝区电场是以针尖为出发点,向收集板发散,纤维的牵伸路径是先以短距离直线段飞行而后以鞭动不稳定螺旋摆动逐渐扩张的飞行形态。但滚筒式静电纺丝区域电场形态不同,若喂料装置为滚筒式或直线式,电场分布则由滚筒顶端的直线式分布向上逐渐发散到收集板上,因而射流的飞行路径以向上直线飞行为主,但也有部分射流呈现出类似传统喷头式静电纺丝射流的飞行路径,此时一般直线段更长。

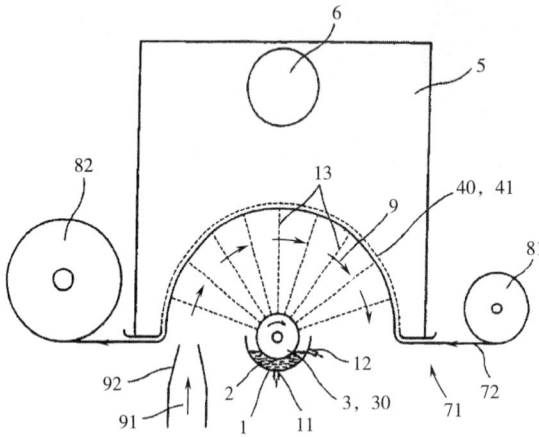

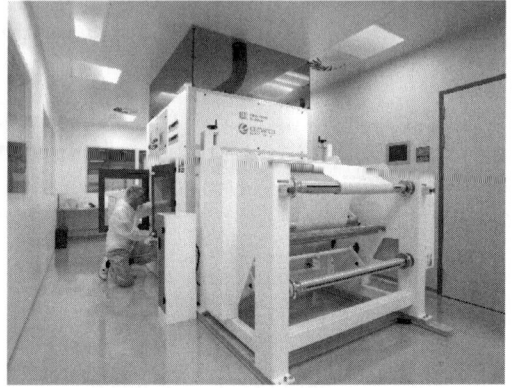

图 3-6-18 滚筒式静电纺丝机生产示意图(左)及工业化设备(右)

1—容器 2—聚合物溶液 3—旋转圆柱体 30—带电电极 40—对电极 41—输送器 5—真空室
6—真空源 71—储存纳米纤维的设备 72—织物或平面支持材料 81—退绕设备 82—卷绕设备
91—干燥空气 92—干燥空气供给源 11—聚合物溶液进口 12—聚合物溶液出口 13—纳米纤维

这些自由液面静电纺丝设备,由于不使用喷嘴,保养较容易,不易产生上述喷头式静电纺丝遇到的问题。但是也存在设备复杂、应用电压和能耗高、纤维直径较粗且直径分布离散较大等问题。

(三)按电源种类分

常见的静电纺丝装置基本都是以高压静电作为电源的。近年来,出现了一种利用交流高压电作为射流驱动电源的方法,称为交流电纺丝。因此,从电源种类进行分类,可以分为直流电静电纺丝和交流电静电纺丝。总体来说,交流电静电纺丝使用的设备与传统的直流电静电纺丝区别不大。交流电静电纺丝的工作原理是在高压交变电场的作用下溶液产生起伏波动凸起(瑞利不稳定),当电场强度超过一定阈值之后液滴表面张力不足以维持力学平衡,随后射流从这些凸起中喷出形成纤维流射流(图 3-6-19)。射流飞行过程中与直流静电纺不同,射流数量多,几乎无鞭动不稳定形态,甚至不需要收集装置,易于成纱,如图 3-6-20 所示。

图 3-6-19　交流电静电纺泰勒锥及射流照片

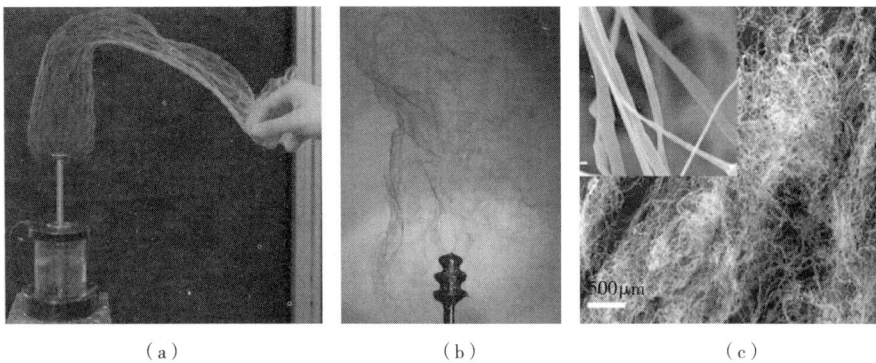

图 3-6-20　交流电静电纺丝过程照片及纤维扫描电镜照片

1. 交流电静电纺丝的优点

相比于传统的静电纺丝,交流电静电纺丝技术的优势主要表现在以下方面。

(1)生产效率更高。在交流电静电纺丝的过程中,多射流同时发射的现象十分明显,据测算,在试验条件相同的情况下,交流电静电纺丝生产效率是传统直流电静电纺丝的 20 倍。

(2)射流更稳定。相较于直流电静电纺丝,交流电静电纺丝制备的纤维残余电荷较少,纤维拉伸过程较为稳定。

(3)纤维更容易收集。交流电静电纺丝的过程中,在交变电场作用下金属电极周围会出现电子风现象,容易形成纳米纤维束,很容易收集,不需要复杂的收集装置。

(4)纤维更易加捻成纱。交流电静电纺丝中纤维容易聚集,因而更容易加捻成纱。

2. 交流电静电纺丝的缺点

由于交流电静电纺丝研究目前尚处于初级阶段,也存在一些不足,主要包括:

(1)原料受限,以溶液为主,目前尚未发现有熔融交流电静电纺丝出现。

(2)纤维直径较粗。相较于直流电静电纺丝可以制备最细 1nm 的纳米纤维,交流电静电纺丝目前纤维细度为 300~500nm。

(3)设备复杂,成本较高,危险性强。

因此,交流电静电纺丝目前应用较少,也无工业化生产设备。本书中除特殊说明外,所提及的静电纺丝均指直流电静电纺丝技术。

(四) 其他分类

除了上述分类外,静电纺丝技术还可以按照喷丝头形状、喷丝头处的辅助装置、中间过程的控制、喷丝头到接收极板的距离、接收极板的形状等进行分类,如狭缝静电纺、塔式电极静电纺、气泡静电纺、气喷静电纺、辅助电极静电纺、近场直写静电纺、水浴静电纺、共轭静电纺等,这些静电纺丝技术在提高纳米纤维产量、控制射流运动、牵伸细化射流、获得特殊形式的纳米纤维或纱线等方面发挥了重要作用。

五、静电纺微纳米纤维的原料及形貌

近几十年来,已经有近百种不同的聚合物通过静电纺丝技术制备出纤维,既有大品种的、可采用传统技术生产的合成纤维,如聚酯、聚酰胺、聚乙烯醇等柔性高分子的静电纺丝,又包括聚氨酯、丁二烯—苯乙烯嵌段共聚物(SBS)等弹性体静电纺丝以及液晶态的刚性高分子聚对苯二甲酰对苯二胺等的静电纺丝。此外,包括蚕丝、蜘蛛丝在内的蛋白质和核酸等生物大分子也进行过静电纺丝。表3-6-2列出了文献中介绍的一些常用于溶液静电纺丝的聚合物及其所采用的溶剂,同时还列出了它们可能的一些应用领域。

表 3-6-2 可用于溶液静电纺丝的聚合物

聚合物	溶剂	应用领域
尼龙6、尼龙66	甲酸	精细过滤、防护非织造布
聚氨酯	二甲基甲酰胺	防护非织造布、过滤膜
聚碳酸酯	二甲基甲酰胺、二氯甲烷、氯仿、四氢呋喃	防护非织造布、传感器、过滤膜
聚丙烯腈	二甲基甲酰胺	碳纳米纤维
聚乙烯醇	蒸馏水	—
聚乳酸(PLA)	二甲基甲酰胺、二氯甲烷、三氯甲烷	防止由于外科手术所引起粘连的薄膜、传感器、过滤膜、人造血管、药物载体
乙烯—醋酸乙烯酯共聚物	—	药物载体
聚乳酸混合物/乙烯—醋酸乙烯酯共聚物	—	药物载体
聚氧乙烯(PEO)	蒸馏水、氯仿、异丙醇、丙酮、乙醇	微电子导线、过滤膜
胶原质蛋白/PEO混合物	盐酸	伤口愈合、保护织物、止血剂
聚甲基丙烯酸甲酯	四氢呋喃、丙酮、氯仿	—
聚苯胺/PEO混合物	氯仿、樟脑磺酸	导电纤维
聚苯胺/聚苯乙烯混合物	氯仿	导电纤维

续表

聚合物	溶剂	应用领域
聚酯	二氯甲烷：三氟乙酸（1：1）、三氟乙酸	人造血管
聚苯乙烯（PS）	四氢呋喃、二甲基甲酰胺、氯仿、甲乙酮	催化剂、过滤膜、生物转化酶
聚氯乙烯	四氢呋喃、二甲基甲酰胺	—
聚己内酯	氯仿：甲醇（3：1）、甲苯：甲醇（1：1）、二氯甲烷：甲醇（3：1）、四氢呋喃：二甲基甲酰胺（1：1）	药物载体、软骨
醋酸纤维素	丙酮、醋酸	膜材料
胶原蛋白	六氟-2-丙醇	软骨
Ⅰ，Ⅲ型胶原蛋白、弹性蛋白	六氟-2-丙醇	人造血管
尼龙46	甲酸	透明复合材料
尼龙6/蒙脱土混合物	六氟-2-丙醇	—
聚苯并咪唑	二甲基乙酰胺	保护织物、纳米纤维增强复合材料
蚕丝和PEO混合物	蚕丝溶液	生物材料支架
聚丙烯酰胺	—	—
聚乙烯咔唑	二氯甲烷	传感器、过滤膜
乙烯—乙烯醇共聚物	异丙醇：水（7：3）	生物医用
聚乳酸—聚羟乙酸（PLGA）	四氢呋喃：二甲基甲酰胺（1：1）、六氟-2-丙醇	皮肤和软骨、神经修复
聚乳酸—聚羟乙酸/甲壳素	六氟-2-丙醇	人工皮肤
明胶/聚己内酯	三氟乙醇	人工皮肤
丝素蛋白	甲酸	生物医用

另外，通过近三十年的研究，静电纺丝技术不但能生产出单一聚合物纳米纤维，而且能电纺出各种功能性、复合杂化纳米材料，通过共纺、无机掺杂、陶瓷、封装功能成分以及纤维的修饰等，大大拓宽了纳米纤维的应用范围。

（一）功能聚合物及其混合物

一些功能性聚合物可以直接被电纺成纳米纤维，例如，电纺聚偏氟乙烯（PVDF）纳米纤维膜可以作为良好的聚合物电解质材料和压电传感器材料。大量生物降解的聚合物也被成功地电纺成纳米纤维，将磁性的 Fe_3O_4 掺入（PLLA）等生物相容和可生物降解聚合物中电纺，可得到显示超顺磁性的纳米纤维，可作为靶向药物传输的载体。修饰过的聚合物以及天然生物高分子聚合物（如蚕丝、葡萄糖、玉米醇溶蛋白），甚至病毒都成功地用于电纺。另外，共聚物的电纺不仅使纳米纤维的功能多样化,而且使纳米纤维的形状多样化(如扁平状、枝状等)。

(二)无机/聚合物共纺

由于电纺受到其溶液黏度的限制,主要原料是有机聚合物。但是,将溶胶/凝胶过程引入电纺,可以使无机成分的纳米纤维电纺成为可能。其一般过程是:先制备包含无机/聚合物适合电纺黏弹性范围内的溶胶,电纺溶胶制备包含无机/聚合物的纳米纤维,再煅烧无机/聚合物成分的纳米纤维。例如,用聚乙烯醇(PVA)为前驱体成功制备 ZnO 纳米纤维、以聚醋酸乙烯(PVAc)为前驱体成功制备 $MgTiO_3$ 纳米纤维。另外聚乙烯吡咯烷酮(PVP)、聚乙二醇(PEO)也是良好的制备无机材料纳米纤维的前驱体。

(三)纳米纤维的改性与修饰

纳米纤维能通过很多方法进行改性和修饰,化学沉积就是一种简单的方法,通过沉积方法修饰,其化学、热、机械、导电等性能在没改变基体纳米纤维形态的情况下得到了改善。例如,电纺得到纳米纤维,再化学沉积上一层镍可增加电导性,也可在电纺纳米纤维上用液相沉积法沉积金属氧化物 TiO_2 和 SnO_2。当然纳米纤维也可以用纳米粒子来修饰,以达到优化性能的目的。另外,纳米纤维在不改变纤维形态的情况下热处理,可转换为有特殊用途的材料,如通过煅烧,以聚丙烯腈(PAN)为载体的碳纳米纤维可以在电容、超级电容器、电池电极等方面具有应用前景。

(四)聚合物纳米纤维次级结构的控制

各种形态如多孔形、皮芯形、中空形等结构的纳米纤维都能由电纺制备。例如,将纳米纤维的表面变成多孔结构,其比表面积大幅度增大,广泛应用于催化、过滤、吸附、电池、组织工程等领域。将两种不同的聚合物溶液通过同轴喷头进行电纺可获得皮芯结构纳米纤维。若用溶剂等溶去内芯即得到中空纳米纤维,在能源电池、有机物吸附、过滤、保温隔热等领域应用广泛。此外,较为精细的纳米蛛网[图3-6-21(a)]、树枝状纳米纤维[图3-6-21(b)]等纷纷出现,丰富了纳米纤维形态,为纳米纤维应用提供了新的选择。

(a)静电纺纳米蛛网纤维　　　　　　　(b)树枝状纳米纤维

图3-6-21　静电纺纳米蛛网纤维和树枝状纳米纤维电镜照片

六、静电纺微纳纤维非织造材料生产的影响参数

静电纺丝技术生产纳米纤维非织造材料过程中,主要目标是获得纳米级直径的纤维,同时

控制好纤维直径及其分散性,并尽可能获得圆柱状纤维形态,在无特殊应用时尽可能减少或消除串珠状、球状、带状或其他非圆柱形纤维的产生。为了达到上述目标,生产过程中的纺丝原料、工艺过程及环境等多个因素,可能会对纺丝时泰勒锥的状态、射流拉伸及飞行过程、射流固化及沉积等产生影响,因此,影响静电纺丝过程的主要参数包括:纺丝溶液的性质、工艺参数、环境因素。

但是,需要指出的是,除串珠状、球状等形态的纤维外,静电纺纤维直径及其分布是由纺丝过程的多种不稳定因素复合决定的。除了溶液、工艺和环境等因素外,静电纺丝过程中所特有的轴对称不稳定和弯曲不稳定对纤维的细化和直径分布也产生了较大影响,其精准调控比较复杂和困难。

(一) 纺丝溶液的性质

纺丝溶液的性质主要包括溶液浓度或黏度、溶液导电性、聚合物相对分子质量及其分布、溶剂等。

1. 溶液浓度或黏度

众多研究表明,溶液浓度在静电纺丝中是一个极其重要的操作参数(本书中如无特殊说明,纺丝液浓度均指聚合物的质量浓度),其对纤维直径和直径分散性的影响远大于其他因素。一般认为,只有溶液浓度高于一定阈值时才能获得纯圆柱状的单一纤维。已有研究发现,当聚合物溶液黏度与浓度存在一定依赖关系时,良溶剂体系中缠结浓度(C_e)与纺丝质量也存在半定量关系。当线性聚合物溶于其良性溶剂中时,根据增比黏度(η_{sp})和浓度(C)的关系见表3-6-3。对于大多数聚合物,C_e是通过静电纺丝生产珠状纤维的最小浓度。当聚合物浓度低于C_e时,静电纺丝产物以微球为主;浓度达到C_e,可观察到有少量纤维形成;当浓度大于C_e时,生成珠状纤维,随着浓度的增加,纤维上的珠状物被逐渐拉长;当浓度达到$2 \sim 2.5C_e$时,一般可纺出单一均匀的纤维。需要注意的是,当聚合物溶于含非良溶剂的混合体系中时上述关系不一定适用。

表3-6-3　溶液分区表

溶液分区	增比黏度(η_{sp})和浓度(C)的关系	溶液分区	增比黏度(η_{sp})和浓度(C)的关系
稀溶液区	$\eta_{sp} \sim C^{1.0}$	半稀缠结区	$\eta_{sp} \sim C^{4.8}$
半稀非缠结区	$\eta_{sp} \sim C^{1.25}$	浓溶液区	$\eta_{sp} \sim C^{3.6}$
交界点	C_e		

除了根据上述溶液分区给出半定量判断纤维形貌外,一般也可以根据纺丝溶液中聚合物浓度进行半定量判断。如聚合物浓度过低会导致其黏度较低,聚合物分子之间的缠结作用减弱。若此时增加电压,则不能获得稳定而连续的射流,甚至无法形成射流而变成液滴,最后得到珠状纤维。随着溶液浓度的增大其黏度也增大,带电射流会更稳定,纤维直径变大且直径分布范围变宽,珠状物将消失,如图3-6-22所示。

一般说来,固定其他工艺参数,纤维直径随聚合物溶液浓度的增大而增大。研究表明,在其

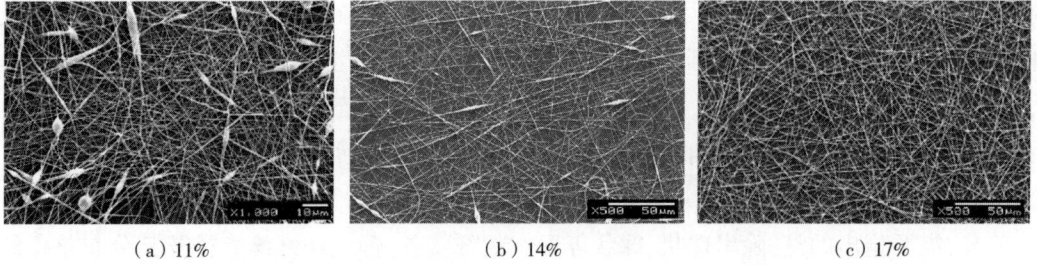

（a）11% （b）14% （c）17%

图 3-6-22 不同质量分数的 PBS/CF+CE 纺丝液获得的纳米纤维毡扫描电镜照片（其他条件相同）

他条件相同时，静电纺纤维直径 d 与溶液浓度 C 或溶液黏度 η 存在如下关系：

$$d \propto C^{0.5} \text{ 或 } d \propto \eta^{0.5} \tag{3-6-14}$$

图 3-6-23 为聚丙烯腈（PAN）溶液静电纺丝时不同电压下纳米纤维直径 d 与 $C^{0.5}$ 的试验数据图，与上述关系吻合较好。虽然溶液浓度与纤维直径存在上述关系，成纤聚合物熔体浓度低时纺制的纤维直径小，但是并不意味着溶液浓度越低越好。当溶液浓度特别低的时候，溶液中含有大量的溶剂，在射流从喷丝孔到接收极板的飞行过程中，射流拉伸不够完全，而且由于溶剂不能得到彻底的挥发，严重影响纤维形貌及性能。

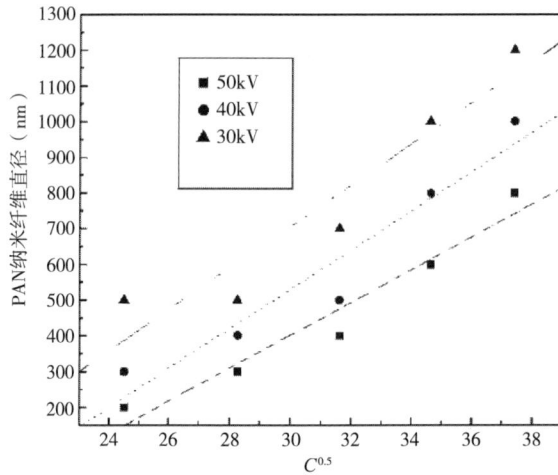

图 3-6-23 聚丙烯腈溶液静电纺丝时不同电压下纳米纤维直径 d 与 $C^{0.5}$ 的试验数据图

而对于某些聚合物溶液来说，在相同温度下，黏度 η 与浓度 C 是呈正比的，当用黏度来作为静电纺丝工艺的参数时也需要考虑纺丝温度等条件。

实践证明，溶液体系的黏度相对于表面张力，对纤维直径的影响更为显著，而表面张力的变化更多的是对纤维直径分布产生一定的影响。

2. 溶液导电性

静电纺丝是通过静电力的作用完成纺丝的，所以要求聚合物溶液具有导电性，否则无法形成射流。在溶液导电性不佳的条件下，一般可通过选择高导电性的纺丝助剂和加入盐或电解质来提高纺丝液的导电性，如常用于添加的无机盐包括 LiCl、LiBr、NaCl、KCl 等，纺丝助剂包括阳离子表面活性剂、阴离子表面活性剂等,有机盐包括四丁基氯化铵、四丁基溴化铵等。若添加物的导电性较好,可显著提高纺丝液电导率,纺出的纤维一般直径更细,更加均匀。但导电性过大,溶液喷射不稳定,鞭动区更为剧烈,纤维直径分布加宽。因为盐等添加物的加入在电纺中使泰勒锥表面的电荷密度升高,从而使喷射液带有更多的电荷。随着喷射流载有的电荷量增加,在电场下产生更大的牵伸力,更大的牵伸力导致了球状物减少、纤维直径变细。实践证明,在添加物含量较低时,静电纺纳米纤维平均直径可显著降低,但在添加物含量较高时,变化幅度下降。添加物含量过大时,纤维平均直径可能会略微增加,同时纤维直径的多分散程度也随之增大。另外,在较高纺丝电压条件下,电荷对纳米纤维形态的影响是随着电压的增强,纳米纤维会变得更粗,纤维直径离散度增大,而且纺丝过程中的不稳定性更加明显。因此,在高电场条件下纺丝,若使用添加物,一般添加物质量浓度较低为宜。使用有机盐添加剂时,也可以获得树枝状纳米纤维。

3. 聚合物相对分子质量

聚合物分子间存在相互缠结作用,相对分子质量较低时,溶液的黏度较低,从泰勒锥顶喷出的射流雾化成小液滴,无法得到较好的拉伸,一般多为气溶胶或微球,产生类似喷涂的效果,无法得到成型较好的纤维膜。聚合物相对分子质量较大时,黏度较大,纤维直径也会相应较粗。

4. 溶剂

对于溶液静电纺丝来说,溶剂的溶解性、挥发性、介电常数和极性等均会对纺丝及纤维形貌造成影响。溶剂的溶解性与大分子在其中的分布与缠结程度密切相关,影响纺丝及纤维形貌。如图3-6-24所示,在其他条件相同时,聚丁二酸丁二醇酯(PBS)在100%氯仿(CF)、氯仿(CF)/异丙醇(IPA)(8/2,质量比)、氯仿(CF)/二氯乙醇(CE)(7/3,质量比)等溶剂中溶解后纺丝,获得扫描电镜照片。不同溶剂的介电常数对静电纺有重大影响,如加入介电常数相对较大的有机溶剂,可以改善纤维形态,获得较为光滑均匀的纳米纤维。溶剂挥发过快会使纤维不能完全劈裂细化,最终造成纤维较粗或者无法纺丝的情况。而溶剂挥发过慢,会导致落到收集板上的纤维中溶剂残留过多,纤维发生互相粘连,得不到完整的纳米纤维,严重时还可能导致生成的纳米纤维膜孔隙率较低。

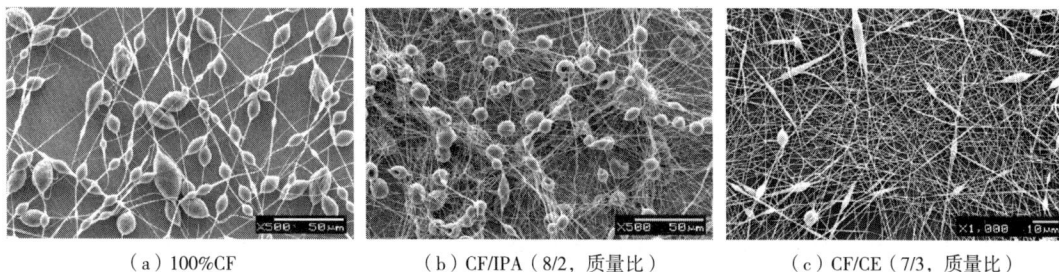

(a) 100%CF　　　　(b) CF/IPA(8/2,质量比)　　　　(c) CF/CE(7/3,质量比)

图3-6-24　PBS在不同溶剂条件下纺丝获得纤维形貌的扫描电镜照片

(二)工艺参数

工艺参数包括纺丝电压、纺丝距离、纺丝液流量、接收滚筒的卷绕速度等。

1. 纺丝电压

静电纺丝时在纺丝喷头和接收极之间会形成高压静电场,静电压作为纺丝过程的驱动力,对电纺纤维的直径及所得纤维形态有重要影响,并影响其他工艺参数的调整。一般来说,电压越高,射流拉伸的静电力也越大,制备出的纤维直径也较细;但是电压过大,射流速度也增加,会使纺丝过程变得不稳定,且纤维被拉伸的时间相对变短,拉伸不够完全。根据试验和理论研究,不同成纤聚合物熔体浓度下电纺所得纤维直径 d 与静电压 V 做线性拟合图如图3-6-25所示,在一定程度上纤维直径与电压存在如式(3-6-15)关系。

$$d \propto V^{-2} \tag{3-6-15}$$

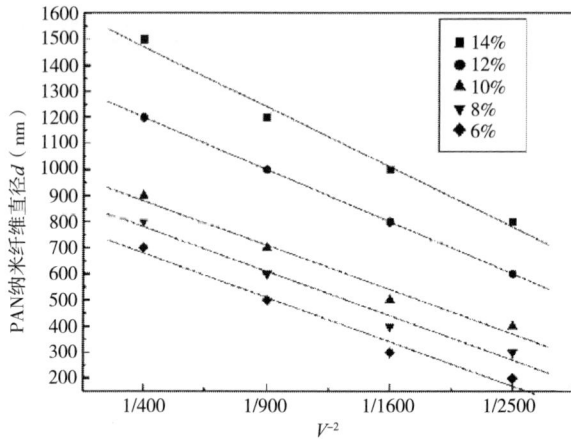

图3-6-25　不同浓度溶液条件获得的聚丙烯腈(PAN)纳米纤维直径与电压关系的拟合图

虽然电纺过程中射流的受力十分复杂,但起主要作用的力包括电场力、库仑力、黏弹性力和表面张力。静电纺纳米纤维中常见缺陷"串珠"结构纤维的产生主要是表面张力作用的结果。表面张力抵抗电场力的拉伸,使射流有缩成小球状的趋势,溶剂蒸发后便呈现"串珠"结构。一般来说,增大电压有利于抑制表面张力的作用,增强拉伸作用,减少"串珠"结构纤维的产生。但单一电压因素并不能完全消除"串珠"结构纤维。

随着纺丝电压的增大,聚合物液滴具有更大的表面电荷密度,静电力对泰勒锥及射流的作用更强,产生较大的静电斥力,液滴的分裂能力相应增强,超过一定电压阈值后,会产生多射流喷射。试验发现,有些聚合物溶液,如10%(质量分数)聚丙烯腈(平均分子量75000)/二甲基己酰胺,在低电压(如10kV以下)下几乎不能纺出纤维,而在高电压(如40kV以上)下可以纺出少量纤维。

另外,在静电纺丝中,临界电压也是影响纺丝的重要参数之一。临界电压主要指泰勒锥上静电力与表面张力达到平衡时的电压,也是射流喷射的最小电压。临界电压可以通过理论计算公式(3-6-16)确定,也可以通过记录射流喷射瞬间的电压值进行试验确定。但一般情况下,由于理论模型推导受诸多条件限制,试验测得的临界电压往往比理论计算值高(表3-6-4)。

$$V_c^2 = \frac{4\,H^2}{L^2}\left(\ln\frac{2L}{R} - \frac{3}{2}\right)(0.117\pi\gamma R) \tag{3-6-16}$$

式中：V_c——临界电压，kV；

　　H——纺丝距离，cm；

　　L——纺丝喷头长度，cm；

　　R——纺丝喷头直径，mm；

　　γ——液体的表面张力，dyn/cm。

表 3-6-4　静电纺丝工艺中使用不同直径喷丝头纺丝时实际测得临界电压与理论临界电压比

喷丝头直径（cm）	实际测得临界电压（kV）	理论临界电压（kV）
0.0076	3.7	1.5
0.0165	2.1	3.8
0.0292	2.6	4.2

注　$L=1.8$cm；$H=2.0$cm；$\gamma=3.71$cN/m。

2. 纺丝距离

静电纺丝工艺中的纺丝距离通常指喷丝头与接收装置之间的距离，通常也称为接收距离或针板距离。虽然不同静电纺丝工艺中喷丝头和接收装置可能不同，电场比较复杂，但整体上仍符合 $E \propto \dfrac{U}{d}$ 规律，即电场强度 E 与应用电压成正比，与纺丝距离成反比的关系。一般来说，在应用电压不变时，纺丝距离越大，电场强度越小，静电力变小，射流速度变慢，被拉伸的时间延长，使喷射细流成纤后的溶剂蒸发的路程变大，溶剂挥发较彻底，有利于形成较细的纳米纤维。同时，当电压足够大时，接收距离的增大也使固化条件缓和，更有利于溶剂的挥发，从而使直径减小。当纺丝距离保持不变，若增大应用电压，电场强度变大，射流拉伸较大，也容易产生较细纤维，"串珠"现象减少。

当纺丝距离过小的时候，高分子溶液喷出后，射流细化拉伸及溶剂挥发时间不足，而是射流直接滴落在接收极板上，虽然不利于纤维细化，但近年来利用这一现象，出现了一种近场静电纺丝直写技术，即降低纺丝喷头与接收基底间的间距，达到 1mm 以内，通过静电纺丝将纳米纤维直接沉积在指定位置，从而减少了纺丝在空中无序运动的时间，达到精确沉积的目的，通过给定喷口相对基底移动速度，可以在基底上得到较为均一的有序纳米纤维。

3. 纺丝液流量

有实验表明，静电纺纤维平均直径随溶液供给速率即流量的增大而增大。这是由于溶液的流速与静电纺丝的产量是成正比的。当其他条件不变，纤维在静电场下所受的拉伸比是不变的，即所得的纤维的总长度不变，而当流速增大时，其多余的溶质质量就会体现在纤维直径的变大上。同时，纤维直径的多分散程度随纺丝液流量的增大而先减小后增大。但纺丝液流量与泰勒锥稳定性有一定关系，对于自由液面静电纺等静电纺丝技术，纺丝液流量对纤维影响一般较小。

4. 接收滚筒的卷绕速度

静电纺丝生产中，除常用的平板接收电极或接收帘外，经常也采用滚筒作为接收装置，即射流直接沉降在滚筒表面,随着滚筒的旋转进行反复沉积达到一定的规格。当滚筒低速旋转时,纤维分布类似于传统平板接收电极的随机分布;随着滚筒表面线速度的提高,纤维排列的有序度逐渐增加。一般认为,当滚筒转速超过 2000r/min 时,绝大多数纤维的取向排列较好。而且,由于滚筒的高速旋转,对纤维有一定拉伸作用,纤维的结晶度和取向度有所提高,继而会影响纤维的力学性能。

5. 其他因素

(1)喷丝口直径。有试验证明,随喷丝孔直径的增大,纤维的平均直径增大,但是喷丝孔直径的变化对纤维直径多分散性的影响相对于其他因素都要小得多。喷丝孔直径对纤维直径的影响主要是因为喷丝孔直径的变化导致了喷丝孔处悬挂液滴的曲率半径的变化,从而在静电纺过程中引起了"泰勒锥"的变化。但是泰勒锥的改变并不引起纺丝过程中不稳定性的变化,所以纤维直径的分散程度对喷丝孔直径这一参数并不敏感。

(2)纤维毡净电荷。静电纺丝装置的接收极一般是接地铝箔。射流到达接收极与铝箔接触后所带的净电荷一部分将通过铝箔导走。在电纺过程中,射流时很容易产生静电积累现象,因此一般接收电极接地可以减弱这种静电现象,否则会影响电纺的正常进行。如采用不同绝缘性能的面料作为接收帘时,对于绝缘性能优异的容易快速产生静电积累现象,从而影响纺丝进行或对纤维膜的形貌产生影响。

(三)环境因素

环境因素包括温度和湿度等。

1. 温度

温度升高会降低溶液的黏度和表面张力,提高溶液的导电性,也会加快纺丝溶剂的挥发速度。而纺丝溶剂挥发充分时,纤维直径较小,直径分布也会更加均匀。

2. 湿度

湿度影响溶剂的挥发速度以及空气的介电常数,一般要根据所用的溶剂进行设定。若湿度过低,溶剂挥发容易堵塞针头。湿度过高时,溶剂难挥发,易形成珠状纤维。一般聚合物溶液纺丝时,高温低湿的环境可以获得相对稳定的纤维形貌且成膜性好,但在纺某些特殊形貌的纤维时则不然,如纺制纳米蛛网时对湿度控制要求较高。因此要想静电纺丝均匀稳定进行,须控制各种参数,恒温、恒湿控制特别重要。为解决这个问题,可装备高精度的通风空调系统,控制温度变化在±0.5 ℃范围内,相对湿度的控制变化范围在±0.5 %。

总的说来,静电纺丝过程比较复杂,上述参数对纺丝过程的影响并不是单独的,若要对纺丝操作条件进一步优化,生产出形态良好、性能较优越的纳米纤维,需要综合考虑参数间的关系及它们的联合影响作用。

七、静电纺丝纳米纤维非织造材料的应用

静电纺丝技术之所以受到学术界和工业界的普遍重视,其主要原因是通过静电纺丝方法制备的纳米纤维,其直径从几纳米到数百纳米不等,具有极高的比表面积,可能具有纳米尺度的微观特性如小尺寸效应、表面与界面效应、量子尺寸效应等,再加上由这些纳米纤维构成的纳米纤维非织造材料具有高孔隙率和独特的网状结构,可以通过设计静电纺丝纳米纤维的组成、结构和性能,以适应不同类型的应用。已有的研究表明,静电纺纳米纤维在防护服装、医疗健康、生物工程、环境工程、能源储存、军事、过滤、可穿戴电子产品、食品包装、安全防护与电磁屏蔽等领域具有十分巨大的潜力和广阔的应用前景(图3-6-26)。

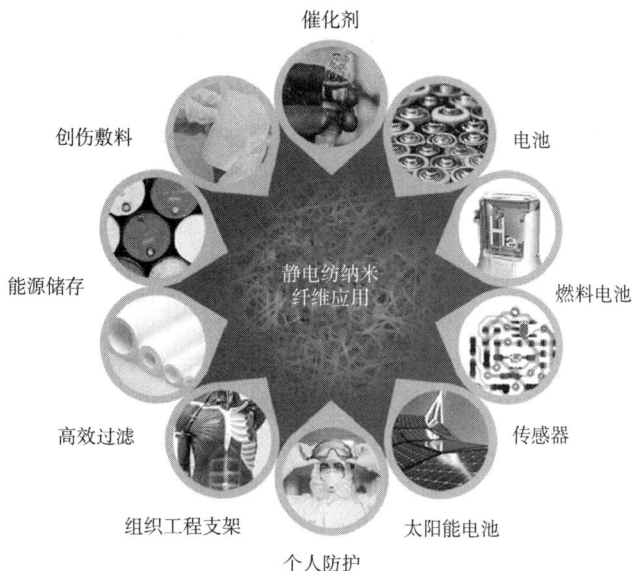

图 3-6-26　静电纺纳米纤维应用领域示意图

(一) 医疗健康与生物工程

静电纺丝纳米纤维非织造材料在医疗健康与生物工程领域的应用主要包括组织工程、伤口敷料、药物运输等。纳米纤维固有的性质包括与组织和器官的胞外生长基质相似,具有一定的机械强度和较大的比表面积等。利用这些性质,由静电纺纳米纤维设计成型的支架能弥补器官的缺陷,适宜于组织工程,而且可以支持细胞的生长、增殖、分化与运动,另外还可以被设计成生长因子、药物、治疗剂和基因以刺激组织再生等。如人的冠状动脉细胞培养在聚 L-丙交酯(PL-LA/PCL)纳米纤维支架上,显示出了正常的形态和良好的增殖性能,而且纳米纤维的取向可以改善细胞的功能发育,神经细胞的生长方向与 PLLA 纳米纤维一致,而且在纳米纤维支架上生长的细胞具有正常的形态和基因表达。纳米纤维有良好的可溶性和生物相容性,可以促进人体对药物的吸收,能够显著提升人体对药物的利用率。因此,纳米纤维可以作为药物和保健品的控释系统,也可以作为牙科治疗中填充物的增强体。另外,结合药物的 pH 值响应性聚合物纳米纤维靶向治疗病灶细胞,进行药物释放,可用于糖尿病等疾病的治疗。

通过添加抗菌物质或药物,使用静电纺丝法制得纳米级功能敷料可以阻挡外界细菌和灰尘入侵伤口,对伤口起到保护作用。如通过在纤维中共纺纳米粒子并结合其他技术制备的多功能纳米纤维海绵伤口敷料效果优良,使用熔体静电纺丝直写技术制备复合结构骨-软骨支架材料,可以使营养物质与细胞充分接触,利于细胞生长,在组织工程修复及生物医学领域拥有广阔的应用前景。

(二) 能源电池材料

在能源方面,利用静电纺纳米纤维具有高度的多孔性和高比表面积等特点,已成功地作为高分子电池、光电电池和质子交换原料电池的材料。如将六氟磷酸四丁基铵(TBAPF6)掺杂到聚偏氟乙烯(PVDF)纺丝前驱液中,通过静电纺丝的方法在 PVDF 纳米纤维膜中构建一种多尺度树枝状结构的电池隔膜,显著提升了 PVDF 纳米纤维膜的孔隙率并且体电阻明显下降,离子电导率达到 4.28mS/cm。由该隔膜组装的锂离子电容器具有良好的循环性能,在 0.5C 放电电流密度下循环 10000 次,具有稳定的库伦效率(约 100%)和优秀的容量保持率。

(三) 水净化与催化

由于原油泄漏等事故以及人口增长等原因,加剧了环境污染和水质恶化,淡水资源短缺日益成为人类生存和发展面临的重要问题之一。因此废水处理及水资源的环境净化已成为近年来国际研究的热点问题。膜蒸馏技术由于能够利用废热、低操作压力、低运行温度以及能够处理高浓度盐水等优点被认为是很有前途的海水淡化技术。利用静电纺丝制备的超疏水杂化纳米复合膜用作膜蒸馏分离膜,表现出超疏水性、耐润湿和耐结垢性、较高的截盐率和稳定的渗透通量,有利于长期稳定运行。同时利用静电纺丝法制备多孔复合纳米纤维光催化剂,具有明显增强的可见光催化活性,适用于工业化的污水处理。

(四) 空气过滤

现今的空气颗粒物污染问题十分严峻,采用空气过滤材料在排放源头和呼吸终端滤除污染空气中的颗粒物,成为雾霾环境下保障人体健康最直接有效的方式。静电纺纳米纤维孔径小、孔隙率高、孔洞均匀,可以有效过滤空气中有害颗粒物,并且在进行空气过滤时对气流产生的影响较小。同时依据选用材料性质不同,可适用于不同场景。例如,使用聚酰胺酰亚胺(PAI)静电纺丝制成纳米纤维膜可用于制作高温滤袋,用于工厂高温烟尘的过滤,能够使产品在高温环境下工作仍保持较高的过滤效率,增加产品使用寿命,降低成本。

另外,在环境工程领域,静电纺纳米纤维作为优良的膜材料在某些领域已成功应用。例如,纳米纤维膜能有效除去空气中直径 $1 \sim 5 \mu m$ 的微粒,在水溶液中能有效除去 $3 \sim 10 \mu m$ 的微粒,而膜的性能无明显变化,在清除颗粒后膜能很快恢复功能。

(五) 智能可穿戴

随着物联网时代的到来,可穿戴电子设备的需求越来越大,自供电微电子技术,特别是压电纳米发电机成为主要的可持续能量回收可穿戴设备,可有效地将机械能转化为电能。例如,利用静电纺丝技术制备的聚偏氟乙烯(PVDF)、聚丙烯腈(PAN)等复合纳米纤维,其压力敏感性和振动能量收集能力显著提高,在人体活动监测和个人热管理方面具有广阔的潜在应用前景。

(六) 安全防护与电磁屏蔽

在反恐和国防安全方面,某些聚合物纳米纤维对战争中的毒剂的高敏感性使其成为化学和生物毒素探测的理想材料,其检测水平可达十亿分之几的微量浓度。由于静电纺纳米纤维具有很高的比表面积,因而在传感器应用开发方面受到重视。例如,由半导体氧化物 MoO_3 和 TiO_2 等功能化的纳米纤维的电阻可以敏感地探测有害化学气体如氨、硝基氧等。含卵白素的单一聚吡咯(polypyrrole)纳米纤维已被研究用于生物传感器检测生物素标记的生物分子(如 RNA),荧光高分子也被用于传感材料检测有机和无机废物等。

随着电子通信设备的更新换代日益加快,其在给人们带来便利的同时也产生了越来越多的电磁辐射,静电纺纳米纤维用作电磁屏蔽材料也表现出优良的性能。例如,采用静电纺丝结合高温碳化方法制备了 Fe-Ni/C 纳米复合纤维,吸波性能优异,有望用于制备重量轻、吸收频带宽的新型吸波材料。

综合来看,静电纺纳米纤维在医疗健康与生物医学工程、生命防护、高效过滤、污水处理、海水淡化、环境工程、电池电极材料、电池隔膜材料、太阳能帆板、工业催化吸附、防水透气面料、美容护肤产品、吸声绝热、高性能复合材料等领域有着广阔的应用前景。

毫无疑问,经过近 30 年的快速发展,国内外在静电纺丝生产装备和纳米纤维应用方面取得了长足进展,使静电纺丝技术已成为生产一维纳米材料的先进技术之一。但是要使这一技术进一步发展并在工业界占据一定份额,还有一些技术问题需要解决。如纳米纤维尺寸和形貌控制问题,包括将纳米纤维直径控制在 100nm 以下、获得均一性良好的纳米纤维膜等,纳米纤维在某些领域的不可替代性,静电纺丝装备中涉及的溶剂回收、电压分布等问题。由于静电纺纳米纤维在诸多领域的广阔应用前景,相信在不同领域间学术界和工业界共同合作和努力下,静电纺丝技术及其纳米纤维的前景越来越好。

第三节　溶液喷射法非织造工艺原理

一、工艺原理

溶液喷射法非织造技术是近年来发展起来的新型微纳米纤维非织造材料制备技术,其工艺流程如图 3-6-27 所示。将聚合物溶解于可挥发性溶剂中得到纺丝溶液,经计量后供应到喷丝孔形成纺丝溶液细流,高速气流经外圈同心环通道喷射出形成高速气流场,对溶液细流进行超细拉伸,并促进溶剂挥发获得超细纤维,沉积在接收网帘上形成超细纤维非织造材料。该技术具有普适性,理论上可溶解于挥发性溶剂的聚合物均可通过该方法纺丝,如 PVDF、PVA、PAN等合成聚合物和壳聚糖、纤维素等天然高分子,以及溶胶体系等均被报道可通过该方法获得直径为几十到几百纳米的微纳米纤维。

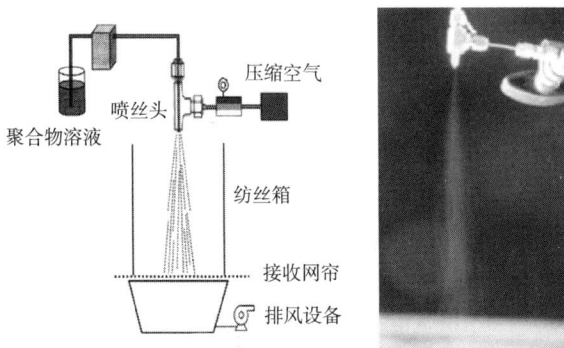

图 3-6-27　溶液喷射纺丝工艺流程示意图

在溶液喷射法非织造技术中,高速气流是纤维成型的驱动力。图3-6-28(a)为溶液喷射喷丝头附近的速度分布云图,可以看出牵伸气流从喷丝孔外环高速喷出,随着距离的增加,速度逐渐下降。设定初始压力值为0.1MPa,模拟 x 轴线速度分布得到图3-6-28(b),可以看出气流速度在距离喷丝头中心位置4mm处时,速度达到最大值286m/s,然后速度在20mm以内快速下降至100m/s,之后缓慢降低至20m/s,说明气流遇到狭窄的气隙后在很短的距离内近乎直线上升到最大速度。

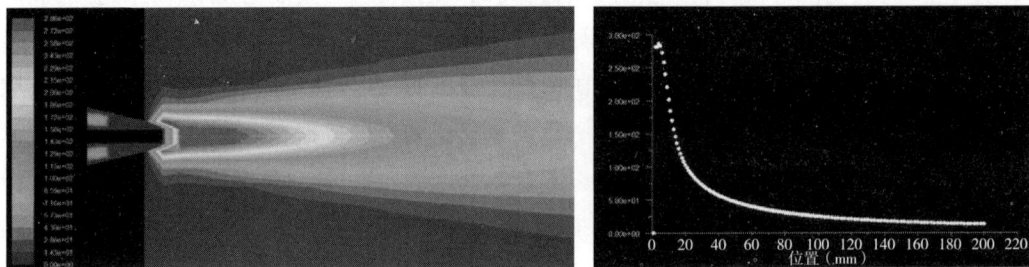

（a）溶液喷射喷丝头附近的速度分布云图　　　（b）纺丝中心线上速度分布曲线图

图3-6-28　溶液喷射纺丝高速气流场模拟与速度

环形高速牵伸气流对纺丝溶液细流的作用,使喷丝孔附近出现一个低压区(P_2),低压区和溶液/气体界面上的剪切作用使溶液细流分裂形成多股射流并进一步被细化,伴随着溶剂挥发而形成微纳米纤维(图3-6-29)。

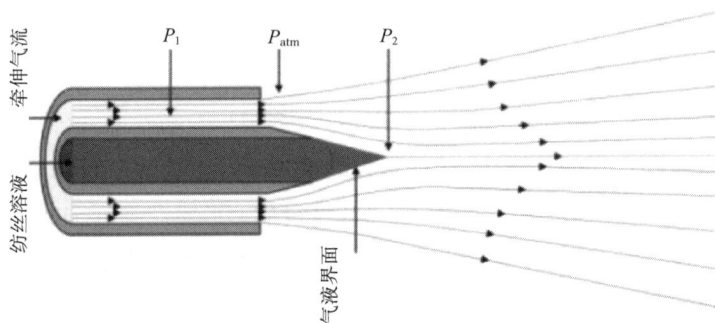

图3-6-29　高速气流对溶液射流的牵伸作用

基于上述原理,可以将这种非织造技术视为熔喷高速气流对纺丝溶液的牵伸作用,因此,在外文文献中通常称为"solution blowing"或"solution blow spinning",中文文献中常称为"溶液喷射纺丝技术""溶喷技术""液喷技术"或"溶液气流纺丝技术"。

与静电纺丝技术相比,该技术不适用高压电场,不存在静电干扰问题,因此便于使用集成的喷丝模头,提高纺丝效率。图3-6-30(a)为多喷孔纺丝模头的设计,纺丝溶液由进液板入口进入,经由衣架式腔体,经分配板分配后,流入固定在喷丝板上的纺丝针头内,完成溶液的分配与挤出;高速气流从进气板入口处进入进气板的腔体内,通过气体分配板上的气体分配孔的分配作用,使气体均匀分配;最后气体由环形气孔喷出对溶液细流进行超细牵伸,实物照片如

图 3-6-30(b) 所示。

（a）设计图　　　　　　　　　（b）实物图

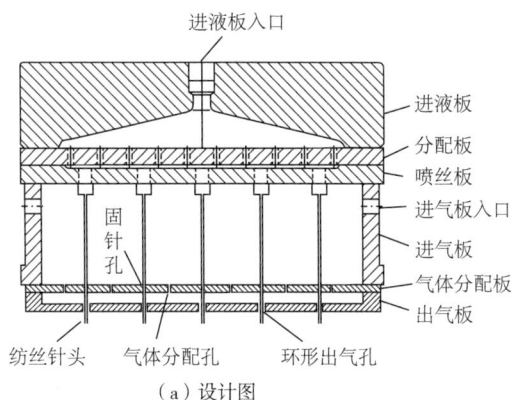

图 3-6-30　多喷孔模头结构设计图与实物照片

二、纤维形貌与结构调控

高速气流及其对溶液细流的牵伸作用力对微纳米纤维的成型有着重要影响。高速气流不同的牵伸角度对溶液细流的拉伸形态及纤维成型也有着重要的影响。研究设计了两种牵伸气流的角度,实现对纺丝射流的平行牵伸(气流平行于针头射流方向牵伸)和倾斜牵伸(高速气流倾斜于针头射流一定角度方向进行牵伸),如图 3-6-31 所示。

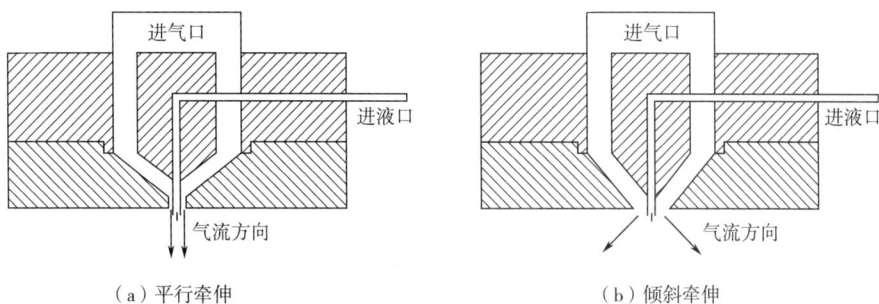

（a）平行牵伸　　　　　　　　　（b）倾斜牵伸

图 3-6-31　试验用可拆换单喷头

（一）气流牵伸作用对纤维形貌的影响

图 3-6-32 是纺丝模头气孔直径为 1.5mm 时,高速气流平行牵伸[图 3-6-32(a)~(c)]和倾斜牵伸[图 3-6-32(d)~(f)]作用下制备的纳米纤维电镜照片。从图中可以看出,高速气流牵伸比为 1.5 时,高速气流平行牵伸作用下制备的纤维表面光滑且连续无液滴。高速气流牵伸比为 2.5 时,高速气流倾斜方向牵伸作用下制备的纳米纤维有轻微并丝卷曲现象,但高速气流平行牵伸作用下制备的纤维无并丝卷曲现象且分布均匀。高速气流牵伸比为 3.5 时,纺制的纤维粗细不均,出现并丝成束状现象,表现出高速气流牵伸比明显的不适应。综上所述,试验用纺丝模头气孔直径为 1.5mm 时,高速气流平行牵伸且牵伸比为 2.5 时制备的纳米纤维[图 3-6-

32(b)]连续光滑、卷曲较少,形态最佳。其次是高速气流平行牵伸且牵伸比为 1.5 时制备的纳米纤维[图 3-6-32(a)]连续均匀,形态较佳。

图 3-6-32 气孔直径为 1.5mm 的纺丝模头制备的纤维 SEM 照片

(二)气流牵伸作用对纤维直径的影响

图 3-6-33(a)是高速气流平行方向牵伸作用下不同牵伸比和不同纺丝模头纺制出的纤维膜的平均直径分布图,图 3-6-33(b)是高速气流倾斜牵伸作用下不同牵伸比和不同纺丝模头纺制的纤维平均直径分布图。从图中可以看出,同种纺丝模头下,随着高速气流增大,牵伸比从 1.5 增加到 2.5 时,纺制的纤维的直径呈现出下降的趋势,从平均直径为 323nm 减小到 313nm,但牵伸比增加到 3.5 时,纺制的纤维的直径变化减缓,平均直径减小为 305nm。这是因为在溶液喷射纺丝技术中高速气流是纤维拉伸细化的主要作用力,随着高速气流牵伸比的增加,纺丝溶液细流受到的拉伸细化作用增强,纤维受到更强的牵伸形变,有利于纺制更细的纤维。但当高速气流牵伸比过大时,纺丝溶液细流在空气中的运动时间变短,高速气流易产生紊流,纺丝溶液细流得不到充分的拉伸细化,纤维的运动杂乱无规则,纤维间易产生黏结成束现象,纺制的纤维的直径粗细均匀度变差。

从图 3-6-33 中可以看出,在相同高速气流牵伸作用下,随着纺丝模头气孔内径从 1.5mm 增大到 2.3mm,纺制的纤维的直径逐渐变大,纤维的平均直径从 303nm 增加到 325nm。这是因为在相同高速气流牵伸作用下,通过不同纺丝模头气孔的牵伸风量相同,但当纺丝模头气孔内径较大时,高速气流在较大直径的气孔内的平均牵伸作用力减弱,聚合物大分子间的相互缠结作用增强,纺丝溶液细流得不到充分牵伸细化,纺制的纤维直径较粗。

从图 3-6-33 中比较得出,相同高速气流牵伸比和同种纺丝模头孔径下,高速气流倾斜牵伸作用下纺制的纤维(平均直径为 309nm)比平行牵伸作用下纺制的纤维(平均直径为 314nm)

更细,但高速气流倾斜牵伸下纺制的纤维直径大小变化较大。这是因为高速气流倾斜方向牵伸下,纺丝溶液细流在纺丝口处形成的纺丝锥形更大,拉伸后形成的射流股数较多且较为分散,无数细小射流在运动过程中伴随着溶剂快速挥发,固化形成较细的纤维,但纤维间易互相缠结,运动杂乱无规则,纺制的纤维膜均匀度较差。

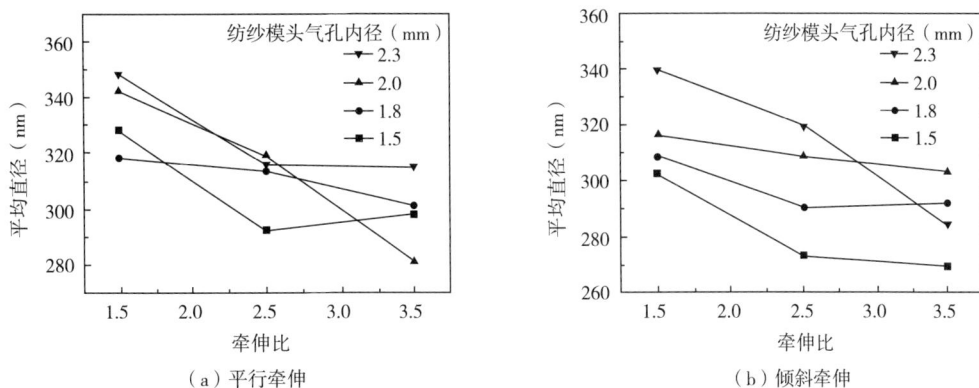

图 3-6-33　不同牵伸方向下纤维直径变化

(三)气流牵伸作用对纤维膜孔径的影响

图 3-6-34(a)是高速气流平行方向牵伸作用下不同牵伸比和气孔直径不同的纺丝模头纺制出的纤维膜的平均孔径分布图,图 3-6-34(b)是高速气流倾斜方向牵伸作用下不同牵伸比和气孔直径不同的纺丝模头纺制的纤维平均孔径分布图。从图中可以看出,同种纺丝模头气孔直径下,随着牵伸比从 1.5 增加到 2.5,纺制的纤维膜的平均孔径呈现出下降的趋势,平均孔径从 2.58μm 下降到 2.21μm,牵伸比增加到 3.5 时,纺制的纤维膜的孔径大小没有明显变化,平均孔径为 2.34μm。这是因为在溶液喷射纺丝技术中,高速气流是纤维拉伸细化的主要作用力,随着高速气流牵伸比提高,纺丝溶液细流受到的牵伸作用力增强,纺丝溶液细流得到充分拉伸细化,有利于纺制出更细更均匀的纤维,得到的纤维膜致密且平均孔径较小。但当高速气流牵伸比过大,纺丝过程中容易产生空气紊流,导致纤维在空气中运动分布杂乱,纺制的纤维粗细不均,纤维膜的孔径分布不均。

从图 3-6-34 中可以看出,相同高速气流牵伸作用下,随着纺丝模头气孔内径从 1.5mm 增大到 2.3mm,纺制的纤维膜孔径增加,纤维膜的平均孔径从 2.18μm 增加到 2.61μm。这是因为高速气流牵伸作用相同的情况下,通过不同纺丝模头气孔内牵伸风量相同,但纺丝模头气孔内径较大时,高速气流在较大的气孔内牵伸作用力减弱,纺丝溶液细流得不到充分牵伸细化。由于聚合物高分子间的分子作用力,纤维相互缠结,纺制的纤维直径较粗,得到的纤维膜平均孔径较大。

从图 3-6-34 中比较得出,相同高速气流牵伸比和同种纺丝模头气孔直径下,高速气流倾斜方向牵伸作用下纺制的纤维膜(平均孔径为 2.43μm)比平行方向牵伸作用下纺制的纤维膜(平均孔径为 2.32μm)孔径大。这是因为高速气流倾斜方向牵伸作用下,纺丝溶液细流在纺丝口处形成的纺丝锥形更大,拉伸后溶液射流股数较多,分散的无数溶液细流在运动过程中溶剂快速挥发,固化形成较细的纤维,但纤维间易互相缠结,得到的纤维膜均匀度较差,孔径分布不均匀。

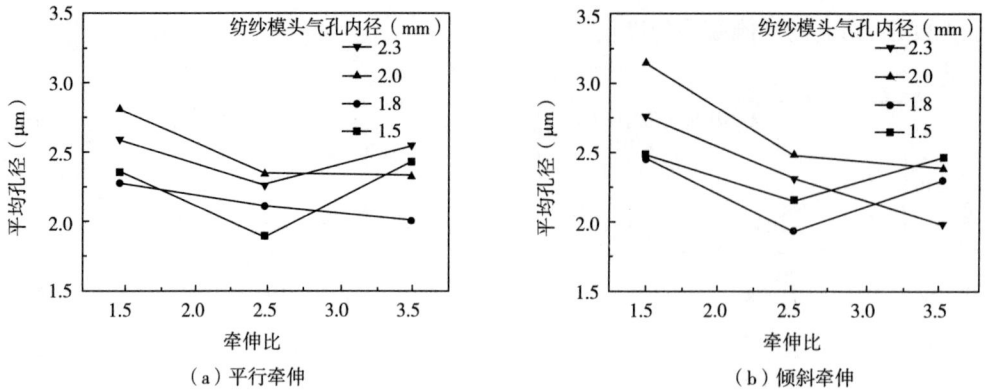

图 3-6-34　不同牵伸方向下纤维膜平均孔径变化

(四)气流牵伸作用对纤维结构的影响

图 3-6-35 是纺丝模头气孔直径为 2.3mm 时高速气流不同牵伸比下纺制的纤维 X 射线(XRD)图。从图中可以看出,纺制的聚丙烯腈(PAN)纤维膜特征峰出现在 $2\theta=17°$ 处,但聚丙烯腈的另一个特征峰 $2\theta=29°$ 几乎消失,这说明 PAN 经溶液喷射纺丝后结晶和取向减弱。高速气流平行牵伸作用下纺制的纤维的结晶性能优于高速气流倾斜牵伸作用下纺制的纤维。这是因为在溶液喷射纺丝技术中,高速气流的牵伸力对聚合物的结晶取向有着促进作用,高速气流平行牵伸作用下对单股射流的牵伸力增强,纤维得到充分拉伸细化,有利于聚合物大分子充分结晶。

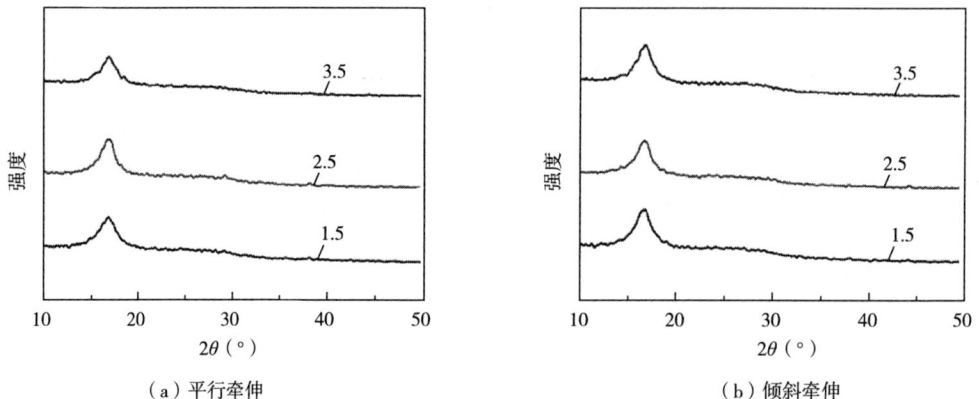

图 3-6-35　纺丝模头气孔直径为 2.3mm 时高速气流不同牵伸比下纺制的纤维 XRD 图

三、溶液喷射纺微纳米纤维的应用

溶液喷射纺非织造技术具有生产效率高、设备简单、安全等优势,所制备的纳米纤维集合体或非织造材料具有很高的孔隙率、比表面积和良好的透气性,通过相关参数的控制,可以实现纳米纤维形貌、孔隙结构的调控,最重要的是,溶液喷射纺丝技术提供了一种简易控制的批量化纳米纤维制备方法。因此,溶液喷射纺纳米纤维凭借其结构及制备方面的优势可以在生物医用、过滤、催化、能源材料、传感器等领域广泛应用。

(一) 生物医用材料

高孔隙率的纳米纤维是生物医用材料的理想选择,尤其在医用敷料、组织工程等相关应用方面,溶液喷射纳米纤维可以促进细胞的增殖、分化和浸润,并结合低毒和具有生物相容性的聚合物和溶剂材料,是制备快速、高效医用创口和细胞培养载体的理想材料。

霍夫曼(Hoffman)等分别对比了静电纺以及溶液喷射纺纳米载体材料对骨髓基质细胞的培养效果,发现在溶液喷射纺丝载体材料的细胞培养深度($78.75\pm18.46\mu m$)上远远大于静电纺载体材料($34.75\mu m\pm8.77\mu m$)。而在另一项研究中,博尔巴索夫(Bolbasov)等利用 P(VDF/Te-FE)溶液喷射纺纳米纤维培养出了数量更多的细胞。托梅卡(Tomecka)等制备了 PLLA 和 PU 纳米纤维基体用于培养心肌细胞,对比传统的 PS 培养基,发现由溶液喷射纺丝技术制备的细胞培养基体培养的心肌细胞对心脏药物的敏感性更高。帕斯考林(Paschoalin)等制备了 PLA/PEG 溶液喷射纺纳米纤维用于细胞培养,发现细胞会受纤维引导而增殖并在纤维界面上表现出高度动态行为。Xu 等制备了壳聚糖/聚乳酸/聚乙二醇纳米纤维,并采用戊二醛蒸汽对其进行交联,所制备的材料具有良好的透气性,并可吸收伤口渗出液而凝胶化,有效保持伤口湿润的愈合环境,是一种理想的生物医用敷料。博南(Bonan)等借助苦配巴油制备了具有优异细菌阻隔功能的溶液喷射纺 PLA/PVP(乙烯基吡咯烷酮)伤口敷料。Liu 等则以乙二醇缩水甘油醚作为纺丝交联剂,制备了壳聚糖/PVA 水凝胶溶纳米纤维毡,该纳米纤维毡具有水凝胶特性,对大肠杆菌抑菌率可达 81%。Ting 和 Markus 则基于溶液喷射法制备的羟丙基纤维素(HPC)纳米纤维制备了一种超级多孔水凝胶,其通过将交联剂柠檬酸(2.5%)、助纺聚合物 PEO 与 HPC 的共混获得纺丝溶液,利用 30kPa(0.3bar)的牵伸气流获得复合纳米纤维,进而通过 140℃的高温交联获得所需的水凝胶材料。相比于传统的无孔 HPC 水凝胶材料,其基于 HPC 溶液喷射法非织造材料所制备的交联水凝胶可以在水中膨胀并形成具有形状记忆特性的超多孔水凝胶。为了实现快速机体组织修复,实现纳米纤维在受伤组织的直接沉积。青岛大学龙云泽教授等设计了一种便携式溶液喷射装置,具有良好的纺丝效果。将该装置与微创手术相结合,可有效克服微创手术操作空间狭小的问题,在猪肝的止血试验中也表现出优异的应用效果。

(二) 过滤材料

颗粒物防治是大气环境保护的重要一环,溶液喷射纺纳米纤维毡具有独特的三维卷曲结构、高孔隙率及微孔孔隙,同时其内部空间有高相互关联性,因此作为过滤材料具有高通量、低阻力的优势。

Shi 等将尼龙 6 三维卷曲纳米纤维应用于过滤材料中,发现其过滤效率可以达到 93.5%,压降可以低至 30.35Pa,证明了溶液喷射纺纳米纤维在高效低阻过滤材料领域具有广泛的应用前景。Lee 利用溶液喷射纺丝技术成功制备了具有二维净化膜结构的尼龙 6 与石墨烯的复合纳米纤维,并将其应用于水过滤材料中,发现在膜面积为 $5cm^2$ 时其净水速率就可以达到 0.3~4L/h。苏米特(Sumit)发现将直径 20~50nm 的溶液喷射纺丝纳米纤维沉积在商业化电纺纤维过滤膜表面,可以明显优化材料的过滤性能,在粒径为 200nm 的铜颗粒悬浮液中,该过滤膜仍可以保持高效的过滤效率。李超等制备了直径范围为 146~532nm 的 PMIA 纳米纤维膜,探讨了面密度对纤维膜孔径结构、透气性、水通量及过滤效率的影响,并通过过滤机理探索发现,虽然纤维膜的孔径比微球直径大,但依然对其有很好的过滤作用,大部分微球均被拦截于纤维膜表层,膜污染程度很小。斯坦福大学的崔毅等则通过溶液喷射纺丝技术制备了多种聚合物(PAN、PVP、PMMA、尼龙 66)纳米纤维作为室内 PM 污染防护的透明空气过滤膜,这种过滤膜可以很容易地涂覆于纱窗并且方便清理。作者全面地对比了不同纳米纤维膜的光学透明度和 PM 颗粒的去除效率,其中 PAN 纤维膜具有优良的透光率(80%)、过滤效率(>99%)和压降。高温过滤方面,Wang 等则通过溶液喷射纺丝和煅烧处理获得了耐高温 ZrO_2 纳米纤维海绵,其在 750℃ 的高温和 10cm/s 的风速条件下,依然可以保证 99.97%(PM 0.3~2.5)的过滤效率。这种优良的过滤效率和耐高温性能证明了溶液喷射 ZrO_2 海绵在高温过滤中具有良好的应用前景。

近年来,具有多尺度直径纳米纤维的多级纳米纤维膜得到了研究人员的广泛关注,并被证明是优化纤维膜结构的有效方法之一。我们利用溶液喷射纳米纤维网的蓬松多孔结构优势,结合分子自组装技术,提出了一种新型的多级纳米纤维非织造材料制备技术,并将其应用于空气和水过滤材料,获得了良好的应用效果。在研究中,利用 1,3:2,4-二亚苄基-D-山梨醇(DMDBS)超分子凝胶材料的自组装,在纤维基体材料内部构建了多级纤维体(图 3-6-36),系统地研究了不同溶剂对纤维自组装效果的影响。试验发现,多级纤维结构的创建不仅保证了材料较高水通量前提下,提升了原有纤维基膜的过滤效率,对 0.4μm 的 PS 微球截留率可达 99.3%,而对空气中 0.2μm 以上颗粒物截留率大于 99.99%,过滤阻力小于 42Pa。

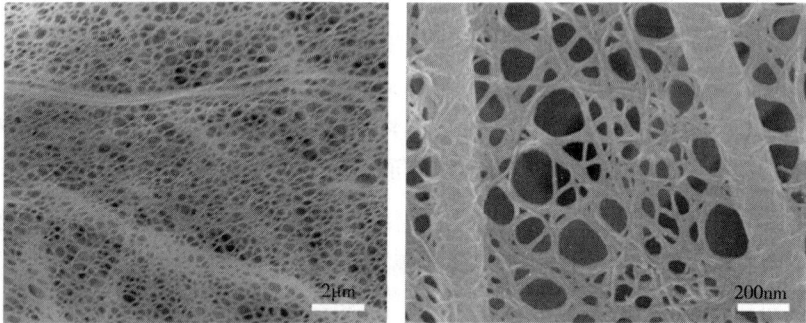

图 3-6-36　DMDBS/PAN 多级纳米纤维网

(三) 电极材料

碳材料以比表面积大、可塑性高、可直接用作电极等优势,在电极材料应用方面受到人们的广泛关注。利用纳米纤维制备技术制备前驱体,经过烧结工艺得到连续的碳纳米纤维,这种方法操作简单、制备效率高,已成为国内外研究者制备碳纳米纤维的最主要方法。溶液喷射纺纳米纤维凭借其稳定的结构优势,在电极材料领域也逐渐得到研究者的重视。

贾开飞设计了一种取向接收装置,采用一对平行辊作为接收装置,制备了 PAN 溶液喷射纺纳米纱线,经碳化处理得到有序排列的碳纳米纱线材料。电学性能测试显示,PAN 基溶液喷射纺碳纳米纤维电导率可以达到 608.7S/cm,电流密度为 500m/Ag 时,质量比电容可以达到 70F/g。史少俊利用醋酸锌和聚丙烯腈作为前驱体材料制备了包覆 ZnO 纳米晶粒的碳纳米纤维,并将其应用于电极材料中。结果显示,其在高电流密度下表现出优异的循环性能。赵义侠利用溶液喷射纺丝技术制备了 SiC 纳米纤维,并将其应用于超级电容器材料中。测试结果显示,其表现出良好的电化学性能,表明溶液喷射纺丝技术在超级电容器电极材料领域的广泛应用前景。邓南平则利用溶喷纺丝法制备 PCNFs-CNTs-S 复合材料,并尝试将其应用于锂硫电池负极材料。通过在复合材料中设计多孔结构并引入碳纳米管,有助于建立高导电路径和储存更多的硫/聚硫化合物,抑制由于酸化的聚乙烯醇基多孔碳纳米纤维在电解质中的溶解度损失。研究发现,该多孔结构和碳纳米管可有效缓解电池循环过程中的体积变化。所得 PCNFs-CNTs-S 阴极在 Li-S 电池中表现出优异的性能,初始放电容量高达 1302.9mA·h/g,300 次循环后依然具有极为稳定的容量(809.1mA·h/g)。

（四）吸附材料

溶液喷射纺纳米纤维膜内部具有极高孔隙率和大的比表面积,相比于传统的吸附、亲和膜,其更有利于膜材料与目标分子或离子发生作用,因而溶液喷射纺丝技术在吸附材料中有广泛应用。科尔巴索夫(Kolbasov)等通过溶液喷射纺丝技术制备了多种含有生物大分子(如海藻酸钠、大豆蛋白、木质素、燕麦粉、壳聚糖等)的纳米纤维膜,这些生物成纤聚合物膜在重金属的水溶液吸附方面表现出优异性能。Wang 以溶液喷射纺聚酰亚胺为基体纤维材料,通过原位聚合方法在纤维表面引入经十二烷基苯磺酸接枝改性的聚苯胺,从而制备得到新型重金属吸附膜。测试结果显示,每 10mg 的微孔吸附膜可以在 300min 以内完成 25mL Cr(Ⅵ)溶液(5mg/L)的吸附清除。Tong 基于同轴溶液喷射纺丝技术,制备了以 PA6 为芯层、壳聚糖和聚乙烯醇(PVA)为皮层的皮芯复合纳米纤维,将汽巴蓝接枝固载于纤维表面赋予其良好的蛋白吸附能力。结果显示,该膜拥有水凝胶和纳米纤维的共同优势,表现出良好的吸附能力,该膜对牛血清蛋白(BSA)的吸附量可达 379.43mg/g。Tao 等通过 KOH 处理得到活化碳纳米纤维,其比表面积及孔容分别可以达到 2921.263m^2/g 和 2.714cm^3/g,应用于苯酚吸附可以达到 251.6mg/g。Mercante 等制备了氧化石墨烯包覆的聚甲基丙烯酸甲酯(PMMA)多孔纳米纤维,并将其应用于亚甲基蓝的吸附中,最大吸附量可以达到 698.51mg/g。Ren 等则利用聚苯胺(PANI)包覆 PAN 材料,通过溶液吹塑纺丝和原位聚合制备了一种新型复合纳米纤维毡,并对其六价铬的吸附去除效果进行了研究。试验结果表明,PANI/PAN 复合纤维对 Cr(Ⅵ)具有良好的吸附性能。此外,系统地研究了影响水溶液中铬(Ⅵ)去除率的因素,将试验数据拟合到各种动力学模型和等温吸附过程中,计算了吸附过程的热力学参数,细化了纤维对重金属的吸附及再生机理。

（五）其他应用材料

质子交换膜作为燃料电池的核心部件,它起着隔离两极反应气体,且作为氢离子通道达到传导质子的作用,其性能的优劣直接决定着燃料电池的性能。早期应用于质子交换膜中的增强纳米纤维多是通过静电纺丝方法制备的,然而,静电纺丝纤维的天然特性使纤维结合紧密,形成致密的网络结构,容易导致浸渍效果较差,引起复合膜缺陷。针对这一问题,溶液喷射纺丝技术凭借其制备纳米纤维的高效性及孔隙结构方面的优势,在致密复合膜材料领域具有广阔应用前景。

在溶液喷射纺纳米纤维应用质子交换膜的早期工作中,相关科研工作者将具有质子传导能力的磺化聚醚醚酮、磺化聚醚砜/聚醚砜及磺化聚醚醚酮/多面体低聚倍半硅氧烷溶液喷射纺纳米纤维成功利用浸渍方法引入全氟磺酸树脂(Nafion)材料中,讨论其对质子交换膜电化学性能作用,发现经过纳米纤维改性后的复合膜的尺寸稳定性及质子传导率均有一定程度的改善,证明其在质子交换膜中的应用的可能性。

Zhang 等将溶液喷射纺纳米碳纤维网(CNFs)与磺化聚醚醚酮(SPEEK)复合,复合膜的截面观察表明,CNFs 在复合膜的厚度方向上广泛分布,当其质量分数为 0.48% 时质子导电率增加了 41.6%(80℃,100% RH),这归结于 CNFs 的三维空间分布及其与 SPEEK 的相互作用,使—SO$_3$H 沿二者界面富集分布建立了跨膜连续传输通道。

Wang 创新性地将复合材料制备技术中的热压工艺引入质子交换膜制备中,利用聚偏氟乙烯(PVDF)与磺化聚醚砜(SPES)溶液喷射纺纳米纤维的高孔隙率结构制备了具有跨膜传输通道的 SPES/PVDF 复合质子交换膜,该复合膜具有优异的阻隔燃料特性,其甲醇渗透系数达到了商业化 Nafion 膜的 1/500。进一步地,其借助生物细胞膜质子传递的启发,在 PVDF 纳米纤维表面引入氧化半胱氨酸,制备的复合质子交换膜的电化学应用性能可以达到 Nafion 材料的 2 倍。

天津工业大学庄旭品教授与天津大学尹燕教授等则提出了基于纳米纤维一步法制备氨基酸离子簇—质子传输通道构想,利用溶液喷射纺丝技术,借助 PLA 的助纺作用,制备聚谷氨酸(PGA)/PLA 纳米纤维,并与 SPES 复合制备了复合质子交换膜(PEM)。试验结果表明,一维聚氨基酸纤维集成了氨基酸离子簇在质子传输通道构建的结构与功能优势,极大提升了材料的综合应用性能,所制备的质子交换膜质子传导率可达 0.261S/cm(80℃,100%RH),直接甲醇燃料电池运行性能可达 202.3mW/cm^2。同时,利用重金属染色和高角环形暗场扫描透射(HAADF-STEM)的手段验证了复合膜中功能离子簇在纳米纤维表面的富集分布形成了高效的质子传递通道(图 3-6-37),并借助密度泛函数理论解释了质子在谷氨酸分子间的传递机理。

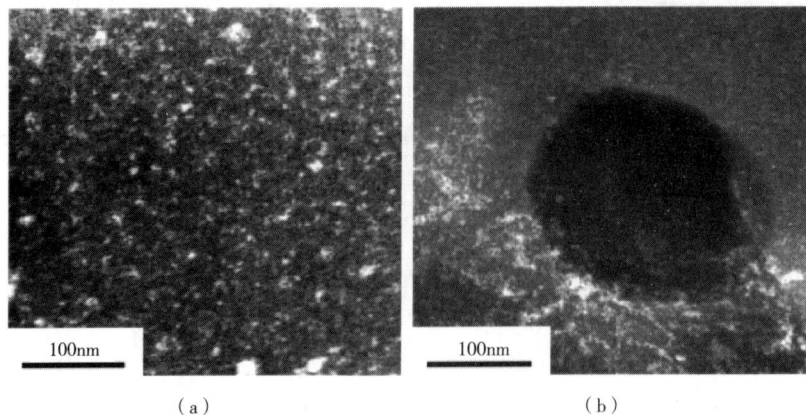

(a)　　　　　　　　　　　　(b)

图 3-6-37　纳米纤维复合质子交换膜 TEM 照片

高温超导材料是一种在电力及能源转换技术中具有重大战略意义的高新技术。西娜

（Cena）首次提出了利用溶液喷射纺丝技术制备 $Bi_2Sr_2CaCu_2O_x$（BSCCO）超导纤维的可行性技术路线。其通过合成 BSCCO 前驱体溶液，并将其以不同比例混入聚 PVP 配置成可纺溶液，利用溶液喷射纺丝技术制备得到 BSCCO/PVP 纳米纤维。最终的电性能测试结果显示，制备的超导材料在临界温度表现出明显的阻抗衰减，证明了溶液喷射纺丝新型纳米纤维制备技术可以成为制备高温超导材料的新方法。

四、小结

作为一种新型而高效的纳米纤维制备技术，溶液喷射纺丝技术在近年来取得了快速发展。基于聚合物溶液浓度、牵伸风速和纤维直径的基本关系，国内外许多科研工作者在此方面做出了许多探索研究工作，不断致力于对设备纺丝工艺的改善及产品的应用性研究。但相比于已经相对成熟的静电纺丝技术，溶液喷射纺丝技术还存在许多缺陷与不足，尤其是在基础理论研究及材料应用研究方面，尚需不断完善和发展。然而从另一方面来讲，溶液喷射纺丝技术简易的操作方法和较低的设备配置为研究者不断地开发纳米纤维的新型应用研究工作提供了便利。在纤维结构方面，溶液喷射纺纳米纤维具有明显区别于静电纺纳米纤维的独特纤维形态结构，例如三维卷曲、孔隙率高等，并凭借其结构方面的优势，在医用、过滤、电极、吸附及电池隔膜材料方面得到了广泛应用。进一步地，溶液喷射纺丝技术可转化为手持简易纺丝设备，再加上其纳米纤维的易附着、沉积的特性，如能在相关技术上得到突破，相信其在未来的手持式快速伤口敷料材料的应用上必将前景广阔。溶液喷射纺丝技术的纺丝效率可达静电纺技术的 10 倍甚至更多，同时不需要高压电场，能源消耗低，设备配置简单，在纳米纤维的批量化商业生产上，该技术提供了一种崭新并具有前景的技术路线。相信在不久的将来，溶液喷射纺丝技术将会凭借其诸多优势在社会发展的诸多领域发挥巨大作用。

思考题

1. 闪蒸纺丝的原理是什么？跟传统干法纺丝相比有什么优缺点？
2. 闪蒸纺丝液包括哪几部分？常用的成纤聚合物有哪些？
3. 影响静电纺丝纤维形貌的主要因素有哪些？
4. 影响静电纺纤维直径及其分布的溶液性质主要包括哪些？
5. 简述静电纺丝中溶液浓度或黏度与纤维直径的关系。
6. 溶液喷射纺丝与静电纺丝技术在纺丝成形、纤维形貌等方面有什么区别？
7. 影响溶液喷射纺丝纤维形貌的主要因素有哪些？
8. 思考溶液喷射纺纳米纤维的可能应用领域。

参考文献

［1］ 杜晨辉, 夏磊, 刘亚, 等. 闪蒸纺超细纤维非织造布应用研究[J]. 非织造布, 2008, 16(2): 27-30.

［2］ J. E. 阿曼特罗特, R. A. 马林, L. R. 马沙尔. 形成均匀分布材料的方法: CN1768170A[P]. 2006-05-03.

［3］ 任元林, 程博闻. 闪蒸非织造布工艺研究及应用的进展[J]. 产业用纺织品, 2006, 24(2): 1-4, 14.

［4］ SHIN H, SIEMIONKO R K. Flash spinning solution: US, 6303682[P]. 2001-10-16.

［5］ J. V. 米维德, C. 施米茨, J. 马蒂伊尤, 等. 丛丝片材: 中国, 112549713A[P]. 2021-03-26.

［6］ C. 施米茨, J. 范米尔维德, O. 斯科普亚克, 等. 闪蒸纺丝方法: 中国, 113005543A[P]. 2021-06-22.

［7］ WAGGONER J R, ROSE A P, STARKE C W, et al. Plexifilamentary strand of blended polymers: US6096421[P]. 2000-08-01.

［8］ C. 施米茨, J.范米尔维德. 闪蒸纺丝方法、纺丝混合物及其用途: 中国, 100335687C[P]. 2007-09-05.

［9］ R.A.马林, L.R.马歇尔. 闪蒸纺制的薄片材料: 中国, 1379830A[P]. 2002-11-13.

［10］ M.G.魏恩伯格, G.T.迪, T.W.哈丁. 包含亚微米长丝的闪纺纤网及其成形方法: 中国, 101080525A[P]. 2007-11-28.

［11］ 冷纯廷, 李旭阳, 张旭. 闪蒸法非织造布的应用现状及前景[J]. 产业用纺织品, 1998, 16(8): 27-28.

［12］ 庄毅, 张玉梅, 王华平. 闪蒸纺丝技术[J]. 合成纤维工业, 2000, 23(6): 26-28.

［13］ 吴卫星, 袁晓燕. 闪蒸非织造布的研究进展[J]. 天津工业大学学报, 2004, 23(4): 98-100.

［14］ 孙晓慧, 郭秉臣. 闪蒸法非织造布的生产与应用前景[J]. 非织造布, 2006, 14(6): 8-11.

［15］ 阚泓, 王国建. 闪蒸法非织造布专利技术分析[J]. 纺织科技进展, 2019(9): 28-33.

［16］ 罗章生, 徐俊勇, 罗铮. 一种喷嘴及设有该喷嘴的闪蒸法纺丝设备: 中国, 110904517A[P]. 2018-09-14.

［17］ 罗章生. 一种闪蒸纺丝设备及其纺丝方法: 中国, 107740198B[P]. 2017-09-08.

［18］ 程博闻, 夏磊, 西鹏, 等. 一种闪蒸纺制超细纤维的设备和方法: 中国, 101173374A[P]. 2008-05-07.

［19］ 夏磊. 闪蒸超细纤维非织造布的制备及功能化研究[D]. 天津: 天津工业大学, 2011: 21-30.

［20］ MCGINTY B, MILDLOTHINAN V. Flash-spun productes: US, 9844176[P]. 2004-02-26.

［21］ SHIN H.Flash spinning solution and flash-spinning process using straight chain hydrofluorocar-bon co-solvents: US, 6046118[P]. 2004-5-21.

［22］ SCHWEIGER T A. Flash-spinning process and solution: US, 20020000686[P]. 2002-01-03.

［23］ XIA L, XI P, CHENG B W. High efficiency fabrication of ultrahigh molecular weight polyethylene submicron filaments/sheets by flash-spinning[J]. Journal of Polymer Engineering, 2016, 36(1): 97-102.

［24］ XIA L, XI P, CHENG B W. A comparative study of UHMWPE fibers prepared by flash-spinning and gel-spinning[J]. Materials Letters, 2015, 147: 79-81.

［25］ XIA L, XI P, CHENG B W. The application of central composite design in flash spinning[J]. Advanced Materials Research, 2011, 332/333/334: 471-476.

［26］ ZHANG D, XIA L, XI P, et al. The application and researches of flash spinning nonwoven[J]. Advanced Materials Research, 2011, 332/333/334: 683-686.

［27］ HOFFMAN K, SKRTIC D, SUN J R, et al. Airbrushed composite polymer Zr-ACP nanofiber scaffolds with improved cell penetration for bone tissue regeneration[J]. Tissue Engineering Part C, Methods, 2015, 21(3): 284-291.

[28] BOLBASOV E N, STANKEVICH K S, SUDAREV E A, et al. The investigation of the production method influence on the structure and properties of the ferroelectric nonwoven materials based on vinylidene fluoride-tetrafluoroethylene copolymer[J]. Materials Chemistry and Physics, 2016, 182: 338-346.

[29] TOMECKA E, WOJASINSKI M, JASTRZEBSKA E, et al. Poly(l-lactic acid) and polyurethane nanofibers fabricated by solution blow spinning as potential substrates for cardiac cell culture[J]. Materials Science & Engineering C, Materials for Biological Applications, 2017, 75: 305-316.

[30] PASCHOALIN R T, TRALDI B, AYDIN G, et al. Solution blow spinning fibres: New immunologically inert substrates for the analysis of cell adhesion and motility[J]. Acta Biomaterialia, 2017, 51: 161-174.

[31] XU X L, ZHOU G Q, LI X J, et al. Solution blowing of chitosan/PLA/PEG hydrogel nanofibers for wound dressing[J]. Fibers and Polymers, 2016, 17(2): 205-211.

[32] BONAN R F, BONAN P R F, BATISTA A U D, et al. Poly(lactic acid)/poly(vinyl pyrrolidone) membranes produced by solution blow spinning: Structure, thermal, spectroscopic, and microbial barrier properties[J]. Journal of Applied Polymer Science, 2017, 134(19).

[33] LIU R F, XU X L, ZHUANG X P, et al. Solution blowing of chitosan/PVA hydrogel nanofiber mats[J]. Carbohydrate Polymers, 2014, 101: 1116-1121.

[34] YANG NILSSON T, ANDERSSON TROJER M. A solution blown superporous nonwoven hydrogel based on hydroxypropyl cellulose[J]. Soft Matter, 2020, 16(29): 6850-6861.

[35] GAO Y, XIANG H F, WANG X X, et al. A portable solution blow spinning device for minimally invasive surgery hemostasis[J]. Chemical Engineering Journal, 2020, 387: 124052.

[36] SHI L, ZHUANG X P, TAO X X, et al. Solution blowing nylon 6 nanofiber mats for air filtration[J]. Fibers and Polymers, 2013, 14(9): 1485-1490.

[37] LEE J G, KIM D Y, MALI M G, et al. Supersonically blown nylon-6 nanofibers entangled with graphene flakes for water purification[J]. Nanoscale, 2015, 7(45): 19027-19035.

[38] SINHA-RAY S, SINHA-RAY S, YARIN A L, et al. Application of solution-blown 20-50 nm nanofibers in filtration of nanoparticles: The efficient van der Waals collectors[J]. Journal of Membrane Science, 2015, 485: 132-150.

[39] KHALID B, BAI X P, WEI H H, et al. Direct blow-spinning of nanofibers on a window screen for highly efficient $PM_{2.5}$ removal[J]. Nano Letters, 2017, 17(2): 1140-1148.

[40] WANG H L, LIN S, YANG S, et al. High-temperature particulate matter filtration with resilient yttria-stabilized ZrO_2 nanofiber sponge[J]. Small, 2018, 14(19): e1800258.

[41] WU X H, CAO L T, SONG J, et al. Thorn-like flexible $Ag_2C_2O_4$/TiO_2 nanofibers as hierarchical heterojunction photocatalysts for efficient visible-light-driven bacteria-killing[J]. Journal of Colloid and Interface Science, 2020, 560: 681-689.

[42] CHENG B W, LI Z J, LI Q X, et al. Development of smart poly(vinylidene fluoride)-graft-poly(acrylic acid) tree-like nanofiber membrane for pH-responsive oil/water separation[J]. Journal of Membrane Science, 2017, 534: 1-8.

[43] JU J G, SHI Z J, FAN L L, et al. Preparation of elastomeric tree-like nanofiber membranes using thermoplastic

polyurethane by one-step electrospinning[J]. Materials Letters, 2017, 205: 190-193.

[44] WANG Y F, CHAO G Q, LI X J, et al. Hierarchical fibrous microfiltration membranes by self-assembling DBS nanofibrils in solution-blown nanofibers[J]. Soft Matter, 2018, 14(44): 8879-8882.

[45] 冯晓苗, 李瑞梅, 杨晓燕, 等. 新型碳纳米材料在电化学中的应用[J]. 化学进展, 2012, 24(11): 2158-2166.

[46] 靳瑜, 姚辉, 陈名海, 等. 静电纺丝技术在超级电容器中的应用[J]. 材料导报, 2011, 25(15): 21-26.

[47] JIA K F, ZHUANG X P, CHENG B W, et al. Solution blown aligned carbon nanofiber yarn as supercapacitor electrode[J]. Journal of Materials Science: Materials in Electronics, 2013, 24(12): 4769-4773.

[48] SHI S J, ZHUANG X P, CHENG B W, et al. Solution blowing of ZnO nanoflake-encapsulated carbon nanofibers as electrodes for supercapacitors[J]. Journal of Materials Chemistry A, 2013, 1(44): 13779-13788.

[49] ZHAO Y X, KANG W M, LI L, et al. Solution blown silicon carbide porous nanofiber membrane as electrode materials for supercapacitors[J]. Electrochimica Acta, 2016, 207: 257-265.

[50] DENG N P, KANG W M, JU J G, et al. Polyvinyl Alcohol-derived carbon nanofibers/carbon nanotubes/sulfur electrode with honeycomb-like hierarchical porous structure for the stable-capacity lithium/sulfur batteries[J]. Journal of Power Sources, 2017, 346: 1-12.

[51] TONG J Y, XU X L, WANG H, et al. Solution-blown core-shell hydrogel nanofibers for bovine serum albumin affinity adsorption[J]. RSC Advances, 2015, 5(101): 83232-83238.

[52] 张方, 徐先林, 王航, 等. 聚乙烯亚胺纳米纤维的制备及其胆红素吸附性能研究[J]. 山东纺织科技, 2016, 57(6): 6-11.

[53] KOLBASOV A, SINHA-RAY S, YARIN A L, et al. Heavy metal adsorption on solution-blown biopolymer nanofiber membranes[J]. Journal of Membrane Science, 2017, 530: 250-263.

[54] WANG N, CHEN Y, REN J Y, et al. Electrically conductive polyaniline/polyimide microfiber membrane prepared via a combination of solution blowing and subsequent *in situ* polymerization growth[J]. Journal of Polymer Research, 2017, 24(3): 42.

[55] TAO X X, ZHOU G Q, ZHUANG X P, et al. Solution blowing of activated carbon nanofibers for phenol adsorption[J]. RSC Advances, 2015, 5(8): 5801-5808.

[56] MERCANTE L A, FACURE M H M, LOCILENTO D A, et al. Solution blow spun PMMA nanofibers wrapped with reduced graphene oxide as an efficient dye adsorbent[J]. New Journal of Chemistry, 2017, 41(17): 9087-9094.

[57] 王航, 庄旭品, 王良安, 等. 纳米纤维复合型质子交换膜研究进展[J]. 电源技术, 2016, 40(12): 2486-2488.

[58] 王航, 庄旭品, 聂发文, 等. SPES/SiO$_2$杂化纳米纤维复合质子交换膜的制备与性能[J]. 高分子学报, 2016(2): 197-203.

[59] PEIGHAMBARDOUST S J, ROWSHANZAMIR S, AMJADI M. Review of the proton exchange membranes for fuel cell applications[J]. International Journal of Hydrogen Energy, 2010, 35(17): 9349-9384.

[60] LEE J R, KIM N Y, LEE M S, et al. SiO$_2$-coated polyimide nonwoven/Nafion composite membranes for proton exchange membrane fuel cells[J]. Journal of Membrane Science, 2011, 367(1/2): 265-272.

[61] MOLLÁ S, COMPAÑ V. Polyvinyl alcohol nanofiber reinforced Nafion membranes for fuel cell applications[J]. Journal of Membrane Science, 2011, 372(1/2): 191-200.

[62] WANG H, ZHUANG X P, LI X J, et al. Solution blown sulfonated poly(ether sulfone)/poly(ether sulfone) nanofiber-Nafion composite membranes for proton exchange membrane fuel cells[J]. Journal of Applied Polymer Science, 2015, 132(38): 42572.

[63] WANG H, ZHUANG X P, TONG J Y, et al. Solution-blown SPEEK/POSS nanofiber-nafion hybrid composite membranes for direct methanol fuel cells[J]. Journal of Applied Polymer Science, 2015, 132(47): n/a-n/a.

[64] XU X L, LI L, WANG H, et al. Solution blown sulfonated poly(ether ether ketone) nanofiber-Nafion composite membranes for proton exchange membrane fuel cells[J]. RSC Advances, 2015, 5(7): 4934-4940.

[65] ZHANG B, ZHUANG X P, CHENG B W, et al. Carbonaceous nanofiber-supported sulfonated poly(ether ether ketone) membranes for fuel cell applications[J]. Materials Letters, 2014, 115: 248-251.

[66] WANG H, ZHUANG X P, WANG X Y, et al. Proton-conducting poly-γ-glutamic acid nanofiber embedded sulfonated poly(ether sulfone) for proton exchange membranes[J]. ACS Applied Materials & Interfaces, 2019, 11(24): 21865-21873.

[67] 吴兴超, 李永胜, 徐峰. 高温超导材料的发展和应用现状[J]. 材料开发与应用, 2014, 29(4): 95-100.

[68] CENA C R, TORSONI G B, ZADOROSNY L, et al. BSCCO superconductor micro/nanofibers produced by solution blow-spinning technique[J]. Ceramics International, 2017, 43(10): 7663-7667.

[69] 吴大诚, 杜仲良, 高绪珊. 纳米纤维[M]. 北京: 化学工业出版社, 2003: 42-71.

[70] FARQUHAR C S, EASTMAN A. Apparatus for electrically dispersing fluids: US, 692631[P]. 1902-02-04.

[71] MORTON W. Method of dispersing fluids: US, 705691[P]. 1902.

[72] GEOFFREY I T. Disintegration of water drops in an electric field[J]. Proceedings of the Royal Society of London Series A Mathematical and Physical Sciences, 1964, 280(1382): 383-397.

[73] GEOFFREY I T. The force exerted by an electric field on a long cylindrical conductor[J]. Proceedings of the Royal Society of London Series A Mathematical and Physical Sciences, 1966, 291(1425): 145-158.

[74] GEOFFREY I T. Electrically driven jets[J]. Proceedings of the Royal Society of London A Mathematical and Physical Sciences, 1969, 313(1515): 453-475.

[75] 曾敬, 陈学思, 景遐斌. 电纺丝与聚合物超细纤维[J]. 高分子通报, 2003(6): 44-47, 57.

[76] LAUDENSLAGER M J, SIGMUND W M. Electrospinning [M] //BHUSHAN B. Encyclopedia of Nanotechnology. Dordrecht: Springer, 2016: 1101-1108.

[77] WU W, ZHAO J Q, YU Y L. Encyclopedia of Nanotechnology[M]. Berlin, Germany: Springer, 2012.

[78] 薛聪, 胡影影, 黄争鸣. 静电纺丝原理研究进展[J]. 高分子通报, 2009(6): 38-47.

[79] RENEKER D H, YARIN A L. Electrospinning jets and polymer nanofibers[J]. Polymer, 2008, 49(10): 2387-2425.

[80] 翟培羽. 高角蛋白含量的角蛋白/PEO 纳米纤维的制备与表征[D]. 天津: 天津工业大学, 2017.

[81] RAYLEIGH L. XX. *On the equilibrium of liquid conducting masses charged with electricity*[J]. The London, Edinburgh, and Dublin Philosophical Magazine and Journal of Science, 1882, 14(87): 184-186.

[82] ZELENY J. Instability of electrified liquid surfaces[J]. Physical Review, 1917, 10(1): 1-6.

[83] GEOFFREY I T. Disintegration of water drops in an electric field[J]. Proceedings of the Royal Society of London Series A Mathematical and Physical Sciences, 1964, 280(1382): 383-397.

[84] TAYLOR G. Electrically driven jets [J]. Proceedings of the Royal Society of London A Mathematical and Physical Sciences, 1969, 313: 453-475.

［85］YARIN A L, KOOMBHONGSE S, RENEKER D H. Taylor cone and jetting from liquid droplets in electrospinning of nanofibers［J］. Journal of Applied Physics, 2001, 90(9): 4836-4846.

［86］CLOUPEAU M, PRUNET-FOCH B. Electrostatic spraying of liquids: Main functioning modes［J］. Journal of Electrostatics, 1990, 25(2): 165-184.

［87］GRACE J M, MARIJNISSEN J C M. A review of liquid atomization by electrical means［J］. Journal of Aerosol Science, 1994, 25(6): 1005-1019.

［88］RENEKER D H, CHUN I. Nanometre diameter fibres of polymer, produced by electrospinning［J］. Nanotechnology, 1996, 7(3): 216-223.

［89］YARIN A L, KOOMBHONGSE S, RENEKER D H. Bending instability in electrospinning of nanofibers［J］. Journal of Applied Physics, 2001, 89(5): 3018-3026.

［90］SHIN Y M, HOHMAN M M, BRENNER M P, et al. Electrospinning: A whipping fluid jet generates submicron polymer fibers［J］. Applied Physics Letters, 2001, 78(8): 1149-1151.

［91］SPIVAK A F, DZENIS Y A, RENEKER D H. A model of steady state jet in the electrospinning process［J］. Mechanics Research Communications, 2000, 27(1): 37-42.

［92］WAN Y Q, GUO Q, PAN N. Thermo-electro-hydrodynamic model for electrospinning process［J］. International Journal of Nonlinear Sciences and Numerical Simulation, 2004, 5(1): 5-8.

［93］万玉芹. 静电纺丝过程行为及振动静电纺丝技术研究［D］. 上海: 东华大学, 2006.

［94］KO H J, DULIKRAVICH G S. Non-reflective boundary conditions for a consistent model of axisymmetric electro-magneto-hydrodynamic flows［J］. International Journal of Nonlinear Sciences and Numerical Simulation, 2000, 1(4): 247-254.

［95］ERINGEN A C, MAUGIN G A. Electrodynamics of Continua I: Foundations and Solid Media［M］. New York, NY: Springer New York, 1990.

［96］ERINGEN A C, MAUGIN G A. Relativistic electrodynamics of continua［M］// Electrodynamics of Continua II. New York: Springer, 1990: 716-752.

［97］RENEKER D H, YARIN A L, FONG H, et al. Bending instability of electrically charged liquid jets of polymer solutions in electrospinning［J］. Journal of Applied Physics, 2000, 87(9): 4531-4547.

［98］HOHMAN M M, SHIN M, RUTLEDGE G, et al. Electrospinning and electrically forced jets. I. Stability theory［J］. Physics of Fluids, 2001, 13(8): 2201-2220.

［99］HOHMAN M M, SHIN M, RUTLEDGE G, et al. Electrospinning and electrically forced jets. II. Applications［J］. Physics of Fluids, 2001, 13(8): 2221-2236.

［100］FRIDRIKH S V, YU J H, BRENNER M P, et al. Controlling the fiber diameter during electrospinning［J］. Physical Review Letters, 2003, 90(14): 144502.

［101］王宏, 逄增媛, 张金宁, 等. 熔体静电纺丝电场工艺参数对 PET 纤维膜形貌的影响［J］. 工程塑料应用, 2015, 43(9): 44-48.

［102］HE H W, WANG L, YAN X, et al. Solvent-free electrospinning of UV curable polymer microfibers［J］. RSC Advances, 2016, 6(35): 29423-29427.

［103］LEVIT N, TEPPER G. Supercritical CO_2-assisted electrospinning［J］. The Journal of Supercritical Fluids, 2004, 31(3): 329-333.

［104］HE H W, ZHANG B, YAN X, et al. Solvent-free thermocuring electrospinning to fabricate ultrathin polyurethane fibers with high conductivity by *in situ* polymerization of polyaniline[J]. RSC Advances, 2016, 6(108): 106945-106950.

[105] 卓丽云, 朱自明, 郑高峰. 多射流静电纺丝稳定性的影响分析[J]. 工程塑料应用, 2020, 48(10): 59-64.

[106] 吴元强, 许宁, 陆振乾, 等. 多针头静电纺丝电场强度分布模拟研究[J]. 合成纤维工业, 2019, 42(5): 41-45.

[107] THERON S A, YARIN A L, ZUSSMAN E, et al. Multiple jets in electrospinning: Experiment and modeling [J]. Polymer, 2005, 46(9): 2889-2899.

[108] 余韶阳, 安瑛, 谭晶, 等. 交流电静电纺丝技术的研究进展[J]. 工程塑料应用, 2018, 46(1): 115-118.

[109] 周建华, 陈锋, 丁玎. 静电纺丝技术制备纳米纤维的影响参数研究进展[J]. 科技与创新, 2019(16): 34-35, 37.

[110] 李学佳, 傅海洪, 王欣, 等. 静电纺丝工艺参数对聚酰亚胺纳米纤维形貌的影响[J]. 浙江纺织服装职业技术学院学报, 2013, 12(3): 19-22.

[111] 史同娜. 复合型高分子人工胆管的制备及性能的研究[D]. 上海: 东华大学, 2012.

[112] 卓丽云, 朱自明, 郑高峰. 环境温湿度对静电纺丝稳定喷射的影响[J]. 工程塑料应用, 2020, 48(3): 61-65.

[113] 吴玥. 引入磁场的静电纺丝技术及其对非稳态流动控制机理的研究[D]. 上海: 东华大学, 2008.

[114] XU C Y, INAI R, KOTAKI M, et al. Aligned biodegradable nanofibrous structure: A potential scaffold for blood vessel engineering[J]. Biomaterials, 2004, 25(5): 877-886.

[115] HE W, YONG T, TEO W E, et al. Fabrication and endothelialization of collagen-blended biodegradable polymer nanofibers: Potential vascular graft for blood vessel tissue engineering[J]. Tissue Engineering, 2005, 11 (9/10): 1574-1588.

[116] YANG F, MURUGAN R, WANG S, et al. Electrospinning of nano/micro scale poly(L-lactic acid) aligned fibers and their potential in neural tissue engineering[J]. Biomaterials, 2005, 26(15): 2603-2610.

[117] RAMAKRISHNA S, FUJIHARA K, TEO W E, et al. Electrospun nanofibers: Solving global issues[J]. Materials Today, 2006, 9(3): 40-50.

[118] CHEW S Y, WEN J, YIM E K F, et al. Sustained release of proteins from electrospun biodegradable fibers[J]. Biomacromolecules, 2005, 6(4): 2017-2024.

[119] LUONG-VAN E, GRØNDAHL L, CHUA K N, et al. Controlled release of heparin from poly(epsilon-caprolactone) electrospun fibers[J]. Biomaterials, 2006, 27(9): 2042-2050.

[120] QI H X, HU P, XU J, et al. Encapsulation of drug reservoirs in fibers by emulsion electrospinning: Morphology characterization and preliminary release assessment[J]. Biomacromolecules, 2006, 7(8): 2327-2330.

[121] ZHANG Y Z, WANG X, FENG Y, et al. Coaxial electrospinning of (fluorescein isothiocyanate-conjugated bovine serum albumin)-encapsulated poly(epsilon-caprolactone) nanofibers for sustained release[J]. Biomacromolecules, 2006, 7(4): 1049-1057.

[122] FONG H. Electrospun nylon 6 nanofiber reinforced BIS-GMA/TEGDMA dental restorative composite resins[J]. Polymer, 2004, 45(7): 2427-2432.

[123] MURTHY N, CAMPBELL J, FAUSTO N, et al. Design and synthesis of pH-responsive polymeric carriers that target uptake and enhance the intracellular delivery of oligonucleotides[J]. Journal of Controlled Release,

2003, 89(3): 365-374.

[124] MURTHY N, CAMPBELL J, FAUSTO N, et al. Bioinspired pH-responsive polymers for the intracellular delivery of biomolecular drugs[J]. Bioconjugate Chemistry, 2003, 14(2): 412-419.

[125] 袁志鹏. 静电纺纤维材料的结构调控及其在生物医学领域的应用[D]. 北京: 北京科技大学, 2020.

[126] 姚子琪. 熔体静电纺丝直写复合材料骨-软骨多级梯度结构支架及性能研究[D]. 北京: 北京化工大学, 2020.

[127] CHOI S S, LEE Y S, JOO C W, et al. Electrospun PVDF nanofiber web as polymer electrolyte or separator[J]. Electrochimica Acta, 2004, 50(2/3): 339-343.

[128] CHOI S W, JO S M, LEE W S, et al. An electrospun poly(vinylidene fluoride) nanofibrous membrane and its battery applications[J]. Advanced Materials, 2003, 15(23): 2027-2032.

[129] KIM J R, CHOI S W, JO S M, et al. Electrospun PVdF-based fibrous polymer electrolytes for lithium ion polymer batteries[J]. Electrochimica Acta, 2004, 50(1): 69-75.

[130] SONG M Y, KIM D K, IHN K J, et al. Electrospun TiO_2 electrodes for dye-sensitized solar cells[J]. Nanotechnology, 2004, 15(12): 1861-1865.

[131] SONG M Y, KIM D K, IHN K J, et al. New application of electrospun TiO_2 electrode to solid-state dye-sensitized solar cells[J]. Synthetic Metals, 2005, 153(1/2/3): 77-80.

[132] Song M Y, Ahn Y R, Jo S M, et al. TiO2 single-crystalline nanorod electrode for quasi-solid-state dye-sensitized solar cells[J]. Appl. Phys. Lett. , 2005, 87: 113113-113116.

[133] SONG M Y, AHN Y R, JO S M, et al. Ti O_2 single-crystalline nanorod electrode for quasi-solid-state dye-sensitized solar cells[J]. Applied Physics Letters, 2005, 87(11): 113113-113116.

[134] DREW C, WANG X Y, SENECAL K, et al. Electrospun photovoltaic cells[J]. Journal of Macromolecular Science, Part A, 2002, 39(10): 1085-1094.

[135] 沈先磊. 树枝状纳米纤维的制备及其在锂离子电容器上的应用研究[D]. 天津: 天津工业大学, 2020.

[136] 刘雍, 潘天帝, 范杰, 等. 一种用于膜蒸馏的超疏水、耐润湿和耐结垢的杂化纳米纤维复合膜的生产方法: CN111804149A[P]. 2020-10-23.

[137] 付明, 郭润泽, 刘碧桃. $BiVO_4$纳米多孔纤维光催化污水处理研究[J]. 现代信息科技, 2020, 4(18): 44-46, 50.

[138] 李玉瑶. 高孔隙率非织造纤维材料的制备及空气过滤应用研究[D]. 上海: 东华大学, 2020.

[139] GIBSON P, SCHREUDER-GIBSON H, RIVIN D. Transport properties of porous membranes based on electrospun nanofibers[J]. Colloids and Surfaces A: Physicochemical and Engineering Aspects, 2001, 187/188: 469-481.

[140] SUN Y, LIU Y, ZHENG Y D, et al. Enhanced energy harvesting ability of ZnO/PAN hybrid piezoelectric nanogenerators[J]. ACS Applied Materials & Interfaces, 2020, 12(49): 54936-54945.

[141] GIBSON P, SCHREUDER-GIBSON H, PENTHENY C. Electrospinning technology: Direct application of tailorable ultrathin membranes[J]. Journal of Coated Fabrics, 1998, 28(1): 63-72.

[142] GOUMA P I. Nanostructured polymorphic oxides for advanced chemosensors [J]. Reviews on Advanced Materials Science, 2003, 5(2): 147-154.

[143] RAMANATHAN K, BANGAR M A, YUN M, et al. Bioaffinity sensing using biologically functionalized conducting-polymer nanowire[J]. Journal of the American Chemical Society, 2005, 127(2): 496-497.

[144] WANG X Y, DREW C, LEE S H, et al. Electrospun nanofibrous membranes for highly sensitive optical sensors [J]. Nano Letters, 2002, 2(11): 1273-1275.

[145] 郝婧. 新型纳米杂化复合材料制备及其吸波和电磁屏蔽性能研究[D]. 北京: 北京化工大学, 2019.

[146] 郭合信. 纺粘法非织造布[M]. 北京: 中国纺织出版社, 2003.

[147] 董纪震, 赵耀明, 陈雪英, 等. 合成纤维生产工艺学: 下册[M]. 2版. 北京: 中国纺织出版社, 1994.